線形代数

桂田英典　竹ヶ原裕元
長谷川雄之　森田英章
共 著

学術図書出版社

まえがき

本書は大学初年次に学ぶ線形代数の教科書である. 線形代数は数学の諸分野のみならず, 自然科学, 工学, 経済学, 人文社会科学などにおいても重要な基礎となる学問であり, 特に理工系の学生にとっては必須の素養となっている. 本書は, 理工系の学生が大学で学んでおくべき線形代数の丁寧かつ十分な解説が網羅された教科書となるよう, これまでの経験を踏まえた上で作成した.

線形代数学は, 主として行列と行列式の理論および線形空間と線形写像の理論を中心として展開される. 1 年を通した線形代数の授業では, 前半期に行列と行列式, 後半期に線形空間と線形写像を講義することが, 1 つの典型的な形であるので, 本書でもその方法に対応した順に内容をまとめた. 一方, 本書を作成する際に工夫した点として, 大学入学前までに行列を学んできていない学生が教科書を使用すること想定し, 2×2 行列に関する説明を比較的多めに取り入れた. また, xy-平面上の 1 次変換に関する解説には 1 節を割り当て, 線形変換の理論を具体的な 2 次元の例で捉えやすいように配慮した.

本書の特徴として, 具体的な計算方法の解説に多くのページを割いたことが挙げられる. 具体例の説明の他に, ほとんどの節で例題や節末問題を載せた. 学生が自習する場合でも, 十分に理解できる解説となるように心掛けた. 一方, 抽象的な理論に関しても, 懇切丁寧な記述であるように, 十分なページを割いてある. たとえば, 線形空間に関して, はじめに数ベクトルを導入して, 一通りの理論を展開した後, 抽象的な線型空間の公理および理論を解説した. また, 定義の説明, 定理などの証明には冗長をいとわずできるだけ詳しい解説をつけた. 抽象的な内容に関しても, 十分に自習書として活用できると思われる.

本書には, ジョルダンの標準形などのやや発展的な内容も盛り込まれている. また, 多少込み入った議論を必要とする題材も扱われている. 特に, 第 4, 5, 6 章にある, 最初の学習では省いてもよいと思われる節, 小節, 問, 問題には '*' の印を付けた. このような題材については, 本書を一通り読まれた後にでも, 改めて取り組んでいただければよいと思う.

本書は著者たちの大学における講義録に基づいて編集されたものであるが, 著者たちの意図がどこまで実現されているか, 省みてはなはだ心もとないところである. また, 浅学非才のゆえ, 思いがけない間違いがあるかもしれない. これらの点については, 読者諸賢のご批判をまつことにしたい.

最後に本書を出版することをお勧めくださり, 終始お世話になった学術図書出版社の発田孝夫氏にこころから感謝の意を表したい.

2017 年 10 月

著者

目　次

1

行列

本章では，行列についての基本的事項を述べる．1.1 節では行列および今後必要な基礎用語を定義する．また，1.2 節，1.3 節では行列の間の演算を定める．このうち 1.2 節で扱う和，差については数どうしの和，差の自然な拡張になっている．一方，1.3 節で扱う積については一見不自然に思われるが，実際にはこれが自然な定義であることが今後の様々な場面で理解されるであろう．1.4 節では，数の逆数にあたる概念である逆行列を導入する．最後の 1.5 節では，行列を分割して積を計算する方法を説明する．

1.1 ことばの定義

本書では，単に数といえば特に断らない限り実数または複素数を意味するものとする．

m, n を自然数とする．mn 個の数

$$a_{ij} \quad (i = 1, 2, \ldots, m;\ j = 1, 2, \ldots, n)$$

を，次のように縦方向に m 個，横方向に n 個並べてかっこでくくったものを $m \times n$ (型) **行列**と呼ぶ．

$$\text{縦方向に } m \text{ 個}\left\{\begin{pmatrix} a_{11} & a_{12} & \cdots & a_{1n} \\ a_{21} & a_{22} & \cdots & a_{2n} \\ \vdots & \vdots & \ddots & \vdots \\ a_{m1} & a_{m2} & \cdots & a_{mn} \end{pmatrix}\right. $$

横方向に n 個

たとえば,

$$(3),\quad (1\quad 2),\quad (1\quad 2\quad 4),\quad \begin{pmatrix}1\\0\end{pmatrix},\quad \begin{pmatrix}1&2\\0&3\end{pmatrix},\quad \begin{pmatrix}2&1&-1&0\\0&1&1&3\\1&2&1&4\end{pmatrix}$$

は，左から順に 1×1 行列，1×2 行列，1×3 行列，2×1 行列，2×2 行列，3×4 行列である.

行列を構成する各数を，その行列の**成分**という．特に，上から i 番め，左から j 番めの位置にある成分を (i,j) 成分という．たとえば，上記のうち一番右の 3×4 行列の $(2,4)$ 成分は 3 である.

問 1.1.1　行列 $\begin{pmatrix}1&0&2&3&1\\3&1&2&4&3\\2&1&4&7&5\end{pmatrix}$ の型および $(3,2)$ 成分をそれぞれ答えよ.

問 1.1.2　2×3 行列 A の (i,j) 成分が

$$i+j\quad (i=1,2;\ j=1,2,3)$$

であるとき，A を具体的に書け.

特別な形の行列には別名がある．まず，$m=n$ のときは行列が正方形状になるので，$n\times n$ 行列を n 次**正方行列**と呼ぶ．たとえば,

$$(3),\quad \begin{pmatrix}1&2\\3&1\end{pmatrix},\quad \begin{pmatrix}1&2&3\\2&3&1\\3&1&2\end{pmatrix}$$

は左から順に 1 次正方行列，2 次正方行列，3 次正方行列である．また，$1\times n$ 行列 (n 個の数を横に並べた行列) を n 次**行ベクトル**と呼び，$m\times1$ 行列 (m 個の数を縦に並べた行列) を m 次**列ベクトル**と呼ぶ．たとえば,

$$(1\quad 1\quad 2\quad 3),\quad \begin{pmatrix}1\\2\\2\end{pmatrix}$$

横並びが行
縦並びが列

は左から順に 4 次行ベクトル，3 次列ベクトルである．行ベクトル，列ベクトルについては，それぞれ左から i 番め，上から i 番めの成分を第 i 成分という．た

とえば，上の例の行ベクトル，列ベクトルの第2成分はそれぞれ1と2である．
1次正方行列は，1次行ベクトルでもあり，1次列ベクトルでもある．

A を $m \times n$ 行列とする．A において，上から i 番めの横並びを取り出してできる n 次行ベクトルを，A の**第 i 行**と呼ぶ．また，左から j 番めの縦並びを取り出してできる m 次列ベクトルを，A の**第 j 列**と呼ぶ．

$$\begin{pmatrix} 2 & 1 & 3 & 2 \\ 1 & 2 & 1 & 3 \\ 3 & 0 & 1 & 4 \end{pmatrix}$$

第2行は $(1 \quad 2 \quad 1 \quad 3)$　　第3列は $\begin{pmatrix} 3 \\ 1 \\ 1 \end{pmatrix}$

A の第1行から第 m 行までを総称して A の**行**，第1列から第 n 列までを総称して A の**列**という．$m \times n$ 行列 A には m 個の行と n 個の列がある．

問 1.1.3　問 1.1.1 の行列の第2行および第3列をそれぞれ答えよ．

A, B をそれぞれ $m \times n$ 行列，$r \times s$ 行列とする．もし $m = r$ かつ $n = s$ であれば，A と B は**同じ型**であるとか**型が等しい**という．言い換えれば，2つの行列 A, B が同じ型であるとは，A と B の行の個数が等しく，かつ A と B の列の個数も等しいということである．

A と B が同じ型で，しかも同じ位置にある成分どうしがすべて等しいとき，A と B は**等しい**といい，$A = B$ と書く．

例題 1.1.1　次の等式が成り立つように，a, b, c, d の値を求めよ．

$$\begin{pmatrix} a+b & c+2d \\ 3c-d & a-b \end{pmatrix} = \begin{pmatrix} 3 & 0 \\ 7 & 1 \end{pmatrix}$$

解答　同じ位置にある成分どうしがすべて等しいから，

$$\begin{cases} a+b = 3 \\ a-b = 1 \end{cases} \qquad \begin{cases} c+2d = 0 \\ 3c-d = 7 \end{cases}$$

である．これらの連立1次方程式をそれぞれ解くと，$a = 2, b = 1, c = 2, d = -1$．

A を $m \times n$ 行列とするとき，A の行と列を入れ換えて得られる $n \times m$ 行列を ${}^tA$ で表し，A の**転置行列**と呼ぶ．

$$A = \underbrace{\begin{pmatrix} a_{11} & a_{12} & \cdots & a_{1n} \\ a_{21} & a_{22} & \cdots & a_{2n} \\ \vdots & \vdots & \ddots & \vdots \\ a_{m1} & a_{m2} & \cdots & a_{mn} \end{pmatrix}}_{\text{横方向に } n \text{ 個}} \Bigg\} \text{縦方向に } m \text{ 個}$$

とすれば，

$${}^tA = \underbrace{\begin{pmatrix} a_{11} & a_{21} & \cdots & a_{m1} \\ a_{12} & a_{22} & \cdots & a_{m2} \\ \vdots & \vdots & \ddots & \vdots \\ a_{1n} & a_{2n} & \cdots & a_{mn} \end{pmatrix}}_{\text{横方向に } m \text{ 個}} \Bigg\} \text{縦方向に } n \text{ 個}$$

である．つまり，${}^tA$ の (i,j) 成分を a'_{ij} とおくと，

$$a'_{ij} = a_{ji} \quad (i = 1, 2, \ldots, n;\ j = 1, 2, \ldots, m)$$

となる (添字の動く範囲に注意)．

例 1.1.1　行ベクトルの転置行列は列ベクトルであり，列ベクトルの転置行列は行ベクトルである．たとえば，

$${}^t(1 \quad 2 \quad 3) = \begin{pmatrix} 1 \\ 2 \\ 3 \end{pmatrix}, \qquad {}^t\begin{pmatrix} 2 \\ 1 \\ 4 \end{pmatrix} = (2 \quad 1 \quad 4)$$

となる．∎

問 1.1.4　次の行列の転置行列を求めよ．

(1) $(1 \quad 2)$　　(2) $\begin{pmatrix} 2 \\ 3 \end{pmatrix}$　　(3) $\begin{pmatrix} a & b \\ c & d \end{pmatrix}$　　(4) $\begin{pmatrix} 2 & 1 & 3 \\ 4 & 2 & 1 \end{pmatrix}$

問題 1-1

1. 3 次正方行列 A の (i,j) 成分が

$$2^{i+j-2}+(-1)^{i+j-2} \qquad (i=1,2,3;\ j=1,2,3)$$

であるとき，A を具体的に書け．

2. 次の行列の (i,j) 成分を，i, j を用いて表せ．

(1) $\begin{pmatrix} 1 & -1 & 1 \\ -1 & 1 & -1 \\ 1 & -1 & 1 \end{pmatrix}$　　(2) $\begin{pmatrix} 2 & 0 & 2 \\ 0 & 2 & 0 \\ 2 & 0 & 2 \end{pmatrix}$

(3) $\begin{pmatrix} 1 & 2 & 2^2 & 2^3 \\ 2^4 & 2^5 & 2^6 & 2^7 \\ 2^8 & 2^9 & 2^{10} & 2^{11} \\ 2^{12} & 2^{13} & 2^{14} & 2^{15} \end{pmatrix}$　　(4) $\begin{pmatrix} 1 & 2 & 2^2 & 2^3 \\ 0 & 1 & 2 & 2^2 \\ 0 & 0 & 1 & 2 \\ 0 & 0 & 0 & 1 \end{pmatrix}$

3. 任意の行列 A に対して ${}^t({}^tA)=A$ が成り立つことを示せ．

1.2　行列の和，差，スカラー倍

型が等しい行列 A, B に対して，同じ位置にある成分どうしをそれぞれ加えてできる行列を A と B の**和**といい，$A+B$ で表す．すなわち，

$$A=\begin{pmatrix} a_{11} & a_{12} & \cdots & a_{1n} \\ a_{21} & a_{22} & \cdots & a_{2n} \\ \vdots & \vdots & \ddots & \vdots \\ a_{m1} & a_{m2} & \cdots & a_{mn} \end{pmatrix}, \qquad B=\begin{pmatrix} b_{11} & b_{12} & \cdots & b_{1n} \\ b_{21} & b_{22} & \cdots & b_{2n} \\ \vdots & \vdots & \ddots & \vdots \\ b_{m1} & b_{m2} & \cdots & b_{mn} \end{pmatrix}$$

に対して，

$$A+B=\begin{pmatrix} a_{11}+b_{11} & a_{12}+b_{12} & \cdots & a_{1n}+b_{1n} \\ a_{21}+b_{21} & a_{22}+b_{22} & \cdots & a_{2n}+b_{2n} \\ \vdots & \vdots & \ddots & \vdots \\ a_{m1}+b_{m1} & a_{m2}+b_{m2} & \cdots & a_{mn}+b_{mn} \end{pmatrix}$$

である．

例 1.2.1　$\begin{pmatrix} 2 & 3 \\ 1 & 1 \end{pmatrix}$ と $\begin{pmatrix} 1 & 2 \\ 5 & 7 \end{pmatrix}$ の和は，

$$\begin{pmatrix} 2 & 3 \\ 1 & 1 \end{pmatrix}+\begin{pmatrix} 1 & 2 \\ 5 & 7 \end{pmatrix}=\begin{pmatrix} 2+1 & 3+2 \\ 1+5 & 1+7 \end{pmatrix}=\begin{pmatrix} 3 & 5 \\ 6 & 8 \end{pmatrix}$$

である．

A, B, C を同じ型の行列とする．このとき，和について

$$A+B=B+A,$$

$$(A+B)+C=A+(B+C)$$

が成り立つ．これらの等式を示すには，両辺の行列の同じ位置にある成分をすべて比較し，それらが等しいことをいえばよい．

問 1.2.1　これらの等式を示せ．

2番めの等式より $(A+B)+C$ と $A+(B+C)$ は同じ行列だから，これを単に $A+B+C$ と書いて差し支えない．4つ以上の和でも同様である．

c を数とするとき，行列 A のすべての成分を c 倍して得られる行列を A の c

倍といい，cA で表す．すなわち，A を本節はじめの $m \times n$ 行列とすると，

$$cA = \begin{pmatrix} ca_{11} & ca_{12} & \cdots & ca_{1n} \\ ca_{21} & ca_{22} & \cdots & ca_{2n} \\ \vdots & \vdots & \ddots & \vdots \\ ca_{m1} & ca_{m2} & \cdots & ca_{mn} \end{pmatrix}$$

である．行列の c 倍を総称して，行列の**スカラー倍**という．

c, d を数とし，A, B を同じ型の行列とすると，

$$(c+d)A = cA + dA,$$

$$c(A+B) = cA + cB,$$

$$(cd)A = c(dA)$$

が成り立つ．証明には，やはり両辺の行列の成分比較をすればよい．

問 1.2.2　これらの等式を示せ．

$c = -1$ のとき，すなわち $(-1)A$ は $-A$ と表す．A の (i,j) 成分が a_{ij} なら，$-A$ の (i,j) 成分は $-a_{ij}$ である．

和 $A+(-B)$ を A と B の**差**といい，$A-B$ で表す．定義から，A, B の (i,j) 成分がそれぞれ a_{ij}, b_{ij} なら，$A-B$ の (i,j) 成分は $a_{ij} + (-b_{ij}) = a_{ij} - b_{ij}$ である．

問 1.2.3　次の計算をせよ．

$$\begin{pmatrix} 3 & 5 & 2 \\ 2 & 3 & 4 \end{pmatrix} + 3\begin{pmatrix} 1 & 1 & 2 \\ 2 & 1 & 0 \end{pmatrix} - 2\begin{pmatrix} 0 & 2 & 1 \\ 1 & 1 & 2 \end{pmatrix}$$

成分がすべて 0 である $m \times n$ 行列を $m \times n$ 型**零行列**といい，$O_{m \times n}$ で表す．特に，$m = n$ のときは n 次零行列といい，O_n で表すこともある．また，$O_{1 \times n}$ および $O_{n \times 1}$ をそれぞれ n 次行零ベクトル，n 次列零ベクトルと呼ぶ．行零ベクトルであるか列零ベクトルであるかが前後の文脈で明らかなときは，単に**零ベクトル**と呼び，しばしば $\mathbf{0}_n$ で表す．なお，零行列の型が明らかなときは，

添字を略して単に O (零ベクトルの場合は $\mathbf{0}$) と表すことも多い．

A が $m \times n$ 行列であるとき，明らかに

$$A + O_{m\times n} = A, \quad A - A = O_{m\times n}$$

が成り立つ．

行列の和，差，スカラー倍に関する演算法則

A, B, C を同じ型の行列とし，c, d を数とするとき，

$$A + B = B + A$$
$$(A + B) + C = A + (B + C)$$
$$A + O = A$$
$$A - A = O$$
$$(c + d)A = cA + dA$$
$$c(A + B) = cA + cB$$
$$(cd)A = c(dA)$$

問題 1-2

1. 転置行列について，次のことを示せ．

(1) A, B を同じ型の行列とするとき，${}^t(A + B) = {}^tA + {}^tB$.

(2) c を数とし，A を行列とするとき，${}^t(cA) = c({}^tA)$.

2. 正方行列 A について，${}^tA = A$ のとき A を**対称行列**といい，${}^tA = -A$ のとき A を**交代行列**という．次のことを示せ．

(1) A, B を n 次対称行列，c を数とするとき，$A + B$ および cA も n 次対称行列である．

(2) A, B を n 次交代行列，c を数とするとき，$A + B$ および cA も n 次交代行列である．

(3) A を正方行列とするとき，$A + {}^tA$ は対称行列であり，$A - {}^tA$ は交代行列である．

3. 正方行列は対称行列と交代行列の和で表され，しかもその表し方はただ1通りに限ることを示せ．

1.3　行列の積

A を $m \times n$ 行列，B を $n \times r$ 行列とする．A の第 i 行 $(1 \leqq i \leqq m)$ と B の第 j 列 $(1 \leqq j \leqq r)$ がそれぞれ

$$(a_{i1} \quad a_{i2} \quad \cdots \quad a_{in}), \qquad \begin{pmatrix} b_{1j} \\ b_{2j} \\ \vdots \\ b_{nj} \end{pmatrix}$$

であるとし，これらのベクトルの第 k 成分どうしの積 $a_{ik}b_{kj}$ の和を k についてとったものを c_{ij} とおく．すなわち，

$$c_{ij} = a_{i1}b_{1j} + a_{i2}b_{2j} + \cdots + a_{in}b_{nj}$$

である．このとき，c_{ij} を (i, j) 成分とする $m \times r$ 行列を構成することができる．この行列を A と B の**積**と呼び，AB で表す．

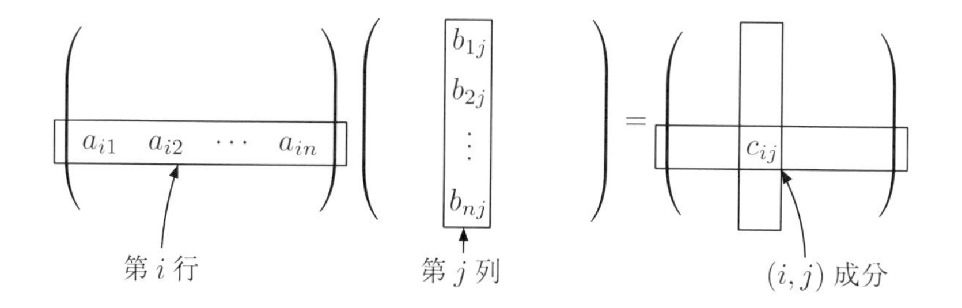

例 1.3.1　A, B がともに n 次正方行列のとき，積 AB が計算できる．特に，$n = 2$ のときに積の計算を図解すると次のようになる．

$$\begin{matrix} ① \\ ② \end{matrix}\begin{pmatrix} a & b \\ c & d \end{pmatrix} \overset{\begin{matrix}❶ & ❷\end{matrix}}{\begin{pmatrix} p & q \\ r & s \end{pmatrix}} = \begin{pmatrix} \overset{①❶}{ap} + br & \overset{①❷}{aq} + bs \\ \overset{②❶}{cp} + dr & \overset{②❷}{cq} + ds \end{pmatrix}$$

すなわち，$A=\begin{pmatrix} a & b \\ c & d \end{pmatrix}$，$B=\begin{pmatrix} p & q \\ r & s \end{pmatrix}$ とするとき，右辺の行列において

(1,1) 成分には左辺の A の第1行 ① と B の第1列 ❶ の成分の積の和，
(1,2) 成分には左辺の A の第1行 ① と B の第2列 ❷ の成分の積の和，
(2,1) 成分には左辺の A の第2行 ② と B の第1列 ❶ の成分の積の和，
(2,2) 成分には左辺の A の第2行 ② と B の第2列 ❷ の成分の積の和

をそれぞれ記入すると，それが積 AB になる．

問 1.3.1　積 $\begin{pmatrix} 1 & 3 \\ 3 & 1 \end{pmatrix}\begin{pmatrix} -2 & 1 \\ 1 & 2 \end{pmatrix}$ を求めよ．

正方行列 A とそれ自身との積 AA を A^2 と書く (3以上の整数 r に対しても A^r が定義できるが，それに関しては後述する)．

例題 1.3.1　$A=\begin{pmatrix} a & b \\ c & d \end{pmatrix}$ に対して，等式

$$A^2-(a+d)A+(ad-bc)E=O$$

が成り立つことを示せ．ただし，$E=\begin{pmatrix} 1 & 0 \\ 0 & 1 \end{pmatrix}$ とする．

解答　$A^2=\begin{pmatrix} a^2+bc & ab+bd \\ ca+dc & cb+d^2 \end{pmatrix}$，$(a+d)A=\begin{pmatrix} a^2+da & ab+db \\ ac+dc & ad+d^2 \end{pmatrix}$ だから，

$$A^2-(a+d)A=\begin{pmatrix} bc-da & 0 \\ 0 & cb-ad \end{pmatrix}=-(ad-bc)E$$

となる．したがって，$A^2-(a+d)A+(ad-bc)E=O$ である．

例題 1.3.1 の等式は，n 次正方行列に関する**ケーリー - ハミルトンの定理** (定理 6.1.3) の $n=2$ の場合になっている．

2つの行列 A, B の積 AB は，A の列の個数と B の行の個数が一致している

場合に限って定義されていることに注意しよう．A が 2 次正方行列であるときには，B が $2 \times r$ 行列であるときに限って積 AB が定義される．$r = 2$ の場合は上に具体的な計算法を述べたが，$r = 1$ の場合についても念のため記すと，

$$\begin{pmatrix} a & b \\ c & d \end{pmatrix}\begin{pmatrix} p \\ r \end{pmatrix} = \begin{pmatrix} ap + br \\ cp + dr \end{pmatrix}$$

となる．同じように，B が 2 次正方行列であるときには，A が $m \times 2$ 行列であるときに限って積 AB が定義される．$m = 1$ の場合の具体的な計算法は次のとおりである．

$$\begin{pmatrix} a & b \end{pmatrix}\begin{pmatrix} p & q \\ r & s \end{pmatrix} = \begin{pmatrix} ap + br & aq + bs \end{pmatrix}$$

例 1.3.2　n 次行ベクトルと n 次列ベクトルの積は，行ベクトルが左側の場合，

$$\begin{pmatrix} a_1 & a_2 & \cdots & a_n \end{pmatrix}\begin{pmatrix} b_1 \\ b_2 \\ \vdots \\ b_n \end{pmatrix} = \begin{pmatrix} a_1b_1 + a_2b_2 + \cdots + a_nb_n \end{pmatrix}$$

である (積は 1 次正方行列)．一方，列ベクトルが左側の場合，

$$\begin{pmatrix} b_1 \\ b_2 \\ \vdots \\ b_n \end{pmatrix}\begin{pmatrix} a_1 & a_2 & \cdots & a_n \end{pmatrix} = \begin{pmatrix} b_1a_1 & b_1a_2 & \cdots & b_1a_n \\ b_2a_1 & b_2a_2 & \cdots & b_2a_n \\ \vdots & \vdots & \ddots & \vdots \\ b_na_1 & b_na_2 & \cdots & b_na_n \end{pmatrix}$$

となる (積は n 次正方行列)．　■

行列の積の定義および例 1.3.2 の前半の等式からわかるとおり，積 AB の (i, j) 成分は実は A の第 i 行と B の第 j 列の積として得られる 1 次正方行列のただ 1 つの成分に等しい．

例 1.3.3　A が $m \times n$ 行列のとき，零行列を A の左右どちらから掛けても積

は零行列になる．すなわち，

$$O_{l\times m}A = O_{l\times n}, \qquad AO_{n\times r} = O_{m\times r}$$

である． ▮

A が正方行列のとき，左上と右下を結ぶ対角線上にある成分を A の**対角成分**という．

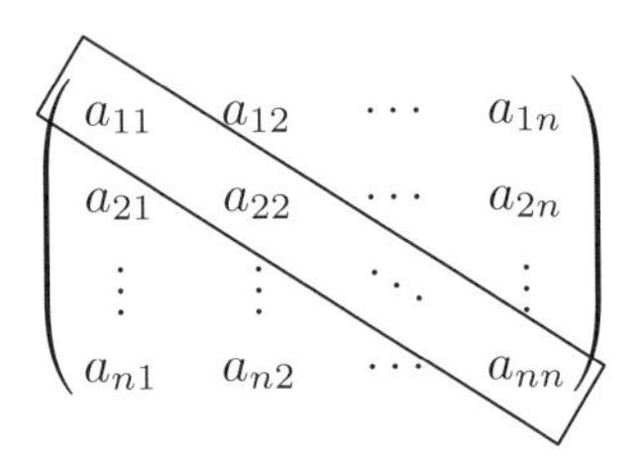

対角成分以外の成分がすべて 0 である n 次正方行列を，n 次**対角行列**と呼ぶ．たとえば，2 次正方行列 $\begin{pmatrix} a & b \\ c & d \end{pmatrix}$ では b と c が 0 であるものが対角行列だから，

$$\begin{pmatrix} 0 & 0 \\ 0 & 0 \end{pmatrix}, \quad \begin{pmatrix} 1 & 0 \\ 0 & 0 \end{pmatrix}, \quad \begin{pmatrix} 0 & 0 \\ 0 & 1 \end{pmatrix}, \quad \begin{pmatrix} 1 & 0 \\ 0 & 1 \end{pmatrix}, \quad \begin{pmatrix} 1 & 0 \\ 0 & 2 \end{pmatrix}$$

などはみな 2 次対角行列である．

例 1.3.4　n 次対角行列どうしの積はやはり n 次対角行列である．具体的には，

$$\begin{pmatrix} a_{11} & & & \\ & a_{22} & & \\ & & \ddots & \\ & & & a_{nn} \end{pmatrix}\begin{pmatrix} b_{11} & & & \\ & b_{22} & & \\ & & \ddots & \\ & & & b_{nn} \end{pmatrix} = \begin{pmatrix} a_{11}b_{11} & & & \\ & a_{22}b_{22} & & \\ & & \ddots & \\ & & & a_{nn}b_{nn} \end{pmatrix}$$

となる．ただし，空白部分の成分 (つまり，対角成分以外) はすべて 0 である． ▮

対角成分がすべて 1 の n 次対角行列を n 次**単位行列**といい，E_n で表す．たとえば，

$$E_1 = (1), \quad E_2 = \begin{pmatrix} 1 & 0 \\ 0 & 1 \end{pmatrix}, \quad E_3 = \begin{pmatrix} 1 & 0 & 0 \\ 0 & 1 & 0 \\ 0 & 0 & 1 \end{pmatrix}, \quad E_4 = \begin{pmatrix} 1 & 0 & 0 & 0 \\ 0 & 1 & 0 & 0 \\ 0 & 0 & 1 & 0 \\ 0 & 0 & 0 & 1 \end{pmatrix}$$

である．単位行列の型が前後の文脈から明らかなときは，E_n を単に E で表すこともある．

2 つの正の整数 i, j に対して，記号 δ_{ij} を

$$\delta_{ij} = \begin{cases} 1 & (i = j \text{ のとき}), \\ 0 & (i \neq j \text{ のとき}) \end{cases}$$

と定める．これを**クロネッカーのデルタ記号**と呼ぶ．この記号を用いれば，n 次単位行列の (i, j) 成分は δ_{ij} $(i = 1, 2, \ldots, n;\ j = 1, 2, \ldots, n)$ である，と言い表すことができる．

例 1.3.5　A が $m \times n$ 行列のとき，積 $E_m A$ も $m \times n$ 行列であり，その (i, j) 成分は

$$\delta_{i1} a_{1j} + \delta_{i2} a_{2j} + \cdots + \delta_{im} a_{mj} = \delta_{ii} a_{ij} = a_{ij}$$

だから，A の (i, j) 成分に等しい．よって，$E_m A = A$ である．同様にして，$AE_n = A$ であることもわかる．特に，

$$A \text{ が } n \text{ 次正方行列ならば，} E_n A = AE_n = A$$

である．すなわち，n 次正方行列どうしの積においては E_n を左右どちらから掛けても何も変わらない．これは，数どうしの積において 1 を掛けても何も変わらないことに類似した性質である．■

例 1.3.6　数どうしの積では，0 でないものどうしの積が 0 になることはない．しかし，行列どうしの積では，$A \neq O$ かつ $B \neq O$ であっても $AB = O$ となることがある．たとえば，$A = \begin{pmatrix} 1 & 2 \\ 2 & 4 \end{pmatrix}$，$B = \begin{pmatrix} 4 & -2 \\ -2 & 1 \end{pmatrix}$ に対して $AB = O$

である．

n 次正方行列 A, B について，$A \neq O, B \neq O$ であるのに $AB = O$ となるならば，A および B を**零因子**と呼ぶ．例 1.3.6 の A, B は零因子である．

AB が計算できても BA は存在しないことがある．たとえば，

$$\begin{pmatrix} p \\ q \end{pmatrix}\begin{pmatrix} a & b \\ c & d \end{pmatrix} \qquad \begin{pmatrix} p & q \\ r & s \end{pmatrix}\begin{pmatrix} a & b \end{pmatrix}$$

といったものは存在しない．また，積 AB, BA がともに存在したとしても，両者が一致するとは限らない．例 1.3.2 は，$n \geqq 2$ のときにそのようなものの一例を与える．

例 1.3.7　AB, BA がともに定義されて型も等しい場合であっても，両者が一致するとは限らない．たとえば，$A = \begin{pmatrix} 0 & 1 \\ -1 & 0 \end{pmatrix}$, $B = \begin{pmatrix} 1 & 1 \\ 0 & 1 \end{pmatrix}$ とすると，

$$AB = \begin{pmatrix} 0 & 1 \\ -1 & -1 \end{pmatrix}, \qquad BA = \begin{pmatrix} -1 & 1 \\ -1 & 0 \end{pmatrix}$$

だから，$AB \neq BA$ である．

例 1.3.8　(1) 例 1.3.6 の 2 次正方行列 A, B については $AB = O_2$ であったが，実は $BA = O_2$ であることも確かめられる．したがって，この場合は $AB = BA \ (= O_2)$ が成り立つ．

(2) $A = \begin{pmatrix} 1 & 2 \\ 0 & 1 \end{pmatrix}$, $B = \begin{pmatrix} 1 & 3 \\ 0 & 1 \end{pmatrix}$ について，

$$AB = \begin{pmatrix} 1 & 5 \\ 0 & 1 \end{pmatrix}, \qquad BA = \begin{pmatrix} 1 & 5 \\ 0 & 1 \end{pmatrix}$$

となるから，この場合も $AB = BA$ が成り立つ．

例 1.3.8 のように，A, B が同じ次数の正方行列で，かつ $AB = BA$ が成り立つとき，A と B は**可換**であるという．

A が $m \times n$ 行列で，B, C が $n \times r$ 行列であるとき，積 AB, AC, および $A(B + C)$ が計算できるが，これら三者の間には等式

$$A(B + C) = AB + AC$$

が成り立つ．同様に，A, B が $m \times n$ 行列で，C が $n \times r$ 行列であるとき，等式

$$(A + B)C = AC + BC$$

が成り立つ．これらを**分配法則**という．証明はやさしい (両辺の成分を比較).

問 1.3.2　分配法則が成り立つことを示せ.

A が $m \times n$ 行列で，B が $n \times r$ 行列であるとき，任意の数 c に対して

$$c(AB) = (cA)B = A(cB)$$

が成り立つ．このことの証明も容易である．

問 1.3.3　この等式を示せ.

積の結合法則

3 つの行列 A, B, C について，積 AB, BC が定義されているとする．これは，A, C をそれぞれ $m \times n$ 行列，$r \times s$ 行列とすると，B が $n \times r$ 行列であるということを意味する．このとき積 AB は $m \times r$ 行列であり，よって積 $(AB)C$ を計算することができる．また，積 BC は $n \times s$ 行列であるから，積 $A(BC)$ を計算することができる．行列 $(AB)C$, $A(BC)$ はともに $m \times s$ 行列であり，実は

$$(AB)C = A(BC)$$

が成り立つ．これを行列の積の**結合法則**という．証明は，いつものとおり両辺の成分比較によるもので別に難しくはない．ただ，式が若干複雑なので，まず

いくつかの簡単な例で結合法則が成り立つことを確かめ，その後，一般に結合法則が成り立つことを証明することにする．

例 1.3.9　$A = \begin{pmatrix} a & b \end{pmatrix}$, $B = \begin{pmatrix} p & q \\ r & s \end{pmatrix}$, $C = \begin{pmatrix} u \\ v \end{pmatrix}$ に対して $(AB)C = A(BC)$ が成り立つことを，計算により確かめてみよう．

$$(AB)C = \left\{ \begin{pmatrix} a & b \end{pmatrix} \begin{pmatrix} p & q \\ r & s \end{pmatrix} \right\} \begin{pmatrix} u \\ v \end{pmatrix} = \begin{pmatrix} ap + br & aq + bs \end{pmatrix} \begin{pmatrix} u \\ v \end{pmatrix}$$

$$= (apu + bru + aqv + bsv),$$

$$A(BC) = \begin{pmatrix} a & b \end{pmatrix} \left\{ \begin{pmatrix} p & q \\ r & s \end{pmatrix} \begin{pmatrix} u \\ v \end{pmatrix} \right\} = \begin{pmatrix} a & b \end{pmatrix} \begin{pmatrix} pu + qv \\ ru + sv \end{pmatrix}$$

$$= (apu + aqv + bru + bsv).$$

よって，この場合，確かに $(AB)C = A(BC)$ が成り立つ．∎

例題 1.3.2　$A = \begin{pmatrix} a_{11} & a_{12} \\ a_{21} & a_{22} \end{pmatrix}$, $B = \begin{pmatrix} b_{11} & b_{12} \\ b_{21} & b_{22} \end{pmatrix}$, $C = \begin{pmatrix} c_{11} & c_{12} \\ c_{21} & c_{22} \end{pmatrix}$ に対して $(AB)C = A(BC)$ が成り立つことを，計算により確かめよ．

解答　$i = 1, 2$ および $j = 1, 2$ に対して $(AB)C$ と $A(BC)$ の (i, j) 成分が一致することを示せばよい．$k = 1, 2$ に対して AB の (i, k) 成分は $a_{i1}b_{1k} + a_{i2}b_{2k}$ だから，$(AB)C$ の (i, j) 成分は

$$(a_{i1}b_{11} + a_{i2}b_{21})c_{1j} + (a_{i1}b_{12} + a_{i2}b_{22})c_{2j}$$

である．一方，$k = 1, 2$ に対して BC の (k, j) 成分は $b_{k1}c_{1j} + b_{k2}c_{2j}$ だから，$A(BC)$ の (i, j) 成分は

$$a_{i1}(b_{11}c_{1j} + b_{12}c_{2j}) + a_{i2}(b_{21}c_{1j} + b_{22}c_{2j})$$

である．したがって，$(AB)C$ と $A(BC)$ の (i, j) 成分が一致するから，$(AB)C = A(BC)$ である．∎

例 1.3.10　A, B, C がそれぞれ n 次行ベクトル，$n \times r$ 行列，r 次列ベクトルであるとき，$(AB)C = A(BC)$ が成り立つことが，例 1.3.9 と同様の計算により確かめられる．実際，

$$A = (a_1 \quad a_2 \quad \cdots \quad a_n), \quad B = \begin{pmatrix} b_{11} & b_{12} & \cdots & b_{1r} \\ b_{21} & b_{22} & \cdots & b_{2r} \\ \vdots & \vdots & \ddots & \vdots \\ b_{n1} & b_{n2} & \cdots & b_{nr} \end{pmatrix}, \quad C = \begin{pmatrix} c_1 \\ c_2 \\ \vdots \\ c_r \end{pmatrix}$$

とすると，AB の第 k 成分 $(k = 1, 2, \ldots, r)$ は $a_1 b_{1k} + a_2 b_{2k} + \cdots + a_n b_{nk}$ だから，$(AB)C$ のただ 1 つの成分は

$$\begin{aligned} &(a_1 b_{11} + a_2 b_{21} + \cdots + a_n b_{n1}) c_1 \\ &+ (a_1 b_{12} + a_2 b_{22} + \cdots + a_n b_{n2}) c_2 \\ &+ \qquad\qquad \cdots\cdots\cdots \\ &+ (a_1 b_{1r} + a_2 b_{2r} + \cdots + a_n b_{nr}) c_r. \end{aligned}$$

一方，BC の第 k 成分 $(k = 1, 2, \ldots, r)$ は $b_{k1} c_1 + b_{k2} c_2 + \cdots + b_{kr} c_r$ だから，$A(BC)$ のただ 1 つの成分は

$$\begin{aligned} &a_1 (b_{11} c_1 + b_{12} c_2 + \cdots + b_{1r} c_r) \\ &+ a_2 (b_{21} c_1 + b_{22} c_2 + \cdots + b_{2r} c_r) \\ &+ \qquad\qquad \cdots\cdots\cdots \\ &+ a_n (b_{n1} c_1 + b_{n2} c_2 + \cdots + b_{nr} c_r). \end{aligned}$$

したがって，この場合も $(AB)C = A(BC)$ が成り立つ．　■

結合法則の証明　i, j をそれぞれ $1 \leqq i \leqq m$，$1 \leqq j \leqq s$ を満たす任意の整数とし，積 $(AB)C$ の (i, j) 成分を d_{ij} とおくと，d_{ij} は AB の第 i 行と C の第 j 列の成分の積の和だから，AB の第 i 行を $(e_{i1} \quad e_{i2} \quad \cdots \quad e_{ir})$ とし，C の

第 j 列を $\begin{pmatrix} c_{1j} \\ c_{2j} \\ \vdots \\ c_{rj} \end{pmatrix}$ とすれば，$d_{ij} = e_{i1}c_{1j} + e_{i2}c_{2j} + \cdots + e_{ir}c_{rj}$ である．右辺に現れる e_{ik} $(k = 1, 2, \ldots, r)$ は積 AB の (i, k) 成分だから，A の第 i 行と B の第 k 列の成分の積の和である．そこで，A の (i, l) 成分を a_{il}, B の (l, k) 成分を b_{lk} $(l = 1, 2, \ldots, n)$ とすると，A の第 i 行は $(a_{i1} \quad a_{i2} \quad \cdots \quad a_{in})$, B の第 k 列は $\begin{pmatrix} b_{1k} \\ b_{2k} \\ \vdots \\ b_{nk} \end{pmatrix}$ となるから，$e_{ik} = a_{i1}b_{1k} + a_{i2}b_{2k} + \cdots + a_{in}b_{nk}$ である．

よって，

$$\begin{aligned}
d_{ij} = \quad & (a_{i1}b_{11} + a_{i2}b_{21} + \cdots + a_{in}b_{n1})c_{1j} \\
& + (a_{i1}b_{12} + a_{i2}b_{22} + \cdots + a_{in}b_{n2})c_{2j} \\
& + \qquad \cdots\cdots\cdots \\
& + (a_{i1}b_{1r} + a_{i2}b_{2r} + \cdots + a_{in}b_{nr})c_{rj} \\
= \quad & a_{i1}b_{11}c_{1j} + a_{i2}b_{21}c_{1j} + \cdots + a_{in}b_{n1}c_{1j} \\
& + a_{i1}b_{12}c_{2j} + a_{i2}b_{22}c_{2j} + \cdots + a_{in}b_{n2}c_{2j} \\
& + \qquad \cdots\cdots\cdots \\
& + a_{i1}b_{1r}c_{rj} + a_{i2}b_{2r}c_{rj} + \cdots + a_{in}b_{nr}c_{rj} \\
= \quad & a_{i1}(b_{11}c_{1j} + b_{12}c_{2j} + \cdots + b_{1r}c_{rj}) \\
& + a_{i2}(b_{21}c_{1j} + b_{22}c_{2j} + \cdots + b_{2r}c_{rj}) \\
& + \qquad \cdots\cdots\cdots \\
& + a_{in}(b_{n1}c_{1j} + b_{n2}c_{2j} + \cdots + b_{nr}c_{rj}).
\end{aligned}$$

一方, 積 $A(BC)$ の (i,j) 成分を f_{ij} とおくと, f_{ij} は A の第 i 行と BC の第 j 列の積だから, BC の第 j 列を $\begin{pmatrix} g_{1j} \\ g_{2j} \\ \vdots \\ g_{nj} \end{pmatrix}$ とすれば, $f_{ij} = a_{i1}g_{1j}+a_{i2}g_{2j}+\cdots+a_{in}g_{nj}$ である. 右辺に現れる g_{lj} $(l=1,2,\ldots,n)$ は B の第 l 行と C の第 j 列の積だから, $g_{lj} = b_{l1}c_{1j} + b_{l2}c_{2j} + \cdots + b_{lr}c_{rj}$ である. よって,

$$
\begin{aligned}
f_{ij} = & \quad a_{i1}(b_{11}c_{1j} + b_{12}c_{2j} + \cdots + b_{1r}c_{rj}) \\
& + \; a_{i2}(b_{21}c_{1j} + b_{22}c_{2j} + \cdots + b_{2r}c_{rj}) \\
& + \qquad\qquad \cdots\cdots\cdots \\
& + \; a_{in}(b_{n1}c_{1j} + b_{n2}c_{2j} + \cdots + b_{nr}c_{rj}) \\
= & \quad d_{ij}
\end{aligned}
$$

となり, 任意の整数 i, j $(1 \leqq i \leqq m;\ 1 \leqq j \leqq s)$ に対して $(AB)C$ と $A(BC)$ の (i,j) 成分は等しい. ゆえに, $(AB)C = A(BC)$ である. ▮

行列の積に関する演算法則

A, B, C を行列とし, c を数とするとき,

$A(B+C) = AB + AC$ (A: $m \times n$ 行列, B, C: $n \times r$ 行列)

$(A+B)C = AC + BC$ (A, B: $m \times n$ 行列, C: $n \times r$ 行列)

$c(AB) = (cA)B = A(cB)$ (A: $m \times n$ 行列, B: $n \times r$ 行列)

$(AB)C = A(BC)$ (A: $m \times n$ 行列, B: $n \times r$ 行列, C: $r \times s$ 行列)

$c(AB)$, $(cA)B$, $A(cB)$ はみな同じ行列なので, かっこをはずして単に cAB と書いても混乱を生じない. また, $(AB)C$ と $A(BC)$ は同じ行列なので, この場合もかっこをはずして単に ABC と書いて差し支えない.

例題 1.3.3 4 つの行列 A_1, A_2, A_3, A_4 について, A_1A_2, A_2A_3, A_3A_4 が

定義されるとする．このとき，次の4つの積

$$(A_1A_2A_3)A_4, \quad A_1(A_2A_3A_4), \quad (A_1A_2)(A_3A_4), \quad A_1(A_2A_3)A_4$$

はすべて等しいことを示せ．

解答　$A = A_1$, $B = A_2A_3$, $C = A_4$ とおくと，$AB = A_1(A_2A_3) = A_1A_2A_3$ だから

$$A_1(A_2A_3)A_4 = ABC = (AB)C = (A_1A_2A_3)A_4$$

である．また，$BC = (A_2A_3)A_4 = A_2A_3A_4$ だから，

$$A_1(A_2A_3A_4) = A(BC) = (AB)C = (A_1A_2A_3)A_4$$

となることもわかる．最後に，$A = A_1A_2$, $B = A_3$, $C = A_4$ とおくと $AB = (A_1A_2)A_3 = A_1A_2A_3$ だから，

$$(A_1A_2)(A_3A_4) = A(BC) = (AB)C = (A_1A_2A_3)A_4$$

である．■

例題1.3.3の積はみな等しいから，かっこをはずして単に $A_1A_2A_3A_4$ と書くことができる．

一般に，k 個の行列 A_1, A_2, ..., A_k について，隣り合う行列の積 A_1A_2, A_2A_3, ..., $A_{k-1}A_k$ が定義されているならば，積 $A_1A_2\cdots A_k$ を定義することができる．特に，正方行列 A を k 個掛け合わせたものを A^k と記す．

$$A^k = \underbrace{AA\cdots A}_{k\ 個}$$

また，A^0 は E であると定義する．すぐにわかるように，0以上の整数 k, l に対して

$$A^{k+l} = A^kA^l, \qquad A^{kl} = (A^k)^l$$

が成り立つ．

例 1.3.11　$A = \begin{pmatrix} 0 & 1 \\ 0 & 0 \end{pmatrix}$ に対して，$A^2 = O$ である．よって，3 以上の自然数 m に対しても $A^m = A^2 A^{m-2} = OA^{m-2} = O$.

問 1.3.4　$A = \begin{pmatrix} 0 & 1 & 0 \\ 0 & 0 & 1 \\ 0 & 0 & 0 \end{pmatrix}$ に対して，$A^m \quad (m = 1, 2, 3, \ldots)$ を求めよ．

問 1.3.5　自然数 m に対して $\begin{pmatrix} a & 0 \\ 0 & b \end{pmatrix}^m = \begin{pmatrix} a^m & 0 \\ 0 & b^m \end{pmatrix}$ となることを，数学的帰納法を用いて示せ．

問題 1-3

1.　A, B をそれぞれ $m \times n$ 行列，$n \times r$ 行列とするとき，以下のことを示せ．

(1)　A の第 i 行が $\mathbf{0}$ ならば，積 AB の第 i 行も $\mathbf{0}$ である．

(2)　B の第 j 列が $\mathbf{0}$ ならば，積 AB の第 j 列も $\mathbf{0}$ である．

2.　A, B をそれぞれ $m \times n$ 行列，$n \times r$ 行列とする．このとき，${}^t(AB) = {}^tB\,{}^tA$ であることを示せ．

3.　A を $m \times n$ 行列とする．

(1)　A の (i, j) 成分を a_{ij} $(i = 1, 2, \ldots, m;\ j = 1, 2, \ldots, n)$ とする．このとき，$i = 1, 2, \ldots, m$ に対して $A\,{}^tA$ の (i, i) 成分を求めよ．

(2)　A の成分がすべて実数で，かつ $A\,{}^tA = O_m$ であるとする．このとき，A を求めよ．

4.　同じ次数の正方行列 A, B に対して，$[A, B] = AB - BA$ と定義する．このとき，

$$[A, [B, C]] + [B, [C, A]] + [C, [A, B]] = O$$

が成り立つことを示せ．

5.　A を n 次正方行列とするとき，自然数 m に対して

$$(E_n - A)(E_n + A + \cdots + A^{m-1}) = E_n - A^m,$$
$$(E_n + A + \cdots + A^{m-1})(E_n - A) = E_n - A^m$$

が成り立つことを示せ．

6.　積 $\begin{pmatrix} \cos\theta & -\sin\theta \\ \sin\theta & \cos\theta \end{pmatrix}\begin{pmatrix} \cos\varphi & -\sin\varphi \\ \sin\varphi & \cos\varphi \end{pmatrix}$ を求めよ．また，自然数 m に対して $\begin{pmatrix} \cos\theta & -\sin\theta \\ \sin\theta & \cos\theta \end{pmatrix}^m = \begin{pmatrix} \cos m\theta & -\sin m\theta \\ \sin m\theta & \cos m\theta \end{pmatrix}$ が成り立つことを示せ．

7.　A を次の n 次対角行列とするとき，自然数 m に対して A^m を求めよ．

$$A = \begin{pmatrix} a_1 & & & \\ & a_2 & & \\ & & \ddots & \\ & & & a_n \end{pmatrix}$$

8.　同じ次数の正方行列 A, B が可換であるとき，以下のことを示せ．

(1)　任意の自然数 r に対して A^r と B は可換である．

(2)　任意の自然数 r に対して $(AB)^r = A^r B^r$．

(3)　任意の自然数 r, s に対して A^r と B^s は可換である．

9.　同じ次数の正方行列 A, B が可換であるとき，任意の自然数 m に対して

$$(A+B)^m = A^m + {}_m\mathrm{C}_1\, A^{m-1}B + {}_m\mathrm{C}_2\, A^{m-2}B^2 + \cdots + {}_m\mathrm{C}_{m-1}\, AB^{m-1} + B^m$$

が成り立つことを示せ．ただし，${}_m\mathrm{C}_r = \dfrac{m!}{r!\,(m-r)!}$ (二項係数) である．

10.　正方行列のうち，$i > j$ のときの (i, j) 成分がすべて 0 (すなわち，対角成分より下側の成分がすべて 0) であるものを，**上三角行列**と呼ぶ．また，$i < j$ のときの (i, j) 成分がすべて 0 (すなわち，対角成分より上側の成分がすべて 0) であるものを，**下三角行列**と呼ぶ．

(1)　A, B がともに n 次上三角行列であるとき，積 AB も n 次上三角行列であることを示せ．また，2 つの n 次上三角行列 A, B の (i, j) 成分をそ

れぞれ a_{ij}, b_{ij} $(1 \leqq i \leqq n;\ 1 \leqq j \leqq n)$ とするとき，AB の対角成分を求めよ．

(2) A, B がともに n 次下三角行列であるときにも (1) と同様のことがいえることを確かめよ．

11. A を n 次上三角行列または n 次下三角行列とし，A の対角成分を左上から順に $a_1, a_2, \ldots, a_n$ とする．このとき，自然数 m に対して A^m の対角成分は左上から順に ${a_1}^m, {a_2}^m, \ldots, {a_n}^m$ となることを示せ．

1.4　正則行列とその逆行列

a が 0 でない数のとき，等式 $ax = 1$ を満たす数 x がただ 1 つ存在する．この x を a の逆数と呼び，a^{-1} あるいは $\dfrac{1}{a}$ と書く．$aa^{-1} = 1$ であり，また交換法則から自動的に $a^{-1}a = 1$ も成り立つ．

本節では，与えられた行列のいわば逆数に相当する行列について考える．ただし，行列の積では交換法則が成り立たないこと，また，$A \neq O$, $B \neq O$ であっても $AB = O$ となることがある (たとえば，例 1.3.6 参照) から，少し慎重に話をすすめなければならない．

n 次正方行列 A に対して，2 つの等式

$$\begin{cases} AX = E_n \\ XA = E_n \end{cases} \tag{1.4.1}$$

をともに満たす n 次正方行列 X が存在するとき，A は**正則**であるという．正則な n 次正方行列を，n 次正則行列と呼ぶ．

例 1.4.1　$A = \begin{pmatrix} 0 & 0 \\ c & d \end{pmatrix}$, $X = \begin{pmatrix} x & y \\ z & w \end{pmatrix}$ とすると，

$$AX = \begin{pmatrix} 0 & 0 \\ cx + dz & cy + dw \end{pmatrix}.$$

よって，A の第 1 行が $\mathbf{0}$ のとき，AX の第 1 行も $\mathbf{0}$ となり，X をどのように選んでも $AX \neq E_2$ である．したがって，このような A は正則でない．同様に

して，$\begin{pmatrix} a & b \\ 0 & 0 \end{pmatrix}$, $\begin{pmatrix} 0 & b \\ 0 & d \end{pmatrix}$, $\begin{pmatrix} a & 0 \\ c & 0 \end{pmatrix}$（それぞれ，第2行，第1列，第2列が $\mathbf{0}$）についても，正則でないことがわかる．なお，問題1-3, ***1*** も参照のこと． ▮

問 1.4.1　正則行列の行および列には，$\mathbf{0}$ が一切存在しないことを示せ．

A が n 次正則行列であるとき，(1.4.1) を満たす X はただ1つであることを示そう．そのために，ある n 次正方行列 Y に対して

$$\begin{cases} AY = E_n \\ YA = E_n \end{cases}$$

が成り立つとする．このとき，$AX = E_n$ かつ $YA = E_n$ だから

$$Y = YE_n = Y(AX) = (YA)X = E_nX = X$$

となり，結局 Y は X に等しいことがわかる．すなわち，A が正則であれば (1.4.1) を満たす行列 X はただ1つである．そこで，これを A の**逆行列**と呼び，A^{-1} と書く．

例 1.4.2　A を n 次正則行列とする．このとき，$AB = O$ となる n 次正方行列 B は O だけである．実際，A が正則のとき，$AB = O$ の両辺に左から A^{-1} を掛けて $A^{-1}(AB) = A^{-1}O$ となるが，この等式の左辺については $A^{-1}(AB) = (A^{-1}A)B = E_nB = B$ であり，右辺は $A^{-1}O = O$ だから，$B = O$ でなければならない． ▮

問 1.4.2　A が n 次正則行列のとき，$BA = O$ となる n 次正方行列 B は O だけであることを示せ．

A を n 次正方行列とする．例 1.4.2 より，$B \neq O$ かつ $AB = O$ となる n 次正方行列 B が存在すれば，A は正則ではあり得ない．したがって，零因子 (14 ページ) は正則でない．

例 1.4.3　A を正方行列とする．ある自然数 m に対して $A^m = O$ となるとき，A を**べき零行列**という．べき零行列は正則でない．このことを示すために，$A^m = O$ となる自然数 m のうち最小のものを p とおく．$p = 1$ のときは

$A=O$ だから正則でない．$p>1$ のときは p の定め方より $A^{p-1}\neq O$ であり，かつ $AA^{p-1}=A^p=O$ となるから，A は正則でない． ▮

例題 1.4.1 2 次正方行列 $A=\begin{pmatrix} a & b \\ c & d \end{pmatrix}$ が正則であるための必要十分条件を求めよ．また，A が正則のとき，A^{-1} を求めよ．

解答 $X=\begin{pmatrix} x & y \\ z & w \end{pmatrix}$ とおくと $AX=\begin{pmatrix} ax+bz & ay+bw \\ cx+dz & cy+dw \end{pmatrix}$ だから，(1.4.1) の第 1 式 $AX=E_2$ を満たす X が存在するということは，2 つの連立 1 次方程式

$$\begin{cases} ax+bz=1\cdots\cdots① \\ cx+dz=0\cdots\cdots② \end{cases} \qquad \begin{cases} ay+bw=0\cdots\cdots③ \\ cy+dw=1\cdots\cdots④ \end{cases}$$

がともに解をもつということにほかならない．そこで，これらの解を調べよう．

①$\times d-$②$\times b$ より，　$(ad-bc)x=d \quad \cdots\cdots$⑤

①$\times c-$②$\times a$ より，　$(ad-bc)z=-c \cdots\cdots$⑥

③$\times d-$④$\times b$ より，　$(ad-bc)y=-b \cdots\cdots$⑦

③$\times c-$④$\times a$ より，　$(ad-bc)w=a \quad \cdots\cdots$⑧

である．ここで，$\varDelta=ad-bc$ とおく．

$\varDelta\neq 0$ のとき，⑤，⑥，⑦，⑧ より

$$x=\frac{d}{\varDelta},\quad z=-\frac{c}{\varDelta},\quad y=-\frac{b}{\varDelta},\quad w=\frac{a}{\varDelta}$$

とおくと，これらが①，②，③，④ を満たすことが確かめられる．そこで，$X=\dfrac{1}{\varDelta}\begin{pmatrix} d & -b \\ -c & a \end{pmatrix}$ とおくと，この X に対して (1.4.1) の第 1 式が成り立つ．しかも，XA を計算してみると，

$$XA=\frac{1}{\varDelta}\begin{pmatrix} d & -b \\ -c & a \end{pmatrix}\begin{pmatrix} a & b \\ c & d \end{pmatrix}=\frac{1}{\varDelta}\begin{pmatrix} \varDelta & 0 \\ 0 & \varDelta \end{pmatrix}=E_2$$

となるから，X は (1.4.1) の第 2 式も満たす．よって，$\varDelta\neq 0$ ならば A は正則

で，$A^{-1} = \dfrac{1}{\Delta}\begin{pmatrix} d & -b \\ -c & a \end{pmatrix}$.

$\Delta = 0$ のとき，もし①，②，③，④が解をもつと仮定すると，⑤，⑥，⑦，⑧より $a = b = c = d = 0$ となるが，この場合，①や④は明らかに解がないから矛盾である．よって，(1.4.1) の第1式は成り立ち得ないから A は正則でない．

さて，ここまでは記号の複雑化を避けるために単に Δ と書いたが，Δ の値はもちろん2次正方行列のとり方によって変わるから，本来は $\Delta(A)$ などと記すべきである．

以上のことをまとめると，次の結論を得る．すなわち，$A = \begin{pmatrix} a & b \\ c & d \end{pmatrix}$ に対して $\Delta(A) = ad - bc$ とおくとき，

$$A \text{が正則} \iff \Delta(A) \neq 0.$$

しかも，このとき，$A^{-1} = \dfrac{1}{\Delta(A)}\begin{pmatrix} d & -b \\ -c & a \end{pmatrix}$ である． ▮

例 1.4.4　(1) $A = \begin{pmatrix} 1 & 2 \\ 3 & 4 \end{pmatrix}$ とすると，$\Delta(A) = 1 \cdot 4 - 2 \cdot 3 = -2 \neq 0$ だから A は正則で，$A^{-1} = \dfrac{1}{-2}\begin{pmatrix} 4 & -2 \\ -3 & 1 \end{pmatrix}$.

(2) $B = \begin{pmatrix} 1 & 2 \\ 2 & 4 \end{pmatrix}$ とすると，$\Delta(B) = 1 \cdot 4 - 2 \cdot 2 = 0$ だから B は正則でない． ▮

例 1.4.5　3次正方行列が正則であるための条件を調べてみよう．

$$A = \begin{pmatrix} a_{11} & a_{12} & a_{13} \\ a_{21} & a_{22} & a_{23} \\ a_{31} & a_{32} & a_{33} \end{pmatrix}$$

とおき，この A に対して $AX = E_3$ を満たす 3 次正方行列

$$X = \begin{pmatrix} x_{11} & x_{12} & x_{13} \\ x_{21} & x_{22} & x_{23} \\ x_{31} & x_{32} & x_{33} \end{pmatrix}$$

が存在すると仮定する．このとき，$AX = E_3$ の両辺の第 1 列を比べることにより得られる連立 1 次方程式

$$\begin{cases} a_{11}x_{11} + a_{12}x_{21} + a_{13}x_{31} = 1 \cdots\cdots ① \\ a_{21}x_{11} + a_{22}x_{21} + a_{23}x_{31} = 0 \cdots\cdots ② \\ a_{31}x_{11} + a_{32}x_{21} + a_{33}x_{31} = 0 \cdots\cdots ③ \end{cases} \qquad (1.4.2)$$

が解をもつ．(1.4.2) から x_{21}, x_{31} を消去するには，式 ①$\times c_1 +$②$\times c_2 +$③$\times c_3$

$$(a_{11}c_1 + a_{21}c_2 + a_{31}c_3)x_{11}$$
$$+(a_{12}c_1 + a_{22}c_2 + a_{32}c_3)x_{21} + (a_{13}c_1 + a_{23}c_2 + a_{33}c_3)x_{31} = c_1$$

において x_{21}, x_{31} の係数が 0 になるように c_1, c_2, c_3 の値を定めればよい．そこで，c_1, c_2, c_3 を新たな未知数とする連立 1 次方程式

$$\begin{cases} a_{12}c_1 + a_{22}c_2 + a_{32}c_3 = 0 \cdots\cdots ④ \\ a_{13}c_1 + a_{23}c_2 + a_{33}c_3 = 0 \cdots\cdots ⑤ \end{cases}$$

の解を調べる．

④ $\times\, a_{23}$ − ⑤ $\times\, a_{22}$ より，

$$(a_{12}a_{23} - a_{13}a_{22})c_1 + (a_{23}a_{32} - a_{22}a_{33})c_3 = 0 \cdots\cdots ⑥$$

④ $\times\, a_{33}$ − ⑤ $\times\, a_{32}$ より，

$$(a_{12}a_{33} - a_{13}a_{32})c_1 + (a_{22}a_{33} - a_{23}a_{32})c_2 = 0 \cdots\cdots ⑦$$

である．さて，このまま計算をすすめていくと見通しも悪いし記号も繁雑になるので，ここで新たな記号を導入しよう．A の第 i 行と第 j 列を消去してできる 2 次正方行列を A_{ij} と書く．たとえば，A_{11} は A の第 1 行と第 1 列を消去してできる 2 次正方行列だから，$A_{11} = \begin{pmatrix} a_{22} & a_{23} \\ a_{32} & a_{33} \end{pmatrix}$ である．

$$A_{11} = \begin{pmatrix} a_{22} & a_{23} \\ a_{32} & a_{33} \end{pmatrix}, \qquad A_{21} = \begin{pmatrix} a_{12} & a_{13} \\ a_{32} & a_{33} \end{pmatrix}, \qquad A_{31} = \begin{pmatrix} a_{12} & a_{13} \\ a_{22} & a_{23} \end{pmatrix}$$

第1行と第1列を消去　　第2行と第1列を消去　　第3行と第1列を消去

$$\begin{pmatrix} a_{11} & a_{12} & a_{13} \\ a_{21} & a_{22} & a_{23} \\ a_{31} & a_{32} & a_{33} \end{pmatrix} \qquad \begin{pmatrix} a_{11} & a_{12} & a_{13} \\ a_{21} & a_{22} & a_{23} \\ a_{31} & a_{32} & a_{33} \end{pmatrix} \qquad \begin{pmatrix} a_{11} & a_{12} & a_{13} \\ a_{21} & a_{22} & a_{23} \\ a_{31} & a_{32} & a_{33} \end{pmatrix}$$

$\Delta_{ij} = \Delta(A_{ij})$ とおく．すると，⑥，⑦ はそれぞれ次のように書き直すことができる．

$$\Delta_{31}c_1 - \Delta_{11}c_3 = 0 \cdots\cdots ⑥'$$
$$\Delta_{21}c_1 + \Delta_{11}c_2 = 0 \cdots\cdots ⑦'$$

明らかに，$c_1 = \Delta_{11}$, $c_2 = -\Delta_{21}$, $c_3 = \Delta_{31}$ は ⑥$'$, ⑦$'$ したがって⑥, ⑦ を満たすが，さらにさかのぼって ④, ⑤ も満たすこともわかる．たとえば，④ に代入してみると，確かに

$$\begin{aligned} & a_{12}\Delta_{11} - a_{22}\Delta_{21} + a_{32}\Delta_{31} \\ &= a_{12}(a_{22}a_{33} - a_{23}a_{32}) - a_{22}(a_{12}a_{33} - a_{13}a_{32}) + a_{32}(a_{12}a_{23} - a_{13}a_{22}) \\ &= 0 \end{aligned}$$

である．したがって，① $\times\, \Delta_{11}$ − ② $\times\, \Delta_{21}$ + ③ $\times\, \Delta_{31}$ とすると，x_{21}, x_{31} が消去された式

$$(a_{11}\Delta_{11} - a_{21}\Delta_{21} + a_{31}\Delta_{31})x_{11} = \Delta_{11} \cdots\cdots ⑧$$

が得られる．同様にして，①，②，③ から x_{11}, x_{31} を消去すると

$$(a_{12}\Delta_{12} - a_{22}\Delta_{22} + a_{32}\Delta_{32})x_{21} = \Delta_{12} \cdots\cdots ⑨$$

となり，①，②，③ から x_{11}, x_{21} を消去すると

$$(a_{13}\Delta_{13} - a_{23}\Delta_{23} + a_{33}\Delta_{33})x_{31} = \Delta_{13} \cdots\cdots ⑩$$

となる．

2次正方行列については，未知数を消去した式 (例題 1.4.1 の ⑤〜⑧) の左辺の係数はすべて $\Delta(A)$ で，右辺は行列の成分の ± 1 倍であった．3次の場合も

似たことがいえることを期待して，⑧ の x_{11} の係数を $\varDelta(A)$ とおいてみる．

$$\begin{aligned}\varDelta(A) = a_{11}a_{22}a_{33} - a_{11}a_{23}a_{32} - a_{21}a_{12}a_{33}\\ + a_{21}a_{13}a_{32} + a_{31}a_{12}a_{23} - a_{31}a_{13}a_{22}\end{aligned} \tag{1.4.3}$$

である．⑨, ⑩ の左辺の係数も展開してみると，それぞれ $-\varDelta(A)$, $\varDelta(A)$ に一致することがわかる．そこで，$\varDelta(A) \neq 0$ のとき ⑧, ⑨, ⑩ より

$$x_{11} = \frac{\varDelta_{11}}{\varDelta(A)}, \quad x_{21} = -\frac{\varDelta_{12}}{\varDelta(A)}, \quad x_{31} = \frac{\varDelta_{13}}{\varDelta(A)}$$

とおく．するとこれらが実際に (1.4.2) の解になっていることが確かめられる．

同様の考察を $AX = E_3$ の両辺の第 2 列, 第 3 列に対しても行うと, $\varDelta(A) \neq 0$ のとき

$$X = \frac{1}{\varDelta(A)} \begin{pmatrix} \varDelta_{11} & -\varDelta_{21} & \varDelta_{31} \\ -\varDelta_{12} & \varDelta_{22} & -\varDelta_{32} \\ \varDelta_{13} & -\varDelta_{23} & \varDelta_{33} \end{pmatrix}$$

に対して $AX = E_3$ が成り立つことがわかる．しかも，$XA = E_3$ となることも積を直接計算することで確かめられる．したがって，$\varDelta(A) \neq 0$ ならば A は正則で，A^{-1} は上に定めた X となる．

一方，$\varDelta(A) = 0$ のときは，$AX = E_3$ を満たす X が存在するという仮定のもとでは 9 つの $\varDelta_{ij}$ がすべて 0 になる．これは，たとえば $\varDelta_{1j}$ $(j = 1, 2, 3)$ については ⑧, ⑨, ⑩ からわかる．他の 6 つの $\varDelta_{ij}$ については，$AX = E_3$ の両辺の第 2 列，第 3 列を用いれば 0 であることが示せる．ここで，(1.4.2) において

① $\times a_{23}$ − ② $\times a_{13}$ より，　$\varDelta_{32}x_{11} + \varDelta_{31}x_{21} = a_{23}$

① $\times a_{22}$ − ② $\times a_{12}$ より，　$\varDelta_{33}x_{11} - \varDelta_{31}x_{31} = a_{22}$

① $\times a_{21}$ − ② $\times a_{11}$ より，　$-\varDelta_{33}x_{21} - \varDelta_{32}x_{31} = a_{21}$

となるが，これらの左辺は 0 だから，$a_{21} = a_{22} = a_{23} = 0$. 一方，$AX = E_3$ となる X が存在すると仮定したから，AX の $(2, 2)$ 成分が 1 になる X が存在する，すなわち，

$$a_{21}x_{12} + a_{22}x_{22} + a_{23}x_{32} = 1$$

を満たす x_{12}, x_{22}, x_{32} が存在するはずであるが，これは明らかに矛盾である．よって，$\Delta(A)=0$ のとき，A は正則でない．

以上により，$A=\begin{pmatrix} a_{11} & a_{12} & a_{13} \\ a_{21} & a_{22} & a_{23} \\ a_{31} & a_{32} & a_{33} \end{pmatrix}$ に対して

$$\begin{aligned}\Delta(A) &= a_{11}\Delta_{11} - a_{21}\Delta_{21} + a_{31}\Delta_{31} \\ &= a_{11}a_{22}a_{33} - a_{11}a_{23}a_{32} - a_{21}a_{12}a_{33} \\ &\quad + a_{21}a_{13}a_{32} + a_{31}a_{12}a_{23} - a_{31}a_{13}a_{22}\end{aligned}$$

とおくとき，

$$A \text{ が正則} \iff \Delta(A) \neq 0.$$

しかも，このとき，$A^{-1}=\dfrac{1}{\Delta(A)}\begin{pmatrix} \Delta_{11} & -\Delta_{21} & \Delta_{31} \\ -\Delta_{12} & \Delta_{22} & -\Delta_{32} \\ \Delta_{13} & -\Delta_{23} & \Delta_{33} \end{pmatrix}$. ■

例題 1.4.1 および例 1.4.5 に現れる $\Delta(A)$ は第3章で行列式として定式化される．

例題 1.4.2　記号は例 1.4.5 のとおりとする．A が次の行列のとき，Δ_{ij}，$\Delta(A)$ を計算し，$\Delta(A) \neq 0$ ならば A^{-1} を求めよ．

$$A=\begin{pmatrix} 1 & 0 & 1 \\ 2 & 1 & 0 \\ 0 & 1 & 3 \end{pmatrix}$$

解答　$\Delta_{11}=\Delta(A_{11})=1\cdot 3-0\cdot 1=3$ である．以下，Δ_{ij} を求めていくと

$$\Delta_{21}=-1,\quad \Delta_{31}=-1,\quad \Delta_{12}=6,\quad \Delta_{22}=3,$$

$$\Delta_{32}=-2,\quad \Delta_{13}=2,\quad \Delta_{23}=1,\quad \Delta_{33}=1$$

となる．また，$\Delta(A)=1\cdot\Delta_{11}-2\cdot\Delta_{21}+0\cdot\Delta_{31}=3+2+0=5$ である．

よって，A は正則で，

$$A^{-1} = \frac{1}{5}\begin{pmatrix} 3 & 1 & -1 \\ -6 & 3 & 2 \\ 2 & -1 & 1 \end{pmatrix}$$

となる．▒

正則行列について成り立つことがらを以下にまとめておく．

A が正則ならば逆行列 A^{-1} も正則で，$(A^{-1})^{-1} = A$ となる．なぜならば，$AA^{-1} = E$ かつ $A^{-1}A = E$ より $\begin{cases} A^{-1}X = E_n \\ XA^{-1} = E_n \end{cases}$ を満たす X として $X = A$ がとれるからである．

n 次正方行列 A, B がともに正則ならば積 AB も正則で，$(AB)^{-1} = B^{-1}A^{-1}$ が成り立つ．なぜならば，

$$(AB)(B^{-1}A^{-1}) = A(BB^{-1})A^{-1} = AE_nA^{-1} = AA^{-1} = E_n,$$

$$(B^{-1}A^{-1})(AB) = B^{-1}(A^{-1}A)B = B^{-1}E_nB = B^{-1}B = E_n$$

より $\begin{cases} (AB)X = E_n \\ X(AB) = E_n \end{cases}$ を満たす X として $X = B^{-1}A^{-1}$ がとれるからである．

特に，$B = A$ とすると $(A^2)^{-1} = (A^{-1})^2$ となる．この行列を単に A^{-2} と表す．

一般に，正の整数 r に対して r 個の n 次正方行列 $A_1, A_2, \ldots, A_r$ がすべて正則ならば積 $A_1A_2\cdots A_r$ も正則で，$(A_1A_2\cdots A_r)^{-1} = {A_r}^{-1}\cdots{A_2}^{-1}{A_1}^{-1}$ が成り立つ．

▌**問 1.4.3**　いま述べたことを示せ．

r 個の正則行列の積において，特に $A_1 = A_2 = \cdots = A_r$ とすると

$$(A^r)^{-1} = (A^{-1})^r$$

となる．この行列を単に A^{-r} と表す．

A が正則で c が 0 でない数ならば cA も正則で，

$$(cA)^{-1} = \frac{1}{c}A^{-1}$$

が成り立つ．なぜならば，

$$(cA)\left(\frac{1}{c}A^{-1}\right) = \frac{1}{c}(cA)A^{-1} = \frac{1}{c}c(AA^{-1}) = E_n,$$
$$\left(\frac{1}{c}A^{-1}\right)(cA) = c\left(\frac{1}{c}A^{-1}\right)A = c\frac{1}{c}(A^{-1}A) = E_n$$

より $\begin{cases}(cA)X = E_n \\ X(cA) = E_n\end{cases}$ を満たす X として $X = \frac{1}{c}A^{-1}$ がとれるからである．

正則行列の基本的な性質

- A が正則ならば逆行列 A^{-1} も正則で，$(A^{-1})^{-1} = A$
- r 個の n 次正方行列 A_1，A_2，…，A_r がすべて正則ならばそれらの積 $A_1A_2\cdots A_r$ も正則で，$(A_1A_2\cdots A_r)^{-1} = {A_r}^{-1}\cdots {A_2}^{-1}{A_1}^{-1}$
  特に，A が正則ならば A^r も正則で，$(A^r)^{-1} = (A^{-1})^r$
- A が正則で c が 0 でない数ならば cA も正則で，$(cA)^{-1} = \frac{1}{c}A^{-1}$

問題 1-4

1. A が正則行列で，かつ $A^2 = A$ が成り立つとき，A を求めよ．

2. 対角行列が正則であるためには，すべての対角成分が 0 でないことが必要かつ十分であることを示せ．

3. A が正則ならば転置行列 ${}^tA$ も正則で，$({}^tA)^{-1} = {}^t(A^{-1})$ が成り立つことを示せ．

4. A, P を n 次正方行列とする．P が正則であるとき，自然数 m に対して $(P^{-1}AP)^m = P^{-1}A^mP$ が成り立つことを示せ．さらに，A も正則であるとき，$P^{-1}AP$ も正則で $(P^{-1}AP)^{-1} = P^{-1}A^{-1}P$ であることを示せ．

5. $A = \begin{pmatrix}1 & 2 \\ 2 & 1\end{pmatrix}$，$P = \begin{pmatrix}1 & -1 \\ 1 & 1\end{pmatrix}$ に対して $P^{-1}AP$ を求めよ．また，整数 m に対して A^m を求めよ．

6.　A が n 次べき零行列ならば，$E_n - A$ は正則であることを示せ．

7.　A は n 次正方行列で，ある自然数 m に対して $A^m = E_n$ であるとする．以下のことを示せ．

(1)　A は正則で，$A^{-1} = A^{m-1}$．

(2)　$E_n - A$ または $E_n + A + \cdots + A^{m-1}$ のうち一方は正則でない．

8.　A が n 次正方行列で，ある自然数 m に対して $E_n + A + \cdots + A^{m-1} = O_n$ となるならば，A は正則で $A^{-1} = A^{m-1}$ となることを示せ．

1.5　行列の分割

本節では，行列を成分ではなく小さな行列に分割して表示する方法を説明する．このような表示をうまく用いることで，行列の積の計算の見通しが非常によくなる．

行分割表示

まず，行ベクトルを使った表示について述べよう．行列 A の第 i 行を $\boldsymbol{a}_i$ とする．たとえば，

$$A = \begin{pmatrix} 1 & 0 & 2 & 3 \\ 2 & 1 & 1 & 0 \\ 3 & 2 & 1 & 2 \end{pmatrix} \quad \text{に対して} \quad \begin{aligned} \boldsymbol{a}_1 &= (1 \quad 0 \quad 2 \quad 3), \\ \boldsymbol{a}_2 &= (2 \quad 1 \quad 1 \quad 0), \\ \boldsymbol{a}_3 &= (3 \quad 2 \quad 1 \quad 2) \end{aligned}$$

である．3×4 行列 A をこのように行単位に分割すると 3 つの 4 次行ベクトル $\boldsymbol{a}_1$，$\boldsymbol{a}_2$，$\boldsymbol{a}_3$ ができるが，逆に，これら 3 つの 4 次行ベクトルを上から順に $\boldsymbol{a}_1$，$\boldsymbol{a}_2$，$\boldsymbol{a}_3$ となるように重ねてひとまとめにすることで 3×4 行列 A が復元される．よって，A を $\begin{pmatrix} \boldsymbol{a}_1 \\ \boldsymbol{a}_2 \\ \boldsymbol{a}_3 \end{pmatrix}$ と書き表しても誤解は生じない．

一般に，行列 A が m 個の行をもつとし，$i = 1, 2, \ldots, m$ に対して A の第 i

行を $\boldsymbol{a}_i$ とおくとき，A を

$$\begin{pmatrix} \boldsymbol{a}_1 \\ \boldsymbol{a}_2 \\ \vdots \\ \boldsymbol{a}_m \end{pmatrix}$$

と書き表したものを A の**行分割表示**という．

n 次単位行列 E_n の第 i 行を $\boldsymbol{f}_i^{(n)}$ と書くことにする．前後の文脈から n が明らかなときは，単に $\boldsymbol{f}_i$ と書くこともある．たとえば，$n=2$ のとき

$$\boldsymbol{f}_1 = (1 \quad 0), \quad \boldsymbol{f}_2 = (0 \quad 1)$$

であり，$n=3$ のとき

$$\boldsymbol{f}_1 = (1 \quad 0 \quad 0), \quad \boldsymbol{f}_2 = (0 \quad 1 \quad 0), \quad \boldsymbol{f}_3 = (0 \quad 0 \quad 1)$$

である．

例題 1.5.1　2×3 行列 A が次の行分割表示をもつとき，A を成分を用いて具体的に表せ．

$$\begin{pmatrix} \boldsymbol{f}_1 - 2\boldsymbol{f}_2 + 3\boldsymbol{f}_3 \\ 2\boldsymbol{f}_1 + \boldsymbol{f}_2 - \boldsymbol{f}_3 \end{pmatrix}$$

解答　$\boldsymbol{f}_1 - 2\boldsymbol{f}_2 + 3\boldsymbol{f}_3 = (1 \quad -2 \quad 3)$，$2\boldsymbol{f}_1 + \boldsymbol{f}_2 - \boldsymbol{f}_3 = (2 \quad 1 \quad -1)$ だから，

$$A = \begin{pmatrix} 1 & -2 & 3 \\ 2 & 1 & -1 \end{pmatrix}$$

である．∎

例題 1.5.2　次の行列の行分割表示を，$\boldsymbol{f}_1, \boldsymbol{f}_2, \ldots$ を用いて与えよ．

$$A = \begin{pmatrix} 2 & 0 & 1 & -1 \\ 1 & -1 & 2 & 1 \\ 0 & 2 & 1 & 3 \end{pmatrix}$$

解答　E_4 の第 i 行を $\boldsymbol{f}_i$ とすれば，A の各行は第 1 行から順に

$$2\boldsymbol{f}_1 + \boldsymbol{f}_3 - \boldsymbol{f}_4, \quad \boldsymbol{f}_1 - \boldsymbol{f}_2 + 2\boldsymbol{f}_3 + \boldsymbol{f}_4, \quad 2\boldsymbol{f}_2 + \boldsymbol{f}_3 + 3\boldsymbol{f}_4$$

と書ける．よって，

$$A = \begin{pmatrix} 2\boldsymbol{f}_1 + \boldsymbol{f}_3 - \boldsymbol{f}_4 \\ \boldsymbol{f}_1 - \boldsymbol{f}_2 + 2\boldsymbol{f}_3 + \boldsymbol{f}_4 \\ 2\boldsymbol{f}_2 + \boldsymbol{f}_3 + 3\boldsymbol{f}_4 \end{pmatrix}$$

である．　■

B を $l \times m$ 行列，A を $m \times n$ 行列とし，それぞれの行分割表示を

$$B = \begin{pmatrix} \boldsymbol{b}_1 \\ \boldsymbol{b}_2 \\ \vdots \\ \boldsymbol{b}_l \end{pmatrix}, \quad A = \begin{pmatrix} \boldsymbol{a}_1 \\ \boldsymbol{a}_2 \\ \vdots \\ \boldsymbol{a}_m \end{pmatrix}$$

とするとき，積 BA の行分割表示を求めてみよう．はじめに，BA の第 i 行は B の第 i 行と A の積 $\boldsymbol{b}_i A$ であることに注意する．実際，BA の第 i 行を $\boldsymbol{c}_i$ とおくと $\boldsymbol{c}_i = \boldsymbol{b}_i A$ であることが次のように示される．まず，A の第 j 列を $\boldsymbol{a}'_j$ とおく．$\boldsymbol{c}_i$ の第 j 成分は BA の (i, j) 成分だから，B の第 i 行と A の第 j 列の積 $\boldsymbol{b}_i \boldsymbol{a}'_j$ のただ 1 つの成分に等しい．一方，$\boldsymbol{b}_i A$ の第 j 成分は $\boldsymbol{b}_i$ と A の第 j 列 $\boldsymbol{a}'_j$ の積 $\boldsymbol{b}_i \boldsymbol{a}'_j$ のただ 1 つの成分に等しい．したがって，$\boldsymbol{c}_i$ と $\boldsymbol{b}_i A$ の第 j 成分が $j = 1, 2, \ldots, m$ に対して等しいから，$\boldsymbol{c}_i = \boldsymbol{b}_i A$ である．

B の行は m 次行ベクトルだから，E_m の行 $\boldsymbol{f}_1, \boldsymbol{f}_2, \ldots, \boldsymbol{f}_m$ のスカラー倍の和で表される．B の第 i 行を $\boldsymbol{b}_i = (b_{i1} \quad b_{i2} \quad \cdots \quad b_{im})$ とすれば，

$$\boldsymbol{b}_i = b_{i1}\boldsymbol{f}_1 + b_{i2}\boldsymbol{f}_2 + \cdots + b_{im}\boldsymbol{f}_m$$

である．よって，

$$\begin{aligned} \boldsymbol{b}_i A &= (b_{i1}\boldsymbol{f}_1 + b_{i2}\boldsymbol{f}_2 + \cdots + b_{im}\boldsymbol{f}_m)A \\ &= b_{i1}\boldsymbol{f}_1 A + b_{i2}\boldsymbol{f}_2 A + \cdots + b_{im}\boldsymbol{f}_m A \\ &= b_{i1}\boldsymbol{a}_1 + b_{i2}\boldsymbol{a}_2 + \cdots + b_{im}\boldsymbol{a}_m \end{aligned}$$

となる．

以上をまとめると，次の命題を得る．

命題 1.5.1　B, A をそれぞれ $l\times m$ 行列，$m\times n$ 行列とし，B, A, BA の行分割表示をそれぞれ

$$B=\begin{pmatrix}\boldsymbol{b}_1\\ \boldsymbol{b}_2\\ \vdots\\ \boldsymbol{b}_l\end{pmatrix},\quad A=\begin{pmatrix}\boldsymbol{a}_1\\ \boldsymbol{a}_2\\ \vdots\\ \boldsymbol{a}_m\end{pmatrix},\quad BA=\begin{pmatrix}\boldsymbol{c}_1\\ \boldsymbol{c}_2\\ \vdots\\ \boldsymbol{c}_l\end{pmatrix}$$

とするとき，

$$\boldsymbol{c}_i=\boldsymbol{b}_iA=b_{i1}\boldsymbol{a}_1+b_{i2}\boldsymbol{a}_2+\cdots+b_{im}\boldsymbol{a}_m \tag{1.5.1}$$

が成り立つ．ただし，b_{ij} は B の (i,j) 成分である．

例 1.5.1　$2\times n$ 行列 A の行分割表示を

$$A=\begin{pmatrix}\boldsymbol{a}_1\\ \boldsymbol{a}_2\end{pmatrix}$$

とする．$\mu\neq 0$ に対して2次正方行列 $M_1(\mu), M_2(\mu)$ をそれぞれ

$$M_1(\mu)=\begin{pmatrix}\mu & 0\\ 0 & 1\end{pmatrix}=\begin{pmatrix}\mu\boldsymbol{f}_1\\ \boldsymbol{f}_2\end{pmatrix},\quad M_2(\mu)=\begin{pmatrix}1 & 0\\ 0 & \mu\end{pmatrix}=\begin{pmatrix}\boldsymbol{f}_1\\ \mu\boldsymbol{f}_2\end{pmatrix}$$

と定める．ただし，$\boldsymbol{f}_1=(1\quad 0)$，$\boldsymbol{f}_2=(0\quad 1)$ とおいた．$M_i(\mu)$ は E_2 の第 i 行を μ 倍した行列である．A の左側に $M_i(\mu)$ を掛けたとき，行分割表示は

$$M_1(\mu)A=\begin{pmatrix}\mu\boldsymbol{a}_1\\ \boldsymbol{a}_2\end{pmatrix},\quad M_2(\mu)A=\begin{pmatrix}\boldsymbol{a}_1\\ \mu\boldsymbol{a}_2\end{pmatrix}$$

となる．言い換えれば，A の左側に $M_i(\mu)$ を掛けると，A の第 i 行を μ 倍した行列になる．

次に，2 次正方行列 P_{12} を

$$P_{12} = \begin{pmatrix} 0 & 1 \\ 1 & 0 \end{pmatrix} = \begin{pmatrix} \boldsymbol{f}_2 \\ \boldsymbol{f}_1 \end{pmatrix}$$

と定める．P_{12} は E_2 の第 1 行と第 2 行を入れ換えた行列である．A の左側に P_{12} を掛けたとき，行分割表示は

$$P_{12}A = \begin{pmatrix} \boldsymbol{a}_2 \\ \boldsymbol{a}_1 \end{pmatrix}$$

となる．言い換えれば，A の左側に P_{12} を掛けると，A の第 1 行と第 2 行を入れ換えた行列になる．

最後に，2 次正方行列 $T_{12}(\nu), T_{21}(\nu)$ を

$$T_{12}(\nu) = \begin{pmatrix} 1 & \nu \\ 0 & 1 \end{pmatrix} = \begin{pmatrix} \boldsymbol{f}_1 + \nu \boldsymbol{f}_2 \\ \boldsymbol{f}_2 \end{pmatrix}, \quad T_{21}(\nu) = \begin{pmatrix} 1 & 0 \\ \nu & 1 \end{pmatrix} = \begin{pmatrix} \boldsymbol{f}_1 \\ \boldsymbol{f}_2 + \nu \boldsymbol{f}_1 \end{pmatrix}$$

と定める．$T_{ij}(\nu)$ は E_2 の第 i 行に E_2 の第 j 行の ν 倍を加えた行列である．A の左側に $T_{ij}(\nu)$ を掛けたとき，行分割表示は

$$T_{12}(\nu)A = \begin{pmatrix} \boldsymbol{a}_1 + \nu \boldsymbol{a}_2 \\ \boldsymbol{a}_2 \end{pmatrix}, \quad T_{21}(\nu)A = \begin{pmatrix} \boldsymbol{a}_1 \\ \boldsymbol{a}_2 + \nu \boldsymbol{a}_1 \end{pmatrix}$$

となる．言い換えれば，A の左側に $T_{ij}(\nu)$ を掛けると，A の第 i 行に A の第 j 行の ν 倍を加えた行列になる． ▮

例 1.5.1 の行列 $M_i(\mu)$ （ただし $\mu \neq 0$），P_{12}，$T_{ij}(\nu)$ を 2 次基本行列と呼ぶ．基本行列については 2.4 節で詳しく扱う．

列分割表示

次に列ベクトルを用いた行列の表示について述べる．行列 A の第 j 列を $\boldsymbol{a}'_j$ とする．たとえば，

$$A = \begin{pmatrix} 1 & 0 & 2 \\ 2 & 1 & 1 \end{pmatrix} \quad \text{に対して} \quad \boldsymbol{a}'_1 = \begin{pmatrix} 1 \\ 2 \end{pmatrix}, \ \boldsymbol{a}'_2 = \begin{pmatrix} 0 \\ 1 \end{pmatrix}, \ \boldsymbol{a}'_3 = \begin{pmatrix} 2 \\ 1 \end{pmatrix}$$

である．2×3 行列 A をこのように列単位に分割すると3つの2次列ベクトル $\boldsymbol{a}'_1, \boldsymbol{a}'_2, \boldsymbol{a}'_3$ ができるが，逆に，これら3つの2次列ベクトルを左から順に $\boldsymbol{a}'_1, \boldsymbol{a}'_2, \boldsymbol{a}'_3$ となるように束ねてひとまとめにすることで 2×3 行列 A が復元される．よって，A を $(\boldsymbol{a}'_1 \quad \boldsymbol{a}'_2 \quad \boldsymbol{a}'_3)$ と書き表すことができる．

一般に，行列 A が n 個の列をもつとし，$j = 1, 2, \ldots, n$ に対して A の第 j 列を $\boldsymbol{a}'_j$ とおくとき，A を

$$(\boldsymbol{a}'_1 \quad \boldsymbol{a}'_2 \quad \cdots \quad \boldsymbol{a}'_n)$$

と書き表したものを A の**列分割表示**という．

n 次単位行列 E_n の第 j 列を n 次第 j **基本ベクトル**といい，$\boldsymbol{e}_j^{(n)}$ と書く．前後の文脈から n が明らかなときは，単に $\boldsymbol{e}_j$ と書く．たとえば，$n = 2$ のとき

$$\boldsymbol{e}_1 = \begin{pmatrix} 1 \\ 0 \end{pmatrix}, \quad \boldsymbol{e}_2 = \begin{pmatrix} 0 \\ 1 \end{pmatrix}$$

であり，$n = 3$ のとき

$$\boldsymbol{e}_1 = \begin{pmatrix} 1 \\ 0 \\ 0 \end{pmatrix}, \quad \boldsymbol{e}_2 = \begin{pmatrix} 0 \\ 1 \\ 0 \end{pmatrix}, \quad \boldsymbol{e}_3 = \begin{pmatrix} 0 \\ 0 \\ 1 \end{pmatrix}$$

である．

例 1.5.2　2×3 行列 A が列分割表示 $(3\boldsymbol{e}_1 - \boldsymbol{e}_2 \quad \boldsymbol{e}_1 + 2\boldsymbol{e}_2 \quad -\boldsymbol{e}_1 + \boldsymbol{e}_2)$ をもつとする．このとき，

$$3\boldsymbol{e}_1 - \boldsymbol{e}_2 = \begin{pmatrix} 3 \\ -1 \end{pmatrix}, \quad \boldsymbol{e}_1 + 2\boldsymbol{e}_2 = \begin{pmatrix} 1 \\ 2 \end{pmatrix}, \quad -\boldsymbol{e}_1 + \boldsymbol{e}_2 = \begin{pmatrix} -1 \\ 1 \end{pmatrix}$$

だから，A を成分を用いて具体的に表すと，

$$A = \begin{pmatrix} 3 & 1 & -1 \\ -1 & 2 & 1 \end{pmatrix}$$

となる．　■

例 1.5.3 例題 1.5.2 の行列 A の列分割表示を $(\boldsymbol{a}'_1\ \ \boldsymbol{a}'_2\ \ \boldsymbol{a}'_3\ \ \boldsymbol{a}'_4)$ とすると，

$$\boldsymbol{a}'_1 = 2\boldsymbol{e}_1+\boldsymbol{e}_2,\quad \boldsymbol{a}'_2 = -\boldsymbol{e}_2+2\boldsymbol{e}_3,\quad \boldsymbol{a}'_3 = \boldsymbol{e}_1+2\boldsymbol{e}_2+\boldsymbol{e}_3,\quad \boldsymbol{a}'_4 = -\boldsymbol{e}_1+\boldsymbol{e}_2+3\boldsymbol{e}_3$$

である． ▮

行分割に対する命題 1.5.1 と双対的に，列分割については次のことが成り立つ．

命題 1.5.2 A, B をそれぞれ $m \times n$ 行列，$n \times r$ 行列とし，A, B, AB の列分割表示をそれぞれ

$$A = (\boldsymbol{a}'_1\ \ \boldsymbol{a}'_2\ \ \cdots\ \ \boldsymbol{a}'_n),\quad B = (\boldsymbol{b}'_1\ \ \boldsymbol{b}'_2\ \ \cdots\ \ \boldsymbol{b}'_r),$$

$$AB = (\boldsymbol{c}'_1\ \ \boldsymbol{c}'_2\ \ \cdots\ \ \boldsymbol{c}'_r)$$

とするとき，

$$\boldsymbol{c}'_j = A\boldsymbol{b}'_j = b_{1j}\boldsymbol{a}'_1 + b_{2j}\boldsymbol{a}'_2 + \cdots + b_{nj}\boldsymbol{a}'_n \tag{1.5.2}$$

が成り立つ．ただし，b_{ij} は B の (i, j) 成分である．

例 1.5.4 B, C をそれぞれ $n \times p$ 行列，$n \times q$ 行列とする．B, C の列分割表示がそれぞれ

$$B = (\boldsymbol{b}'_1\ \ \boldsymbol{b}'_2\ \ \cdots\ \ \boldsymbol{b}'_p),\qquad C = (\boldsymbol{c}'_1\ \ \boldsymbol{c}'_2\ \ \cdots\ \ \boldsymbol{c}'_q)$$

であるとき，次の列分割表示をもつ $n \times (p+q)$ 行列を D とおく．

$$D = (\boldsymbol{b}'_1\ \ \boldsymbol{b}'_2\ \ \cdots\ \ \boldsymbol{b}'_p\ \ \boldsymbol{c}'_1\ \ \boldsymbol{c}'_2\ \ \cdots\ \ \boldsymbol{c}'_q)$$

D は，左側に B を，右側に C を配置して 1 つにまとめた $n \times (p+q)$ 行列なので，$D = (B\ \ C)$ と書き表す．さて，A を $m \times n$ 行列とする．積 AD に対し (1.5.2) の左側の等式を適用すると，AD の列分割表示は

$$AD = (A\boldsymbol{b}'_1\ \ A\boldsymbol{b}'_2\ \ \cdots\ \ A\boldsymbol{b}'_p\ \ A\boldsymbol{c}'_1\ \ A\boldsymbol{c}'_2\ \ \cdots\ \ A\boldsymbol{c}'_q)$$

で与えられることがわかる．この左側の p 列分を取り出した行列は AB に等し

く，右側の q 列分を取り出した行列は AC に等しい．したがって，

$$A(B \quad C) = (AB \quad AC) \tag{1.5.3}$$

が成り立つ． ▮

例 1.5.5　A の列分割表示を $A = (\boldsymbol{a}'_1 \quad \boldsymbol{a}'_2 \quad \cdots \quad \boldsymbol{a}'_n)$ とする．このとき，

$$B = \begin{pmatrix} \lambda_1 & & & \\ & \lambda_2 & & \\ & & \ddots & \\ & & & \lambda_n \end{pmatrix} \qquad \text{(対角行列)}$$

とすると，AB の列分割表示は

$$AB = (\lambda_1 \boldsymbol{a}'_1 \quad \lambda_2 \boldsymbol{a}'_2 \quad \cdots \quad \lambda_n \boldsymbol{a}'_n)$$

となる． ▮

例題 1.5.3　A の列分割表示を $A = (\boldsymbol{a}'_1 \quad \boldsymbol{a}'_2 \quad \boldsymbol{a}'_3)$ とし，

$$B = \begin{pmatrix} 1 & 2 & 1 \\ -1 & 1 & 2 \\ 0 & -1 & 1 \end{pmatrix}$$

とするとき，AB の列分割表示を $\boldsymbol{a}'_1, \boldsymbol{a}'_2, \boldsymbol{a}'_3$ を用いて表せ．

解答　命題 1.5.2 より，

$$AB = (\boldsymbol{a}'_1 - \boldsymbol{a}'_2 \quad 2\boldsymbol{a}'_1 + \boldsymbol{a}'_2 - \boldsymbol{a}'_3 \quad \boldsymbol{a}'_1 + 2\boldsymbol{a}'_2 + \boldsymbol{a}'_3)$$

である． ▮

行分割表示と列分割表示および例 1.3.10 を用いると，行列の積の結合法則は以下のようにして簡潔に示すことができる．A, B, C はそれぞれ $m \times n$ 型，$n \times r$ 型，$r \times s$ 型であるとする．$i = 1, 2, \ldots, m$ に対して A の第 i 行を $\boldsymbol{a}_i$ とおき，$j = 1, 2, \ldots, s$ に対して C の第 j 列を $\boldsymbol{c}'_j$ とおく．AB の第 i 行

は $\boldsymbol{a}_iB$ だから，$(AB)C$ の (i,j) 成分は 1 次正方行列 $(\boldsymbol{a}_iB)\boldsymbol{c}'_j$ のただ 1 つの成分に等しい．一方，BC の第 j 列は $B\boldsymbol{c}'_j$ だから，$A(BC)$ の (i,j) 成分は 1 次正方行列 $\boldsymbol{a}_i(B\boldsymbol{c}'_j)$ のただ 1 つの成分に等しい．しかも，われわれはすでに $(\boldsymbol{a}_iB)\boldsymbol{c}'_j$ と $\boldsymbol{a}_i(B\boldsymbol{c}'_j)$ が一致することを例 1.3.10 で確かめている．すなわち，$i = 1, 2, \ldots, m$ および $j = 1, 2, \ldots, s$ に対して $(AB)C$ と $A(BC)$ の (i,j) 成分が一致する．したがって，$(AB)C = A(BC)$ である．

行列の分割

行列の行間，列間に区切り線を入れると，もとの行列はいくつかの小さな行列に分割される．たとえば，これまでに述べた行分割，列分割はそれぞれすべての行間，すべての列間に区切り線を入れることで得られる．本項では，一般の分割について簡単に触れておく．

例 1.5.6 5 次正方行列 $A = \begin{pmatrix} 1 & 0 & 2 & 1 & 3 \\ 0 & 1 & 1 & 3 & 1 \\ 0 & 0 & 1 & 0 & 0 \\ 0 & 0 & 0 & 1 & 0 \\ 0 & 0 & 0 & 0 & 1 \end{pmatrix}$ を $\left(\begin{array}{cc|ccc} 1 & 0 & 2 & 1 & 3 \\ 0 & 1 & 1 & 3 & 1 \\ \hline 0 & 0 & 1 & 0 & 0 \\ 0 & 0 & 0 & 1 & 0 \\ 0 & 0 & 0 & 0 & 1 \end{array}\right)$ と区切ると，左上の区画には E_2，左下には $O_{3\times 2}$，右下には E_3 が現れる．そこで，右上の 2×3 行列 $\begin{pmatrix} 2 & 1 & 3 \\ 1 & 3 & 1 \end{pmatrix}$ を A' とおけば，

$$A = \begin{pmatrix} E_2 & A' \\ O_{3\times 2} & E_3 \end{pmatrix}$$

と書き表すことができる．ただし，区切り線は省略した．以降，特に必要のない限り区切り線は書かないこととする． ▒

A を $m \times n$ 行列とする．A の行間に $s-1$ 本，列間に $t-1$ 本の区切り線を入れたとき，上から i 番め，左から k 番めの区画を取り出してできる行列を A_{ik} とする．1.4 節や第 3 章でも同じような記号が現れるが，まったく異なる

意味に用いているので念のため注意しておく．

$$A = \begin{pmatrix} A_{11} & A_{12} & \cdots & A_{1t} \\ A_{21} & A_{22} & \cdots & A_{2t} \\ \vdots & \vdots & \ddots & \vdots \\ A_{s1} & A_{s2} & \cdots & A_{st} \end{pmatrix} \begin{matrix} m_1 \text{ 個の行} \\ m_2 \text{ 個の行} \\ \vdots \\ m_s \text{ 個の行} \end{matrix}$$

$$\begin{matrix} n_1 \text{ 個の列} & n_2 \text{ 個の列} & \cdots & n_t \text{ 個の列} \end{matrix}$$

i を固定したとき，$A_{i1}, A_{i2}, \ldots, A_{it}$ の行の個数は等しい．そこで，この個数を m_i とおく．同様に，k を固定したとき，$A_{1k}, A_{2k}, \ldots, A_{sk}$ の列の個数は等しい．そこで，この個数を n_k とおく．すると，A_{ik} は $m_i \times n_k$ 行列となる．また，

$$m_1 + m_2 + \cdots + m_s = m, \quad n_1 + n_2 + \cdots + n_t = n$$

である．本節では，A をこのように分割したとき，便宜上

$$(m_1, m_2, \cdots, m_s; n_1, n_2, \cdots, n_t)$$

をこの分割における A の分割の型と呼ぶことにする．たとえば，例 1.5.6 で与えた分割における分割の型は $(2,3;\ 2,3)$ である．

B を $n \times r$ 行列とすると，上の A との積 AB が存在する．この B について，分割の型が $(n_1, n_2, \cdots, n_t; r_1, r_2, \cdots, r_u)$ となるように分割を行う．すなわち，A_{ik} の列の個数と B_{kj} の行の個数が一致するように，B を分割したわけである．

$$B = \begin{pmatrix} B_{11} & B_{12} & \cdots & B_{1u} \\ B_{21} & B_{22} & \cdots & B_{2u} \\ \vdots & \vdots & \ddots & \vdots \\ B_{t1} & B_{t2} & \cdots & B_{tu} \end{pmatrix} \begin{matrix} n_1 \text{ 個の行} \\ n_2 \text{ 個の行} \\ \vdots \\ n_t \text{ 個の行} \end{matrix}$$

$$\begin{matrix} r_1 \text{ 個の列} & r_2 \text{ 個の列} & \cdots & r_u \text{ 個の列} \end{matrix}$$

$k = 1, 2, \ldots, t$ に対して B_{kj} は $n_k \times r_j$ 行列であるから，積 $A_{ik}B_{kj}$ が定義さ

れる．この行列は，k の値に関わらず $m_i \times r_j$ 型となる．よって，和

$$A_{i1}B_{1j} + A_{i2}B_{2j} + \cdots + A_{it}B_{tj}$$

が定まる．この和を C_{ij} とおき，上から i 番め，左から j 番めの区画が C_{ij} となるように分割された行列を C とおく．

$$C = \begin{pmatrix} C_{11} & C_{12} & \cdots & C_{1u} \\ C_{21} & C_{22} & \cdots & C_{2u} \\ \vdots & \vdots & \ddots & \vdots \\ C_{s1} & C_{s2} & \cdots & C_{su} \end{pmatrix} \begin{matrix} m_1 \text{ 個の行} \\ m_2 \text{ 個の行} \\ \vdots \\ m_s \text{ 個の行} \end{matrix}$$

r_1 個の列　r_2 個の列　$\cdots$　r_u 個の列

定理 1.5.3　記号は上のとおりとするとき，$C = AB$ が成り立つ．

証明　A, B の分割の型がそれぞれ $(m_1, m_2; n_1, n_2)$，$(n_1, n_2; r_1, r_2)$ である場合に示す．一般の場合も同様に示せる．

$$A = \begin{pmatrix} A_{11} & A_{12} \\ A_{21} & A_{22} \end{pmatrix} \begin{matrix} m_1 \text{ 個の行} \\ m_2 \text{ 個の行} \end{matrix} \qquad B = \begin{pmatrix} B_{11} & B_{12} \\ B_{21} & B_{22} \end{pmatrix} \begin{matrix} n_1 \text{ 個の行} \\ n_2 \text{ 個の行} \end{matrix}$$

n_1 個の列　n_2 個の列　　　　r_1 個の列　r_2 個の列

$m_i \times n_k$ 行列 A_{ik} の (p, s) 成分を $a_{ps}^{(ik)}$ と表すことにする．A を具体的に記せば，

$$A = \left(\begin{array}{ccc|ccc} a_{11}^{(11)} & \cdots & a_{1n_1}^{(11)} & a_{11}^{(12)} & \cdots & a_{1n_2}^{(12)} \\ \vdots & \ddots & \vdots & \vdots & \ddots & \vdots \\ a_{m_11}^{(11)} & \cdots & a_{m_1n_1}^{(11)} & a_{m_11}^{(12)} & \cdots & a_{m_1n_2}^{(12)} \\ \hline a_{11}^{(21)} & \cdots & a_{1n_1}^{(21)} & a_{11}^{(22)} & \cdots & a_{1n_2}^{(22)} \\ \vdots & \ddots & \vdots & \vdots & \ddots & \vdots \\ a_{m_21}^{(21)} & \cdots & a_{m_2n_1}^{(21)} & a_{m_21}^{(22)} & \cdots & a_{m_2n_2}^{(22)} \end{array}\right).$$

同様に，$n_k \times r_j$ 行列 B_{kj} の (s,q) 成分を $a_{sq}^{(kj)}$ と表すことにする．このとき，$C_{11} = A_{11}B_{11} + A_{12}B_{21}$ の (p,q) 成分 $(p = 1, 2, \ldots, m_1;\ q = 1, 2, \ldots, r_1)$ は

$$\begin{aligned} &a_{p1}^{(11)}b_{1q}^{(11)} + a_{p2}^{(11)}b_{2q}^{(11)} + \cdots + a_{pn_1}^{(11)}b_{n_1q}^{(11)} \\ &+ a_{p1}^{(12)}b_{1q}^{(21)} + a_{p2}^{(12)}b_{2q}^{(21)} + \cdots + a_{pn_2}^{(12)}b_{n_2q}^{(21)} \end{aligned}$$

となるから，AB の (p,q) 成分に等しい．また，$C_{12} = A_{11}B_{12} + A_{12}B_{22}$ の (p,q) 成分 $(p = 1, 2, \ldots, m_1;\ q = 1, 2, \ldots, r_2)$ は

$$\begin{aligned} &a_{p1}^{(11)}b_{1q}^{(12)} + a_{p2}^{(11)}b_{2q}^{(12)} + \cdots + a_{pn_1}^{(11)}b_{n_1q}^{(12)} \\ &+ a_{p1}^{(12)}b_{1q}^{(22)} + a_{p2}^{(12)}b_{2q}^{(22)} + \cdots + a_{pn_2}^{(12)}b_{n_2q}^{(22)} \end{aligned}$$

となるから，AB の $(p, r_1 + q)$ 成分に等しい．同様に，C_{21}, C_{22} の (p,q) 成分はそれぞれ AB の $(m_1 + p, q)$ 成分，$(m_1 + p, r_1 + q)$ 成分に等しい．よって，

$$\begin{pmatrix} C_{11} & C_{12} \\ C_{21} & C_{22} \end{pmatrix} = \begin{pmatrix} A_{11} & A_{12} \\ A_{21} & A_{22} \end{pmatrix}\begin{pmatrix} B_{11} & B_{12} \\ B_{21} & B_{22} \end{pmatrix}$$

となり，主張が成立する．■

例 1.5.7　B を n 次正方行列とする．また，E, O をそれぞれ n 次の単位行列，零行列とする．このとき，

$$\begin{pmatrix} E & B \\ O & E \end{pmatrix}\begin{pmatrix} E & -B \\ O & E \end{pmatrix} = \begin{pmatrix} E^2 + BO & E(-B) + BE \\ OE + EO & O(-B) + E^2 \end{pmatrix} = \begin{pmatrix} E & O \\ O & E \end{pmatrix} = E_{2n},$$

$$\begin{pmatrix} E & -B \\ O & E \end{pmatrix}\begin{pmatrix} E & B \\ O & E \end{pmatrix} = \begin{pmatrix} E^2 - BO & EB - BE \\ OE + EO & OB + E^2 \end{pmatrix} = \begin{pmatrix} E & O \\ O & E \end{pmatrix} = E_{2n}$$

となるから $2n$ 次正方行列 $\begin{pmatrix} E & B \\ O & E \end{pmatrix}$ は正則で，$\begin{pmatrix} E & B \\ O & E \end{pmatrix}^{-1} = \begin{pmatrix} E & -B \\ O & E \end{pmatrix}$.

同様に，$2n$ 次正方行列 $\begin{pmatrix} E & O \\ B & E \end{pmatrix}$ は正則で，$\begin{pmatrix} E & O \\ B & E \end{pmatrix}^{-1} = \begin{pmatrix} E & O \\ -B & E \end{pmatrix}$. ■

例 1.5.8　2 つの m 次正方行列 A, B を，ともに分割の型が

$$(m_1, m_2, \cdots, m_s;\ m_1, m_2, \cdots, m_s)$$

となるように分割する．このとき，各 i に対して A_{ii} と B_{ii} は m_i 次正方行列である．ここで，$i \neq j$ のとき A_{ij}, B_{ij} は零行列であると仮定する．

$$A = \begin{pmatrix} A_{11} & & & \\ & A_{22} & & \\ & & \ddots & \\ & & & A_{ss} \end{pmatrix}, \qquad B = \begin{pmatrix} B_{11} & & & \\ & B_{22} & & \\ & & \ddots & \\ & & & B_{ss} \end{pmatrix}$$

すなわち，上の分割で，空白の部分にある区画がすべて零行列であるとすると，

$$C_{ij} = A_{i1}B_{1j} + A_{i2}B_{2j} + \cdots + A_{is}B_{sj} = \begin{cases} A_{ii}B_{ii} & (i = j \text{ のとき}) \\ O & (i \neq j \text{ のとき}) \end{cases}$$

となるから，

$$AB = \begin{pmatrix} A_{11}B_{11} & & & \\ & A_{22}B_{22} & & \\ & & \ddots & \\ & & & A_{ss}B_{ss} \end{pmatrix}$$

である．∎

問題 1-5

1. $A = \begin{pmatrix} 1 & 2 & 3 \\ 2 & 2 & 1 \\ -1 & -2 & 1 \end{pmatrix}$ の第 i 行を $\boldsymbol{a}_i$ とおく $(i = 1, 2, 3)$．このとき，行分割表示 $\begin{pmatrix} \boldsymbol{a}_1 - \boldsymbol{a}_2 - \boldsymbol{a}_3 \\ 2\boldsymbol{a}_1 + \boldsymbol{a}_2 + 3\boldsymbol{a}_3 \\ 3\boldsymbol{a}_1 - 2\boldsymbol{a}_2 - \boldsymbol{a}_3 \end{pmatrix}$ をもつ行列を具体的に求めよ．

2. A を n 次正則行列とし，$j = 1, 2, \ldots, n$ に対して A の第 j 列を $\boldsymbol{a}'_j$ とする．

(1)　$A^{-1}\boldsymbol{a}'_j \ (j = 1, 2, \ldots, n)$ を求めよ．

(2)　B を n 次正方行列とし，$j = 1, 2, \ldots, n$ に対して積 AB の第 j 列 $\boldsymbol{c}'_j$ が

A の列および数 b_{ij} $(i = 1, 2, \ldots, n)$ を用いて次のように表されているとする．このとき，B を求めよ．

$$\boldsymbol{c}_1' = b_{11}\boldsymbol{a}_1' + b_{21}\boldsymbol{a}_2' + \cdots + b_{n1}\boldsymbol{a}_n'$$

$$\boldsymbol{c}_2' = b_{12}\boldsymbol{a}_1' + b_{22}\boldsymbol{a}_2' + \cdots + b_{n2}\boldsymbol{a}_n'$$

$$\cdots\cdots$$

$$\boldsymbol{c}_n' = b_{1n}\boldsymbol{a}_1' + b_{2n}\boldsymbol{a}_2' + \cdots + b_{nn}\boldsymbol{a}_n'$$

3. N は n 次正方行列で，列分割表示 $N = (\mathbf{0} \quad \boldsymbol{e}_1 \quad \cdots \quad \boldsymbol{e}_{n-1})$ をもつとする．

(1)　$j = 1, 2, \ldots, n$ に対して，$N\boldsymbol{e}_j$ を求めよ．

(2)　自然数 m に対して，N^m の列分割表示を与えよ．

4. A, B, C, D は p 次正方行列，$p \times q$ 行列，$q \times p$ 行列，q 次正方行列で，しかも A は正則であるとする．このとき，次の計算をせよ．

$$\begin{pmatrix} A^{-1} & O_{p\times q} \\ -CA^{-1} & E_q \end{pmatrix}\begin{pmatrix} A & B \\ C & D \end{pmatrix}$$

5. A を p 次正則行列，D を q 次正則行列とする．

(1)　B を $p \times q$ 行列とするとき，$\begin{pmatrix} A & B \\ O_{q\times p} & D \end{pmatrix}$ は正則であることを示せ．また，逆行列を求めよ．

(2)　C を $q \times p$ 行列とするとき，$\begin{pmatrix} A & O_{p\times q} \\ C & D \end{pmatrix}$ は正則であることを示せ．また，逆行列を求めよ．

6. A を，例 1.5.8 の行列とする．

(1)　0 以上の整数 n に対して A^n を求めよ．

(2)　$A_{11}, A_{22}, \ldots, A_{ss}$ が正則ならば A も正則であることを示せ．また，A^{-1} を求めよ．

7. A が上三角行列であるとき，そのすべての対角成分が 0 でなければ A は正則であり，A^{-1} もまた上三角行列であることを示せ．また，下三角行列についても同様のことがいえることを示せ．

2

連立 1 次方程式

連立 1 次方程式は行列を用いて表すことができ，また，それを解くことは，行基本変形と呼ばれる操作で行列を簡単な形に変形することに帰着できる．本章では，まず 2.3 節にかけて連立 1 次方程式の解法との関わりを中心に述べる．2.4 節では，基本行列と呼ばれる行列と行基本変形の関係について述べ，その 1 つの応用として，行基本変形を用いて正則行列の逆行列を求める方法に触れる．

2.1 連立 1 次方程式の行列による表し方

mn 個の数 a_{ij} $(1 \leqq i \leqq m;\ 1 \leqq j \leqq n)$ と m 個の数 $\alpha_1, \alpha_2, \ldots, \alpha_m$ が与えられているとき，

$$\begin{cases} a_{11}\,x_1 + a_{12}\,x_2 + \cdots + a_{1n}\,x_n = \alpha_1 \\ a_{21}\,x_1 + a_{22}\,x_2 + \cdots + a_{2n}\,x_n = \alpha_2 \\ \qquad\cdots\cdots\cdots \\ a_{m1}x_1 + a_{m2}x_2 + \cdots + a_{mn}x_n = \alpha_m \end{cases} \tag{2.1.1}$$

を未知数 $x_1, x_2, \ldots, x_n$ に関する**連立 1 次方程式**という．

$$A = \begin{pmatrix} a_{11} & a_{12} & \cdots & a_{1n} \\ a_{21} & a_{22} & \cdots & a_{2n} \\ \vdots & \vdots & \ddots & \vdots \\ a_{m1} & a_{m2} & \cdots & a_{mn} \end{pmatrix}, \quad \boldsymbol{x} = \begin{pmatrix} x_1 \\ x_2 \\ \vdots \\ x_n \end{pmatrix}, \quad \boldsymbol{\alpha} = \begin{pmatrix} \alpha_1 \\ \alpha_2 \\ \vdots \\ \alpha_m \end{pmatrix} \tag{2.1.2}$$

とおけば，(2.1.1) は

$$A\boldsymbol{x} = \boldsymbol{\alpha} \tag{2.1.3}$$

と書き表せる．この行列 A を，連立1次方程式 (2.1.1) あるいは (2.1.3) の**係数行列**と呼ぶ．

(2.1.1) を満たす数 $x_1, x_2, \ldots, x_n$ の組，あるいは同じことであるが (2.1.3) を満たすベクトル $\boldsymbol{x}$ をこの連立1次方程式の**解**という．以下，連立1次方程式の解はベクトルで書くことにする．

例 2.1.1　連立1次方程式 (2.1.3) は，A が正則ならばただ1つの解 $\boldsymbol{x} = A^{-1}\boldsymbol{\alpha}$ をもつことを示そう．A は m 次正則行列であるとする．もしベクトル $\boldsymbol{x}$ が (2.1.3) の解ならば，等式 $A\boldsymbol{x} = \boldsymbol{\alpha}$ の両辺に左から A^{-1} を掛けて

$$A^{-1}(A\boldsymbol{x}) = A^{-1}\boldsymbol{\alpha}.$$

左辺は結合法則および $A^{-1}A = E_m$ より $A^{-1}(A\boldsymbol{x}) = (A^{-1}A)\boldsymbol{x} = E_m\boldsymbol{x} = \boldsymbol{x}$ であるから，

$$\boldsymbol{x} = A^{-1}\boldsymbol{\alpha}. \tag{2.1.4}$$

逆に，この $\boldsymbol{x}$ に対して

$$A\boldsymbol{x} = A(A^{-1}\boldsymbol{\alpha}) = (AA^{-1})\boldsymbol{\alpha} = E_m\boldsymbol{\alpha} = \boldsymbol{\alpha}$$

となり，等式 $A\boldsymbol{x} = \boldsymbol{\alpha}$ が成り立つから，ベクトル (2.1.4) は確かに連立1次方程式 (2.1.3) の解である．∎

例 2.1.2　$A = \begin{pmatrix} a & b \\ c & d \end{pmatrix}$ を係数行列とする連立1次方程式

$$\begin{cases} ax + by = \alpha \\ cx + dy = \beta \end{cases} \qquad \text{すなわち} \qquad \begin{pmatrix} a & b \\ c & d \end{pmatrix}\begin{pmatrix} x \\ y \end{pmatrix} = \begin{pmatrix} \alpha \\ \beta \end{pmatrix}$$

は，もし A が正則ならば例 2.1.1 よりただ1つの解

$$\begin{pmatrix} x \\ y \end{pmatrix} = A^{-1}\begin{pmatrix} \alpha \\ \beta \end{pmatrix} = \frac{1}{ad-bc}\begin{pmatrix} d & -b \\ -c & a \end{pmatrix}\begin{pmatrix} \alpha \\ \beta \end{pmatrix} = \frac{1}{ad-bc}\begin{pmatrix} \alpha d - b\beta \\ a\beta - \alpha c \end{pmatrix}$$

をもつ．A が正則でないときは，解が存在しないことも，無数に存在すること

もある．たとえば，連立 1 次方程式

$$\begin{cases} x+y=1 \\ x+y=0 \end{cases}$$

の 2 つの式を同時に満たす x, y は明らかに存在しない．したがって，この連立 1 次方程式には解がない．一方，連立 1 次方程式

$$\begin{cases} x+2y=1 \\ 2x+4y=2 \end{cases}$$

の第 2 式は第 1 式を 2 倍したものだから，x, y の組が第 1 式を満たすことと第 2 式を満たすこととは同じである．したがって，この連立 1 次方程式は無数の解をもつ．詳しくいえば，y に任意の数 s を代入すると $x=1-2s$ となるから，

$$\begin{pmatrix} x \\ y \end{pmatrix} = \begin{pmatrix} 1-2s \\ s \end{pmatrix} = \begin{pmatrix} 1 \\ 0 \end{pmatrix} + s\begin{pmatrix} -2 \\ 1 \end{pmatrix} \qquad (s \text{ は任意の数})$$

の形のベクトルがこの連立 1 次方程式のすべての解を与える．　▮

与えられた連立 1 次方程式の解をすべて求めることを，その連立 1 次方程式を**解く**という．

例題 2.1.1　次の連立 1 次方程式を解け．

(1) $\begin{cases} 3x+4y=8 \\ x+3y=1 \end{cases}$　(2) $\begin{cases} x+3y=4 \\ 2x+6y=8 \end{cases}$　(3) $\begin{cases} 2x+3y=4 \\ 4x+6y=10 \end{cases}$

解答　(1) 係数行列 $\begin{pmatrix} 3 & 4 \\ 1 & 3 \end{pmatrix}$ は，$\Delta = 3\cdot 3 - 4\cdot 1 = 5 \neq 0$ だから正則である．したがって，例 2.1.2 よりこの連立 1 次方程式はただ 1 つの解

$$\begin{pmatrix} x \\ y \end{pmatrix} = \begin{pmatrix} 3 & 4 \\ 1 & 3 \end{pmatrix}^{-1} \begin{pmatrix} 8 \\ 1 \end{pmatrix} = \frac{1}{5}\begin{pmatrix} 3 & -4 \\ -1 & 3 \end{pmatrix}\begin{pmatrix} 8 \\ 1 \end{pmatrix} = \begin{pmatrix} 4 \\ -1 \end{pmatrix}$$

をもつ．

(2) 係数行列 $\begin{pmatrix} 1 & 3 \\ 2 & 6 \end{pmatrix}$ は，$\Delta = 1\cdot 6 - 3\cdot 2 = 0$ だから正則でない．連立1次方程式の第2式は，第1式を2倍したものに等しいから，解は第1式 $x + 3y = 4$ を満たすすべての x, y の組である．そこで，s を任意の数として $y = s$ とおくと，$x = 4 - 3s$. ゆえに，解は

$$\begin{pmatrix} x \\ y \end{pmatrix} = \begin{pmatrix} 4-3s \\ s \end{pmatrix} = \begin{pmatrix} 4 \\ 0 \end{pmatrix} + s\begin{pmatrix} -3 \\ 1 \end{pmatrix} \qquad (s\text{ は任意の数}).$$

(3) 係数行列 $\begin{pmatrix} 2 & 3 \\ 4 & 6 \end{pmatrix}$ は，$\Delta = 2\cdot 6 - 3\cdot 4 = 0$ だから正則でない．この連立1次方程式の第2式を $\dfrac{1}{2}$ 倍すると $2x + 3y = 5$ となるが，この等式と連立1次方程式の第1式 $2x + 3y = 4$ を同時に満たす x, y は存在しない．ゆえに，この連立1次方程式は解をもたない． ■

例 2.1.3　C_1, C_2 を実数の定数とする．関数 $f(x) = C_1e^{2x} + C_2e^{3x}$ が $f(0) = 3$ および $f'(0) = 4$ を満たすとき，C_1, C_2 を求めてみよう．条件から，$\begin{cases} C_1 + \ \ C_2 = 3 \\ 2C_1 + 3C_2 = 4 \end{cases}$ すなわち $\begin{pmatrix} 1 & 1 \\ 2 & 3 \end{pmatrix}\begin{pmatrix} C_1 \\ C_2 \end{pmatrix} = \begin{pmatrix} 3 \\ 4 \end{pmatrix}$ である．これを未知数 C_1, C_2 に関する連立1次方程式とみると，係数行列は $\Delta = 1\cdot 3 - 1\cdot 2 = 1 \neq 0$ だから正則である．よって，$\begin{pmatrix} C_1 \\ C_2 \end{pmatrix} = \begin{pmatrix} 1 & 1 \\ 2 & 3 \end{pmatrix}^{-1}\begin{pmatrix} 3 \\ 4 \end{pmatrix} = \begin{pmatrix} 5 \\ -2 \end{pmatrix}$. ■

ここまでのことからわかるように，係数行列が2次正方行列である場合は，簡単な計算により連立1次方程式を解くことができる．しかし，係数行列がより大きな型をもつ場合にはそういったことは期待できない．

係数行列がどのような型であっても有用な解の求め方として，**掃き出し法**がある．これは，以下の3種類の変形のみを用いて連立1次方程式を構成する個々の方程式から未知数を順々に消去していき，最終的に解を得る手法である．

E1　1つの方程式に0でない数を掛ける．

E2　２つの方程式を入れ換える．

E3　１つの方程式に対し，別の方程式にある数を掛けたものを加える．

本節では，この掃き出し法について最も簡単な例を題材に説明する．より一般的な場合は次節以降で取り扱う．

例 2.1.4　連立１次方程式 $\begin{cases} 3x + 4y = 8 \\ x + 3y = 1 \end{cases}$ ……⊛ は次の手順で解くことができる．

$$\text{(A)} \quad \begin{cases} 3x + 4y = 8 \\ x + 3y = 1 \end{cases}$$

↓　第１式と第２式を入れ換える

$$\text{(B)} \quad \begin{cases} x + 3y = 1 \\ 3x + 4y = 8 \end{cases}$$

↓　第２式に第１式の -3 倍を加える

$$\text{(C)} \quad \begin{cases} x + 3y = 1 \\ -5y = 5 \end{cases}$$

↓　第２式を $-\dfrac{1}{5}$ 倍する

$$\text{(D)} \quad \begin{cases} x + 3y = 1 \\ y = -1 \end{cases}$$

↓　第１式に第２式の -3 倍を加える

$$\text{(E)} \quad \begin{cases} x = 4 \\ y = -1 \end{cases}$$

以上により，例題 2.1.1 (1) で導いた解 $\begin{pmatrix} x \\ y \end{pmatrix} = \begin{pmatrix} 4 \\ -1 \end{pmatrix}$ に辿り着いた．なお，この変形において，(A)→(B) は E2 型，(B)→(C) および (D)→(E) は E3 型，(C)→(D) は E1 型の変形である．■

上の (E) において「第１式に第２式の３倍を加える」変形を行うと (D) に戻る．また，(D) において「第２式を -5 倍する」変形を行うと (C) に戻り，(B)

において「第1式と第2式を入れ換える」変形を行うと(A)に戻る．このように，変形E1〜E3は可逆である．すなわち，次のことがいえる．

- 変形「第 i 式に $\mu\ (\neq 0)$ を掛ける」を行ってから変形「第 i 式に μ^{-1} を掛ける」を行うと，もとの連立1方程式に戻る．
- 変形「第 i 式と第 j 式を入れ換える」を行ってから変形「第 i 式と第 j 式を入れ換える」を再度行うと，もとの連立1方程式に戻る．
- 変形「第 i 式に第 j 式の ν 倍を加える」を行ってから変形「第 i 式に第 j 式の $-\nu$ 倍を加える」を行うと，もとの連立1方程式に戻る．

問 2.1.1　上に述べた3つの性質が一般に成り立つことを確かめよ．

さて，連立1次方程式 $A\boldsymbol{x} = \boldsymbol{\alpha}$ に対してE1型，E2型，あるいはE3型のいずれかの変形を行ってできた連立1次方程式を $A'\boldsymbol{x} = \boldsymbol{\alpha}'$ とする．このとき，変形の具体的な形からほとんど明らかなように，$A\boldsymbol{x} = \boldsymbol{\alpha}$ の解は $A'\boldsymbol{x} = \boldsymbol{\alpha}'$ の解でもある．

問 2.1.2　いま述べたことを示せ．

しかも，E1〜E3は可逆だから，$A'\boldsymbol{x} = \boldsymbol{\alpha}'$ を $A\boldsymbol{x} = \boldsymbol{\alpha}$ に戻す変形を考えることにより，$A'\boldsymbol{x} = \boldsymbol{\alpha}'$ の解は $A\boldsymbol{x} = \boldsymbol{\alpha}$ の解でもあることがわかる．これらのことから，変形前の連立1次方程式の解全体のなす集合と変形後の連立1次方程式の解全体のなす集合が完全に一致することがわかる．このことは，変形E1〜E3により解を求めるという方針の正統性を与える．

⊛を解く手順はほかにも考えられる．たとえば，第2式を $x = 1 - 3y$ と移項して第1式に代入し，…，などといった方法である．しかしここではそういった移項操作を許さず，上述のE1〜E3の操作のみで解いたわけである．そうすることの利点として，方程式を解く過程を行列で簡単に表せることが挙げられる．

連立1次方程式 (2.1.1) の未知数の係数と右辺の値を並べてできる行列

$$\begin{pmatrix} a_{11} & a_{12} & \cdots & a_{1n} & \alpha_1 \\ a_{21} & a_{22} & \cdots & a_{2n} & \alpha_2 \\ \vdots & \vdots & \ddots & \vdots & \vdots \\ a_{m1} & a_{m2} & \cdots & a_{mn} & \alpha_m \end{pmatrix} \tag{2.1.5}$$

を，(2.1.1) の**拡大係数行列**という．(2.1.2) の記号 A, $\boldsymbol{\alpha}$ を用いれば，(2.1.5) の行列は A の第 n 列の右隣にベクトル $\boldsymbol{\alpha}$ を付け加えた行列であるから，これを $(A \quad \boldsymbol{\alpha})$ と表す．区切り線を入れて $(A \mid \boldsymbol{\alpha})$ と表すこともある．

さて，連立1次方程式⊛を解く過程 (A)～(E) を，拡大係数行列を用いて書き直してみよう．

まず，⊛の拡大係数行列を書く (段階 (A))．そして，方程式の変形操作の説明における「第1式」「第2式」をそれぞれ「第1行」「第2行」に置き換えて行列を変形していく．すると，(A) から (E) に至るまでの方程式の変形の過程がそっくり行列の行に対する変形に置き換わっている様子がよくわかる．

(A) $\begin{cases} 3x + 4y = 8 \\ x + 3y = 1 \end{cases}$ $\qquad \begin{pmatrix} 3 & 4 & 8 \\ 1 & 3 & 1 \end{pmatrix}$

↓ 第1式と第2式を入れ換える　　第1行と第2行を入れ換える

(B) $\begin{cases} x + 3y = 1 \\ 3x + 4y = 8 \end{cases}$ $\qquad \begin{pmatrix} 1 & 3 & 1 \\ 3 & 4 & 8 \end{pmatrix}$

↓ 第2式に第1式の -3 倍を加える　　第2行に第1行の -3 倍を加える

(C) $\begin{cases} x + 3y = 1 \\ \quad -5y = 5 \end{cases}$ $\qquad \begin{pmatrix} 1 & 3 & 1 \\ 0 & -5 & 5 \end{pmatrix}$

↓ 第2式を $-\dfrac{1}{5}$ 倍する　　第2行を $-\dfrac{1}{5}$ 倍する

(D) $\begin{cases} x + 3y = 1 \\ \qquad y = -1 \end{cases}$ $\qquad \begin{pmatrix} 1 & 3 & 1 \\ 0 & 1 & -1 \end{pmatrix}$

↓ 第1式に第2式の -3 倍を加える　　第1行に第2行の -3 倍を加える

(E) $\begin{cases} x \qquad = 4 \\ \qquad y = -1 \end{cases}$ $\qquad \begin{pmatrix} 1 & 0 & 4 \\ 0 & 1 & -1 \end{pmatrix}$

最後の行列 $\begin{pmatrix} 1 & 0 & 4 \\ 0 & 1 & -1 \end{pmatrix}$ を方程式に戻すと，$\begin{cases} x = 4 \\ y = -1 \end{cases}$ すなわち $\begin{pmatrix} x \\ y \end{pmatrix} = \begin{pmatrix} 4 \\ -1 \end{pmatrix}$ となるから，解が求まったことになる．

連立1次方程式に対する3つの変形操作 E1～E3 を先に与えたが，行列においてこれらに対応する操作は次の3つである．

R1　1つの行に0でない数を掛ける．

R2　2つの行を入れ換える．

R3　1つの行に対し，別の行のスカラー倍を加える．

これら3つの変形を総称して，行列の**行基本変形**と呼ぶ．以下では，行基本変形を次の記号で表すことにする．

$\mathrm{R}_i(\mu)$: 第 i 行に μ を掛ける．ただし，$\mu \neq 0$ である．
R_{ij} : 第 i 行と第 j 行を入れ換える．
$\mathrm{R}_{ij}(\nu)$: 第 i 行に第 j 行の ν 倍を加える．

これらの記号を用いると，⊛ の拡大係数行列を変形する過程 (A)～(E) は次のように表すことができる．

$$\begin{pmatrix} 3 & 4 & 8 \\ 1 & 3 & 1 \end{pmatrix} \xrightarrow{\mathrm{R}_{12}} \begin{pmatrix} 1 & 3 & 1 \\ 3 & 4 & 8 \end{pmatrix} \xrightarrow{\mathrm{R}_{21}(-3)} \begin{pmatrix} 1 & 3 & 1 \\ 0 & -5 & 5 \end{pmatrix} \xrightarrow{\mathrm{R}_{2}(-\frac{1}{5})}$$

$$\longrightarrow \begin{pmatrix} 1 & 3 & 1 \\ 0 & 1 & -1 \end{pmatrix} \xrightarrow{\mathrm{R}_{12}(-3)} \begin{pmatrix} 1 & 0 & 4 \\ 0 & 1 & -1 \end{pmatrix}$$

問 2.1.3　行基本変形は可逆であることを示せ．また，$\mathrm{R}_i(\mu)$, R_{ij}, $\mathrm{R}_{ij}(\nu)$ の逆向きの変形をそれぞれ記号で答えよ．

例題 2.1.2　連立1次方程式 $\begin{cases} 2x + 3y = -1 \\ 3x + 7y = 1 \end{cases}$ を解け．

解答 拡大係数行列を行基本変形していくと，

$$\begin{pmatrix} 2 & 3 & -1 \\ 3 & 7 & 1 \end{pmatrix} \xrightarrow{R_{12}} \begin{pmatrix} 3 & 7 & 1 \\ 2 & 3 & -1 \end{pmatrix} \xrightarrow{R_{12}(-1)} \begin{pmatrix} 1 & 4 & 2 \\ 2 & 3 & -1 \end{pmatrix} \xrightarrow{R_{21}(-2)}$$

$$\longrightarrow \begin{pmatrix} 1 & 4 & 2 \\ 0 & -5 & -5 \end{pmatrix} \xrightarrow{R_2(-\frac{1}{5})} \begin{pmatrix} 1 & 4 & 2 \\ 0 & 1 & 1 \end{pmatrix} \xrightarrow{R_{12}(-4)} \begin{pmatrix} 1 & 0 & -2 \\ 0 & 1 & 1 \end{pmatrix}.$$

最後の行列は $\begin{cases} x = -2 \\ y = 1 \end{cases}$ を表す．よって，解は $\begin{pmatrix} x \\ y \end{pmatrix} = \begin{pmatrix} -2 \\ 1 \end{pmatrix}$ である． ▮

例題 2.1.3 連立1次方程式 $\begin{cases} x+ y+ z=3 \\ 2x+4y+3z=7 \\ y+ z=1 \end{cases}$ を解け．

解答 拡大係数行列を行基本変形していくと，

$$\begin{pmatrix} 1 & 1 & 1 & 3 \\ 2 & 4 & 3 & 7 \\ 0 & 1 & 1 & 1 \end{pmatrix} \xrightarrow{R_{21}(-2)} \begin{pmatrix} 1 & 1 & 1 & 3 \\ 0 & 2 & 1 & 1 \\ 0 & 1 & 1 & 1 \end{pmatrix} \xrightarrow{R_{23}} \begin{pmatrix} 1 & 1 & 1 & 3 \\ 0 & 1 & 1 & 1 \\ 0 & 2 & 1 & 1 \end{pmatrix} \xrightarrow{R_{12}(-1)}$$

$$\longrightarrow \begin{pmatrix} 1 & 0 & 0 & 2 \\ 0 & 1 & 1 & 1 \\ 0 & 2 & 1 & 1 \end{pmatrix} \xrightarrow{R_{32}(-2)} \begin{pmatrix} 1 & 0 & 0 & 2 \\ 0 & 1 & 1 & 1 \\ 0 & 0 & -1 & -1 \end{pmatrix} \xrightarrow{R_3(-1)} \begin{pmatrix} 1 & 0 & 0 & 2 \\ 0 & 1 & 1 & 1 \\ 0 & 0 & 1 & 1 \end{pmatrix} \xrightarrow{R_{23}(-1)}$$

$$\longrightarrow \begin{pmatrix} 1 & 0 & 0 & 2 \\ 0 & 1 & 0 & 0 \\ 0 & 0 & 1 & 1 \end{pmatrix}.$$

最後の行列は $\begin{cases} x = 2 \\ y = 0 \\ z = 1 \end{cases}$ を表す．よって，解は $\begin{pmatrix} x \\ y \\ z \end{pmatrix} = \begin{pmatrix} 2 \\ 0 \\ 1 \end{pmatrix}$ である． ▮

(2.1.1) において $m = n$ (すなわち，方程式の個数と未知数の個数が等しい) とする．このとき，もし解の個数がちょうど1つであれば，連立1次方程式は (なんらかの方法で) 最終的に次の形に変形される．

$$\begin{cases} x_1 & & & = \beta_1 \\ & x_2 & & = \beta_2 \\ & & \ddots & \vdots \\ & & & x_m = \beta_m \end{cases}$$

これを表す拡大係数行列を $(E_m \quad \boldsymbol{\beta})$ とおくと，これまでの例では拡大係数行列 $(A \quad \boldsymbol{\alpha})$ は行基本変形によって $(E_m \quad \boldsymbol{\beta})$ に変形された．これらの例から示唆されるように，$m = n$ かつ解が1つであることがわかっているなら，拡大係数行列に行基本変形を行って $(E_m \quad \boldsymbol{\beta})$ の形にすることが変形の目標となる．しかし，解の個数が1つであるかどうかは前もってわからないのが普通であるし，より一般には $m = n$ とも限らない．こういった場合をも含んだ形での取り扱いは次節以降で述べる．

ところで，2つの行基本変形を続けて行うとき，その順序を入れ換えると，一般には異なる行列に変形される．いくつかの例を次の例題で与えておく．

例題 2.1.4　行列 $A = \begin{pmatrix} 1 & 2 & -1 \\ 3 & 2 & 1 \\ -5 & 0 & 1 \end{pmatrix}$ に対して以下の (1)〜(3) の2つの行基本変形を指定の順に行い，どの場合も順序を入れ換えると変形結果が異なることを確かめよ．

(1)　$\mathrm{R}_{23}(1)$, $\mathrm{R}_{31}(3)$ について，$\begin{cases} \text{(a)} \quad \mathrm{R}_{23}(1), \quad \mathrm{R}_{31}(3) \text{ の順} \\ \text{(b)} \quad \mathrm{R}_{31}(3), \quad \mathrm{R}_{23}(1) \text{ の順} \end{cases}$

(2)　$\mathrm{R}_{21}(-3)$, R_{23} について，$\begin{cases} \text{(a)} \quad \mathrm{R}_{21}(-3), \quad \mathrm{R}_{23} \text{の順} \\ \text{(b)} \quad \mathrm{R}_{23}, \quad \mathrm{R}_{21}(-3) \text{ の順} \end{cases}$

(3)　$\mathrm{R}_{21}(-3), \mathrm{R}_2(-1)$ について，$\begin{cases} \text{(a)} & \mathrm{R}_{21}(-3),\ \mathrm{R}_2(-1) \text{ の順} \\ \text{(b)} & \mathrm{R}_2(-1),\ \mathrm{R}_{21}(-3) \text{ の順} \end{cases}$

解答　(1)　(a), (b) で指定した順序で変形していくとそれぞれ以下のようになる．

$$\text{(a)} \begin{pmatrix} 1 & 2 & -1 \\ 3 & 2 & 1 \\ -5 & 0 & 1 \end{pmatrix} \xrightarrow{\mathrm{R}_{23}(1)} \begin{pmatrix} 1 & 2 & -1 \\ -2 & 2 & 2 \\ -5 & 0 & 1 \end{pmatrix} \xrightarrow{\mathrm{R}_{31}(3)} \begin{pmatrix} 1 & 2 & -1 \\ -2 & 2 & 2 \\ -2 & 6 & -2 \end{pmatrix}.$$

$$\text{(b)} \begin{pmatrix} 1 & 2 & -1 \\ 3 & 2 & 1 \\ -5 & 0 & 1 \end{pmatrix} \xrightarrow{\mathrm{R}_{31}(3)} \begin{pmatrix} 1 & 2 & -1 \\ 3 & 2 & 1 \\ -2 & 6 & -2 \end{pmatrix} \xrightarrow{\mathrm{R}_{23}(1)} \begin{pmatrix} 1 & 2 & -1 \\ 1 & 8 & -1 \\ -2 & 6 & -2 \end{pmatrix}.$$

(2)　(a), (b) で指定した順序で変形していくとそれぞれ以下のようになる．

$$\text{(a)} \begin{pmatrix} 1 & 2 & -1 \\ 3 & 2 & 1 \\ -5 & 0 & 1 \end{pmatrix} \xrightarrow{\mathrm{R}_{21}(-3)} \begin{pmatrix} 1 & 2 & -1 \\ 0 & -4 & 4 \\ -5 & 0 & 1 \end{pmatrix} \xrightarrow{\mathrm{R}_{23}} \begin{pmatrix} 1 & 2 & -1 \\ -5 & 0 & 1 \\ 0 & -4 & 4 \end{pmatrix}.$$

$$\text{(b)} \begin{pmatrix} 1 & 2 & -1 \\ 3 & 2 & 1 \\ -5 & 0 & 1 \end{pmatrix} \xrightarrow{\mathrm{R}_{23}} \begin{pmatrix} 1 & 2 & -1 \\ -5 & 0 & 1 \\ 3 & 2 & 1 \end{pmatrix} \xrightarrow{\mathrm{R}_{21}(-3)} \begin{pmatrix} 1 & 2 & -1 \\ -8 & -6 & 4 \\ 3 & 2 & 1 \end{pmatrix}.$$

(3)　(a), (b) で指定した順序で変形していくとそれぞれ以下のようになる．

$$\text{(a)} \begin{pmatrix} 1 & 2 & -1 \\ 3 & 2 & 1 \\ -5 & 0 & 1 \end{pmatrix} \xrightarrow{\mathrm{R}_{21}(-3)} \begin{pmatrix} 1 & 2 & -1 \\ 0 & -4 & 4 \\ -5 & 0 & 1 \end{pmatrix} \xrightarrow{\mathrm{R}_2(-1)} \begin{pmatrix} 1 & 2 & -1 \\ 0 & 4 & -4 \\ -5 & 0 & 1 \end{pmatrix}.$$

$$\text{(b)} \begin{pmatrix} 1 & 2 & -1 \\ 3 & 2 & 1 \\ -5 & 0 & 1 \end{pmatrix} \xrightarrow{\mathrm{R}_2(-1)} \begin{pmatrix} 1 & 2 & -1 \\ -3 & -2 & -1 \\ -5 & 0 & 1 \end{pmatrix} \xrightarrow{\mathrm{R}_{21}(-3)} \begin{pmatrix} 1 & 2 & -1 \\ -6 & -8 & 2 \\ -5 & 0 & 1 \end{pmatrix}.$$

以上により，A に対して (1)〜(3) それぞれに与えた 2 つの行基本変形を行うと

き，行基本変形の順序を入れ換えると，いずれも得られる行列が異なる． ∎

問題 2-1

1. 3次正方行列 A に対して行基本変形を R_{13}, $\mathrm{R}_{21}(-2)$, $\mathrm{R}_{32}(-1)$, $\mathrm{R}_3(\frac{1}{3})$ の順に行ったところ，E_3 に変形された．もとの行列 A を求めよ．

2. m 次列ベクトル $\boldsymbol{a} = \begin{pmatrix} a_1 \\ a_2 \\ \vdots \\ a_m \end{pmatrix}$ において，ある i に対して $a_i \neq 0$ とする．このとき，$\boldsymbol{a}$ は行基本変形により $\boldsymbol{e}_i$ に変形できることを示せ．

3. m は3以上の整数とし，i, j, k は $1 \leqq i, j, k \leqq m$ を満たす相異なる3つの整数とする．$m \times n$ 行列 A に対して2つの行基本変形 $\mathrm{R}_{ik}(\nu)$, $\mathrm{R}_{jk}(\nu')$ を続けて行うとき，2つのうちどちらから先に始めても変形結果は同じ行列になることを示せ．

4. 次の連立1次方程式を，拡大係数行列に行基本変形を行うことで解け．

(1) $\begin{pmatrix} 1 & 2 \\ 2 & 3 \end{pmatrix}\begin{pmatrix} x_1 \\ x_2 \end{pmatrix} = \begin{pmatrix} 1 \\ 2 \end{pmatrix}$　　(2) $\begin{pmatrix} 3 & 2 \\ 2 & 3 \end{pmatrix}\begin{pmatrix} x_1 \\ x_2 \end{pmatrix} = \begin{pmatrix} 3 \\ 7 \end{pmatrix}$

(3) $\begin{pmatrix} 1 & 1 & -2 \\ 4 & 3 & -3 \\ 2 & 3 & -8 \end{pmatrix}\begin{pmatrix} x_1 \\ x_2 \\ x_3 \end{pmatrix} = \begin{pmatrix} 1 \\ 8 \\ -1 \end{pmatrix}$　　(4) $\begin{pmatrix} 2 & 1 & 5 \\ 1 & 3 & 4 \\ 1 & 1 & 3 \end{pmatrix}\begin{pmatrix} x_1 \\ x_2 \\ x_3 \end{pmatrix} = \begin{pmatrix} 3 \\ 0 \\ 2 \end{pmatrix}$

(5) $\begin{pmatrix} 1 & 2 & 1 & 1 \\ 3 & 4 & 2 & 1 \\ 2 & 1 & 2 & 1 \\ 4 & 3 & 4 & 2 \end{pmatrix}\begin{pmatrix} x_1 \\ x_2 \\ x_3 \\ x_4 \end{pmatrix} = \begin{pmatrix} 1 \\ 1 \\ 2 \\ 3 \end{pmatrix}$

2.2　簡約な行列

簡約な行列

次の連立1次方程式を解こうとするならば，まずはなんらかの操作を行って簡単な形に変形しようとするのが普通だろう．

$$
\text{(A)}\ \begin{cases} x_1 + 2x_2 - 3x_3 - 2x_4 - 2x_5 = 7 \\ 2x_1 - 3x_2 + 8x_3 + x_4 + 4x_5 = -4 \\ 3x_1 - x_2 + 5x_3 - 2x_4 - x_5 = 1 \end{cases}
$$

では，次の連立1次方程式についてはどうだろうか．

$$
\text{(B)}\ \begin{cases} x_1 \qquad + x_3 \qquad + 2x_5 = 3 \\ \qquad x_2 - 2x_3 \qquad + x_5 = 4 \\ \qquad\qquad\qquad x_4 + 3x_5 = 2 \end{cases}
$$

この場合は即座に解くことができる．実際，5つの未知数のうち x_3 と x_5 の値をそれぞれ任意に定めると，残りの x_1, x_2, x_4 の値が一意に定まることが直ちに見てとれる．より詳しくいえば，$x_3 = s, x_5 = t$ とすると，

$$
x_1 = 3 - s - 2t, \quad x_2 = 4 + 2s - t, \quad x_4 = 2 - 3t
$$

となるというわけである．よって，

$$
\begin{pmatrix} x_1 \\ x_2 \\ x_3 \\ x_4 \\ x_5 \end{pmatrix} = \begin{pmatrix} 3 - s - 2t \\ 4 + 2s - t \\ s \\ 2 - 3t \\ t \end{pmatrix} = \begin{pmatrix} 3 \\ 4 \\ 0 \\ 2 \\ 0 \end{pmatrix} + s \begin{pmatrix} -1 \\ 2 \\ 1 \\ 0 \\ 0 \end{pmatrix} + t \begin{pmatrix} -2 \\ -1 \\ 0 \\ -3 \\ 1 \end{pmatrix} \quad (s, t\ \text{は任意の数})
$$

が，連立1次方程式 (B) のすべての解である．

話をすすめる前に，1つの概念を導入しておこう．C を $m \times n$ 行列とし，C の第 u 行を $\boldsymbol{c}_u$ $(u = 1, 2, \ldots, m)$ とする．このとき，以下の3条件が成り立つならば，C を**簡約な行列**と呼ぶ．

(1)　次のような整数 r が $0 \leqq r \leqq m$ の範囲に存在する．

$$
\boldsymbol{c}_1 \neq \boldsymbol{0},\ \boldsymbol{c}_2 \neq \boldsymbol{0},\ \ldots,\ \boldsymbol{c}_r \neq \boldsymbol{0}, \quad \boldsymbol{c}_{r+1} = \cdots = \boldsymbol{c}_m = \boldsymbol{0}
$$

ただし，$r=0$ のときはすべての行が $\mathbf{0}$ （すなわち，$C=O$）であり，$r=m$ のときはすべての行が $\mathbf{0}$ でないと解釈する．

(2) $r \geqq 1$ のとき，$u=1,2,\ldots,r$ に対して $\boldsymbol{c}_u$ の 0 でない成分のうち最も左にあるものが第 j_u 成分であるとすると，

$$1 \leqq j_1 < j_2 < \cdots < j_r \leqq n.$$

(3) $r \geqq 1$ のとき，$u=1,2,\ldots,r$ に対して C の第 j_u 列は $\boldsymbol{e}_u$ である．ただし，j_u は (2) で定めた整数とする．

C が簡約な行列のとき，上の条件 (1) により定まる r を C の**階数**と呼び，$\operatorname{rank} C$ で表す．一般の行列に対しても階数が定義できるが，それについては後述する．

例 2.2.1　連立1次方程式 (B) の拡大係数行列は階数3の簡約な行列である．実際，$r=3$ および $j_1=1$, $j_2=2$, $j_3=4$ であり，しかも $u=1,2,3$ に対して第 j_u 列が $\boldsymbol{e}_u$ になっている．これらの特徴を視覚的にまとめると，次のようになる．

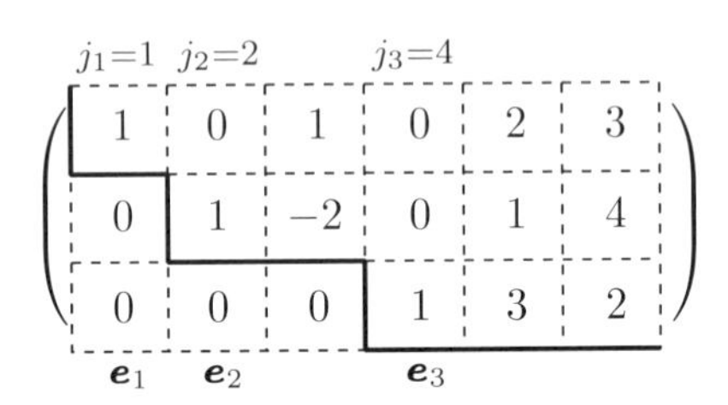

■

問 2.2.1　$(E_m \quad \boldsymbol{\beta})$ の形の $m \times (m+1)$ 行列は階数 m の簡約な行列であることを示せ．

例 2.2.1 (および問 2.2.1) からも読み取れるように，簡約な拡大係数行列により表される連立1次方程式は極めて容易に解くことができる．これより，連立1次方程式の解法が示唆される．つまり，連立1次方程式 $A\boldsymbol{x}=\boldsymbol{\alpha}$ が与えられたとき，その拡大係数行列 $(A \quad \boldsymbol{\alpha})$ を行基本変形で簡約な行列に変形できてしまえば，方程式は解けたも同然ということである．

与えられた行列に行基本変形を行って簡約な行列に変形することを，**簡約化**という．また，そのようにして得られた簡約な行列も，もとの行列の**簡約化**

と呼ぶ．連立 1 次方程式の解法に関連することの詳細は 2.3 節に譲ることにして，本節では簡約な行列の性質や簡約化の手順などについて調べることとする．

簡約な行列のつくり方と分類

縦，横がそれぞれ m ます，n ますのます目を用意する．たとえば，$m=3$, $n=4$ のときは次のようなものである．

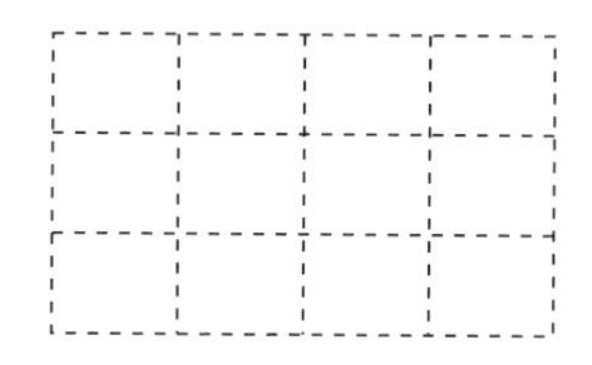

各ます内に 1 つずつ数を書き入れてかっこでくくると，行列ができる．その意味で，いま用意したます目は『成分が未記入の状態の行列』とみなしてよい．以下，$m=3, n=4$ のときのます目を例にとって説明する．一般の場合も同様である．

ます目の点線上に，次の規則を満たすように区切り線を引く．

(1)　区切り線は左上の頂点を始点として，下図のようにます目の点線上を右または下の方向に進む．

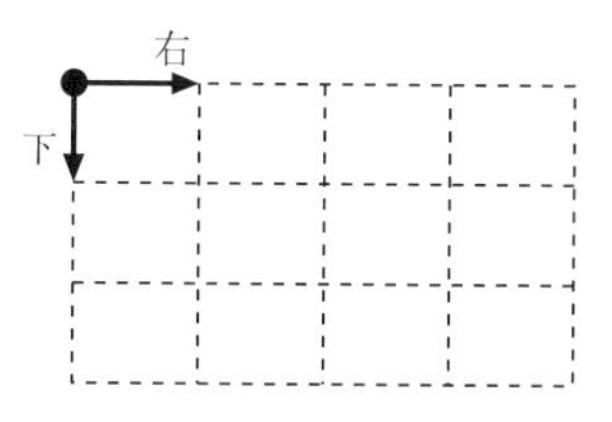

(2)　区切り線は，ます目の格子点に到達するごとに右または下の方向のみに進むことができる．ただし，2 回続けて下の方向に進むことはできない．

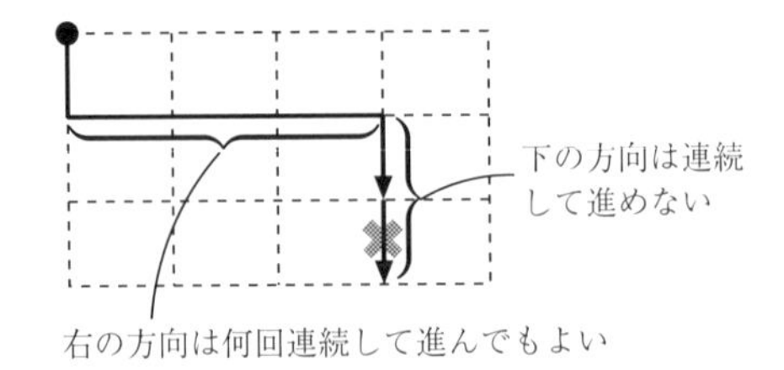

(3)　区切り線が最右端のいずれかの格子点に到達したら，そこが終点である．

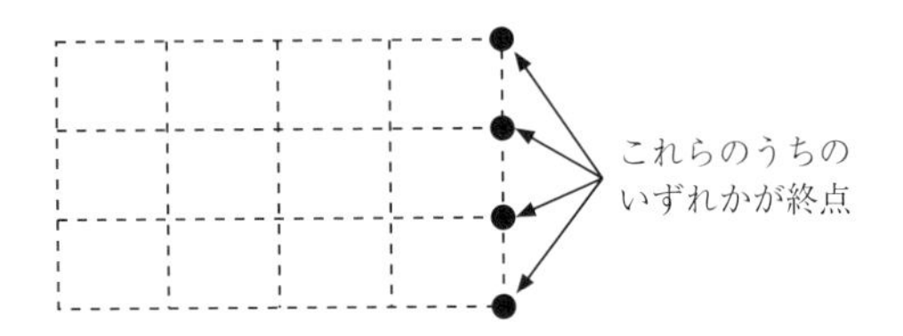

例 2.2.2　2次正方行列においては，次のものが上の規則 (1)〜(3) を満たす区切り線のすべてである．

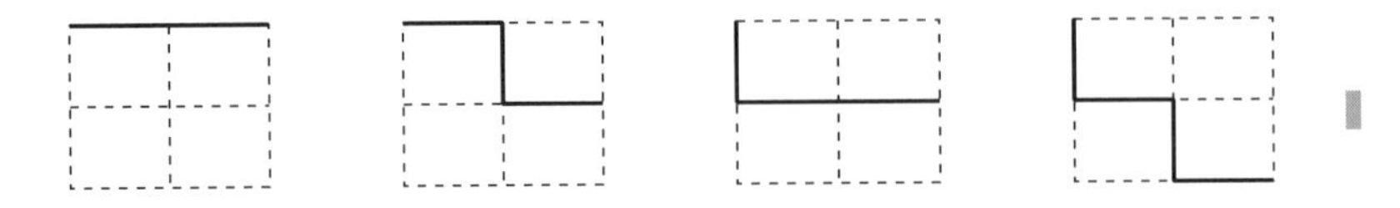

さて，点線上に (1)〜(3) の規則を満たすいずれかの区切り線を引いたあと，さらに次の条件 (4)，(5) を満たすように各ます目内に成分を書き入れる．

(4)　区切り線の下側はすべて 0 である．

(5)　区切り線が下向きから右向きへ折れ曲がるところが r か所あるとする．このとき，折れ曲がった直後の位置にある r 個の列は，左から順に $\boldsymbol{e}_1$, $\boldsymbol{e}_2, \ldots, \boldsymbol{e}_r$ である．ただし，$\boldsymbol{e}_j$ は E_m の第 j 列である (m 次基本ベクトル)．

条件 (4)，(5) に当てはまらない位置の成分はどんな数でも構わない．このようにしてできた行列はすべて簡約な行列である．逆に，簡約な行列が任意に与えられたとき，規則 (1)〜(3) を満たす区切り線を適切に選ぶと，成分に関する条件 (4)，(5) も満たされる．

例 2.2.3 例 2.2.2 および簡約な行列の成分に関する条件 (4), (5) より，2 次正方行列で簡約なものは次の 4 通りに分類される．

$$\begin{pmatrix} 0 & 0 \\ 0 & 0 \end{pmatrix} \qquad \begin{pmatrix} 0 & 1 \\ 0 & 0 \end{pmatrix} \qquad \begin{pmatrix} 1 & * \\ 0 & 0 \end{pmatrix} \qquad \begin{pmatrix} 1 & 0 \\ 0 & 1 \end{pmatrix}$$

ただし，左から 3 番めの行列における $*$ 印の成分はどんな数であってもよい．また，それぞれの階数は左から順に 0, 1, 1, 2 である． ▮

問 2.2.2 2×3 行列で簡約なものを分類せよ．

例 2.2.3 から，簡約な 2 次正則行列は E_2 だけであることがわかる．同様のことは，一般の次数のときにも成り立つ．

命題 2.2.1 C を正方行列とするとき，次の 3 条件は同等である．

(1) $C = E$.

(2) C は簡約な正則行列である．

(3) C は簡約な行列で，かつその行には $\mathbf{0}$ がない．

証明 (1)⇒(2) 明らかに，単位行列は簡約な行列であり，また正則でもある．
(2)⇒(3) C が正則ならば，問 1.4.1 より C の行には $\mathbf{0}$ が存在しない．
(3)⇒(1) C は簡約な行列で，かつその行には $\mathbf{0}$ がないとする．m を C の次数とすれば，このことは $\operatorname{rank} C = m$ であることを意味する．すなわち，C の列には m 次基本ベクトル $\boldsymbol{e}_1$，$\boldsymbol{e}_2$，…，$\boldsymbol{e}_m$ がすべて現れる．したがって，$C = E_m$ でなければならない． ▮

行列の簡約化

まず，簡約化の手順を具体例で説明しよう．

例 2.2.4 $A = \begin{pmatrix} 0 & 1 & -1 & -2 & 3 \\ 0 & 3 & -3 & 1 & -4 \\ 0 & 2 & -2 & -3 & 7 \end{pmatrix}$ とする．A を簡約化するために，第 1 列から右に向かって 1 列ずつ形を整えていくという方針で行基本変形を

行っていく．

$$\begin{pmatrix} 0 & 1 & -1 & -2 & 3 \\ 0 & 3 & -3 & 1 & -4 \\ 0 & 2 & -2 & -3 & 7 \end{pmatrix} \xrightarrow[\text{② } \mathrm{R}_{31}(-2)]{\text{① } \mathrm{R}_{21}(-3)} \begin{pmatrix} 0 & 1 & -1 & -2 & 3 \\ 0 & 0 & 0 & 7 & -13 \\ 0 & 0 & 0 & 1 & 1 \end{pmatrix} \xrightarrow{\mathrm{R}_{23}}$$

［1］ 第1列は $\mathbf{0}$ だから，この列に関してすべきことはない．第2列は第1成分が $1 \neq 0$ だから，この列が $\boldsymbol{e}_1$ になるように行基本変形を行う．

［2］ 第3列は第2成分以降がすべて0なので，このままにしておく．第4列は第2成分が $7 \neq 0$ だから，この列が $\boldsymbol{e}_2$ になるように行基本変形を行う．

$$\longrightarrow \begin{pmatrix} 0 & 1 & -1 & -2 & 3 \\ 0 & 0 & 0 & 1 & 1 \\ 0 & 0 & 0 & 7 & -13 \end{pmatrix} \xrightarrow[\text{② } \mathrm{R}_{32}(-7)]{\text{① } \mathrm{R}_{12}(2)} \begin{pmatrix} 0 & 1 & -1 & 0 & 5 \\ 0 & 0 & 0 & 1 & 1 \\ 0 & 0 & 0 & 0 & -20 \end{pmatrix} \xrightarrow{\mathrm{R}_3(-\frac{1}{20})}$$

［3］ 第5列は第3成分が $-20 \neq 0$ だから，この列が $\boldsymbol{e}_3$ になるように行基本変形を行う．

$$\longrightarrow \begin{pmatrix} 0 & 1 & -1 & 0 & 5 \\ 0 & 0 & 0 & 1 & 1 \\ 0 & 0 & 0 & 0 & 1 \end{pmatrix} \xrightarrow[\text{② } \mathrm{R}_{23}(-1)]{\text{① } \mathrm{R}_{13}(-5)} \begin{pmatrix} 0 & 1 & -1 & 0 & 0 \\ 0 & 0 & 0 & 1 & 0 \\ 0 & 0 & 0 & 0 & 1 \end{pmatrix}.$$

最後の行列は簡約な行列の条件をすべて満たしているから，A の簡約化である．■

上の変形過程では，3か所で複数個の行基本変形をまとめて記した．今後も，複数個をまとめたほうが見やすい場合に限ってこのような記法を用いる．なお，まとめて記したときの ①，② の意味は，行基本変形をどの順序で行っているのかを明記したものである．ただし，上の変形においては，いずれの場合も順序を入れ換えても同じ行列になる (問題2-1，**3**)．それにも関わらずわざわざ順序を記したのは，変形の順序を入れ換えると得られる行列が異なる場合がある (例題 2.1.4) ことへの注意喚起が目的である．

例 2.2.4 の方針は一般に通用する．すなわち，行列が与えられたときに，それの簡約化を得る1つの手順は以下のように述べることができる．

$A=O$ ならば，それはすでに簡約化されている．そこで $A \neq O$ とする．このとき，A の列のうち $\mathbf{0}$ でないものがあるので，そ (れら) のうち最初のもの (最も左側にあるもの) が $\boldsymbol{e}_1$ になるように A に行基本変形を行う (問題2-1, **2**)．変形後の行列を A_1 とする．

次に，A_1 の列のうち第2成分以下に0でない成分をもつものを探す．もし見つからなければ作業は終了である．一方，そのような列があったときは，そ (れら) のうち最初のものが $\boldsymbol{e}_2$ になるように A_1 に行基本変形を行う (問題2-1, **2**)．ただし，前の段階でつくった $\boldsymbol{e}_1$ が不変となるような行基本変形のみを許すこととする．変形後の行列を A_2 とする．

一般に，A を $m \times n$ 行列とし $A_0 = A$ とおくと，簡約化の第 i 段階は次のように述べることができる．

簡約化の第 i 段階

A_{i-1} において，第 i 成分以下に0でない成分をもつ列を探す．

①見つからないとき　作業は終了である．($\rightarrow A_{i-1}$ が A の簡約化)

②見つかったとき　そのような列のうち最初のものが $\boldsymbol{e}_i$ になるように A_{i-1} に行基本変形を行う．ただし，これまでの段階でつくった $\boldsymbol{e}_1, \ldots, \boldsymbol{e}_{i-1}$ が不変となるような行基本変形のみを許すこととする．変形後の行列を A_i とし，$i=m$ の場合は作業を終了する．($\rightarrow A_m$ が A の簡約化) そうでなければ第 $i+1$ 段階へすすむ．

この手続きをすすめていくことにより A の簡約化が得られる．よって，次の定理が成り立つ．

定理 2.2.2　すべての行列は，行基本変形 R1〜R3 を何回か組み合わせて行うことにより簡約化される．

行列を簡約化する手順は1通りというわけではない．このことは問題2-1,

3 からもわかるが，ここでは可換な行基本変形の順序をただ入れ換えただけというわけではない例を1つ挙げておく．

例 2.2.5　$A = \begin{pmatrix} 1 & a_{12} & a_{13} \\ 0 & 1 & a_{23} \\ 0 & 0 & 1 \end{pmatrix}$ を上に与えた手順で簡約化すると

$$\begin{pmatrix} 1 & a_{12} & a_{13} \\ 0 & 1 & a_{23} \\ 0 & 0 & 1 \end{pmatrix} \xrightarrow{\mathrm{R}_{12}(-a_{12})} \begin{pmatrix} 1 & 0 & a_{13}-a_{12}a_{23} \\ 0 & 1 & a_{23} \\ 0 & 0 & 1 \end{pmatrix} \xrightarrow[\text{②}\ \mathrm{R}_{23}(-a_{23})]{\text{①}\ \mathrm{R}_{13}(a_{12}a_{23}-a_{13})} \begin{pmatrix} 1 & 0 & 0 \\ 0 & 1 & 0 \\ 0 & 0 & 1 \end{pmatrix}$$

となる．この A については，次のようにしても簡約化できる．

$$\begin{pmatrix} 1 & a_{12} & a_{13} \\ 0 & 1 & a_{23} \\ 0 & 0 & 1 \end{pmatrix} \xrightarrow[\text{②}\ \mathrm{R}_{23}(-a_{23})]{\text{①}\ \mathrm{R}_{13}(-a_{13})} \begin{pmatrix} 1 & a_{12} & 0 \\ 0 & 1 & 0 \\ 0 & 0 & 1 \end{pmatrix} \xrightarrow{\mathrm{R}_{12}(-a_{12})} \begin{pmatrix} 1 & 0 & 0 \\ 0 & 1 & 0 \\ 0 & 0 & 1 \end{pmatrix}$$ ∎

上の例では，2通りの手順で簡約化を行い，同じ結果に行き着いた．本節の最後に，このことが一般に成立することを示しておこう．

補題 2.2.3　行列 A が (ある行基本変形の手順により) 零行列 O に簡約化されるための必要十分条件は，$A = O$ となることである．特に，O の簡約化は O のみである．

証明　ほとんど明らかであるが，念のため証明を述べる．

A に行基本変形を行って O になったとすると，この行基本変形の手順を逆向きにさかのぼっていくことにより O を A に「戻す」行基本変形の手順が得られるが，O にいかなる行基本変形を行っても O のままなのだから，$A = O$ でなければならない．逆に，$A = O$ とすると，明らかに自身が簡約化の1つになっている．しかも，先ほどと同様 O にどのような行基本変形を行っても O のままだから，O の簡約化は O 自身以外には存在しない．ゆえに，O の簡約化は自身のみである． ∎

定理 2.2.4　行列の簡約化はその手順によらず一意的に定まる．

証明　行列 A の列の個数 n に関する帰納法で示す．

$n=1$ のとき，簡約な行列は $\mathbf{0}$ と $\boldsymbol{e}_1$ の 2 つ存在する．もし $A=\mathbf{0}$ なら，補題 2.2.3 より簡約化は $\mathbf{0}$ だけである．一方，もし $A \neq \mathbf{0}$ なら，再び補題 2.2.3 より決して $\mathbf{0}$ に簡約化されない．よって，$A \neq \mathbf{0}$ のとき，その簡約化は $\boldsymbol{e}_1$ だけである (問題 2-1，**2** も参照のこと)．以上により，$n=1$ のとき主張が成り立つ．

次に，k を自然数とし，$n=k$ のとき主張が成り立つとする．すなわち，列の個数が k 個の行列については，簡約化が一意的に定まると仮定する．A を $k+1$ 個の列をもつ行列とし，C, D をともに A の簡約化とする．さらに，A, C, D から第 $k+1$ 列を取り除いた行列をそれぞれ A', C', D' とする．このとき，A', C', D' は k 個の列をもつ行列で，C', D' は明らかに A' の簡約化であるから，帰納法の仮定により $C'=D'$ となる．したがって，C, D の第 $k+1$ 列 $\boldsymbol{c}'_{k+1}, \boldsymbol{d}'_{k+1}$ について $\boldsymbol{c}'_{k+1}=\boldsymbol{d}'_{k+1}$ となることが示せれば証明が完了する．以下，$\operatorname{rank} C'$ $(=\operatorname{rank} D')$ を r とおく．

まず，$\operatorname{rank} C=\operatorname{rank} D=r+1$ のときは，C, D の第 $k+1$ 行は明らかにどちらも $\boldsymbol{e}_{r+1}^{(m)}$ となる．よって，この場合 $C=D$ である．

次に，$\operatorname{rank} C$，$\operatorname{rank} D$ のうち少なくとも一方が r であるとする．どちらの場合も同様なので，ここでは $\operatorname{rank} C=r$ とする．$r=0$ のときは $C=O$ であり，したがって補題 2.2.3 より $A=O$ だから，この場合 A の簡約化は一意的である．そこで，$r>0$ とする．このとき，$\boldsymbol{c}'_{k+1}$ は次の形のベクトルとなる．

$$\boldsymbol{c}'_{k+1}=c_1\boldsymbol{e}_1^{(m)}+c_2\boldsymbol{e}_2^{(m)}+\cdots+c_r\boldsymbol{e}_r^{(m)}$$

ただし，m は A の行の個数である．さて，C' は階数が r の簡約な行列だから，C' の第 j_1 列，第 j_2 列，…，第 j_r 列が順に $\boldsymbol{e}_1^{(m)}, \boldsymbol{e}_2^{(m)}, \ldots, \boldsymbol{e}_r^{(m)}$ であるとすると，$\boldsymbol{x}=x_1\boldsymbol{e}_{j_1}^{(k)}+x_2\boldsymbol{e}_{j_2}^{(k)}+\cdots+x_r\boldsymbol{e}_{j_r}^{(k)}$ に対して

$$\begin{aligned}C'\boldsymbol{x}&=x_1C'\boldsymbol{e}_{j_1}^{(k)}+x_2C'\boldsymbol{e}_{j_2}^{(k)}+\cdots+x_rC'\boldsymbol{e}_{j_r}^{(k)}\\&=x_1\boldsymbol{e}_1^{(m)}+x_2\boldsymbol{e}_2^{(m)}+\cdots+x_r\boldsymbol{e}_r^{(m)}\end{aligned}$$

となる．したがって，ベクトル $\boldsymbol{x} = c_1\boldsymbol{e}_{j_1}^{(k)} + c_2\boldsymbol{e}_{j_2}^{(k)} + \cdots + c_r\boldsymbol{e}_{j_r}^{(k)}$ は連立1次方程式 $C'\boldsymbol{x} = \boldsymbol{c}'_{k+1}$ の1つの解である．しかも，この $\boldsymbol{x}$ は連立1次方程式 $A'\boldsymbol{x} = \boldsymbol{a}'_{k+1}$ の解でもある．なぜなら，$A = (A' \quad \boldsymbol{a}'_{k+1})$ を簡約化したものが $C = (C' \quad \boldsymbol{c}'_{k+1})$ だからである．さらに，$D = (C' \quad \boldsymbol{d}'_{k+1})$ も A の簡約化なので，この $\boldsymbol{x}$ は $C'\boldsymbol{x} = \boldsymbol{d}'_{k+1}$ の解にもなっている．したがって，

$$\boldsymbol{d}'_{k+1} = C'(c_1\boldsymbol{e}_{j_1}^{(k)} + c_2\boldsymbol{e}_{j_2}^{(k)} + \cdots + c_r\boldsymbol{e}_{j_r}^{(k)}) = \boldsymbol{c}'_{k+1}$$

となり，この場合も $C = D$ である．

以上により，$n = k + 1$ のときも簡約化が一意的に定まることが示された．ゆえに，A の列の個数が何個であっても，A の簡約化は1つしかない．∎

系 2.2.5　簡約な行列の簡約化は自身のみである．すなわち，2つの相異なる簡約な行列があるとき，行基本変形により一方を他方に変形することはできない．

問題 2-2

1. 次の型の行列で簡約なものを分類せよ．

(1) 3次正方行列　　(2) 3×4 行列

2. 次の行列を簡約化せよ．

(1) $\begin{pmatrix} 1 & 2 & -1 & 2 \\ 2 & 5 & -3 & 6 \\ 2 & 1 & 2 & -3 \end{pmatrix}$　　(2) $\begin{pmatrix} 1 & 2 & -1 & 2 \\ 2 & 7 & -5 & 7 \\ 3 & 5 & 2 & -3 \end{pmatrix}$

(3) $\begin{pmatrix} 3 & 6 & -2 & -4 \\ 4 & 3 & -8 & 9 \\ 2 & 1 & -9 & -3 \end{pmatrix}$　　(4) $\begin{pmatrix} 1 & -1 & 2 & 1 \\ 2 & -2 & 3 & 4 \\ 3 & -3 & 4 & 7 \end{pmatrix}$

(5) $\begin{pmatrix} 0 & 1 & 1 & 2 & 1 & 2 \\ 0 & 2 & 3 & 5 & 2 & 5 \\ 0 & 3 & 5 & 8 & 4 & 9 \end{pmatrix}$　　(6) $\begin{pmatrix} 1 & -2 & 0 & 1 \\ 3 & -6 & 5 & -2 \\ 1 & -2 & 1 & 0 \\ 2 & -4 & 3 & -1 \end{pmatrix}$

2.3　連立 1 次方程式の解

解と階数の関係

前節において，行列は行基本変形で簡約化できることを示した．しかも，連立 1 次方程式の解は拡大係数行列を簡約化することにより完全に求めることができる．そのことを，いくつかの例でみていこう．

例題 2.3.1　次の連立 1 次方程式を解け．

$$\begin{pmatrix} 1 & 1 & 2 & 1 & 1 \\ 2 & 3 & 5 & 1 & 5 \\ 2 & 2 & 4 & 3 & 3 \\ 3 & 2 & 5 & 5 & 1 \end{pmatrix}\begin{pmatrix} x_1 \\ x_2 \\ x_3 \\ x_4 \\ x_5 \end{pmatrix} = \begin{pmatrix} 0 \\ 1 \\ 2 \\ 1 \end{pmatrix}$$

解答　拡大係数行列を簡約化すると，

$$\begin{pmatrix} 1 & 1 & 2 & 1 & 1 & 0 \\ 2 & 3 & 5 & 1 & 5 & 1 \\ 2 & 2 & 4 & 3 & 3 & 2 \\ 3 & 2 & 5 & 5 & 1 & 1 \end{pmatrix} \xrightarrow[\text{③ } R_{41}(-3)]{\text{① } R_{21}(-2) \quad \text{② } R_{31}(-2)} \begin{pmatrix} 1 & 1 & 2 & 1 & 1 & 0 \\ 0 & 1 & 1 & -1 & 3 & 1 \\ 0 & 0 & 0 & 1 & 1 & 2 \\ 0 & -1 & -1 & 2 & -2 & 1 \end{pmatrix} \xrightarrow{\text{① } R_{12}(-1) \quad \text{② } R_{42}(1)}$$

$$
\swarrow \begin{pmatrix} 1 & 0 & 1 & 2 & -2 & -1 \\ 0 & 1 & 1 & -1 & 3 & 1 \\ 0 & 0 & 0 & 1 & 1 & 2 \\ 0 & 0 & 0 & 1 & 1 & 2 \end{pmatrix} \xrightarrow{\substack{① R_{13}(-2) \\ ② R_{23}(1) \\ ③ R_{43}(-1)}} \begin{pmatrix} 1 & 0 & 1 & 0 & -4 & -5 \\ 0 & 1 & 1 & 0 & 4 & 3 \\ 0 & 0 & 0 & 1 & 1 & 2 \\ 0 & 0 & 0 & 0 & 0 & 0 \end{pmatrix}.
$$

$$
\begin{matrix} \boldsymbol{e}_1 & \boldsymbol{e}_2 & \times & \boldsymbol{e}_3 & \times & \end{matrix}
$$

拡大係数行列の簡約化は，連立 1 次方程式

$$
\begin{cases} x_1 \quad + x_3 \quad - 4x_5 = -5 \\ \quad x_2 + x_3 \quad + 4x_5 = 3 \\ \quad\quad x_4 + x_5 = 2 \end{cases}
$$

を表す．そこで，× 印をつけた列に対応する未知数に任意の数を代入する．すなわち，s_1, s_2 を任意の数として $x_3 = s_1, x_5 = s_2$ とおくと，

$$
\begin{pmatrix} x_1 \\ x_2 \\ x_3 \\ x_4 \\ x_5 \end{pmatrix} = \begin{pmatrix} -5 - s_1 + 4s_2 \\ 3 - s_1 - 4s_2 \\ s_1 \\ 2 - s_2 \\ s_2 \end{pmatrix} = \begin{pmatrix} -5 \\ 3 \\ 0 \\ 2 \\ 0 \end{pmatrix} + s_1 \begin{pmatrix} -1 \\ -1 \\ 1 \\ 0 \\ 0 \end{pmatrix} + s_2 \begin{pmatrix} 4 \\ -4 \\ 0 \\ -1 \\ 1 \end{pmatrix}.
$$

■

例 2.3.1　連立 1 次方程式

$$
\begin{pmatrix} 1 & -2 & 3 \\ -1 & 0 & 3 \\ -3 & 6 & -9 \end{pmatrix} \begin{pmatrix} x_1 \\ x_2 \\ x_3 \end{pmatrix} = \begin{pmatrix} 1 \\ 1 \\ 1 \end{pmatrix}
$$

について，拡大係数行列を簡約化すると，

$$
\begin{pmatrix} 1 & -2 & 3 & 1 \\ -1 & 0 & 3 & 1 \\ -3 & 6 & -9 & 1 \end{pmatrix} \xrightarrow{\substack{① R_{21}(1) \\ ② R_{31}(3)}} \begin{pmatrix} 1 & -2 & 3 & 1 \\ 0 & -2 & 6 & 2 \\ 0 & 0 & 0 & 4 \end{pmatrix} \underset{\swarrow}{\substack{① R_2(-\frac{1}{2}) \\ ② R_3(\frac{1}{4})}}
$$

$$\xrightarrow{\quad}\begin{pmatrix}1 & -2 & 3 & 1\\0 & 1 & -3 & -1\\0 & 0 & 0 & 1\end{pmatrix}\xrightarrow{R_{12}(2)}\begin{pmatrix}1 & 0 & -3 & -1\\0 & 1 & -3 & -1\\0 & 0 & 0 & 1\end{pmatrix}\xrightarrow[\text{②}\,R_{23}(1)]{\text{①}\,R_{13}(1)}\begin{pmatrix}1 & 0 & -3 & 0\\0 & 1 & -3 & 0\\0 & 0 & 0 & 1\end{pmatrix}.$$

拡大係数行列の簡約化は，連立１次方程式

$$\begin{cases}x_1 \qquad -3x_3=0\\ \qquad x_2-3x_3=0\\ \qquad\qquad 0=1\end{cases}$$

を表すが，最後の等式が成り立つことはないから，この連立１次方程式には解がない．(もしくは，同じことであるが『3 つの数 x_1, x_2, x_3 をどのように選んでもベクトルの等式 $\begin{pmatrix}x_1-3x_3\\x_2-3x_3\\0\end{pmatrix}=\begin{pmatrix}0\\0\\1\end{pmatrix}$ が成り立つことはないから，この連立１次方程式には解がない』といってもよい．) ■

簡約な行列についてはすでに階数を定めてあったが，簡約化の一意性 (定理 2.2.4) から，任意の行列 A についてもその階数を定めることができる．すなわち，A の簡約化の階数をもって A の**階数**と定め，記号 $\operatorname{rank} A$ で表す．

A を $m\times n$ 行列とし，$r=\operatorname{rank} A$ とおく．この A を係数行列とする連立１次方程式 $A\boldsymbol{x}=\boldsymbol{\alpha}$ の拡大係数行列 $(A\quad\boldsymbol{\alpha})$ は，係数行列 A の第 n 列の右にベクトル $\boldsymbol{\alpha}$ を付け加えた $m\times(n+1)$ 行列だから，明らかに $r\leqq\operatorname{rank}(A\quad\boldsymbol{\alpha})$ である．

そこでまず，等号成立，すなわち $r=\operatorname{rank}(A\quad\boldsymbol{\alpha})$ の場合を考える．A の階数は明らかに A の列の個数以下だから，$r\leqq n$ である．ここで，さらに場合分けをして，初めに $r=n$ の場合を考える．このとき，A の簡約化の行分割表示は

$$(\boldsymbol{e}_1^{(m)}\quad\boldsymbol{e}_2^{(m)}\quad\cdots\quad\boldsymbol{e}_n^{(m)})$$

となるから，$(A\quad\boldsymbol{\alpha})$ の簡約化は

$$(\boldsymbol{e}_1^{(m)}\quad\boldsymbol{e}_2^{(m)}\quad\cdots\quad\boldsymbol{e}_n^{(m)}\quad\boldsymbol{\beta})$$

の形になる．しかも，階数に関する仮定から，$\boldsymbol{\beta}$ の第 $n+1$ 成分以降はすべて 0 である．

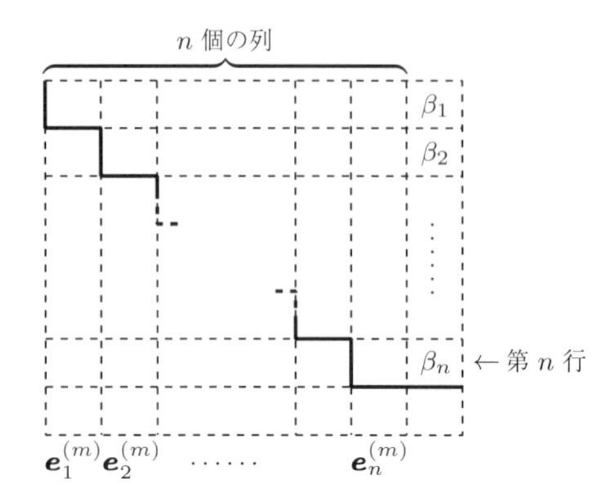

この行列が表す連立1次方程式を書けば明らかなように，$r = \mathrm{rank}\,(A \quad \boldsymbol{\alpha})$ かつ $r = n$ の場合，連立1次方程式 $A\boldsymbol{x} = \boldsymbol{\alpha}$ はただ1つの解 $\boldsymbol{x} = \boldsymbol{\beta}$ をもつ．

次に，$r = \mathrm{rank}\,(A \quad \boldsymbol{\alpha})$ かつ $r < n$ の場合を考える．A の簡約化 C に対し，61〜62ページの5つの条件を満たすように区切り線を引く．この区切り線の折れ曲がりの直後の位置にある列の番号を小さい順に $j_1, j_2, \ldots, j_r$ とすると，C の第 j_1 列，第 j_2 列，…，第 j_r 列はそれぞれ $\boldsymbol{e}_1^{(m)}, \boldsymbol{e}_2^{(m)}, \ldots, \boldsymbol{e}_r^{(m)}$ である．したがって，未知数 x_j のうち $j \neq j_1, j_2, \ldots, j_r$ であるもの (下図でいえば，× 印をつけた列に対応する $n-r$ 個の未知数) に任意の数を代入するごとに，残りの r 個の未知数 $x_{j_1}, x_{j_2}, \ldots, x_{j_r}$ の値がそれぞれ一意的に確定する．

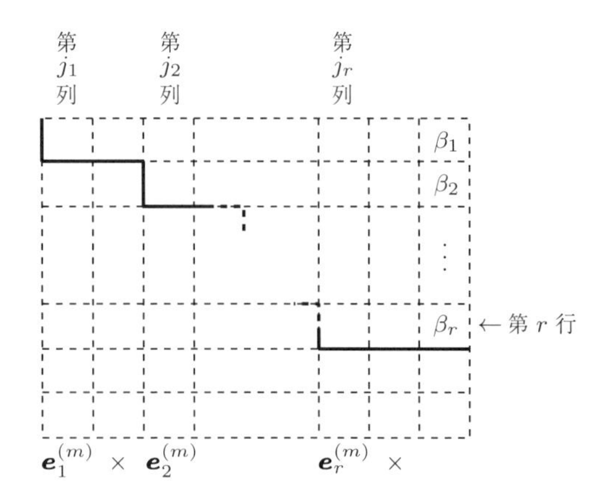

したがって，この場合は連立 1 次方程式 $A\boldsymbol{x} = \boldsymbol{\alpha}$ は無数の解をもつ．

最後に，$r < \operatorname{rank}(A \quad \boldsymbol{\alpha})$ の場合を考える．このとき，$(A \quad \boldsymbol{\alpha})$ の簡約化の第 $r+1$ 行は $\boldsymbol{f}_{n+1}^{(n+1)}$ (E_{n+1} の第 $n+1$ 行) に等しい．

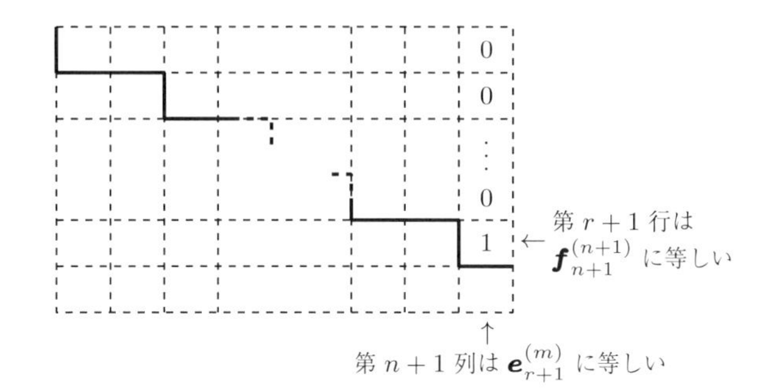

このことは，簡約化が表す連立 1 次方程式のうちに等式 $0 = 1$ が含まれることを意味するが，これは明らかに不可能である．よって，$r < \operatorname{rank}(A \quad \boldsymbol{\alpha})$ のとき，$A\boldsymbol{x} = \boldsymbol{\alpha}$ には解がない．

以上のことを，定理としてまとめておく．

定理 2.3.1　$m \times n$ 行列 A を係数行列とする連立 1 次方程式 $A\boldsymbol{x} = \boldsymbol{\alpha}$ の解について，次のことが成り立つ．

(1)　$\operatorname{rank}(A \quad \boldsymbol{\alpha}) = \operatorname{rank} A = n$ のとき，解はただ 1 つである．

(2)　$\operatorname{rank}(A \quad \boldsymbol{\alpha}) = \operatorname{rank} A < n$ のとき，解は無数に存在する．

(3)　$\operatorname{rank}(A \quad \boldsymbol{\alpha}) > \operatorname{rank} A$ のとき，解はない．

同次連立 1 次方程式の解

連立 1 次方程式において，定数項がすべて 0 であるもの，すなわち，行列 A により

$$A\boldsymbol{x} = \boldsymbol{0}$$

と表される連立 1 次方程式を**同次連立 1 次方程式**という．

同次連立 1 次方程式においては明らかに $\operatorname{rank}(A \quad \boldsymbol{0}) = \operatorname{rank} A$ だから，定

理 2.3.1 より少なくとも 1 つは解をもつ．実際，$\boldsymbol{x}=\mathbf{0}$ は 1 つの解を与える．これを**自明解**と呼ぶ．また，自明解以外にも解が存在すれば，それらを**非自明解**と呼ぶ．再び定理 2.3.1 より，$\mathrm{rank}\,A=n$ のときは自明解が唯一の解であり，$\mathrm{rank}\,A<n$ のときは自明解に加えて非自明解も存在する．よって，次のことが成り立つ．

定理 2.3.2　$m\times n$ 行列 A を係数行列とする同次連立 1 次方程式 $A\boldsymbol{x}=\mathbf{0}$ の解が自明解だけであるための必要十分条件は，$\mathrm{rank}\,A=n$ となることである．

問 2.3.1　A が $m\times n$ 行列で $m<n$ のとき，A を係数行列とする同次連立 1 次方程式 $A\boldsymbol{x}=\mathbf{0}$ の解は無数に存在することを示せ．

同次連立 1 次方程式では，拡大係数行列 $(A\quad\mathbf{0})$ をいくら行基本変形しても最後列が常に $\mathbf{0}$ である．よって，$(A\quad\mathbf{0})$ ではなく係数行列 A を簡約化することでも解くことができる．ここでは，その方法で解いてみる．

例 2.3.2　同次連立 1 次方程式

$$\begin{pmatrix}1&1&2\\2&3&7\\1&2&5\\3&4&7\\1&4&5\end{pmatrix}\begin{pmatrix}x_1\\x_2\\x_3\end{pmatrix}=\begin{pmatrix}0\\0\\0\\0\\0\end{pmatrix}$$

について，係数行列を簡約化すると，

$$\begin{pmatrix}1&1&2\\2&3&7\\1&2&5\\3&4&7\\1&4&5\end{pmatrix}\xrightarrow[\text{④ }\mathrm{R}_{51}(-1)]{\text{① }\mathrm{R}_{21}(-2)\ \text{② }\mathrm{R}_{31}(-1)\ \text{③ }\mathrm{R}_{41}(-3)}\begin{pmatrix}1&1&2\\0&1&3\\0&1&3\\0&1&1\\0&3&3\end{pmatrix}\xrightarrow[\text{④ }\mathrm{R}_{52}(-3)]{\text{① }\mathrm{R}_{12}(-1)\ \text{② }\mathrm{R}_{32}(-1)\ \text{③ }\mathrm{R}_{42}(-1)}\begin{pmatrix}1&0&-1\\0&1&3\\0&0&0\\0&0&-2\\0&0&-6\end{pmatrix}\overset{\mathrm{R}_{34}}{\swarrow}$$

$$\swarrow\!\!\to \begin{pmatrix} 1 & 0 & -1 \\ 0 & 1 & 3 \\ 0 & 0 & -2 \\ 0 & 0 & 0 \\ 0 & 0 & -6 \end{pmatrix} \xrightarrow{R_3(-\frac{1}{2})} \begin{pmatrix} 1 & 0 & -1 \\ 0 & 1 & 3 \\ 0 & 0 & 1 \\ 0 & 0 & 0 \\ 0 & 0 & -6 \end{pmatrix} \xrightarrow[\text{③ } R_{53}(6)]{\text{① } R_{13}(1) \ \text{② } R_{23}(-3)} \begin{pmatrix} 1 & 0 & 0 \\ 0 & 1 & 0 \\ 0 & 0 & 1 \\ 0 & 0 & 0 \\ 0 & 0 & 0 \end{pmatrix}$$

$\qquad\qquad\qquad\qquad\qquad\qquad\qquad\qquad\qquad\qquad\qquad\qquad \boldsymbol{e}_1 \ \boldsymbol{e}_2 \ \boldsymbol{e}_3$

となり，これは同次連立 1 次方程式 $\begin{cases} x_1 \qquad\qquad = 0 \\ \qquad x_2 \qquad = 0 \\ \qquad\qquad x_3 = 0 \end{cases}$ を表す．したがって，解は自明解のみである．また，係数行列の階数と列の個数はともに 3 となり，一致している．　∎

例題 2.3.2　次の行列 A を係数行列とする同次連立 1 次方程式を解け．

$$A = \begin{pmatrix} 1 & -4 & 3 & 4 & -3 \\ 1 & -2 & 0 & 1 & -2 \\ -1 & 2 & 2 & 1 & 4 \end{pmatrix}$$

解答　係数行列 A を簡約化すると，

$$\begin{pmatrix} 1 & -4 & 3 & 4 & -3 \\ 1 & -2 & 0 & 1 & -2 \\ -1 & 2 & 2 & 1 & 4 \end{pmatrix} \xrightarrow[\text{② } R_{31}(1)]{\text{① } R_{21}(-1)} \begin{pmatrix} 1 & -4 & 3 & 4 & -3 \\ 0 & 2 & -3 & -3 & 1 \\ 0 & -2 & 5 & 5 & 1 \end{pmatrix} \xrightarrow[\swarrow]{\text{① } R_{12}(2) \ \text{② } R_{32}(1)}$$

$$\swarrow\!\!\to \begin{pmatrix} 1 & 0 & -3 & -2 & -1 \\ 0 & 2 & -3 & -3 & 1 \\ 0 & 0 & 2 & 2 & 2 \end{pmatrix} \xrightarrow{R_3(\frac{1}{2})} \begin{pmatrix} 1 & 0 & -3 & -2 & -1 \\ 0 & 2 & -3 & -3 & 1 \\ 0 & 0 & 1 & 1 & 1 \end{pmatrix} \xrightarrow[\swarrow]{\text{① } R_{13}(3) \ \text{② } R_{23}(3)}$$

$$\swarrow\!\!\to \begin{pmatrix} 1 & 0 & 0 & 1 & 2 \\ 0 & 2 & 0 & 0 & 4 \\ 0 & 0 & 1 & 1 & 1 \end{pmatrix} \xrightarrow{R_2(\frac{1}{2})} \begin{pmatrix} 1 & 0 & 0 & 1 & 2 \\ 0 & 1 & 0 & 0 & 2 \\ 0 & 0 & 1 & 1 & 1 \end{pmatrix}$$

$\qquad\qquad\qquad\qquad\qquad\qquad\qquad\qquad \boldsymbol{e}_1 \ \boldsymbol{e}_2 \ \boldsymbol{e}_3 \ \times \ \times$

となり，これは同次連立1次方程式 $\begin{cases} x_1 \qquad\qquad + x_4 + 2x_5 = 0 \\ \quad x_2 \qquad\qquad\quad + 2x_5 = 0 \\ \qquad\quad x_3 + x_4 + \ \ x_5 = 0 \end{cases}$ を表す．

よって，s, t を任意の数として $x_4 = s,\ x_5 = t$ とおくと，

$$\begin{pmatrix} x_1 \\ x_2 \\ x_3 \\ x_4 \\ x_5 \end{pmatrix} = \begin{pmatrix} -s-2t \\ -2t \\ -s-t \\ s \\ t \end{pmatrix} = s\begin{pmatrix} -1 \\ 0 \\ -1 \\ 1 \\ 0 \end{pmatrix} + t\begin{pmatrix} -2 \\ -2 \\ -1 \\ 0 \\ 1 \end{pmatrix}.$$

また，$\operatorname{rank} A = 3 < 5\ (= A$ の列の個数) となっている．▮

問題 2-3

1. 次の連立1次方程式を解け．

(1) $\begin{pmatrix} 1 & 2 & 2 \\ -1 & 4 & 1 \\ 1 & 0 & 1 \end{pmatrix}\begin{pmatrix} x_1 \\ x_2 \\ x_3 \end{pmatrix} = \begin{pmatrix} 2 \\ 1 \\ 1 \end{pmatrix}$　　(2) $\begin{pmatrix} 1 & -2 & 1 & 5 \\ 1 & -2 & 2 & 2 \\ 2 & -4 & 3 & 7 \end{pmatrix}\begin{pmatrix} x_1 \\ x_2 \\ x_3 \\ x_4 \end{pmatrix} = \begin{pmatrix} 3 \\ -1 \\ 2 \end{pmatrix}$

(3) $\begin{pmatrix} 1 & -1 & 2 \\ 2 & 1 & 4 \\ 3 & 2 & 4 \\ 1 & 2 & 1 \end{pmatrix}\begin{pmatrix} x_1 \\ x_2 \\ x_3 \end{pmatrix} = \begin{pmatrix} -1 \\ 1 \\ 4 \\ 3 \end{pmatrix}$　　(4) $\begin{pmatrix} 3 & 2 & 0 \\ 1 & 3 & 2 \\ 2 & 3 & 2 \\ 4 & 2 & 1 \end{pmatrix}\begin{pmatrix} x_1 \\ x_2 \\ x_3 \end{pmatrix} = \begin{pmatrix} 1 \\ 2 \\ 1 \\ -2 \end{pmatrix}$

(5) $\begin{pmatrix} 1 & 1 & 0 & 0 \\ 0 & 0 & 1 & 1 \\ 1 & 0 & 1 & 0 \\ 0 & 1 & 0 & 1 \\ 1 & 0 & 0 & 1 \\ 0 & 1 & 1 & 0 \end{pmatrix}\begin{pmatrix} x_1 \\ x_2 \\ x_3 \\ x_4 \end{pmatrix} = \begin{pmatrix} 1 \\ -1 \\ \omega \\ -\omega \\ \omega^2 \\ -\omega^2 \end{pmatrix}$　　ただし，$\omega = \dfrac{-1+\sqrt{-3}}{2}$

2. 次の行列を係数行列とする同次連立1次方程式を解け.

(1) $\begin{pmatrix} -1 & 2 & -3 \\ 1 & -1 & 5 \end{pmatrix}$　　(2) $\begin{pmatrix} 1 & -1 & 1 \\ 2 & -2 & 2 \end{pmatrix}$

(3) $\begin{pmatrix} 1 & 4 & 4 & 5 \\ 2 & -1 & 1 & 2 \\ 3 & 0 & 4 & 7 \end{pmatrix}$　　(4) $\begin{pmatrix} 2 & 1 & 2 & 1 & -5 \\ 1 & 2 & 1 & 1 & -3 \\ 3 & 1 & 3 & 1 & -9 \end{pmatrix}$

(5) $\begin{pmatrix} 1 & -1 & 1 & 2 & -3 \\ 1 & -3 & -1 & 1 & 2 \\ 2 & 2 & 2 & -3 & -3 \end{pmatrix}$

3. 連立1次方程式 $A\boldsymbol{x} = \boldsymbol{\alpha}$ の1つの解を $\boldsymbol{x}_0$ とする．同次連立1次方程式 $A\boldsymbol{x} = \boldsymbol{0}$ の任意の解 $\boldsymbol{x}_1$ に対して，$\boldsymbol{x}_0 + \boldsymbol{x}_1$ は $A\boldsymbol{x} = \boldsymbol{\alpha}$ の解であることを示せ．また，$A\boldsymbol{x} = \boldsymbol{\alpha}$ の解はすべてこの形に書けることを示せ.

2.4　基本行列と正則行列

m 次単位行列 E_m に対して行基本変形 ρ を1回だけ行って得られる行列を，ρ に対応する m 次**基本行列**と呼ぶ．本書では，行基本変形 $\mathrm{R}_i(\mu)$, R_{ij}, $\mathrm{R}_{ij}(\nu)$ に対応する基本行列をそれぞれ $M_i(\mu)$, P_{ij}, $T_{ij}(\nu)$ で表すことにする.

$u = 1, 2, \ldots, m$ に対して E_m の第 u 行を $\boldsymbol{f}_u$ とすると，m 次基本行列の第 u 行は次のようになっている.

$$M_i(\mu) : \begin{cases} u = i \text{ のとき} & \mu\boldsymbol{f}_i \\ u \neq i \text{ のとき} & \boldsymbol{f}_u \end{cases}$$

$$P_{ij} : \begin{cases} u = i \text{ のとき} & \boldsymbol{f}_j \\ u = j \text{ のとき} & \boldsymbol{f}_i \\ u \neq i, j \text{ のとき} & \boldsymbol{f}_u \end{cases}$$

$$T_{ij}(\nu) : \begin{cases} u = i \text{ のとき} & \boldsymbol{f}_i + \nu\boldsymbol{f}_j \\ u \neq i \text{ のとき} & \boldsymbol{f}_u \end{cases}$$

例 2.4.1　2次基本行列についてはすでに例 1.5.1 で与えてある．すなわち，

$$M_1(\mu) = \begin{pmatrix} \mu & 0 \\ 0 & 1 \end{pmatrix}, \quad M_2(\mu) = \begin{pmatrix} 1 & 0 \\ 0 & \mu \end{pmatrix}, \quad P_{12} = \begin{pmatrix} 0 & 1 \\ 1 & 0 \end{pmatrix},$$

$$T_{12}(\nu) = \begin{pmatrix} 1 & \nu \\ 0 & 1 \end{pmatrix}, \quad T_{21}(\nu) = \begin{pmatrix} 1 & 0 \\ \nu & 1 \end{pmatrix}.$$

ただし，μ, ν は数で，$\mu \neq 0$ とする．∎

例 2.4.2　3次基本行列を列挙すると，次のとおりになる．ただし，μ, ν は数で，$\mu \neq 0$ とする．

$$M_1(\mu) = \begin{pmatrix} \mu & 0 & 0 \\ 0 & 1 & 0 \\ 0 & 0 & 1 \end{pmatrix} \quad M_2(\mu) = \begin{pmatrix} 1 & 0 & 0 \\ 0 & \mu & 0 \\ 0 & 0 & 1 \end{pmatrix} \quad M_3(\mu) = \begin{pmatrix} 1 & 0 & 0 \\ 0 & 1 & 0 \\ 0 & 0 & \mu \end{pmatrix}$$

$$P_{12} = \begin{pmatrix} 0 & 1 & 0 \\ 1 & 0 & 0 \\ 0 & 0 & 1 \end{pmatrix} \quad P_{13} = \begin{pmatrix} 0 & 0 & 1 \\ 0 & 1 & 0 \\ 1 & 0 & 0 \end{pmatrix} \quad P_{23} = \begin{pmatrix} 1 & 0 & 0 \\ 0 & 0 & 1 \\ 0 & 1 & 0 \end{pmatrix}$$

$$T_{12}(\nu) = \begin{pmatrix} 1 & \nu & 0 \\ 0 & 1 & 0 \\ 0 & 0 & 1 \end{pmatrix} \quad T_{13}(\nu) = \begin{pmatrix} 1 & 0 & \nu \\ 0 & 1 & 0 \\ 0 & 0 & 1 \end{pmatrix} \quad T_{21}(\nu) = \begin{pmatrix} 1 & 0 & 0 \\ \nu & 1 & 0 \\ 0 & 0 & 1 \end{pmatrix}$$

$$T_{23}(\nu) = \begin{pmatrix} 1 & 0 & 0 \\ 0 & 1 & \nu \\ 0 & 0 & 1 \end{pmatrix} \quad T_{31}(\nu) = \begin{pmatrix} 1 & 0 & 0 \\ 0 & 1 & 0 \\ \nu & 0 & 1 \end{pmatrix} \quad T_{32}(\nu) = \begin{pmatrix} 1 & 0 & 0 \\ 0 & 1 & 0 \\ 0 & \nu & 1 \end{pmatrix}$$

∎

問 2.4.1　$u = 1, 2, 3$ に対して $\boldsymbol{f}_u$ を E_3 の第 u 行とする．3次基本行列について，それぞれの行分割表示を書け．

命題 2.4.1　$m \times n$ 行列 A が行基本変形 ρ により A' に変形されたとする．このとき，F を ρ に対応する m 次基本行列とすると，$A' = FA$ が成り立つ．

証明　ρ がどの行基本変形であっても同様なので，$\rho = \mathrm{R}_i(\mu)$ の場合について

のみ示す．行基本変形 $\mathrm{R}_i(\mu)$ に対応する m 次基本行列は $M_i(\mu)$ で，その各行は前ページに与えたとおりである．$u=1,2,\ldots,m$ に対して A の第 u 行を $\boldsymbol{a}_u$ とすれば，$M_i(\mu)A$ の第 u 行は

$$\begin{cases} u=i\text{ のとき} & \mu\boldsymbol{f}_iA=\mu\boldsymbol{a}_i \\ u\neq i\text{ のとき} & \boldsymbol{f}_uA=\boldsymbol{a}_u \end{cases}$$

となるが，これはどの u についても A' の第 u 行と等しい．ゆえに，$A'=M_i(\mu)A$ が成り立つ． ■

問 2.4.2　$\rho=\mathrm{R}_{ij}$ および $\rho=\mathrm{R}_{ij}(\nu)$ の場合に，命題 2.4.1 を示せ．

命題 2.4.2　基本行列は正則で，

$$M_i(\mu)^{-1}=M_i(\mu^{-1}),\quad {P_{ij}}^{-1}=P_{ij},\quad T_{ij}(\nu)^{-1}=T_{ij}(-\nu).$$

特に，逆行列もまた基本行列である．

証明　基本行列の次数を m とする．命題 2.4.1 において $A=M_i(\mu^{-1})$ とし，A に対して行基本変形 $\mathrm{R}_i(\mu)$ を行うと，$u=1,2,\ldots,m$ に対して $A'=M_i(\mu)A$ の第 u 行は $\boldsymbol{f}_u$ に一致する．すなわち，$A'=E_m$ である．ゆえに，$M_i(\mu)M_i(\mu^{-1})=E_m$．ここで，$\mu$ を μ^{-1} に置き換えれば，$M_i(\mu^{-1})M_i(\mu)=E_m$ も成り立つ．よって，$M_i(\mu)$ は正則で，$M_i(\mu)^{-1}=M_i(\mu^{-1})$ となる．P_{ij}，$T_{ij}(\nu)$ についても同様である． ■

問 2.4.3　P_{ij}, $T_{ij}(\nu)$ についても命題 2.4.2 が成立することを示し，証明を完成させよ．

命題 2.4.3　A を $m\times n$ 行列とし，A の簡約化を C とする．また，A に対して行基本変形 $\rho_1,\rho_2,\ldots,\rho_s$ をこの順に行うことにより A が簡約化されたとする．このとき，F_k を行基本変形 ρ_k に対応する m 次基本行列とすると，

$$C=F_s\cdots F_2F_1A$$

が成り立つ．

証明　A が簡約化される過程は，次の図式で表される．

$$A = A_0 \xrightarrow{\rho_1} A_1 \xrightarrow{\rho_2} A_2 \xrightarrow{\rho_3} \cdots \xrightarrow{\rho_s} A_s = C$$

ただし，$A_0 = A$ とおき，以降 A_{k-1} に対して行基本変形 ρ_k を行って得られる行列を A_k とおいた．すると，$A_1 = F_1 A$, $A_2 = F_2 A_1 = F_2 F_1 A$, $\ldots$ であるから，$C = A_s = F_s \cdots F_2 F_1 A$ となる．∎

基本行列は正則だから，それらの積 $F_s \cdots F_2 F_1$ も正則である．したがって，次の系が得られる．

系 2.4.4　A を $m \times n$ 行列とし，A の簡約化を C とすると，ある m 次正則行列 P により $C = PA$ となる．

定理 2.4.5　A を n 次正方行列とするとき，次の6条件は同等である．

(1)　A は正則である．

(2)　どの n 次列ベクトル $\boldsymbol{\alpha}$ に対しても連立1次方程式 $A\boldsymbol{x} = \boldsymbol{\alpha}$ がただ1つの解をもつ．

(3)　同次連立1次方程式 $A\boldsymbol{x} = \boldsymbol{0}$ が自明解のみをもつ．

(4)　$\operatorname{rank} A = n$.

(5)　A の簡約化は E_n である．

(6)　A は基本行列の積である．

証明　(1)⇒(2) A が正則ならば，$\boldsymbol{\alpha}$ がどんな n 次列ベクトルであっても例2.1.1より連立1次方程式 $A\boldsymbol{x} = \boldsymbol{\alpha}$ はただ1つの解 $\boldsymbol{x} = A^{-1}\boldsymbol{\alpha}$ をもつ．

(2)⇒(3) (2) において特に $\boldsymbol{\alpha} = \boldsymbol{0}$ とすれば (3) が得られる．

(3)⇒(4) 定理2.3.2より明らかである．

(4)⇒(5) A の簡約化を C とすると，$\operatorname{rank} A = n$ ならば $\operatorname{rank} C = n$ だから，C の行には $\boldsymbol{0}$ がない．したがって，命題2.2.1より $C = E_n$ である．

(5)⇒(6) A の簡約化が E_n ならば，命題2.4.3よりいくつかの基本行列 F_1, F_2,

$\ldots, F_s$ を用いて $E = F_s \cdots F_2 F_1 A$ と表せる．しかも，命題 2.4.2 より基本行列は正則だから $A = {F_1}^{-1} {F_2}^{-1} \cdots {F_s}^{-1}$ と書くことができ，したがって，再び命題 2.4.2 より A は基本行列の積である．

(6)⇒(1) 命題 2.4.2 より基本行列は正則だから，もし A が基本行列の積であれば A は正則である． ∎

A, B をそれぞれ $m \times n$ 行列，$m \times r$ 行列とする．これらの列分割表示が

$$A = (\boldsymbol{a}'_1 \quad \boldsymbol{a}'_2 \quad \ldots \quad \boldsymbol{a}'_n), \qquad B = (\boldsymbol{b}'_1 \quad \boldsymbol{b}'_2 \quad \ldots \quad \boldsymbol{b}'_r)$$

であるとき，次の列分割表示をもつ $m \times (n+r)$ 行列を $(A \quad B)$ と書き表した (例 1.5.4 参照)．

$$(\boldsymbol{a}'_1 \quad \boldsymbol{a}'_2 \quad \ldots \quad \boldsymbol{a}'_n \quad \boldsymbol{b}'_1 \quad \boldsymbol{b}'_2 \quad \ldots \quad \boldsymbol{b}'_r)$$

これは，左側に A を，右側に B を配置して 1 つにまとめた $m \times (n+r)$ 行列である．

定理 2.4.6 A を m 次正方行列，B を $m \times n$ 行列とし，$D = (A \quad B)$ とおく．このとき，A が正則ならば，D の簡約化は $(E_m \quad A^{-1}B)$ である．逆に，D の簡約化が $(E_m \quad M)$ の形になれば A は正則で，$M = A^{-1}B$ となる．

証明 A が正則であるとする．このとき，定理 2.4.5 より A の簡約化は E_m だから，いくつかの行基本変形 $\rho_1, \rho_2, \ldots, \rho_s$ を適切に選んで A を E_m に変形することができる．このことを，$A_0 = A$ とおいて図式で表せば，

$$A = A_0 \xrightarrow{\rho_1} A_1 \xrightarrow{\rho_2} A_2 \xrightarrow{\rho_3} \cdots \xrightarrow{\rho_s} A_s = E_m.$$

ただし，A_k は A_{k-1} に対して行基本変形 ρ_k を行って得られる行列である．F_k を行基本変形 ρ_k に対応する m 次基本行列とすると，命題 2.4.3 より

$$E_m = F_s \cdots F_2 F_1 A \quad \text{すなわち} \quad A^{-1} = F_s \cdots F_2 F_1$$

が成り立つ．次に，A を E_m に変形したのとまったく同じ手順で D に行基本変形していく．D を D_0 とおき，以下 D_{k-1} に行基本変形 ρ_k を行って得られ

る行列を D_k とすれば，

$$D = D_0 \xrightarrow{\rho_1} D_1 \xrightarrow{\rho_2} D_2 \xrightarrow{\rho_3} \cdots \xrightarrow{\rho_s} D_s.$$

このとき，$A^{-1} = F_s \cdots F_2 F_1$ および例 1.5.4 より

$$D_s = F_s \cdots F_2 F_1 D = A^{-1} D = A^{-1}(A \quad B) = (E_m \quad A^{-1}B)$$

であり，D_s は明らかに簡約な行列である．

逆に，D の簡約化が $(E_m \quad M)$ の形になったとする．すると，系 2.4.4 からある m 次正則行列 P により $PD = P(A \quad B) = (E_m \quad M)$ と書ける．このとき例 1.5.4 より $PA = E_m$，$PB = M$ であり，P は正則だから等式 $PA = E_m$ の左から P^{-1} を掛けて $A = P^{-1}$．したがって，A は正則である．最後に，$A^{-1} = (P^{-1})^{-1} = P$ だから，$M = PB = A^{-1}B$. ■

例題 2.4.1　A, B を次の行列とするとき，もし A が正則ならば $A^{-1}B$ を求めよ．

$$A = \begin{pmatrix} 1 & 3 & 2 \\ 2 & 2 & 1 \\ 3 & 4 & 2 \end{pmatrix}, \qquad B = \begin{pmatrix} 1 & 2 \\ 3 & 1 \\ 2 & 3 \end{pmatrix}$$

解答　3×5 行列 $(A \quad B)$ を簡約化すると，

$$\begin{pmatrix} 1 & 3 & 2 & 1 & 2 \\ 2 & 2 & 1 & 3 & 1 \\ 3 & 4 & 2 & 2 & 3 \end{pmatrix} \xrightarrow[\text{②}\, \mathrm{R}_{31}(-3)]{\text{①}\, \mathrm{R}_{21}(-2)} \begin{pmatrix} 1 & 3 & 2 & 1 & 2 \\ 0 & -4 & -3 & 1 & -3 \\ 0 & -5 & -4 & -1 & -3 \end{pmatrix} \xrightarrow{\mathrm{R}_{23}(-1)}$$

$$\longrightarrow \begin{pmatrix} 1 & 3 & 2 & 1 & 2 \\ 0 & 1 & 1 & 2 & 0 \\ 0 & -5 & -4 & -1 & -3 \end{pmatrix} \xrightarrow[\text{②}\, \mathrm{R}_{32}(5)]{\text{①}\, \mathrm{R}_{12}(-3)} \begin{pmatrix} 1 & 0 & -1 & -5 & 2 \\ 0 & 1 & 1 & 2 & 0 \\ 0 & 0 & 1 & 9 & -3 \end{pmatrix} \xrightarrow[\text{②}\, \mathrm{R}_{23}(-1)]{\text{①}\, \mathrm{R}_{13}(1)}$$

$$\longrightarrow \begin{pmatrix} 1 & 0 & 0 & 4 & -1 \\ 0 & 1 & 0 & -7 & 3 \\ 0 & 0 & 1 & 9 & -3 \end{pmatrix}.$$

したがって，$(A \quad B)$ の簡約化が $(E_3 \quad M)$ の形になったから A は正則で，

$$A^{-1}B = \begin{pmatrix} 4 & -1 \\ -7 & 3 \\ 9 & -3 \end{pmatrix}.$$

∎

定理 2.4.6 で $B = E_m$ とすると，次の系が成り立つ．

系 2.4.7　A を m 次正方行列とし，$D = (A \quad E_m)$ とおく．このとき，A が正則ならば，D の簡約化は $(E_m \quad A^{-1})$ である．逆に，D の簡約化が $(E_m \quad M)$ の形になれば A は正則で，$A^{-1} = M$ となる．

この系により，与えられた正則行列の逆行列を求める方法が得られる．

例題 2.4.2　次の行列が正則かどうか調べ，正則ならばその逆行列を求めよ．

(1) $A = \begin{pmatrix} 1 & 2 & 1 \\ 2 & 3 & 1 \\ 1 & 2 & 2 \end{pmatrix}$　　(2) $B = \begin{pmatrix} 1 & 2 & 1 \\ 2 & 5 & 3 \\ 1 & 3 & 2 \end{pmatrix}$

解答　(1) $(A \quad E_3)$ を行基本変形していくと，

$$\begin{pmatrix} 1 & 2 & 1 & 1 & 0 & 0 \\ 2 & 3 & 1 & 0 & 1 & 0 \\ 1 & 2 & 2 & 0 & 0 & 1 \end{pmatrix} \xrightarrow[\text{② } R_{31}(-1)]{\text{① } R_{21}(-2)} \begin{pmatrix} 1 & 2 & 1 & 1 & 0 & 0 \\ 0 & -1 & -1 & -2 & 1 & 0 \\ 0 & 0 & 1 & -1 & 0 & 1 \end{pmatrix} \xrightarrow{R_2(-1)}$$

$$\begin{pmatrix} 1 & 2 & 1 & 1 & 0 & 0 \\ 0 & 1 & 1 & 2 & -1 & 0 \\ 0 & 0 & 1 & -1 & 0 & 1 \end{pmatrix} \xrightarrow{R_{12}(-2)} \begin{pmatrix} 1 & 0 & -1 & -3 & 2 & 0 \\ 0 & 1 & 1 & 2 & -1 & 0 \\ 0 & 0 & 1 & -1 & 0 & 1 \end{pmatrix} \xrightarrow[\text{② } R_{23}(-1)]{\text{① } R_{13}(1)}$$

$$\begin{pmatrix} 1 & 0 & 0 & -4 & 2 & 1 \\ 0 & 1 & 0 & 3 & -1 & -1 \\ 0 & 0 & 1 & -1 & 0 & 1 \end{pmatrix}.$$

したがって，$(A \quad E_3)$ が $(E_3 \quad M)$ の形に簡約化されたから系 2.4.7 より A は正則で，$A^{-1} = \begin{pmatrix} -4 & 2 & 1 \\ 3 & -1 & -1 \\ -1 & 0 & 1 \end{pmatrix}$.

(2) $(B \quad E_3)$ を行基本変形していくと，

$$\begin{pmatrix} 1 & 2 & 1 & 1 & 0 & 0 \\ 2 & 5 & 3 & 0 & 1 & 0 \\ 1 & 3 & 2 & 0 & 0 & 1 \end{pmatrix} \xrightarrow[\text{②}\,\mathrm{R}_{31}(-1)]{\text{①}\,\mathrm{R}_{21}(-2)} \begin{pmatrix} 1 & 2 & 1 & 1 & 0 & 0 \\ 0 & 1 & 1 & -2 & 1 & 0 \\ 0 & 1 & 1 & -1 & 0 & 1 \end{pmatrix} \xrightarrow[\text{②}\,\mathrm{R}_{32}(-1)]{\text{①}\,\mathrm{R}_{12}(-2)}$$

$$\begin{pmatrix} 1 & 0 & -1 & 5 & -2 & 0 \\ 0 & 1 & 1 & -2 & 1 & 0 \\ 0 & 0 & 0 & 1 & -1 & 1 \end{pmatrix} \xrightarrow[\text{②}\,\mathrm{R}_{23}(2)]{\text{①}\,\mathrm{R}_{13}(-5)} \begin{pmatrix} 1 & 0 & -1 & 0 & 3 & -5 \\ 0 & 1 & 1 & 0 & -1 & 2 \\ 0 & 0 & 0 & 1 & -1 & 1 \end{pmatrix}.$$

したがって，$(B \quad E_3)$ の簡約化が $(E_3 \quad M)$ の形ではないから，系 2.4.7 より B は正則ではない. ■

上の例題の (2) については，B の簡約化が E_3 でないことを示してもよい (定理 2.4.5). ただし，あらかじめ正則かどうかがわかっていなければ，万一正則の場合二度手間となるので，$(B \quad E_3)$ を簡約化する解答例をつけた.

n 次正方行列 A が正則であるとは，$AX = E_n$ と $XA = E_n$ を同時に満たす n 次正方行列 X が存在することと定義したが，実は，ある n 次正方行列 X に対して $AX = E_n$ または $XA = E_n$ のいずれか一方が成り立つことがわかれば，次の定理により A は正則であると結論できる.

定理 2.4.8　正方行列 A, B について，もし $AB = E$ が成り立つならば A, B は正則で，$A^{-1} = B$，$B^{-1} = A$ である.

証明　C を A の簡約化とすると, 系 2.4.4 よりある正則行列 P に対して $PA = C$ となるから,

$$CB = (PA)B = P(AB) = PE = P$$

である．ここで，もし C が正則でなければ，命題 2.2.1 より C の行のうちに $\mathbf{0}$ がある．すると，問題1-3，***1*** より積 CB の行，すなわち P の行に $\mathbf{0}$ があることになり P が正則であることに反する (問 1.4.1)．よって C は正則であり，しかも簡約な行列だから $C = E$ でなければならない (命題 2.2.1)．すると，$PA = E$ の両辺に左から P^{-1} を掛けて $A = P^{-1}$ となるから A は正則であり，$A^{-1} = (P^{-1})^{-1} = P = CB = B$. 最後に，$B = A^{-1}$ より B も正則で，$B^{-1} = (A^{-1})^{-1} = A$ となる． ▮

問題 2-4

1．次の行列が正則かどうか調べ，正則ならばその逆行列を求めよ．

(1) $\begin{pmatrix} 2 & -1 & 0 \\ 2 & -1 & -1 \\ 1 & 0 & -1 \end{pmatrix}$　　(2) $\begin{pmatrix} 1 & 2 & 2 \\ 2 & 1 & 0 \\ 3 & 2 & 1 \end{pmatrix}$

(3) $\begin{pmatrix} 1 & 3 & -2 \\ 2 & -1 & 0 \\ -3 & -2 & 2 \end{pmatrix}$　　(4) $\begin{pmatrix} -1 & 1 & 2 \\ -2 & 1 & 1 \\ 1 & -1 & 2 \end{pmatrix}$

(5) $\begin{pmatrix} 2 & 0 & 1 & 0 \\ 0 & -1 & 1 & -2 \\ 1 & 0 & 1 & 0 \\ 0 & 1 & -1 & 3 \end{pmatrix}$　　(6) $\begin{pmatrix} 1 & 1 & 3 & 5 \\ 2 & 1 & 1 & 1 \\ 3 & 1 & 2 & 2 \\ 6 & 3 & 6 & 8 \end{pmatrix}$

2．次の行列 A, B について，A が正則であれば $A^{-1}B$ を求めよ．

(1) $A = \begin{pmatrix} 1 & 2 & 3 \\ 3 & 2 & 2 \\ 2 & 1 & 1 \end{pmatrix}$,　　$B = \begin{pmatrix} 1 & 1 & 2 \\ 3 & 2 & 1 \\ 2 & 1 & 0 \end{pmatrix}$

(2) $A = \begin{pmatrix} 1 & 1 & 1 \\ 0 & -2 & 1 \\ -1 & 1 & 1 \end{pmatrix}$,　　$B = \begin{pmatrix} 1 & -1 & 2 \\ 0 & 2 & 2 \\ -1 & -1 & 2 \end{pmatrix}$

3. 基本行列の列分割表示を求めよ．

4. F が基本行列ならば，その転置行列 ${}^tF$ も基本行列であることを示せ．

5. 行列に対する次の変形を，行列の**列基本変形**という．

C1　1つの列に0でない数を掛ける．

C2　2つの列を入れ換える．

C3　1つの列に対し，別の列のスカラー倍を加える．

行列の右から基本行列を掛けると，もとの行列は列基本変形される．このことを，$M_i(\mu)$, P_{ij}, $T_{ij}(\nu)$ を右から掛けたとき，具体的にどのように列基本変形されるか調べることによって示せ．

6. n 次正方行列 A, B について，積 AB が正則であれば A, B も正則であることを示せ．

3

行列式

1.4 節において，A が 2 次または 3 次正方行列であるときに，A の成分で表される量 $\Delta(A)$ を定義した．さらに，2 次または 3 次の正方行列 A が正則であるための必要十分条件が $\Delta(A) \neq 0$ であることも示した．この $\Delta(A)$ は，実は A の行列式と呼ばれるものである．本章では，行列式を一般次数の正方行列に対して定義し，その様々な性質や計算法について調べる．

3.1　行列式の定義

考え方

1.4 節において定めた $\Delta(A)$ とは次のようなものである．まず，2 次正方行列 $A = \begin{pmatrix} a & b \\ c & d \end{pmatrix}$ に対しては

$$\Delta(A) = ad - bc$$

とおく．また，3 次正方行列 A に対しては

$$\Delta(A) = a_{11}\Delta_{11} - a_{21}\Delta_{21} + a_{31}\Delta_{31} \tag{3.1.1}$$

とおく．ただし，$u = 1, 2, 3$ に対して a_{u1} は A の $(u, 1)$ 成分で，また，$\Delta_{u1} = \Delta(A_{u1})$（$A_{u1}$ は A の第 u 行と第 1 列を除去して得られる 2 次正方行列．27 ページ参照）である．

小さい次数の正方行列としては，まだ 1 次正方行列 A に対する $\Delta(A)$ を定めていなかった．A が 2 次および 3 次のときには，例題 1.4.1 および例 1.4.5 より

$$A \text{ が正則} \iff \Delta(A) \neq 0$$

であったから，1次のときにもそうなるように $\Delta(A)$ を定めよう．$A=(a)$，$B=(b)$ を2つの1次正方行列とすると，それらの積は $AB=(ab)$ であり，また1次単位行列は $E_1=(1)$ だから，$AX=E_1$ かつ $XA=E_1$ となる1次正方行列 $X=(x)$ が存在するための必要十分条件は，A の唯一の成分である a に対して $ax=1$ となる x が存在することである．すなわち，$A=(a)$ が正則であるための必要十分条件は $a\neq 0$ である．そこで，$\Delta(A)=a$ と定めれば，$\Delta(A)\neq 0$ となることが A が正則であるための必要十分条件となる．

3次正方行列に対する Δ は2次正方行列に対する Δ を用いて定められた(式(3.1.1)参照)が，その2次正方行列に対する Δ は実は1次正方行列に対する Δ を用いて(3.1.1)と類似の式で表すことができる．実際，$A=\begin{pmatrix} a_{11} & a_{12} \\ a_{21} & a_{22} \end{pmatrix}$ に対して $\Delta(A)=a_{11}a_{22}-a_{12}a_{21}$ であるが，A の第 u 行と第1列を除去して得られる1次正方行列を A_{u1} とし，$\Delta_{u1}=\Delta(A_{u1})$ とおくと，$\Delta_{11}=\Delta(A_{11})=a_{22}$，$\Delta_{21}=\Delta(A_{21})=a_{12}$ であるから，

$$\Delta(A)=a_{11}a_{22}-a_{12}a_{21}=a_{11}\Delta_{11}-a_{21}\Delta_{21}$$

と書き直すことができる．つまり，2次の Δ は1次の Δ を用いて，また，3次の Δ は2次の Δ を用いて構成されていることになる．

そこで，A が4次正方行列であるとき，

$$\Delta(A)=a_{11}\Delta_{11}-a_{21}\Delta_{21}+a_{31}\Delta_{31}-a_{41}\Delta_{41}$$

と定めたらどうだろうか．ここで a_{u1} は A の $(u,1)$ 成分，$\Delta_{u1}=\Delta(A_{u1})$ (A_{u1} は A の第 u 行と第1列を除去して得られる3次正方行列)である．もっと一般に，$n\geqq 2$ とし，$n-1$ 次正方行列に対する Δ が定まっているときに，n 次正方行列 A に対して

$$\Delta(A)=a_{11}\Delta_{11}-a_{21}\Delta_{21}+\cdots+(-1)^{n+1}a_{n1}\Delta_{n1}$$

と定めてみよう．これまでのように，a_{u1} は A の $(u,1)$ 成分，$\Delta_{u1}=\Delta(A_{u1})$ (A_{u1} は A の第 u 行と第1列を除去して得られる $n-1$ 次正方行列)である．

行列式の定義

正方行列 A に対してこれまで $\Delta(A)$ で表してきたものを，今後は A の行列式と呼び，

$$\det A, \qquad |A|$$

などの記号で表す．$A = \begin{pmatrix} a_{11} & a_{12} & \cdots & a_{1n} \\ a_{21} & a_{22} & \cdots & a_{2n} \\ \vdots & \vdots & \ddots & \vdots \\ a_{n1} & a_{n2} & \cdots & a_{nn} \end{pmatrix}$ であるときは，行列式を成分を使って

$$\det \begin{pmatrix} a_{11} & a_{12} & \cdots & a_{1n} \\ a_{21} & a_{22} & \cdots & a_{2n} \\ \vdots & \vdots & \ddots & \vdots \\ a_{n1} & a_{n2} & \cdots & a_{nn} \end{pmatrix}, \qquad \begin{vmatrix} a_{11} & a_{12} & \cdots & a_{1n} \\ a_{21} & a_{22} & \cdots & a_{2n} \\ \vdots & \vdots & \ddots & \vdots \\ a_{n1} & a_{n2} & \cdots & a_{nn} \end{vmatrix}$$

とも表す．ただし，1 次正方行列 (a) に対しては最後の記法を用いると a の絶対値を表す記法と同一になり好ましくないので，$\det(a)$ と書くかもしくは 1 次の場合に限り $|(a)|$ と書くことにする．前項に述べた定義により，$\det(a) = |(a)| = a$ である．

念のため，前項の終わりに述べたことを新しいことばと記号を用いて明確にしておこう．

一般に $n-1$ 次正方行列の行列式が定義されたとき，n 次正方行列 A の行列式は，$n-1$ 次正方行列の行列式を用いて

$$\begin{aligned} |A| &= (-1)^{1+1}a_{11}|A_{11}| + (-1)^{2+1}a_{21}|A_{21}| + \cdots + (-1)^{n+1}a_{n1}|A_{n1}| \\ &= a_{11}|A_{11}| - a_{21}|A_{21}| + \cdots + (-1)^{n+1}a_{n1}|A_{n1}| \end{aligned}$$

で定義する．

定義から導かれる性質

次のことは，定義から直ちにわかる．

命題 3.1.1　A の第1列が $a_{i1}\boldsymbol{e}_i$ のとき，

$$|A| = (-1)^{i+1} a_{i1} |A_{i1}|.$$

特に，$i = 1$ とすると，

$$\begin{vmatrix} a_{11} & a_{12} & \cdots & a_{1n} \\ 0 & a_{22} & \cdots & a_{2n} \\ \vdots & \vdots & \ddots & \vdots \\ 0 & a_{n2} & \cdots & a_{nn} \end{vmatrix} = a_{11}|A_{11}| \quad \left(= a_{11} \begin{vmatrix} a_{22} & \cdots & a_{2n} \\ \vdots & \ddots & \vdots \\ a_{n2} & \cdots & a_{nn} \end{vmatrix} \right)$$

である．

例 3.1.1　$\begin{vmatrix} 3 & 2 & 4 \\ 0 & 3 & 2 \\ 0 & 4 & 1 \end{vmatrix} = 3 \begin{vmatrix} 3 & 2 \\ 4 & 1 \end{vmatrix} = 3(3 \cdot 1 - 2 \cdot 4) = 3(-5) = -15.$ ■

例 3.1.2 **(単位行列の行列式)**　$|E_2| = 1 \cdot 1 - 0 \cdot 0 = 1$ および $|E_1| = |(1)| = 1$ である．一般に，$n \geqq 2$ のとき $A = E_n$ の第1列は $\boldsymbol{e}_1$ で $A_{11} = E_{n-1}$ だから，$|E_n| = 1 \cdot |E_{n-1}| = |E_{n-1}|$. よって，

$$|E_n| = |E_{n-1}| = \cdots = |E_2| = 1.$$

ゆえに，任意の次数の単位行列の行列式は1である． ■

命題3.1.1から，第1列が基本ベクトルのスカラー倍になっているときは，次数を1つ下げた正方行列の行列式の計算に帰着される．一方で，行列そのものは第1列が $\mathbf{0}$ でなければ行基本変形により第1列を基本ベクトルに変形できる (問題2-1，**2**)．これらの事実は，正方行列を行基本変形したときに行列式の値がどう変化するのかを調べることへの強い動機づけとなる．

命題 3.1.2　正方行列 A の行または列のうちに $\mathbf{0}$ が存在するならば $|A| = 0$ である．

証明 A の次数 n に関する帰納法で示す．

$n=1$ とする．このとき，A の行または列のうちに $\mathbf{0}$ が存在するということは $A=(0)$ ということだから，$|A|=0$ となり命題の主張は成立する．そこで，$n-1$ 次の場合に命題の主張が成立すると仮定したときに，n 次の場合にも命題の主張が正しいことを示そう．

A を n 次正方行列とする．まず，A の第 i 行が $\mathbf{0}$ とすると，$u<i$ のとき A_{u1} の第 $i-1$ 行が $\mathbf{0}$ で，$u>i$ のとき A_{u1} の第 i 行が $\mathbf{0}$ だから，帰納法の仮定により $u \neq i$ であれば $|A_{u1}|=0$ となる．また，A の第 i 行が $\mathbf{0}$ だから特に $a_{i1}=0$. したがって，すべての u に対して $a_{u1}|A_{u1}|=0$ となるから，$|A|=0$ である．

次に，A の第 1 列が $\mathbf{0}$ のときは定義から明らかに $|A|=0$ である．そこで，$j>1$ とし，A の第 j 列が $\mathbf{0}$ とする．このとき，すべての u に対して A_{u1} は第 $j-1$ 列が $\mathbf{0}$ であるから，帰納法の仮定により $|A_{u1}|=0$. ゆえに，この場合も $|A|=0$ である．

以上により，n 次の場合にも命題の主張が成立することが示された． ∎

問題 3-1

1. 次の行列式を求めよ．

(1) $\begin{vmatrix} 3 & 2 & 1 \\ 0 & 4 & 3 \\ 0 & 5 & 7 \end{vmatrix}$ (2) $\begin{vmatrix} 0 & 2 & 1 \\ 2 & 1 & 3 \\ 0 & 2 & 5 \end{vmatrix}$

2. 次の等式を示せ．

$$\begin{vmatrix} a_{11} & 0 & \cdots & 0 \\ a_{21} & a_{22} & \cdots & a_{2n} \\ \vdots & \vdots & \ddots & \vdots \\ a_{n1} & a_{n2} & \cdots & a_{nn} \end{vmatrix} = a_{11}|A_{11}| \quad \left(= a_{11} \begin{vmatrix} a_{22} & \cdots & a_{2n} \\ \vdots & \ddots & \vdots \\ a_{n2} & \cdots & a_{nn} \end{vmatrix} \right)$$

より一般に，n 次正方行列 A の第 i 行が $a_{i1}\boldsymbol{f}_1$ のとき，$|A|=(-1)^{i+1}a_{i1}|A_{i1}|$ であることを示せ．ただし，$\boldsymbol{f}_1$ は E_n の第 1 行である．

3. 上三角行列および下三角行列の行列式はすべての対角成分の積に等しいことを示せ.

4. 正方行列 A の成分がすべて整数のとき，行列式 $|A|$ も整数であることを示せ.

5. 次の行列式を求めよ.

(1) $\begin{vmatrix} b_{11} & b_{12} & c_{11} & c_{12} \\ b_{21} & b_{22} & c_{21} & c_{22} \\ 0 & 0 & d_{11} & d_{12} \\ 0 & 0 & d_{21} & d_{22} \end{vmatrix}$　　(2) $\begin{vmatrix} b_{11} & b_{12} & 0 & 0 \\ b_{21} & b_{22} & 0 & 0 \\ c_{11} & c_{12} & d_{11} & d_{12} \\ c_{21} & c_{22} & d_{21} & d_{22} \end{vmatrix}$

6. n 次正方行列 A が次のように分割されるとき，$|A| = |B||D|$ であることを示せ．ただし，p, q は $p + q = n$ を満たす自然数とする.

(1) $A = \begin{pmatrix} B & C \\ O & D \end{pmatrix}$,　B: p 次正方行列，C: $p \times q$ 行列，O: $q \times p$ 型零行列，D: q 次正方行列

(2) $A = \begin{pmatrix} B & O \\ C & D \end{pmatrix}$,　B: p 次正方行列，O: $p \times q$ 型零行列，C: $q \times p$ 行列，D: q 次正方行列

3.2　行列式と行基本変形

本節では，以下の記法をしばしば断りなしに用いる.

n 次正方行列 $A, B, C, \ldots$ に対してそれぞれ

・(u, v) 成分は $a_{uv}, b_{uv}, c_{uv}, \ldots$

・第 u 行は $\boldsymbol{a}_u, \boldsymbol{b}_u, \boldsymbol{c}_u, \ldots$

・第1列を除去した $n \times (n-1)$ 行列は $A', B', C', \ldots$

・第 u 行と第 v 列を除去した $n-1$ 次正方行列は $A_{uv}, B_{uv}, C_{uv}, \ldots$

のように表す．また，$A', B', C', \ldots$ の第 u 行はそれぞれ $\boldsymbol{a}'_u, \boldsymbol{b}'_u, \boldsymbol{c}'_u, \ldots$ のように表す．$\boldsymbol{a}'_u, \boldsymbol{b}'_u, \boldsymbol{c}'_u, \ldots$ は，それぞれ $\boldsymbol{a}_u, \boldsymbol{b}_u, \boldsymbol{c}_u, \ldots$ から第1成分を除去した $n-1$ 次行ベクトルに等しい.

1 つの行をスカラー倍する変形

μ を任意の数とする．行列の行基本変形においては $\mu \neq 0$ としたが，ここでは $\mu = 0$ であっても構わない．

まず 1 次の場合であるが，$A = (a)$ とすると

$$|(\mu a)| = \mu a = \mu|(a)|.$$

すなわち，唯一の行である第 1 行を μ 倍すると，行列式も μ 倍になる．

次に，2 次の場合で調べてみる．$A = \begin{pmatrix} a & b \\ c & d \end{pmatrix}$ とおくとき，次の等式が成り立つ．

$$\begin{vmatrix} \mu a & \mu b \\ c & d \end{vmatrix} = (\mu a)d - (\mu b)c = \mu(ad - bc) = \mu|A|,$$

$$\begin{vmatrix} a & b \\ \mu c & \mu d \end{vmatrix} = a(\mu d) - b(\mu c) = \mu(ad - bc) = \mu|A|.$$

これらの計算より，2 次の場合もやはり，A の 1 つの行を μ 倍すると行列式も μ 倍になることがわかる．

3 次の場合にすすもう．$A = \begin{pmatrix} a_{11} & a_{12} & a_{13} \\ a_{21} & a_{22} & a_{23} \\ a_{31} & a_{32} & a_{33} \end{pmatrix}$ に対して $|A|$ の具体的な式は定義から簡単に導ける ((1.4.3) で既出) のでそれを用いて確認してもよいが，ここでは一般次数での証明のための準備として，行列式の定義に戻って調べてみる．

A の第 1 行を μ 倍した行列 $\begin{pmatrix} \mu a_{11} & \mu a_{12} & \mu a_{13} \\ a_{21} & a_{22} & a_{23} \\ a_{31} & a_{32} & a_{33} \end{pmatrix}$ を B とする．このとき，

$$B_{11} = \begin{pmatrix} a_{22} & a_{23} \\ a_{32} & a_{33} \end{pmatrix}, \quad B_{21} = \begin{pmatrix} \mu a_{12} & \mu a_{13} \\ a_{32} & a_{33} \end{pmatrix}, \quad B_{31} = \begin{pmatrix} \mu a_{12} & \mu a_{13} \\ a_{22} & a_{23} \end{pmatrix}$$

であり，B_{11} は A_{11} と等しく，B_{21}, B_{31} はそれぞれ A_{21}, A_{31} の第 1 行を μ 倍

したものだから，

$$|B_{11}| = |A_{11}|, \quad |B_{21}| = \mu|A_{21}|, \quad |B_{31}| = \mu|A_{31}|$$

となる．よって，

$$\begin{aligned} |B| &= b_{11}|B_{11}| - b_{21}|B_{21}| + b_{31}|B_{31}| \\ &= (\mu a_{11})|B_{11}| - a_{21}|B_{21}| + a_{31}|B_{31}| \\ &= (\mu a_{11})|A_{11}| - a_{21}(\mu|A_{21}|) + a_{31}(\mu|A_{31}|) \\ &= \mu(a_{11}|A_{11}| - a_{21}|A_{21}| + a_{31}|A_{31}|) \\ &= \mu|A| \end{aligned}$$

である．

問 3.2.1　A を3次正方行列とする．B が A の第2行あるいは第3行を μ 倍した行列のときにも，$|B| = \mu|A|$ が成り立つことを上と同様の方法で示せ．

一般の場合は，上の3次の場合と同様に示すことができる．

命題 3.2.1　A を n 次正方行列とし，A の1つの行を μ 倍した行列を B とすると，

$$|B| = \mu|A|.$$

証明　n に関する帰納法で示す．

$n = 1$ のときはすでに触れたとおり，命題の主張は成立する．そこで，$n-1$ 次の場合に命題の主張が成立すると仮定したときに，n 次の場合にも命題の主張が正しいことを示そう．

A, B を n 次正方行列とする．B が A の第 i 行を μ 倍した行列ならば $\boldsymbol{b}_i = \mu\boldsymbol{a}_i$ であり，$u \neq i$ のときは $\boldsymbol{b}_u = \boldsymbol{a}_u$ となる．よって，$B_{i1} = A_{i1}$ だから $|B_{i1}| = |A_{i1}|$. また，B_{u1} は $u < i$ のときは A_{u1} の第 $i-1$ 行を μ 倍した行列，$u > i$ のときは A_{u1} の第 i 行を μ 倍した行列に等しいから，いずれの場合も帰

納法の仮定により $|B_{u1}| = \mu|A_{u1}|$ となる．したがって，

$$b_{u1}|B_{u1}| = \begin{cases} (\mu a_{i1})|A_{i1}| & (u = i \text{ のとき}) \\ a_{u1}(\mu|A_{u1}|) & (u \neq i \text{ のとき}) \end{cases}$$

となり，u の値に関わらず $b_{u1}|B_{u1}| = \mu a_{u1}|A_{u1}|$ である．よって，行列式の定義から，

$$\begin{aligned} |B| &= b_{11}|B_{11}| - b_{21}|B_{21}| + \cdots + (-1)^{n+1}b_{n1}|B_{n1}| \\ &= \mu(a_{11}|A_{11}| - a_{21}|A_{21}| + \cdots + (-1)^{n+1}a_{n1}|A_{n1}|) \\ &= \mu|A| \end{aligned}$$

となり，n 次の場合も命題は正しい．■

例 3.2.1　正方行列 A の第 i 行が $\mathbf{0}$ であるとする．このとき，A の第 i 行を μ 倍しても A のままであるから，命題 3.2.1 より $|A| = \mu|A|$. 特に $\mu = 0$ とすれば $|A| = 0$ を得る．これは命題 3.1.2 の行の場合の別証明を与える．■

2 つの行を入れ換える変形

この変形が存在するのは 2 次以上のときである．そこでまず 2 次の場合を調べよう．$A = \begin{pmatrix} a & b \\ c & d \end{pmatrix}$ とおくとき，

$$\begin{vmatrix} c & d \\ a & b \end{vmatrix} = cb - da = -(ad - bc) = -|A|.$$

よって，A の 2 つの行を入れ換えると行列式は -1 倍になる．

次に，3 次の場合で調べてみる．

例 3.2.2　3 次正方行列 A の第 1 行と第 2 行を入れ換えた行列を B とする．すなわち，$A = \begin{pmatrix} a_{11} & a_{12} & a_{13} \\ a_{21} & a_{22} & a_{23} \\ a_{31} & a_{32} & a_{33} \end{pmatrix}$ とするとき，$B = \begin{pmatrix} a_{21} & a_{22} & a_{23} \\ a_{11} & a_{12} & a_{13} \\ a_{31} & a_{32} & a_{33} \end{pmatrix}$ であ

る．すると

$$B_{11} = \begin{pmatrix} a_{12} & a_{13} \\ a_{32} & a_{33} \end{pmatrix}, \quad B_{21} = \begin{pmatrix} a_{22} & a_{23} \\ a_{32} & a_{33} \end{pmatrix}, \quad B_{31} = \begin{pmatrix} a_{22} & a_{23} \\ a_{12} & a_{13} \end{pmatrix}$$

だから，$B_{11} = A_{21}$, $B_{21} = A_{11}$．また，B_{31} は A_{31} の 2 つの行を入れ換えた 2 次正方行列である．以上により，

$$|B_{11}| = |A_{21}|, \quad |B_{21}| = |A_{11}|, \quad |B_{31}| = -|A_{31}|$$

となるから，

$$\begin{aligned} |B| &= b_{11}|B_{11}| - b_{21}|B_{21}| + b_{31}|B_{31}| \\ &= a_{21}|B_{11}| - a_{11}|B_{21}| + a_{31}|B_{31}| \\ &= a_{21}|A_{21}| - a_{11}|A_{11}| + a_{31}(-|A_{31}|) \\ &= -(a_{11}|A_{11}| - a_{21}|A_{21}| + a_{31}|A_{31}|) \\ &= -|A| \end{aligned}$$

である．∎

> **問 3.2.2**　A を 3 次正方行列とする．B が A の第 1 行と第 3 行，あるいは 2 行と第 3 行を入れ換えた行列のときにも，$|B| = -|A|$ が成り立つことを上と同様の方法で示せ．

例 3.2.2 および問 3.2.2 より，A を 3 次正方行列とし，A の任意の 2 つの行を入れ換えた行列を B とするとき，$|B| = -|A|$ であることがわかった．

2 つの行を入れ換える変形の場合は，前項の場合より若干複雑なので，参考のため 4 次のときの例も挙げておく．

例 3.2.3　A を 4 次正方行列とする．B が A の第 1 行と第 4 行を入れ換えた行列のときに，$|B| = -|A|$ が成り立つことを示そう．行列の次数が大きくなってきたので，行分割表示を用いることにする．

B の行分割表示は，$\boldsymbol{a}_1, \boldsymbol{a}_2, \ldots$ を用いると $B = \begin{pmatrix} \boldsymbol{a}_4 \\ \boldsymbol{a}_2 \\ \boldsymbol{a}_3 \\ \boldsymbol{a}_1 \end{pmatrix}$ と表される．よって，

$$B_{11} = \begin{pmatrix} \boldsymbol{a}'_2 \\ \boldsymbol{a}'_3 \\ \boldsymbol{a}'_1 \end{pmatrix}, \quad B_{21} = \begin{pmatrix} \boldsymbol{a}'_4 \\ \boldsymbol{a}'_3 \\ \boldsymbol{a}'_1 \end{pmatrix}, \quad B_{31} = \begin{pmatrix} \boldsymbol{a}'_4 \\ \boldsymbol{a}'_2 \\ \boldsymbol{a}'_1 \end{pmatrix}, \quad B_{41} = \begin{pmatrix} \boldsymbol{a}'_4 \\ \boldsymbol{a}'_2 \\ \boldsymbol{a}'_3 \end{pmatrix}$$

である．これらを $A_{11}, A_{21}, A_{31}, A_{41}$ と比較してみると，B_{21}, B_{31} についてはそれぞれ A_{21}, A_{31} の 2 つの行を入れ換えたものになっている．行基本変形を用いて具体的に記せば，

$$A_{21} = \begin{pmatrix} \boldsymbol{a}'_1 \\ \boldsymbol{a}'_3 \\ \boldsymbol{a}'_4 \end{pmatrix} \xrightarrow{\mathrm{R}_{13}} \begin{pmatrix} \boldsymbol{a}'_4 \\ \boldsymbol{a}'_3 \\ \boldsymbol{a}'_1 \end{pmatrix} = B_{21}, \qquad A_{31} = \begin{pmatrix} \boldsymbol{a}'_1 \\ \boldsymbol{a}'_2 \\ \boldsymbol{a}'_4 \end{pmatrix} \xrightarrow{\mathrm{R}_{13}} \begin{pmatrix} \boldsymbol{a}'_4 \\ \boldsymbol{a}'_2 \\ \boldsymbol{a}'_1 \end{pmatrix} = B_{31}.$$

したがって，$|B_{21}| = -|A_{21}|, |B_{31}| = -|A_{31}|$ である．一方，B_{11} は A_{41} の，また，B_{41} は A_{11} の 3 つの行をそれぞれ並べ換えたものである．2 つの行を単純に入れ換えただけではないことに注意しよう．ただし，次のように行基本変形することが可能である．

$$B_{11} = \begin{pmatrix} \boldsymbol{a}'_2 \\ \boldsymbol{a}'_3 \\ \boldsymbol{a}'_1 \end{pmatrix} \xrightarrow{\mathrm{R}_{23}} \begin{pmatrix} \boldsymbol{a}'_2 \\ \boldsymbol{a}'_1 \\ \boldsymbol{a}'_3 \end{pmatrix} \xrightarrow{\mathrm{R}_{12}} \begin{pmatrix} \boldsymbol{a}'_1 \\ \boldsymbol{a}'_2 \\ \boldsymbol{a}'_3 \end{pmatrix} = A_{41}$$

$$B_{41} = \begin{pmatrix} \boldsymbol{a}'_4 \\ \boldsymbol{a}'_2 \\ \boldsymbol{a}'_3 \end{pmatrix} \xrightarrow{\mathrm{R}_{12}} \begin{pmatrix} \boldsymbol{a}'_2 \\ \boldsymbol{a}'_4 \\ \boldsymbol{a}'_3 \end{pmatrix} \xrightarrow{\mathrm{R}_{23}} \begin{pmatrix} \boldsymbol{a}'_2 \\ \boldsymbol{a}'_3 \\ \boldsymbol{a}'_4 \end{pmatrix} = A_{11}$$

逆向きの行基本変形を考えれば，2 つの行の入れ換えを 2 回行うことで A_{11}, A_{41} はそれぞれ B_{41}, B_{11} に変形されることがわかる．これらのことを用いて $|B|$ の定義式を書き換えると，

$$|B| = b_{11}|B_{11}| - b_{21}|B_{21}| + b_{31}|B_{31}| - b_{41}|B_{41}|$$

$$= a_{41}\{(-1)^2|A_{41}|\} - a_{21}(-|A_{21}|) + a_{31}(-|A_{31}|) - a_{11}\{(-1)^2|A_{11}|\}$$

$$= -(a_{11}|A_{11}| - a_{21}|A_{21}| + a_{31}|A_{31}| - a_{41}|A_{41}|)$$

$$= -|A|.$$

したがって，確かに $|B| = -|A|$ となる．∎

これまでの例などを手がかりとして，一般の場合の証明を与えよう．

命題 3.2.2　n 次正方行列 A に対して行基本変形 R_{ij} を行って得られる行列を B とすると，

$$|B| = -|A|.$$

証明　n に関する帰納法で示す．

すでに触れたとおり，$n = 2$ のとき命題の主張は成立する．そこで，$n-1$ 次の場合に命題の主張が成立すると仮定したときに，n 次の場合にも命題の主張が正しいことを示そう．

A を n 次正方行列とし，A の第 i 行と第 j 行を入れ換えた行列を B とおく．$i < j$ として差し支えない．

各 u に対して B_{u1} の行の並び順を調べよう．$u \neq i, j$ の場合は B における第 u 行，第 i 行，第 j 行は u, i, j の大小に応じて次のいずれかのようになる．

$u < i < j$ のとき　　$i < u < j$ のとき　　$i < j < u$ のとき

$$\begin{array}{r}\\ \text{第 } u \text{ 行}\cdots\\ \\ \text{第 } i \text{ 行}\cdots\\ \\ \text{第 } j \text{ 行}\cdots\\ \\ \end{array}\begin{pmatrix}\vdots\\ \boldsymbol{a}_u\\ \vdots\\ \boldsymbol{a}_j\\ \vdots\\ \boldsymbol{a}_i\\ \vdots\end{pmatrix}\qquad\begin{array}{r}\\ \text{第 } i \text{ 行}\cdots\\ \\ \text{第 } u \text{ 行}\cdots\\ \\ \text{第 } j \text{ 行}\cdots\\ \\ \end{array}\begin{pmatrix}\vdots\\ \boldsymbol{a}_j\\ \vdots\\ \boldsymbol{a}_u\\ \vdots\\ \boldsymbol{a}_i\\ \vdots\end{pmatrix}\qquad\begin{array}{r}\\ \text{第 } i \text{ 行}\cdots\\ \\ \text{第 } j \text{ 行}\cdots\\ \\ \text{第 } u \text{ 行}\cdots\\ \\ \end{array}\begin{pmatrix}\vdots\\ \boldsymbol{a}_j\\ \vdots\\ \boldsymbol{a}_i\\ \vdots\\ \boldsymbol{a}_u\\ \vdots\end{pmatrix}$$

B から第 u 行と第 1 列を除去すると B_{u1} になるのだから，B_{u1} の行分割表示は u, i, j の大小に応じて次のいずれかとなることがわかる．ただし，省略している部分の行は A_{u1} の行と等しい．

$u < i < j$ のとき
$$\begin{matrix} \\ \text{第 } i-1 \text{ 行}\cdots \\ \\ \text{第 } j-1 \text{ 行}\cdots \\ \\ \end{matrix} \begin{pmatrix} \vdots \\ \boldsymbol{a}'_j \\ \vdots \\ \boldsymbol{a}'_i \\ \vdots \end{pmatrix}$$

$i < u < j$ のとき
$$\begin{matrix} \\ \text{第 } i \text{ 行}\cdots \\ \\ \text{第 } j-1 \text{ 行}\cdots \\ \\ \end{matrix} \begin{pmatrix} \vdots \\ \boldsymbol{a}'_j \\ \vdots \\ \boldsymbol{a}'_i \\ \vdots \end{pmatrix}$$

$i < j < u$ のとき
$$\begin{matrix} \\ \text{第 } i \text{ 行}\cdots \\ \\ \text{第 } j \text{ 行}\cdots \\ \\ \end{matrix} \begin{pmatrix} \vdots \\ \boldsymbol{a}'_j \\ \vdots \\ \boldsymbol{a}'_i \\ \vdots \end{pmatrix}$$

明らかに，B_{u1} は上に指し示した 2 つの行の入れ換えによって A_{u1} になる．ゆえに，帰納法の仮定から，$u \neq i, j$ のとき $|B_{u1}| = -|A_{u1}|$ が成り立つ．また，$b_{u1} = a_{u1}$ だから，$(-1)^{u+1} b_{u1} = (-1)^{u+1} a_{u1}$．したがって，

$$u \neq i, j \text{ のとき} \qquad (-1)^{u+1} b_{u1} |B_{u1}| = -(-1)^{u+1} a_{u1} |A_{u1}| \cdots\cdots\cdots\cdots ①$$

次に $u = i$ の場合を考える．$j = i + 1$ のときはすぐにわかるように $B_{i1} = A_{j1}$ だから，$|B_{i1}| = |A_{j1}|$. 一方，$j \geqq i + 2$ とすれば B の第 i 行と第 j 行の間に 1 つ以上の行がある．また，このとき

$$B = \begin{pmatrix} \vdots \\ \boldsymbol{a}_{i-1} \\ \boldsymbol{a}_j \\ \boldsymbol{a}_{i+1} \\ \vdots \\ \boldsymbol{a}_{j-1} \\ \boldsymbol{a}_i \\ \boldsymbol{a}_{j+1} \\ \vdots \end{pmatrix} \begin{matrix} \\ \cdots\text{第 } i-1 \text{ 行} \\ \cdots\text{第 } i \text{ 行} \\ \cdots\text{第 } i+1 \text{ 行} \\ \\ \cdots\text{第 } j-1 \text{ 行} \\ \cdots\text{第 } j \text{ 行} \\ \cdots\text{第 } j+1 \text{ 行} \\ \\ \end{matrix} \quad \text{より} \quad B_{i1} = \begin{pmatrix} \vdots \\ \boldsymbol{a}'_{i-1} \\ \boldsymbol{a}'_{i+1} \\ \vdots \\ \boldsymbol{a}'_{j-1} \\ \boldsymbol{a}'_i \\ \boldsymbol{a}'_{j+1} \\ \vdots \end{pmatrix} \begin{matrix} \\ \cdots\text{第 } i-1 \text{ 行} \\ \cdots\text{第 } i \text{ 行} \\ \\ \cdots\text{第 } j-2 \text{ 行} \\ \cdots\text{第 } j-1 \text{ 行} \\ \cdots\text{第 } j \text{ 行} \\ \\ \end{matrix}$$

である．ここで，B_{i1} の第 $j-1$ 行にある $\boldsymbol{a}'_i$ を 1 つ上の行と入れ換える操

作を次々行っていくと，$j-i-1$ 回めの変形で A_{j1} になる．行基本変形でいえば，B_{i1} に対して $\mathrm{R}_{j-2,j-1}$, $\mathrm{R}_{j-3,j-2}$, $\ldots$, $\mathrm{R}_{i,i+1}$ の順に行うということである．2 つの行の入れ換えを $j-i-1$ 回行ったのだから，帰納法の仮定により $|A_{j1}|=(-1)^{j-i-1}|B_{i1}|$, したがって $|B_{i1}|=(-1)^{j-i-1}|A_{j1}|$ となる．しかも，この等式は $j=i+1$ のときも成り立つ．よって，$u=i$ のとき $|B_{i1}|=(-1)^{j-i-1}|A_{j1}|$. さらに，$b_{i1}=a_{j1}$ だから $(-1)^{i+1}b_{i1}=(-1)^{i+1}a_{j1}$. したがって，

$$(-1)^{i+1}b_{i1}|B_{i1}|=(-1)^{i+1}(-1)^{j-i-1}a_{j1}|A_{j1}|=-(-1)^{j+1}a_{j1}|A_{j1}| \cdots ②$$

最後に $u=j$ の場合であるが，$u=i$ のときと同様にして $|B_{j1}|=(-1)^{j-i-1}|A_{i1}|$ がわかるから，これと等式 $(-1)^{j+1}b_{j1}=(-1)^{j+1}a_{i1}$ を辺々掛け合わせて，

$$(-1)^{j+1}b_{j1}|B_{j1}|=(-1)^{j+1}(-1)^{j-i-1}a_{i1}|A_{i1}|=-(-1)^{i+1}a_{i1}|A_{i1}| \cdots ③$$

ここまでに求めた①，②，③を辺々加え合わせると，左辺は B に，右辺は $-|A|$ に一致する．ゆえに，$|B|=-|A|$ である．　■

系 3.2.3　正方行列 A において，ある 2 つの行が等しければ，$|A|=0$. より一般に，ある行が別の行のスカラー倍になっていれば，$|A|=0$ である．

証明　A に対し第 i 行と第 j 行を入れ換える行基本変形をした行列を B とすると，命題 3.2.2 より $|B|=-|A|$. ここで，A の第 i 行，第 j 行がともに $\boldsymbol{a}$ であるとすると，$B=A$ より $|A|=-|A|$ となり，$|A|=0$ が得られる．

後半の主張は命題 3.2.1 および前半の主張からわかる．　■

例題 3.2.1　次の行列の行列式を求めよ．

(1) $A=\begin{pmatrix} 0 & 0 & 1 & 0 \\ 0 & 1 & 0 & 0 \\ 0 & 0 & 0 & 1 \\ 1 & 0 & 0 & 0 \end{pmatrix}$　　(2) $B=\begin{pmatrix} 0 & 0 & 1 & 0 \\ 0 & 1 & 0 & 0 \\ 0 & 0 & 0 & 1 \\ 0 & 1 & 0 & 0 \end{pmatrix}$

解答　(1) E_4 の第 u 行を $\boldsymbol{f}_u$ とおく $(u=1,2,3,4)$. A は次のように行基本変

形される．

$$A = \begin{pmatrix} \boldsymbol{f}_3 \\ \boldsymbol{f}_2 \\ \boldsymbol{f}_4 \\ \boldsymbol{f}_1 \end{pmatrix} \xrightarrow{\mathrm{R}_{14}} \begin{pmatrix} \boldsymbol{f}_1 \\ \boldsymbol{f}_2 \\ \boldsymbol{f}_4 \\ \boldsymbol{f}_3 \end{pmatrix} \xrightarrow{\mathrm{R}_{34}} \begin{pmatrix} \boldsymbol{f}_1 \\ \boldsymbol{f}_2 \\ \boldsymbol{f}_3 \\ \boldsymbol{f}_4 \end{pmatrix} = E_4$$

2 つの行を入れ換えるごとに行列式は -1 倍されるから，$|E_4| = (-1)^2|A| = |A|$ である．したがって，$|A| = 1$.

あるいは，次のように変形していってもよい．

$$A = \begin{pmatrix} \boldsymbol{f}_3 \\ \boldsymbol{f}_2 \\ \boldsymbol{f}_4 \\ \boldsymbol{f}_1 \end{pmatrix} \xrightarrow{\mathrm{R}_{34}} \begin{pmatrix} \boldsymbol{f}_3 \\ \boldsymbol{f}_2 \\ \boldsymbol{f}_1 \\ \boldsymbol{f}_4 \end{pmatrix} \xrightarrow{\mathrm{R}_{23}} \begin{pmatrix} \boldsymbol{f}_3 \\ \boldsymbol{f}_1 \\ \boldsymbol{f}_2 \\ \boldsymbol{f}_4 \end{pmatrix} \xrightarrow{\mathrm{R}_{12}} \begin{pmatrix} \boldsymbol{f}_1 \\ \boldsymbol{f}_3 \\ \boldsymbol{f}_2 \\ \boldsymbol{f}_4 \end{pmatrix} \xrightarrow{\mathrm{R}_{23}} \begin{pmatrix} \boldsymbol{f}_1 \\ \boldsymbol{f}_2 \\ \boldsymbol{f}_3 \\ \boldsymbol{f}_4 \end{pmatrix} = E_4$$

となり，2 つの行の入れ換えを 4 回行って A から E_4 へ変形されたので，$|E_4| = (-1)^4|A|$. したがって，$|A| = 1$ である．

(2) B は第 2 行と第 4 行が等しいので，$|B| = 0$. ▒

1 つの行に別の行のスカラー倍を加える変形

第 i 行に第 j 行の l 倍を加える変形をした後の第 i 行は 2 つのベクトルの和になっている．そこで，一般にある行が 2 つのベクトルの和になっているとき，行列式がどのように表されるかをまず調べてみる．

1 次の場合は，$(a) = (b) + (c)$ とすると $(a) = (b + c)$ だから，

$$|(a)| = a = b + c = |(b)| + |(c)|.$$

次に，2 次の場合を考える．$A = \begin{pmatrix} a_{11} & a_{12} \\ a_{21} & a_{22} \end{pmatrix}$ の第 1 行が 2 つのベクトルの和

$$(a_{11} \quad a_{12}) = (b_{11} \quad b_{12}) + (c_{11} \quad c_{12})$$

であるとき,

$$\begin{vmatrix} a_{11} & a_{12} \\ a_{21} & a_{22} \end{vmatrix} = a_{11}a_{22} - a_{12}a_{21} = (b_{11}+c_{11})a_{22} - (b_{12}+c_{12})a_{21}$$

$$= (b_{11}a_{22} - b_{12}a_{21}) + (c_{11}a_{22} - c_{12}a_{21})$$

$$= \begin{vmatrix} b_{11} & b_{12} \\ a_{21} & a_{22} \end{vmatrix} + \begin{vmatrix} c_{11} & c_{12} \\ a_{21} & a_{22} \end{vmatrix}.$$

したがって，A の第1行 $(a_{11} \quad a_{12})$ を $(b_{11} \quad b_{12})$, $(c_{11} \quad c_{12})$ で置き換えた2次正方行列をそれぞれ B, C とするとき，$|A| = |B| + |C|$ が成り立つ．次に，第2行が2つのベクトルの和

$$(a_{21} \quad a_{22}) = (b_{21} \quad b_{22}) + (c_{21} \quad c_{22})$$

であるときは,

$$\begin{vmatrix} a_{11} & a_{12} \\ a_{21} & a_{22} \end{vmatrix} = a_{11}a_{22} - a_{12}a_{21} = a_{11}(b_{22}+c_{22}) - a_{12}(b_{21}+c_{21})$$

$$= (a_{11}b_{22} - a_{12}b_{21}) + (a_{11}c_{22} - a_{12}c_{21})$$

$$= \begin{vmatrix} a_{11} & a_{12} \\ b_{21} & b_{22} \end{vmatrix} + \begin{vmatrix} a_{11} & a_{12} \\ c_{21} & c_{22} \end{vmatrix}.$$

したがって，A の第2行 $(a_{21} \quad a_{22})$ を $(b_{21} \quad b_{22})$, $(c_{21} \quad c_{22})$ で置き換えた2次正方行列をそれぞれ B, C とするとき，やはり $|A| = |B| + |C|$ が成り立つ．

以上により，A が1次および2次のときには次の命題の主張が正しいことが示された．ここまで来れば，3次の場合を省略していきなり一般の n で正しいことの証明に入っても問題ないだろう．

命題 3.2.4　n 次正方行列 A の第 i 行が2つのベクトルの和 $\boldsymbol{a}_i = \boldsymbol{b}_i + \boldsymbol{c}_i$ になっているとする．また，A の第 i 行を $\boldsymbol{b}_i, \boldsymbol{c}_i$ で置き換えた行列をそれぞれ B, C とする．このとき,

$$|A| = |B| + |C|$$

が成り立つ.

証明　n に関する帰納法で示す．

$n=1$ のときは上で述べたとおり命題の主張が成立する．そこで，$n-1$ 次の場合に命題の主張が成立すると仮定したときに，n 次の場合にも命題の主張が正しいことを示そう．

A, B, C の違いは第 i 行だけだから，それぞれから第 i 行と第 1 列を除去して得られる行列は等しい．すなわち，$A_{i1}=B_{i1}=C_{i1}$ である．また，$a_{i1}=b_{i1}+c_{i1}$ だから，$u=i$ のとき

$$a_{i1}|A_{i1}|=b_{i1}|A_{i1}|+c_{i1}|A_{i1}|=b_{i1}|B_{i1}|+c_{i1}|C_{i1}| \cdots\cdots\cdots\cdots ①$$

一方，$u<i$ のとき B_{u1}, C_{u1} は A_{u1} の第 $i-1$ 行の $\boldsymbol{a}'_i$ をそれぞれ $\boldsymbol{b}'_i, \boldsymbol{c}'_i$ に置き換えた行列，$u>i$ のとき B_{u1}, C_{u1} は A_{u1} の第 i 行の $\boldsymbol{a}'_i$ をそれぞれ $\boldsymbol{b}'_i, \boldsymbol{c}'_i$ に置き換えた行列である．したがって，$\boldsymbol{a}'_i=\boldsymbol{b}'_i+\boldsymbol{c}'_i$ であることおよび帰納法の仮定により，$|A_{u1}|=|B_{u1}|+|C_{u1}|$ となる．また，$a_{u1}=b_{u1}=c_{u1}$ であるから，$u\neq i$ のとき

$$a_{u1}|A_{u1}|=a_{u1}|B_{u1}|+a_{u1}|C_{u1}|=b_{u1}|B_{u1}|+c_{u1}|C_{u1}| \cdots\cdots ②$$

①，②よりすべての u に対して $a_{u1}|A_{u1}|=b_{u1}|B_{u1}|+c_{u1}|C_{u1}|$ となるから，$|A|=|B|+|C|$ である．∎

n 次正方行列 A に対して行基本変形 $\mathrm{R}_{ij}(\nu)$ を行って得られる行列を B とすると，B の第 i 行は $\boldsymbol{a}_i+\nu\boldsymbol{a}_j$ である．そこで，B の第 i 行を $\boldsymbol{a}_i, \nu\boldsymbol{a}_j$ で置き換えた行列をそれぞれ C, D とすると，$C=A$ だから，$|C|=|A|$．また，D の第 i 行は $\nu\boldsymbol{a}_j$ で，第 j 行 $\boldsymbol{a}_j$ の ν 倍になっている．よって，系 3.2.3 より $|D|=0$ となるから，$|B|=|C|+|D|=|A|$．したがって，次の系が成り立つ．

系 3.2.5　n 次正方行列 A に対して行基本変形 $\mathrm{R}_{ij}(\nu)$ を行って得られる行列を B とすると，

$$|B|=|A|.$$

行基本変形による行列式の計算法

命題 3.2.1, 3.2.2, および系 3.2.5 から, 行基本変形により行列式は次のように値が変化する.

- 第 i 行を μ 倍すると行列式も μ 倍される.
- 第 i 行と第 j 行を入れ換えると行列式は -1 倍される.
- 第 i 行に第 j 行の ν 倍を加えたときは行列式は変わらない.

すなわち,

$$
\begin{array}{llll}
A \xrightarrow{\mathrm{R}_i(\mu)} A_1 & \text{のとき} \quad |A_1| = \mu|A| & \text{だから} & |A| = \mu^{-1}|A_1| \\
A \xrightarrow{\mathrm{R}_{ij}} A_1 & \text{のとき} \quad |A_1| = -|A| & \text{だから} & |A| = -|A_1| \\
A \xrightarrow{\mathrm{R}_{ij}(\nu)} A_1 & \text{のとき} \quad |A_1| = \ \ |A| & \text{だから} & |A| = |A_1|
\end{array}
$$

である. 実際に行列式を変形していく際は, たとえば行基本変形 $A \xrightarrow{\mathrm{R}_i(\mu)} A_1$ に対応して $|A| \overset{\mathrm{R}_i(\mu)}{=} \mu^{-1}|A_1|$ のように記していくことにする. ただし, 等号の左辺が変形前, 右辺が変形後である.

例 3.2.4　行列式 $\begin{vmatrix} 6 & 7 & 9 \\ 4 & 2 & 4 \\ 10 & 3 & 7 \end{vmatrix}$ は, 次のようにして計算できる.

$$
\begin{vmatrix} 6 & 7 & 9 \\ 4 & 2 & 4 \\ 10 & 3 & 7 \end{vmatrix} \overset{\mathrm{R}_2(\frac{1}{2})}{=} \left(\frac{1}{2}\right)^{-1} \begin{vmatrix} 6 & 7 & 9 \\ 2 & 1 & 2 \\ 10 & 3 & 7 \end{vmatrix} \overset{\mathrm{R}_{12}}{=} \left(\frac{1}{2}\right)^{-1}(-1) \begin{vmatrix} 2 & 1 & 2 \\ 6 & 7 & 9 \\ 10 & 3 & 7 \end{vmatrix}
$$

$$
\overset{\substack{①\,\mathrm{R}_{21}(-3) \\ ②\,\mathrm{R}_{31}(-5)}}{=} \left(\frac{1}{2}\right)^{-1}(-1) \begin{vmatrix} 2 & 1 & 2 \\ 0 & 4 & 3 \\ 0 & -2 & -3 \end{vmatrix} = \left(\frac{1}{2}\right)^{-1}(-1) \times 2 \times \begin{vmatrix} 4 & 3 \\ -2 & -3 \end{vmatrix}
$$

$$
= -4\{4(-3) - 3(-2)\} = 24.
$$

行列式を行基本変形で求める手順はいくらでもある. たとえば, 次のようにしてもよい.

$$\begin{vmatrix} 6 & 7 & 9 \\ 4 & 2 & 4 \\ 10 & 3 & 7 \end{vmatrix} \overset{\substack{①\,\mathrm{R}_2(3) \\ ②\,\mathrm{R}_3(3)}}{=} 3^{-1}3^{-1} \begin{vmatrix} 6 & 7 & 9 \\ 12 & 6 & 12 \\ 30 & 9 & 21 \end{vmatrix} \overset{\substack{①\,\mathrm{R}_{21}(-2) \\ ②\,\mathrm{R}_{31}(-5)}}{=} 3^{-1}3^{-1} \begin{vmatrix} 6 & 7 & 9 \\ 0 & -8 & -6 \\ 0 & -26 & -24 \end{vmatrix}$$

$$= 3^{-1}3^{-1} \times 6 \times \begin{vmatrix} -8 & -6 \\ -26 & -24 \end{vmatrix} = \frac{2}{3}\{-8(-24) - (-6)(-26)\} = 24.$$

上の例の計算では，変形のたびに行列式に掛かる数がどのようなものかが明確になる形で記したが，もちろんこれを毎回整理した上で次の変形段階に引き渡して構わない.

例題 3.2.2 次の行列式を求めよ.

$$\begin{vmatrix} 1 & 1 & 1 & 1 \\ 0 & 6 & 4 & 5 \\ 3 & 6 & 5 & 7 \\ 2 & 5 & 7 & 4 \end{vmatrix}$$

解答

$$\begin{vmatrix} 1 & 1 & 1 & 1 \\ 0 & 6 & 4 & 5 \\ 3 & 6 & 5 & 7 \\ 2 & 5 & 7 & 4 \end{vmatrix} \overset{\substack{①\,\mathrm{R}_{31}(-3) \\ ②\,\mathrm{R}_{41}(-2)}}{=} \begin{vmatrix} 1 & 1 & 1 & 1 \\ 0 & 6 & 4 & 5 \\ 0 & 3 & 2 & 4 \\ 0 & 3 & 5 & 2 \end{vmatrix} = \begin{vmatrix} 6 & 4 & 5 \\ 3 & 2 & 4 \\ 3 & 5 & 2 \end{vmatrix} \overset{\mathrm{R}_{12}}{=} - \begin{vmatrix} 3 & 2 & 4 \\ 6 & 4 & 5 \\ 3 & 5 & 2 \end{vmatrix}$$

$$\overset{\substack{①\,\mathrm{R}_{21}(-2) \\ ②\,\mathrm{R}_{31}(-1)}}{=} - \begin{vmatrix} 3 & 2 & 4 \\ 0 & 0 & -3 \\ 0 & 3 & -2 \end{vmatrix} = -3 \begin{vmatrix} 0 & -3 \\ 3 & -2 \end{vmatrix} = -3 \cdot 9 = -27.$$

問 3.2.3 次の行列式を求めよ.

(1) $\begin{vmatrix} 1 & 1 & 1 \\ a & b & c \\ a^2 & b^2 & c^2 \end{vmatrix}$ (2) $\begin{vmatrix} a & b & c \\ b & c & a \\ c & a & b \end{vmatrix}$

問題 3-2

1. 次の行列式を求めよ.

(1) $\begin{vmatrix} 2 & 4 & 7 \\ 1 & 3 & 6 \\ 3 & 1 & 2 \end{vmatrix}$ (2) $\begin{vmatrix} 2 & 3 & 5 \\ 1 & 2 & 4 \\ 3 & 1 & 1 \end{vmatrix}$ (3) $\begin{vmatrix} 4 & 3 & 2 \\ 7 & 6 & 5 \\ 8 & 9 & 7 \end{vmatrix}$

(4) $\begin{vmatrix} 2 & 0 & 1 & 5 \\ 2 & 4 & 7 & 1 \\ 2 & 6 & 0 & 9 \\ 1 & 0 & 3 & 2 \end{vmatrix}$ (5) $\begin{vmatrix} 4 & 4 & 0 & 2 \\ 3 & 3 & 6 & 9 \\ 1 & 1 & 2 & 3 \\ 2 & 0 & 0 & 0 \end{vmatrix}$ (6) $\begin{vmatrix} 1 & 1 & 3 & 5 \\ 4 & 2 & 3 & 5 \\ 3 & 3 & 2 & 1 \\ 5 & 8 & 7 & 1 \end{vmatrix}$

2. 次の行列式を求めよ.

(1) $\begin{vmatrix} a & b & b & b \\ b & a & b & b \\ b & b & a & b \\ b & b & b & a \end{vmatrix}$ (2) $\begin{vmatrix} a & b & c & d \\ b & c & d & a \\ c & d & a & b \\ d & a & b & c \end{vmatrix}$

3. 正方行列 A の第 i 行が $\boldsymbol{a} = \beta \boldsymbol{b} + \gamma \boldsymbol{c}$ であるとする. また, A の第 i 行を $\boldsymbol{b}, \boldsymbol{c}$ で置き換えた行列をそれぞれ B, C とする. このとき,

$$|A| = \beta|B| + \gamma|C|$$

が成り立つことを示せ. 一般に, A の第 i 行が $\boldsymbol{a} = \beta_1 \boldsymbol{b}_1 + \beta_2 \boldsymbol{b}_2 + \cdots + \beta_s \boldsymbol{b}_s$ であるとする. また, A の第 i 行を $\boldsymbol{b}_k$ で置き換えた行列を B_k とする $(k = 1, 2, \ldots, s)$. このとき,

$$|A| = \beta_1|B_1| + \beta_2|B_2| + \cdots + \beta_s|B_s|$$

が成り立つことを示せ.

4. A を n 次正方行列とし, c を数とするとき, $|cA| = c^n|A|$ であることを示せ.

3.3 行列式の性質

行列式の乗法性

基本行列は単位行列に対し行基本変形を 1 回だけ行って得られる行列だから，これまでに得られた結果 (例 3.1.2，命題 3.2.1，3.2.2，系 3.2.5) を基本行列に適用してみると，次のことがわかる．

命題 3.3.1 基本行列の行列式は次のようになる．

$$|M_i(\mu)| = \mu, \quad |P_{ij}| = -1, \quad |T_{ij}(\nu)| = 1$$

ただし，μ, ν は数で，$\mu \neq 0$ である．特に，基本行列の行列式は 0 ではない．

補題 3.3.2 A を n 次正方行列とし，F を n 次基本行列とすると，

$$|FA| = |F||A|.$$

より一般に，$F_1, F_2, \ldots, F_s$ を基本行列とすると，

$$|F_s \cdots F_2 F_1 A| = |F_s| \cdots |F_2||F_1||A|.$$

証明 前半の主張は命題 2.4.1，3.2.1，3.2.2，系 3.2.5 および命題 3.3.1 から明らか．後半の主張は，前半の主張を繰り返し用いて

$$|F_s(F_{s-1} \cdots F_1 A)| = |F_s||F_{s-1}(F_{s-2} \cdots F_1 A)| = |F_s||F_{s-1}||F_{s-2} \cdots F_1 A|$$

$$= \cdots = |F_s||F_{s-1}| \cdots |F_2||F_1||A|$$

とすることで得られる． ∎

さて，ここに至っていよいよ次のことが証明できる (3.1 節参照)．

定理 3.3.3 n 次正方行列 A が正則であるための必要十分条件は，$|A| \neq 0$ となることである．

証明 C を A の簡約化とすると，命題 2.4.3 よりいくつかの n 次基本行列 F_1,

$F_2, \ldots, F_s$ を用いて $C = F_s \cdots F_2 F_1 A$ と表せる．したがって，補題 3.3.2 より

$$|C| = |F_s| \cdots |F_2||F_1||A|$$

である．しかも，命題 3.3.1 より基本行列の行列式が 0 になることはない．このことは，

$$|A| \neq 0 \iff |C| \neq 0$$

であることを示している．ここで，A が正則とすると定理 2.4.5 より $C = E_n$ だから，例 3.1.2 より $|C| = |E_n| = 1 \neq 0$. したがって，A が正則ならば $|A| \neq 0$ である．逆に，A が正則でなければ C の行には $\mathbf{0}$ がある (命題 2.2.1) から，この場合は命題 3.1.2 より $|C| = 0$ である．したがって，A が正則でなければ $|A| = 0$ である． ∎

定理 3.3.4　A, B を n 次正方行列とすると，

$$|AB| = |A||B|.$$

証明　A の簡約化を C とすると，命題 2.4.3 よりいくつかの基本行列 $F_1, F_2, \ldots, F_s$ を用いて $C = F_s \cdots F_2 F_1 A$ と表せる．ここで，基本行列は正則でしかもその逆行列も正則だから (命題 2.4.2)，$G_i = {F_i}^{-1}$ とおくと G_i も基本行列である．また，このとき，$A = G_1 G_2 \cdots G_s C$ と書けるから，$AB = G_1 G_2 \cdots G_s (CB)$ に対し補題 3.3.2 を用いることにより

$$|AB| = |G_1||G_2| \cdots |G_s||CB|$$

であることがわかる．ここでもし A が正則であれば，定理 2.4.5 より $C = E_n$ だから $CB = B$. したがって，$|AB| = |G_1||G_2| \cdots |G_s||B| = |A||B|$ となる．また，もし A が正則でなければ，定理 3.3.3 より $|A| = 0$ である．しかも，C の行に $\mathbf{0}$ がある (定理 2.4.5, 命題 2.2.1) から，CB の行にも $\mathbf{0}$ がある (問題 1-3, **1**)．この場合，命題 3.1.2 より $|CB| = 0$ だから $|AB| = 0$ となり，$|A| = 0$ であることと合わせて $|AB| = |A||B|$ $(= 0)$ を得る．ゆえに，A が正則であるなしに関わらず，$|AB| = |A||B|$ である． ∎

問 3.3.1　A が正則のとき，$|A^{-1}| = \dfrac{1}{|A|}$ であることを示せ．

問 3.3.2　A, B が 2 次正方行列のとき，$|AB| = |A||B|$ が成り立つことを直接計算によって確かめよ．

行および列に関する余因子展開

A を n 次正方行列とする．もし A が正則ならば，A はいくつかの基本行列 $G_1, G_2, \ldots, G_s$ を用いて $A = G_1G_2 \cdots G_s$ と表せる．また，このとき転置行列 ${}^tA$ も正則であり，${}^tA = {}^tG_s \cdots {}^tG_2{}^tG_1$ と書くことができる．一般に，基本行列 F の転置行列 ${}^tF$ はやはり基本行列で，$|{}^tF| = |F|$ が成り立つ (問題2-4, **4** および命題 3.3.1) から，補題 3.3.2 の後半より

$$|{}^tA| = |{}^tG_s \cdots {}^tG_2\,{}^tG_1| = |{}^tG_s| \cdots |{}^tG_2||{}^tG_1| = |G_s| \cdots |G_2||G_1| = |A|$$

となる．したがって，A が正則であれば $|{}^tA| = |A|$ が成り立つ．また，A が正則でないときは ${}^tA$ も正則でなく，したがって，$|A| = 0$ かつ $|{}^tA| = 0$ となるから，この場合も $|{}^tA| = |A|$ である．よって，次の命題が成立する．

命題 3.3.5　A を n 次正方行列とすると，$|{}^tA| = |A|$.

$B = {}^tA$ とおく．B の (u, v) 成分を b_{uv}，B の第 u 行と第 v 列を除去した $n-1$ 次正方行列を B_{uv} とおくと，$b_{uv} = a_{vu}$ かつ $B_{uv} = {}^t(A_{vu})$. また，行列式の定義および命題 3.3.5 から，

$$\begin{aligned}
|A| &= |B| \\
&= b_{11}|B_{11}| - b_{21}|B_{21}| + \cdots + (-1)^{n+1}b_{n1}|B_{n1}| \\
&= a_{11}|{}^t(A_{11})| - a_{12}|{}^t(A_{12})| + \cdots + (-1)^{n+1}a_{1n}|{}^t(A_{1n})| \\
&= a_{11}|A_{11}| - a_{12}|A_{12}| + \cdots + (-1)^{n+1}a_{1n}|A_{1n}|
\end{aligned}$$

となる．より一般に，次のことが成り立つ．

定理 3.3.6　A を n 次正方行列とする．

(1)　$i = 1, 2, \ldots, n$ に対して，

$$|A| = (-1)^{i+1} a_{i1}|A_{i1}| + (-1)^{i+2} a_{i2}|A_{i2}| + \cdots + (-1)^{i+n} a_{in}|A_{in}|.$$

(2)　$j = 1, 2, \ldots, n$ に対して，

$$|A| = (-1)^{1+j} a_{1j}|A_{1j}| + (-1)^{2+j} a_{2j}|A_{2j}| + \cdots + (-1)^{n+j} a_{nj}|A_{nj}|.$$

証明　(1) $i = 1$ のときは上に示したとおりである．$i > 1$ のときは，1つ上の行と次々入れ換えることにより第 i 行を第1行に移動させる．具体的には，行基本変形 $\mathrm{R}_{i-1,i}$, $\mathrm{R}_{i-2,i-1}$, $\ldots$, R_{12} をこの順に行えばよい．この結果得られた行列を B とすると，B の行分割表示は

$$B = \begin{pmatrix} \boldsymbol{a}_i \\ \boldsymbol{a}_1 \\ \vdots \\ \boldsymbol{a}_{i-1} \\ \boldsymbol{a}_{i+1} \\ \vdots \\ \boldsymbol{a}_n \end{pmatrix} \begin{matrix} \cdots 第1行 \\ \cdots 第2行 \\ \\ \cdots 第 i 行 \\ \cdots 第 i+1 行 \\ \\ \cdots 第 n 行 \end{matrix}$$

となるから，$i > 1$ のとき B から第1行を取り除いた行列と A から第 i 行を取り除いた行列は等しい．よって，$i > 1$ のとき $B_{1v} = A_{iv}$ である．したがって，

$$|B| = b_{11}|B_{11}| - b_{12}|B_{12}| + \cdots + (-1)^{1+n} b_{1n}|B_{1n}|$$
$$= a_{i1}|A_{i1}| - a_{i2}|A_{i2}| + \cdots + (-1)^{1+n} a_{in}|A_{in}|$$

また，$|B| = (-1)^{i-1}|A|$ だから，両辺に $(-1)^{i+1}$ を掛ければ，(1) の等式が得られる．

(2) 転置行列の行列式 $|{}^tA|$ に対して命題 3.3.5 および (1) の結果を適用する．▮

定理 3.3.6 (1), (2) の等式を，それぞれ行列式の第 i 行，第 j 列に関する**余因子展開**という．なお，第1列に関する余因子展開を表す式は，3.1 節で与え

た行列式の定義と同じものである．

例題 3.3.1　A を次の行列とするとき，$|A|$ を求めよ．

$$A = \begin{pmatrix} \sin\theta\cos\varphi & r\cos\theta\cos\varphi & -r\sin\theta\sin\varphi \\ \sin\theta\sin\varphi & r\cos\theta\sin\varphi & r\sin\theta\cos\varphi \\ \cos\theta & -r\sin\theta & 0 \end{pmatrix}$$

解答　$|A|$ を第 3 行に関する余因子展開により求める．

$$\begin{aligned} |A| &= (-1)^{3+1}\cos\theta \begin{vmatrix} r\cos\theta\cos\varphi & -r\sin\theta\sin\varphi \\ r\cos\theta\sin\varphi & r\sin\theta\cos\varphi \end{vmatrix} \\ &\quad + (-1)^{3+2}(-r\sin\theta) \begin{vmatrix} \sin\theta\cos\varphi & -r\sin\theta\sin\varphi \\ \sin\theta\sin\varphi & r\sin\theta\cos\varphi \end{vmatrix} \\ &= \cos\theta\cdot r^2\sin\theta\cos\theta + r\sin\theta\cdot r\sin^2\theta \\ &= r^2\sin\theta. \end{aligned}$$

■

余因子行列と逆行列

$i \neq j$ とする．n 次正方行列 A の第 j 行 $\boldsymbol{a}_j$ を $\boldsymbol{a}_i$ に置き換えた行列を B とする．このとき，B の第 i 行と第 j 行がともに $\boldsymbol{a}_i$ だから，系 3.2.3 より $|B| = 0$. 一方，$|B|$ の第 j 行に関する余因子展開の式は

$$\begin{aligned} |B| &= (-1)^{j+1}b_{j1}|B_{j1}| + (-1)^{j+2}b_{j2}|B_{j2}| + \cdots + (-1)^{j+n}b_{jn}|B_{jn}| \\ &= (-1)^{j+1}a_{i1}|A_{j1}| + (-1)^{j+2}a_{i2}|A_{j2}| + \cdots + (-1)^{j+n}a_{in}|A_{jn}| \end{aligned}$$

である．したがって，$i \neq j$ のとき

$$(-1)^{j+1}a_{i1}|A_{j1}| + (-1)^{j+2}a_{i2}|A_{j2}| + \cdots + (-1)^{j+n}a_{in}|A_{jn}| = 0.$$

ここで $k = 1, 2, \ldots, n$ に対して $d_{kj} = (-1)^{j+k}|A_{jk}|$ とおく (添字の順序に注意) と，いまの等式および定理 3.3.6 (1) より

$$a_{i1}d_{1j} + a_{i2}d_{2j} + \cdots + a_{in}d_{nj} = \delta_{ij}|A| = \begin{cases} |A| & (i = j) \\ 0 & (i \neq j) \end{cases} \tag{3.3.1}$$

である．また，行の代わりに列に関して上と同様の議論をすることにより，

$$d_{i1}a_{1j} + d_{i2}a_{2j} + \cdots + d_{in}a_{nj} = \delta_{ij}|A| = \begin{cases} |A| & (i = j) \\ 0 & (i \neq j) \end{cases} \tag{3.3.2}$$

であることもわかる．

さて，n 次正方行列 $\widetilde{A}$ を次のように定め，A の**余因子行列**と呼ぶ．

$$\widetilde{A} = \begin{pmatrix} d_{11} & d_{12} & \cdots & d_{1n} \\ d_{21} & d_{22} & \cdots & d_{2n} \\ \vdots & \vdots & \ddots & \vdots \\ d_{n1} & d_{n2} & \cdots & d_{nn} \end{pmatrix}$$

(3.3.1)，(3.3.2) より $A\widetilde{A} = \widetilde{A}A = |A|E_n$ である．これより，A が正則のとき次の定理が成り立つ．

定理 3.3.7 (逆行列の公式)　A が正則ならば，

$$A^{-1} = \frac{1}{|A|}\widetilde{A}.$$

例 3.3.1　2 次正方行列 $A = \begin{pmatrix} a & b \\ c & d \end{pmatrix}$ に対しては

$$d_{11} = |A_{11}| = d, \quad d_{12} = -|A_{21}| = -b,$$

$$d_{21} = -|A_{12}| = -c, \quad d_{22} = |A_{22}| = a$$

となるから，$\widetilde{A} = \begin{pmatrix} d & -b \\ -c & a \end{pmatrix}$ である．よって，A が正則のとき，

$$A^{-1} = \frac{1}{|A|}\widetilde{A} = \frac{1}{ad - bc}\begin{pmatrix} d & -b \\ -c & a \end{pmatrix}.$$

これは，例題 1.4.1 で求めた 2 次の正則行列に関する逆行列の公式そのものである．　■

上の例と同様に，定理 3.3.7 の $n=3$ の場合も，例 1.4.5 で与えた 3 次の正則行列に関する逆行列の公式にほかならない．したがって，定理 3.3.7 は，これらの結果を一般の次数の正則行列に対して拡張したものであるといえる．

クラーメルの公式

n 次正則行列 A を係数行列とする連立 1 次方程式はただ 1 つの解 $\boldsymbol{x} = A^{-1}\boldsymbol{\alpha}$ をもつ (例 2.1.1)．逆行列の公式 (定理 3.3.7) を適用すると，ただ 1 つの解は

$$\boldsymbol{x} = \frac{1}{|A|}\widetilde{A}\boldsymbol{\alpha}$$

と書き直せる．ここで，$\boldsymbol{\alpha}$ の成分を上から順に $\alpha_1, \alpha_2, \ldots, \alpha_n$ とすれば，$\widetilde{A}\boldsymbol{\alpha}$ の第 i 成分は

$$\begin{aligned} & d_{i1}\alpha_1 + d_{i2}\alpha_2 + \cdots + d_{in}\alpha_n \\ &= (-1)^{i+1}\alpha_1|A_{1i}| + (-1)^{i+2}\alpha_2|A_{2i}| + \cdots + (-1)^{i+n}\alpha_n|A_{ni}| \end{aligned}$$

となる．右辺は，A の第 i 列を $\boldsymbol{\alpha}$ に置き換えた行列の行列式に等しい (第 i 列に関する余因子展開)．したがって，連立 1 次方程式の解について次の公式が得られる．

定理 3.3.8 (クラーメルの公式)　A を n 次正則行列とし，A の第 i 列を $\boldsymbol{\alpha}$ に置き換えた行列を A_i とする $(i = 1, 2, \ldots, n)$．このとき，連立 1 次方程式 $A\boldsymbol{x} = \boldsymbol{\alpha}$ のただ 1 つの解は，

$$\boldsymbol{x} = \frac{1}{|A|}\begin{pmatrix} |A_1| \\ |A_2| \\ \vdots \\ |A_n| \end{pmatrix}$$

で与えられる．

例 3.3.2　$A = \begin{pmatrix} a & b \\ c & d \end{pmatrix}$ は正則であるとする．また，$\boldsymbol{\alpha} = \begin{pmatrix} \alpha \\ \beta \end{pmatrix}$ とおく．連

立1次方程式 $A\boldsymbol{x} = \boldsymbol{\alpha}$ について，定理 3.3.8 の A_1, A_2 は

$$A_1 = \begin{pmatrix} \alpha & b \\ \beta & d \end{pmatrix}, \quad A_2 = \begin{pmatrix} a & \alpha \\ c & \beta \end{pmatrix}$$

であるから，解は

$$\boldsymbol{x} = \frac{1}{|A|}\begin{pmatrix} |A_1| \\ |A_2| \end{pmatrix} = \frac{1}{ad - bc}\begin{pmatrix} \alpha d - b\beta \\ a\beta - \alpha c \end{pmatrix}$$

となる．これは，例 2.1.2 で与えた解の公式にほかならない． ■

例 3.3.3　右図の直流回路において，キルヒホッフの第1・第2法則から

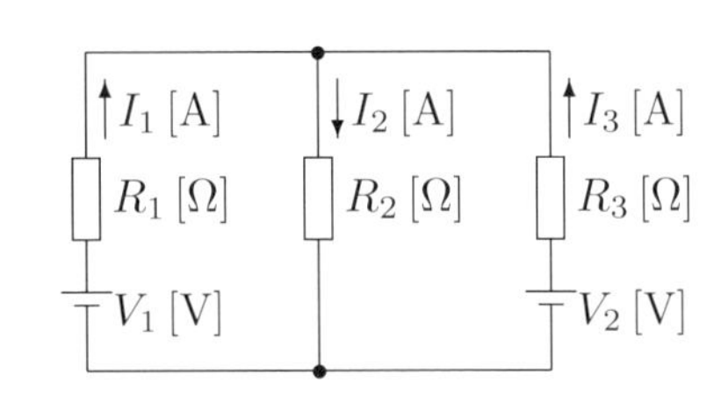

$$\begin{cases} I_1 - I_2 + I_3 = 0 \\ R_1 I_1 + R_2 I_2 = V_1 \\ R_2 I_2 + R_3 I_3 = V_2 \end{cases}$$

が成り立つ．行列を使えば，これらは

$$\begin{pmatrix} 1 & -1 & 1 \\ R_1 & R_2 & 0 \\ 0 & R_2 & R_3 \end{pmatrix}\begin{pmatrix} I_1 \\ I_2 \\ I_3 \end{pmatrix} = \begin{pmatrix} 0 \\ V_1 \\ V_2 \end{pmatrix}$$

と書き表せる．そこで，左辺の3次正方行列を A とすれば，定理 3.3.8 の A_1, A_2, A_3 は

$$A_1 = \begin{pmatrix} 0 & -1 & 1 \\ V_1 & R_2 & 0 \\ V_2 & R_2 & R_3 \end{pmatrix}, \quad A_2 = \begin{pmatrix} 1 & 0 & 1 \\ R_1 & V_1 & 0 \\ 0 & V_2 & R_3 \end{pmatrix}, \quad A_3 = \begin{pmatrix} 1 & -1 & 0 \\ R_1 & R_2 & V_1 \\ 0 & R_2 & V_2 \end{pmatrix}$$

であり，したがって

$$I_1 = \frac{|A_1|}{|A|} = \frac{R_2 V_1 + R_3 V_1 - R_2 V_2}{R_1 R_2 + R_2 R_3 + R_3 R_1},$$

$$I_2 = \frac{|A_2|}{|A|} = \frac{R_3 V_1 + R_1 V_2}{R_1 R_2 + R_2 R_3 + R_3 R_1},$$

$$I_3 = \frac{|A_3|}{|A|} = \frac{-R_2V_1 + R_1V_2 + R_2V_2}{R_1R_2 + R_2R_3 + R_3R_1}$$

となる. ▮

問題 3-3

1. A, P が n 次正方行列で，かつ P が正則のとき，次のことを示せ.

(1) $|P^{-1}AP| = |A|$

(2) $|cE_n - P^{-1}AP| = |cE_n - A|$ (c は任意の数)

2. (行列式と列基本変形) A を正方行列とするとき，行列式の乗法性を用いて次のことを示せ.

(1) A の第 i 列を μ 倍すると行列式も μ 倍される.

(2) A の第 i 列と第 j 列を入れ換えると行列式は -1 倍される.

(3) A の第 i 列に第 j 列の ν 倍を加えたときは行列式は変わらない.

3. (ヴァンデルモンドの行列式) 次の等式が成り立つことを示せ.

$$\begin{vmatrix} 1 & 1 & \cdots & 1 \\ x_1 & x_2 & \cdots & x_n \\ {x_1}^2 & {x_2}^2 & \cdots & {x_n}^2 \\ \vdots & \vdots & \ddots & \vdots \\ {x_1}^{n-1} & {x_2}^{n-1} & \cdots & {x_n}^{n-1} \end{vmatrix} = \prod_{1 \leqq i < j \leqq n} (x_j - x_i).$$

ただし，右辺は $1 \leqq i < j \leqq n$ を満たすすべての i, j の組にわたる $x_j - x_i$ の積を表す．たとえば，$n = 3$ のときは $(x_2 - x_1)(x_3 - x_1)(x_3 - x_2)$ である.

4. A が正則で，しかも A および A^{-1} の成分がすべて整数ならば，$|A| = \pm 1$ であることを示せ.

5. A, B, C, D は n 次正方行列で，しかも A は正則であるとする．このとき，次の等式が成り立つことを示せ (問題1-5，***4*** 参照).

$$\begin{vmatrix} A & B \\ C & D \end{vmatrix} = |A| \times |D - CA^{-1}B|$$

6. A を n 次交代行列とする (8 ページ). n が奇数のとき, $|A|$ を求めよ.

7. A が n 次正方行列であるとき, $|\widetilde{A}|$ を求めよ.

8. A を次の 4 次交代行列とする.

$$A = \begin{pmatrix} 0 & a & b & c \\ -a & 0 & d & e \\ -b & -d & 0 & f \\ -c & -e & -f & 0 \end{pmatrix}$$

(1) $\widetilde{A} = (af - be + cd) \begin{pmatrix} 0 & -f & e & -d \\ f & 0 & -c & b \\ -e & c & 0 & -a \\ d & -b & a & 0 \end{pmatrix}$ であることを示せ.

(2) 積 $A\widetilde{A}$ を求めよ.

(3) $|A|$ を求めよ.

3.4　行列式の具体的表示と置換

行列式の具体的表示

本節では, 一般の n 次の場合に行列式を明示的に表すことを考える. どのように計算していけばよいか, 3 次の場合を例にとって過程を見てみよう.

$A = \begin{pmatrix} a_{11} & a_{12} & a_{13} \\ a_{21} & a_{22} & a_{23} \\ a_{31} & a_{32} & a_{33} \end{pmatrix}$ の第 i 行を $\boldsymbol{a}_i$ $(i = 1, 2, 3)$ とおくとき, A の行列式を行分割表示を用いて

$$\begin{vmatrix} \boldsymbol{a}_1 \\ \boldsymbol{a}_2 \\ \boldsymbol{a}_3 \end{vmatrix}$$

のように表す. E_3 の第 i 行を $\boldsymbol{f}_i$ $(i = 1, 2, 3)$ とおくと,

$$\boldsymbol{a}_1 = a_{11}\boldsymbol{f}_1 + a_{12}\boldsymbol{f}_2 + a_{13}\boldsymbol{f}_3$$

だから，

$$\begin{vmatrix} \boldsymbol{a}_1 \\ \boldsymbol{a}_2 \\ \boldsymbol{a}_3 \end{vmatrix} = \begin{vmatrix} a_{11}\boldsymbol{f}_1 \\ \boldsymbol{a}_2 \\ \boldsymbol{a}_3 \end{vmatrix} + \begin{vmatrix} a_{12}\boldsymbol{f}_2 \\ \boldsymbol{a}_2 \\ \boldsymbol{a}_3 \end{vmatrix} + \begin{vmatrix} a_{13}\boldsymbol{f}_3 \\ \boldsymbol{a}_2 \\ \boldsymbol{a}_3 \end{vmatrix} \tag{3.4.1}$$

であり，右辺第 1 項について上と同様に計算していくと

$$\begin{aligned}
\begin{vmatrix} a_{11}\boldsymbol{f}_1 \\ \boldsymbol{a}_2 \\ \boldsymbol{a}_3 \end{vmatrix} &= \begin{vmatrix} a_{11}\boldsymbol{f}_1 \\ a_{21}\boldsymbol{f}_1 \\ \boldsymbol{a}_3 \end{vmatrix} + \begin{vmatrix} a_{11}\boldsymbol{f}_1 \\ a_{22}\boldsymbol{f}_2 \\ \boldsymbol{a}_3 \end{vmatrix} + \begin{vmatrix} a_{11}\boldsymbol{f}_1 \\ a_{23}\boldsymbol{f}_3 \\ \boldsymbol{a}_3 \end{vmatrix} \\
&= \left(\begin{vmatrix} a_{11}\boldsymbol{f}_1 \\ a_{21}\boldsymbol{f}_1 \\ a_{31}\boldsymbol{f}_1 \end{vmatrix} + \begin{vmatrix} a_{11}\boldsymbol{f}_1 \\ a_{21}\boldsymbol{f}_1 \\ a_{32}\boldsymbol{f}_2 \end{vmatrix} + \begin{vmatrix} a_{11}\boldsymbol{f}_1 \\ a_{21}\boldsymbol{f}_1 \\ a_{33}\boldsymbol{f}_3 \end{vmatrix} \right) \\
&\quad + \left(\begin{vmatrix} a_{11}\boldsymbol{f}_1 \\ a_{22}\boldsymbol{f}_2 \\ a_{31}\boldsymbol{f}_1 \end{vmatrix} + \begin{vmatrix} a_{11}\boldsymbol{f}_1 \\ a_{22}\boldsymbol{f}_2 \\ a_{32}\boldsymbol{f}_2 \end{vmatrix} + \begin{vmatrix} a_{11}\boldsymbol{f}_1 \\ a_{22}\boldsymbol{f}_2 \\ a_{33}\boldsymbol{f}_3 \end{vmatrix} \right) \\
&\quad + \left(\begin{vmatrix} a_{11}\boldsymbol{f}_1 \\ a_{23}\boldsymbol{f}_3 \\ a_{31}\boldsymbol{f}_1 \end{vmatrix} + \begin{vmatrix} a_{11}\boldsymbol{f}_1 \\ a_{23}\boldsymbol{f}_3 \\ a_{32}\boldsymbol{f}_2 \end{vmatrix} + \begin{vmatrix} a_{11}\boldsymbol{f}_1 \\ a_{23}\boldsymbol{f}_3 \\ a_{33}\boldsymbol{f}_3 \end{vmatrix} \right)
\end{aligned}$$

となる．最右辺の 9 個の行列式のなかには値が明らかに 0 であるものが含まれているが，添字の規則性の理解のためにあえて残した．さて，(3.4.1) の右辺第 2 項，第 3 項についても同様に計算していくと，もとの行列式は $3^3 = 27$ 個の項

$$\begin{vmatrix} a_{1r}\boldsymbol{f}_r \\ a_{2s}\boldsymbol{f}_s \\ a_{3t}\boldsymbol{f}_t \end{vmatrix} = a_{1r}a_{2s}a_{3t} \begin{vmatrix} \boldsymbol{f}_r \\ \boldsymbol{f}_s \\ \boldsymbol{f}_t \end{vmatrix}, \qquad \text{ただし} \begin{cases} 1 \leqq r \leqq 3, \\ 1 \leqq s \leqq 3, \\ 1 \leqq t \leqq 3 \end{cases}$$

の和であることがわかる．ただし，2 つの行が等しい行列式は 0 だから，r, s, t のうちに等しいものがあるときは $\begin{vmatrix} \boldsymbol{f}_r \\ \boldsymbol{f}_s \\ \boldsymbol{f}_t \end{vmatrix} = 0$ である．したがって，実際には

r, s, t が 1, 2, 3 を任意の順に並べたものになっている項のみの和をとればよい．一般に，n 個の数 $1, 2, \ldots, n$ を任意の順に並べたものを，$1, 2, \ldots, n$ の**順列**と呼ぶ．$1, 2, \ldots, n$ の順列は全部で $n! = n \times (n-1) \times \cdots \times 1$ 個ある．3つの数 1, 2, 3 の順列は

①$1,2,3$　②$1,3,2$　③$2,1,3$　④$2,3,1$　⑤$3,1,2$　⑥$3,2,1$

の6個だから，

$$\begin{vmatrix} a_{11} & a_{12} & a_{13} \\ a_{21} & a_{22} & a_{23} \\ a_{31} & a_{32} & a_{33} \end{vmatrix} = a_{11}a_{22}a_{33}\begin{vmatrix} \boldsymbol{f}_1 \\ \boldsymbol{f}_2 \\ \boldsymbol{f}_3 \end{vmatrix} + a_{11}a_{23}a_{32}\begin{vmatrix} \boldsymbol{f}_1 \\ \boldsymbol{f}_3 \\ \boldsymbol{f}_2 \end{vmatrix} + a_{12}a_{21}a_{33}\begin{vmatrix} \boldsymbol{f}_2 \\ \boldsymbol{f}_1 \\ \boldsymbol{f}_3 \end{vmatrix}$$
$$+ a_{12}a_{23}a_{31}\begin{vmatrix} \boldsymbol{f}_2 \\ \boldsymbol{f}_3 \\ \boldsymbol{f}_1 \end{vmatrix} + a_{13}a_{21}a_{32}\begin{vmatrix} \boldsymbol{f}_3 \\ \boldsymbol{f}_1 \\ \boldsymbol{f}_2 \end{vmatrix} + a_{13}a_{22}a_{31}\begin{vmatrix} \boldsymbol{f}_3 \\ \boldsymbol{f}_2 \\ \boldsymbol{f}_1 \end{vmatrix}$$

である．よって，$\begin{vmatrix} \boldsymbol{f}_r \\ \boldsymbol{f}_s \\ \boldsymbol{f}_t \end{vmatrix}$ (r, s, t は $1, 2, 3$ の順列) の計算に帰着された．$|E_3| = 1$ であることを用いて他の5個を実際に求めてみると，

$$\begin{vmatrix} \boldsymbol{f}_1 \\ \boldsymbol{f}_3 \\ \boldsymbol{f}_2 \end{vmatrix} \overset{\mathrm{R}_{23}}{=} -|E_3| = -1,$$

$$\begin{vmatrix} \boldsymbol{f}_2 \\ \boldsymbol{f}_1 \\ \boldsymbol{f}_3 \end{vmatrix} \overset{\mathrm{R}_{12}}{=} -|E_3| = -1,$$

$$\begin{vmatrix} \boldsymbol{f}_2 \\ \boldsymbol{f}_3 \\ \boldsymbol{f}_1 \end{vmatrix} \overset{\mathrm{R}_{23}}{=} -\begin{vmatrix} \boldsymbol{f}_2 \\ \boldsymbol{f}_1 \\ \boldsymbol{f}_3 \end{vmatrix} \overset{\mathrm{R}_{12}}{=} (-1)^2|E_3| = 1,$$

$$\begin{vmatrix} \boldsymbol{f}_3 \\ \boldsymbol{f}_1 \\ \boldsymbol{f}_2 \end{vmatrix} \overset{\mathrm{R}_{12}}{=} - \begin{vmatrix} \boldsymbol{f}_1 \\ \boldsymbol{f}_3 \\ \boldsymbol{f}_2 \end{vmatrix} \overset{\mathrm{R}_{23}}{=} (-1)^2 |E_3| = 1,$$

$$\begin{vmatrix} \boldsymbol{f}_3 \\ \boldsymbol{f}_2 \\ \boldsymbol{f}_1 \end{vmatrix} \overset{\mathrm{R}_{12}}{=} - \begin{vmatrix} \boldsymbol{f}_2 \\ \boldsymbol{f}_3 \\ \boldsymbol{f}_1 \end{vmatrix} \overset{\mathrm{R}_{23}}{=} (-1)^2 \begin{vmatrix} \boldsymbol{f}_2 \\ \boldsymbol{f}_1 \\ \boldsymbol{f}_3 \end{vmatrix} \overset{\mathrm{R}_{12}}{=} (-1)^3 |E_3| = -1$$

となる．どの場合も，中身の行列は2つの行の入れ換えの繰り返しで E_3 に変形されることに注目したい．なお，2つの行の入れ換えを繰り返して E_3 にする方法は上記以外にも存在することも注意しておこう (例 3.4.4 およびそれに引き続く記述参照．また，例題 3.2.1 でもそのような状況に出会っている)．いずれにしても，ここまでの計算により次の等式が導かれた．

$$\begin{vmatrix} a_{11} & a_{12} & a_{13} \\ a_{21} & a_{22} & a_{23} \\ a_{31} & a_{32} & a_{33} \end{vmatrix} = a_{11}a_{22}a_{33} - a_{11}a_{23}a_{32} - a_{12}a_{21}a_{33} + a_{12}a_{23}a_{31} + a_{13}a_{21}a_{32} - a_{13}a_{22}a_{31}.$$

以上の考察は一般の場合に直ちに拡張される．すなわち，$n \geqq 2$ に対して n 次単位行列 E_n の第 i 行を $\boldsymbol{f}_i$ とするとき，n 次正方行列の行列式は

$$a_{1\sigma(1)}a_{2\sigma(2)}\cdots a_{n\sigma(n)} \begin{vmatrix} \boldsymbol{f}_{\sigma(1)} \\ \boldsymbol{f}_{\sigma(2)} \\ \vdots \\ \boldsymbol{f}_{\sigma(n)} \end{vmatrix}$$

の形の項の和である．ただし，$\sigma(1), \sigma(2), \ldots, \sigma(n)$ は $1, 2, \ldots, n$ の順列である．そこで，中身の行列が2つの行の入れ換えの繰り返しで E_n に変形できるのか，できるとすれば入れ換えを何回繰り返せばよいのかが問題となる．これは，順列 $\sigma(1), \sigma(2), \ldots, \sigma(n)$ において2数の入れ換えを繰り返すことにより順列 $1, 2, \ldots, n$ に“戻す”仕方の問題にほかならない．このことについて詳しくは次項以降に譲るが，行列式の成分表示を記述するために必要な記号や事実をここで簡単に説明しておこう．

順列 $\sigma(1), \sigma(2), \ldots, \sigma(n)$ を簡単に σ で表す．σ において，

$$i < j \quad \text{であるのに} \quad \sigma(i) > \sigma(j)$$

となるような組 (i, j) の個数を順列 σ の**転倒数**と呼び，$E(\sigma)$ で表す．このとき，$\sigma(1), \sigma(2), \ldots, \sigma(n)$ に対して 2 数の入れ換えを $E(\sigma)$ 回適切に行って順列 1, 2, …, n にすることができる (命題 3.4.3)．そこで，$\chi(\sigma) = (-1)^{E(\sigma)}$ とおくと

$$\begin{vmatrix} \boldsymbol{f}_{\sigma(1)} \\ \boldsymbol{f}_{\sigma(2)} \\ \vdots \\ \boldsymbol{f}_{\sigma(n)} \end{vmatrix} = \chi(\sigma) \begin{vmatrix} \boldsymbol{f}_1 \\ \boldsymbol{f}_2 \\ \vdots \\ \boldsymbol{f}_n \end{vmatrix} = \chi(\sigma)|E_n| = \chi(\sigma)$$

である．よって，行列式は

$$\chi(\sigma) a_{1\sigma(1)} a_{2\sigma(2)} \cdots a_{n\sigma(n)}$$

をすべての順列 $\sigma(1), \sigma(2), \ldots, \sigma(n)$ に関して足し合わせたものになることがわかる．したがって，次の結果が得られた．

定理 3.4.1　A は n 次正方行列で，(i, j) 成分は a_{ij} $(1 \leqq i \leqq n; 1 \leqq j \leqq n)$ であるとする．このとき，

$$|A| = \sum_{\sigma} \chi(\sigma) a_{1\sigma(1)} a_{2\sigma(2)} \cdots a_{n\sigma(n)}.$$

ただし，右辺の $\sum_{\sigma}$ は 1, 2, …, n のすべての順列にわたる和を表す．

行列式はこのように成分を用いて明示的に書けるのであるが，実際にこの等式で計算しようという気になれるのはせいぜい 3 次までである．4 次では 24 項だからまだ苦痛に耐えられるかもしれないが，5 次では 120 項にもなってしまう．具体的に成分が与えられた行列式の計算は，一般的に言って行基本変形を用いるほうがよい．

置換

順列は，文字 (数) の置き換え操作を表していると見ることができる．たとえば，3 つの数 1, 2, 3 の順列は

①$1,2,3$　②$1,3,2$　③$2,1,3$　④$2,3,1$　⑤$3,1,2$　⑥$3,2,1$

の 6 個であるが，このうち①は 1 を 1 に，2 を 2 に，3 を 3 に置き換える (つまり，結果的に何もしない) という操作を表し，④は 1 を 2 に，2 を 3 に，3 を 1 に置き換える操作を表している．

①の順列	④の順列
$\begin{matrix} 1 & 2 & 3 \\ \downarrow & \downarrow & \downarrow \\ 1 & 2 & 3 \end{matrix}$	$\begin{matrix} 1 & 2 & 3 \\ \downarrow & \downarrow & \downarrow \\ 2 & 3 & 1 \end{matrix}$

一般に，$1, 2, \ldots, n$ の順列 $k_1, k_2, \ldots, k_n$ に対し，1 を k_1 に，2 を k_2 に，$\ldots$，n を k_n に置き換える操作

$$\begin{matrix} 1 & 2 & \cdots & n \\ \downarrow & \downarrow & & \downarrow \\ k_1 & k_2 & \cdots & k_n \end{matrix}$$

が定まる．順列からこのようにして得られる置き換え操作を，集合 $\{1, 2, \ldots, n\}$ 上の**置換**と呼ぶ．順列 $k_1, k_2, \ldots, k_n$ から決まる置換は

$$\begin{pmatrix} 1 & 2 & \cdots & n \\ k_1 & k_2 & \cdots & k_n \end{pmatrix}$$

で表される．$2 \times n$ 行列の形の記号であるが，行列ではないので混同してはならない．順列が与えられればそれに応じて置換が決まるが，逆に置換が与えられればそれに応じて順列が決まる．しかも，異なる順列には当然異なる置換が対応するから，順列と置換は実質的に同じものである．ただし，置換の概念のほうが応用上重要なため，以下では置換の記号を用いて説明する．順列の範囲で理解したければ，下段の $k_1, k_2, \ldots, k_n$ のみに着目すればよい．

集合 $\{1, 2, \ldots, n\}$ 上の置換全体のなす集合を S_n で表す．

例 3.4.1　S_3 は6個の置換からなる．それらを列挙すると，

$$\iota = \begin{pmatrix} 1 & 2 & 3 \\ 1 & 2 & 3 \end{pmatrix}, \quad \sigma = \begin{pmatrix} 1 & 2 & 3 \\ 1 & 3 & 2 \end{pmatrix}, \quad \tau = \begin{pmatrix} 1 & 2 & 3 \\ 2 & 1 & 3 \end{pmatrix},$$

$$\rho = \begin{pmatrix} 1 & 2 & 3 \\ 2 & 3 & 1 \end{pmatrix}, \quad \xi = \begin{pmatrix} 1 & 2 & 3 \\ 3 & 1 & 2 \end{pmatrix}, \quad \eta = \begin{pmatrix} 1 & 2 & 3 \\ 3 & 2 & 1 \end{pmatrix}$$

である．　■

置換の転倒数

n を自然数とし，i, j を n 以下の自然数とする．$\sigma = \begin{pmatrix} 1 & 2 & \cdots & n \\ k_1 & k_2 & \cdots & k_n \end{pmatrix} \in S_n$ において，

$$i < j \quad \text{であるのに} \quad k_i > k_j$$

となるような組 (i, j) の個数を置換 σ の**転倒数**と呼び，$E(\sigma)$ で表す．また，$(-1)^{E(\sigma)}$ を σ の**符号**と呼び，$\chi(\sigma)$ で表す．

例 3.4.2　置換 $\begin{pmatrix} 1 & 2 & \cdots & n \\ 1 & 2 & \cdots & n \end{pmatrix} \in S_n$ を**恒等置換**と呼び，記号 ι_n あるいは単に ι で表す．明らかに $E(\iota) = 0$ だから，$\chi(\iota) = 1$ である．　■

例 3.4.3　$\sigma = \begin{pmatrix} 1 & 2 & 3 & 4 \\ 4 & 1 & 3 & 2 \end{pmatrix} \in S_4$ の転倒数を求めてみよう．大小を比較する2数の組は次のように選んでいけばよい．

$(4, *)$ の形の組

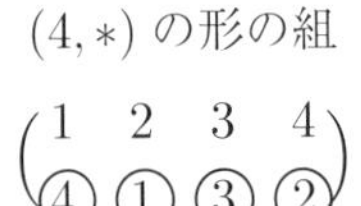

$(1, *)$ の形の組

$$\begin{pmatrix} 1 & 2 & 3 & 4 \\ 4 & ① & ③ & ② \end{pmatrix}$$

$(3, *)$ の形の組

$$\begin{pmatrix} 1 & 2 & 3 & 4 \\ 4 & 1 & ③ & ② \end{pmatrix}$$

つまり，次の 6 つの組から転倒数を求めることになる．

$$\begin{array}{ccc} (4,1) & (4,3) & (4,2) \\ & (1,3) & (1,2) \\ & & (3,2) \end{array}$$

これらのうち，右側の数のほうが小さい組は $(4,1)$, $(4,3)$, $(4,2)$, $(3,2)$ の 4 つだから，$E(\sigma)=4$ である．

転倒数の増減と符号の変化

$\sigma=\begin{pmatrix}1&2&3&4&5&6\\6&2&4&1&5&3\end{pmatrix}\in S_6$ および $\tau=\begin{pmatrix}1&2&3&4&5&6\\6&2&1&4&5&3\end{pmatrix}\in S_6$ をとる．σ と τ では，対応する順列の中央の隣り合う 2 数 (1 と 4) が入れ換わっている．$E(\sigma)=9$, $E(\tau)=8$ であることは組を数え上げればすぐにわかるが，以下に述べるように，実は $E(\sigma)$ を求めておけば $E(\tau)$ は数え上げをすることなく求めることができる．

このことを見るために，$E(\sigma)$ と $E(\tau)$ の間の関係をもう少し詳しく見てみよう．σ, τ それぞれについて大小を比較する 2 数の組を書き出すと次のようになる．

$$\begin{array}{ccccc} (6,2) & (6,4) & (6,1) & (6,5) & (6,3) \\ & (2,4) & (2,1) & (2,5) & (2,3) \\ & & \mathbf{(4,1)} & (4,5) & (4,3) \\ & & & (1,5) & (1,3) \\ & & & & (5,3) \end{array} \qquad \begin{array}{ccccc} (6,2) & (6,1) & (6,4) & (6,5) & (6,3) \\ & (2,1) & (2,4) & (2,5) & (2,3) \\ & & \mathbf{(1,4)} & (1,5) & (1,3) \\ & & & (4,5) & (4,3) \\ & & & & (5,3) \end{array}$$

ただし左側が σ, 右側が τ に関するものであり，どちらも

は，1 を含むが 4 は含まない組

は，4 を含むが 1 は含まない組

は，1, 4 どちらも含む組

それ以外は，1 も 4 も含まない組

という具合に分類してある．両者を見比べると， のところが $(4,1)$ から

$(1,4)$ に変化しているが，　　の組と　　の組は場所が入れ換わっているだけであり，それ以外の組は不変となっている，つまり，　　の組以外は全体としては一致していることがわかる．よって，τ では $(4,1)$ が $(1,4)$ になった分を考慮して，

$$E(\tau)=E(\sigma)-1=9-1=8$$

となる．

上記の考察は一般に通用する．それを補題として掲げておく．

補題 3.4.2　$\sigma=\begin{pmatrix}1 & 2 & \cdots & n\\ k_1 & k_2 & \cdots & k_n\end{pmatrix}\in S_n$ において，隣り合う 2 数 k_i と k_{i+1} を入れ換えた置換を $\tau=\begin{pmatrix}\cdots & i & i+1 & \cdots\\ \cdots & k_{i+1} & k_i & \cdots\end{pmatrix}$ とすると，

$$E(\tau)=\begin{cases}E(\sigma)+1 & (k_i<k_{i+1}\text{ のとき})\\ E(\sigma)-1 & (k_i>k_{i+1}\text{ のとき})\end{cases}$$

である．特に，$\chi(\tau)=-\chi(\sigma)$ が成り立つ．

証明　大小を比較する 2 数の組は，σ については

$$\begin{array}{cccccccc}
(k_1,k_2) & (k_1,k_3) & \cdots & (k_1,k_i) & (k_1,k_{i+1}) & (k_1,k_{i+2}) & \cdots & (k_1,k_n)\\
 & (k_2,k_3) & \cdots & (k_2,k_i) & (k_2,k_{i+1}) & (k_2,k_{i+2}) & \cdots & (k_2,k_n)\\
 & & \ddots & \vdots & \vdots & \vdots & & \vdots\\
 & & & (k_{i-1},k_i) & (k_{i-1},k_{i+1}) & (k_{i-1},k_{i+2}) & \cdots & (k_{i-1},k_n)\\
 & & & & \boldsymbol{(k_i,k_{i+1})} & (k_i,k_{i+2}) & \cdots & (k_i,k_n)\\
 & & & & & (k_{i+1},k_{i+2}) & \cdots & (k_{i+1},k_n)\\
 & & & & & & \ddots & \vdots\\
 & & & & & & & (k_{n-1},k_n)
\end{array}$$

であり，τ については

$$
\begin{array}{cccccccc}
(k_1,k_2) & (k_1,k_3) & \cdots & (k_1,k_{i+1}) & (k_1,k_i) & (k_1,k_{i+2}) & \cdots & (k_1,k_n) \\
 & (k_2,k_3) & \cdots & (k_2,k_{i+1}) & (k_2,k_i) & (k_2,k_{i+2}) & \cdots & (k_2,k_n) \\
 & & \ddots & \vdots & \vdots & \vdots & & \vdots \\
 & & & (k_{i-1},k_{i+1}) & (k_{i-1},k_i) & (k_{i-1},k_{i+2}) & \cdots & (k_{i-1},k_n) \\
 & & & & \boldsymbol{(k_{i+1},k_i)} & (k_{i+1},k_{i+2}) & \cdots & (k_{i+1},k_n) \\
 & & & & & (k_i,k_{i+2}) & \cdots & (k_i,k_n) \\
 & & & & & & \ddots & \vdots \\
 & & & & & & & (k_{n-1},k_n)
\end{array}
$$

である．ここで，分類の仕方は先ほどと同様の規則に従った．両者は ■ の部分を除けば全体として一致していて， ■ のところは (k_i, k_{i+1}) が (k_{i+1}, k_i) になるから，$k_i < k_{i+1}$ なら $E(\tau) = E(\sigma) + 1$ となり，$k_i > k_{i+1}$ なら $E(\tau) = E(\sigma) - 1$ となる．また，これらのことから，

$$\chi(\tau) = (-1)^{E(\tau)} = (-1)^{E(\sigma)\pm 1} = -(-1)^{E(\sigma)} = -\chi(\sigma)$$

である． ∎

この補題を用いて，次のことが示される．

命題 3.4.3 各 $\sigma = \begin{pmatrix} 1 & 2 & \cdots & n \\ k_1 & k_2 & \cdots & k_n \end{pmatrix} \in S_n$ は，下段部に対し 2 数の入れ換えを繰り返し行うことで恒等置換 $\iota_n = \begin{pmatrix} 1 & 2 & \cdots & n \\ 1 & 2 & \cdots & n \end{pmatrix}$ にすることができる．しかも，そのような入れ換えの回数として転倒数 $E(\sigma)$ がとれる．

証明 n に関する帰納法を用いる．$n = 1$ のときは自明である．そこで S_{n-1} の要素については主張が成り立つと仮定する．$\sigma = \begin{pmatrix} 1 & 2 & \cdots & n \\ k_1 & k_2 & \cdots & k_n \end{pmatrix} \in S_n$ において，もし $k_i = n$ であれば，k_i と右隣との入れ換えを立て続けに $n - i$ 回

行うと $\begin{pmatrix} 1 & \cdots & n-1 & n \\ k'_1 & \cdots & k'_{n-1} & n \end{pmatrix}$ の形となる．これを τ とおくと，補題 3.4.2 から

$$E(\tau) = E(\sigma) - (n - i)$$

である．ところで，$k'_1, \ldots, k'_{n-1}$ は $1, \ldots, n-1$ の順列だから，置換

$$\tau' = \begin{pmatrix} 1 & \cdots & n-1 \\ k'_1 & \cdots & k'_{n-1} \end{pmatrix} \in S_{n-1}$$

が定まる．帰納法の仮定から，τ' に 2 数の入れ換えを $E(\tau')$ 回適切に行うと ι_{n-1} になる．よって，σ については，2 数の入れ換えを $E(\tau') + n - i$ 回適切に行うと ι_n になる．一方，明らかに $E(\tau) = E(\tau')$ だから，

$$E(\tau') + n - i = E(\tau) + n - i = E(\sigma).$$

よって，命題の主張が成り立つ．■

例 3.4.4　$\sigma = \begin{pmatrix} 1 & 2 & 3 \\ 3 & 2 & 1 \end{pmatrix}$ とすると $E(\sigma) = 3$ で，

$$\sigma = \begin{pmatrix} 1 & 2 & 3 \\ 3 & 2 & 1 \end{pmatrix} \xrightarrow[\substack{\text{3と右隣を} \\ \text{入れ換え}}]{\text{1回目}} \begin{pmatrix} 1 & 2 & 3 \\ 2 & 3 & 1 \end{pmatrix} \xrightarrow[\substack{\text{3と右隣を} \\ \text{入れ換え}}]{\text{2回目}} \begin{pmatrix} 1 & 2 & 3 \\ 2 & 1 & 3 \end{pmatrix} \xrightarrow[\substack{\text{2と右隣を} \\ \text{入れ換え}}]{\text{3回目}} \begin{pmatrix} 1 & 2 & 3 \\ 1 & 2 & 3 \end{pmatrix} = \iota_3.$$

■

例 3.4.4 の σ では，3 と 1 を入れ換えるだけで ι_3 にすることもできる．つまり，2 数の入れ換えを 1 度だけ行って ι_3 にすることができる．

$$\sigma = \begin{pmatrix} 1 & 2 & 3 \\ 3 & 2 & 1 \end{pmatrix} \xrightarrow[\substack{\text{3と1を} \\ \text{入れ換え}}]{\text{1回目}} \begin{pmatrix} 1 & 2 & 3 \\ 1 & 2 & 3 \end{pmatrix} = \iota_3.$$

このように，σ を ι_n にするときの 2 数の入れ換え回数 r は入れ換えの仕方によって変動する．しかし，r と $E(\sigma)$ の偶奇は必ず一致する (つまり，ともに偶数であるかともに奇数であるかのいずれかになる) ことを次の命題を用いて示すことができる．

命題 3.4.4　$1 \leqq i < j \leqq n$ とする．$\sigma = \begin{pmatrix} 1 & 2 & \cdots & n \\ k_1 & k_2 & \cdots & k_n \end{pmatrix} \in S_n$ において k_i と k_j を入れ換えてできる置換を $\tau = \begin{pmatrix} \cdots & i & \cdots & j & \cdots \\ \cdots & k_j & \cdots & k_i & \cdots \end{pmatrix}$ とすると，$\chi(\tau) = -\chi(\sigma)$ が成り立つ．

証明　σ を τ にするには，k_j と左隣との入れ換えを $j-i$ 回，次いで k_i と右隣との入れ換えを $j-i-1$ 回行えばよい．隣どうしの入れ換えを都合 $(j-i)+(j-i-1) = 2(j-i)-1$ 回行うと τ に到達するから，

$$\chi(\tau) = (-1)^{2(j-i)-1}\chi(\sigma) = -\chi(\sigma)$$

である．∎

系 3.4.5　σ に対し 2 数の入れ換えを r 回行って ι_n にすることができるとする．このとき，$\chi(\sigma) = (-1)^r$ が成り立つ．特に，r と $E(\sigma)$ の偶奇は一致する．

例題 3.4.1　$\sigma = \begin{pmatrix} 1 & 2 & \cdots & n \\ k_1 & k_2 & \cdots & k_n \end{pmatrix} \in S_n$ において，$1 \leqq i < j \leqq n$ を満たすある i, j に対して $k_i > k_j$ かつ k_i と k_j の間には k_i より小さい数がないとする．

$$\underbrace{k_i \quad \cdots\cdots\cdots}_{\text{すべて } k_i \text{ より大きい数}} \quad \underset{\substack{\uparrow \\ k_i \text{ より小さい最初の数}}}{k_j}$$

また，σ において 2 数 k_i と k_j を入れ換えた置換を τ とする．

$$\tau = \begin{pmatrix} \cdots & i & \cdots & j & \cdots \\ \cdots & k_j & \cdots & k_i & \cdots \end{pmatrix}$$

このとき，$E(\tau) = E(\sigma) - 1$ であることを示せ．

解答　転倒数を数えるために列挙した組のうち，σ において

$$\underbrace{(k_i, k_{i+1}),\ \ldots,\ (k_i, k_{j-1})}_{①},\ \underbrace{(k_i, k_j)}_{②},\ \underbrace{(k_{i+1}, k_j),\ \ldots,\ (k_{j-1}, k_j)}_{③} \tag{3.4.2}$$

だったものは τ においてはそれぞれ

$$\underbrace{(k_j, k_{i+1}),\ \ldots,\ (k_j, k_{j-1})}_{①},\ \underbrace{(k_j, k_i)}_{②},\ \underbrace{(k_{i+1}, k_i),\ \ldots,\ (k_{j-1}, k_i)}_{③} \tag{3.4.3}$$

に置き換わるが，それ以外の組は σ と τ で全体として一致する．

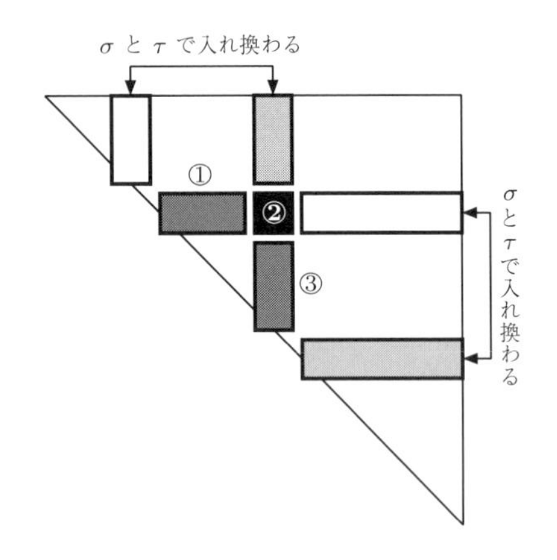

よって，(3.4.2) と (3.4.3) に与えた組の範囲で転倒数への寄与の変化を見ればよい．仮定から $k_{i+1}, \ldots, k_{j-1}$ はすべて k_i より大きく，かつ $k_j < k_i$ である．したがって，(3.4.2) と (3.4.3) の①の部分にある組はすべて右側の数のほうが大きく，③の部分にある組はすべて左側の数のほうが大きい．また，②の組では大小が入れ換わる．よって，(3.4.2) において②, ③の部分が $E(\sigma)$ に寄与していたのが (3.4.3) においては③の部分のみが $E(\tau)$ に寄与することがわかった．したがって，$E(\tau) = E(\sigma) - 1$ である． ■

置換に関する補足事項

本節の最後に，置換に関する基本的なことがらについて簡単にまとめておく．

置換 $\begin{pmatrix} 1 & 2 & \cdots & n \\ k_1 & k_2 & \cdots & k_n \end{pmatrix} \in S_n$ を記号 σ で表すとき，$k_1, k_2, \ldots, k_n$ をそれ

ぞれ $\sigma(1), \sigma(2), \ldots, \sigma(n)$ と書くこともある．

$\sigma, \tau \in S_n$ とする．文字 i は τ により $\tau(i)$ に置き換わるが，この $\tau(i)$ はさらに σ により $\sigma(\tau(i))$ に置き換わる．よって，i を $\sigma(\tau(i))$ に置き換える置換

$$\begin{pmatrix} 1 & 2 & \cdots & n \\ \sigma(\tau(1)) & \sigma(\tau(2)) & \cdots & \sigma(\tau(n)) \end{pmatrix}$$

が得られるが，この置換を σ と τ の**積**と呼び，$\sigma\tau$ で表す．2 つの σ の積 $\sigma\sigma$ は σ^2 と書く．

例 3.4.5　$\iota \in S_n$ を恒等置換とする．$\sigma \in S_n$ とすると，明らかに

$$\iota(\sigma(i)) = \sigma(i) \quad および \quad \sigma(\iota(i)) = \sigma(i) \qquad (i = 1, 2, \ldots, n)$$

である．よって，任意の $\sigma \in S_n$ に対して

$$\iota\sigma = \sigma\iota = \sigma$$

が成り立つ．■

例 3.4.6　記号は例 3.4.1 のとおりとする．$\tau(1) = 2$ かつ $\sigma(2) = 3$ だから，$\sigma\tau(1) = \sigma(\tau(1)) = \sigma(2) = 3$. 同様にして，$\sigma\tau(2) = 1$, $\sigma\tau(3) = 2$ であることがわかるから，

$$\sigma\tau = \begin{pmatrix} 1 & 2 & 3 \\ 3 & 1 & 2 \end{pmatrix} = \xi$$

である．■

問 3.4.1　記号は例 3.4.1 のとおりとするとき，次の積を求めよ．
(1) $\tau\sigma$　(2) $\sigma\rho$　(3) σ^2　(4) τ^2　(5) ξ^2

例 3.4.6 と問 3.4.1 (1) からもわかるように，一般には $\sigma\tau$ と $\tau\sigma$ は異なる置換である．

3 つの置換 $\rho, \sigma, \tau \in S_n$ に対して，

$$\rho(\sigma\tau) = (\rho\sigma)\tau$$

が成り立つ．そこで，積におけるかっこを略して $\rho\sigma\tau$ とも書く．4 個以上の置換の積についても同様である．特に，$r \geqq 3$ のときも，σ の r 個の積 $\sigma\sigma\cdots\sigma$

を σ^r と書く．

問 3.4.2　記号は例 3.4.1 のとおりとするとき，次の積を求めよ．
(1) $\rho\sigma\tau$　　(2) $\sigma\tau\rho$　　(3) $\tau\rho\sigma$　　(4) σ^3　　(5) ξ^3

例 3.4.1 の ξ は，1 を 3 に，2 を 1 に，3 を 2 に置き換える置換である．もちろん，文字の置き換えを列挙する順番を変えて，2 を 1 に，3 を 2 に，1 を 3 に置き換える置換であるといってもよい．その意味で，$\xi = \begin{pmatrix} 3 & 1 & 2 \\ 2 & 3 & 1 \end{pmatrix}$ と書くこともできる．何を何に置き換えるのかさえはっきりしていればよいわけである．

問 3.4.3　次の置換は，それぞれ例 3.4.1 の 6 個の置換のどれと等しいか．
(1) $\begin{pmatrix} 3 & 2 & 1 \\ 2 & 1 & 3 \end{pmatrix}$　　(2) $\begin{pmatrix} 2 & 1 & 3 \\ 3 & 1 & 2 \end{pmatrix}$　　(3) $\begin{pmatrix} 2 & 3 & 1 \\ 3 & 1 & 2 \end{pmatrix}$

置換 $\sigma = \begin{pmatrix} 1 & 2 & \cdots & n \\ k_1 & k_2 & \cdots & k_n \end{pmatrix}$ に対して，置換 $\begin{pmatrix} k_1 & k_2 & \cdots & k_n \\ 1 & 2 & \cdots & n \end{pmatrix}$ を σ^{-1} で表し，σ の**逆置換**と呼ぶ．定義からすぐわかるように，

$$\sigma^{-1}\sigma = \sigma\sigma^{-1} = \iota$$

が成り立つ．

例 3.4.7　$\sigma = \begin{pmatrix} 1 & 2 & 3 & 4 & 5 & 6 \\ 2 & 4 & 6 & 1 & 3 & 5 \end{pmatrix}$ に対して，

$$\sigma^{-1} = \begin{pmatrix} 2 & 4 & 6 & 1 & 3 & 5 \\ 1 & 2 & 3 & 4 & 5 & 6 \end{pmatrix} = \begin{pmatrix} 1 & 2 & 3 & 4 & 5 & 6 \\ 4 & 1 & 5 & 2 & 6 & 3 \end{pmatrix}$$

である．■

問 3.4.4　S_3 に属する各置換について，それぞれの逆置換を求めよ．

S_n に属する置換のうち，

$$\begin{pmatrix} i_1 & i_2 & \cdots & i_r & i_{r+1} & i_{r+2} & \cdots & i_n \\ i_2 & i_3 & \cdots & i_1 & i_{r+1} & i_{r+2} & \cdots & i_n \end{pmatrix}$$

の形のものを長さ r の**巡回置換**といい，簡単に

$$(i_1 \quad i_2 \quad \cdots \quad i_r)$$

で表す．

例 3.4.8　123 ページの σ, τ はどちらも巡回置換であり，上の記号を用いるとそれぞれ

$$\sigma = (1 \quad 6 \quad 3 \quad 4), \qquad \tau = (1 \quad 6 \quad 3)$$

と表せる．∎

例 3.4.9　$\sigma = \begin{pmatrix} 1 & 2 & 3 & 4 & 5 & 6 & 7 & 8 & 9 \\ 3 & 2 & 5 & 7 & 1 & 4 & 9 & 8 & 6 \end{pmatrix}$ において，1 は 3 に，3 は 5 に，5 は 1 に置き換わり，$1 \to 3 \to 5 \to 1$ と巡回する．この巡回部に含まれない文字のうち 2 は動かないが，4 からはじめて置き換わり先を順にみていくと，$4 \to 7 \to 9 \to 6 \to 4$ と巡回する．これらのことから，σ は互いに共通文字を含まない巡回置換の積として

$$\sigma = (1 \quad 3 \quad 5)(4 \quad 7 \quad 9 \quad 6)$$

と表されることがわかる．∎

このように，恒等置換以外の任意の置換は，互いに共通文字を含まないいくつかの巡回置換の積で表すことができる．

長さ 2 の巡回置換を**互換**と呼ぶ．

例 3.4.10　長さ r の巡回置換 $(i_1 \quad i_2 \quad \cdots \quad i_r)$ に対して，等式

$$(i_1 \quad i_2 \quad \cdots \quad i_r) = (i_1 \quad i_r) \cdots (i_1 \quad i_3)(i_1 \quad i_2)$$

が成り立つ．よって，どの巡回置換も互換の積で表すことができる．互換の積

に表す方法は1通りではなく，たとえば等式

$$(i_1 \quad i_2 \quad \cdots \quad i_r) = (i_r \quad i_{r-1}) \cdots (i_r \quad i_2)(i_r \quad i_1)$$

も成り立つ．■

隣り合う2数を入れ換える互換 $(i \quad i{+}1)$ を**隣接互換**と呼ぶ．

例 3.4.11　任意の互換 $(i \quad j) \in S_n$ （ただし，$i < j$）は，$2(j-i)-1$ 個の隣接互換の積として

$$(i \quad j) = (i \quad i{+}1)(i{+}1 \quad i{+}2)\cdots(j{-}2 \quad j{-}1)(j{-}1 \quad j)$$
$$(j{-}2 \quad j{-}1)\cdots(i{+}1 \quad i{+}2)(i \quad i{+}1)$$

と表せる．■

問題 3-4

1．S_4 の要素をすべて書き出し，それらの符号を決定せよ．また，4次正方行列の行列式を成分を用いて具体的に書け．

2．次の置換の転倒数と符号を求めよ．

(1) $\begin{pmatrix} 1 & 2 & 3 & 4 & 5 \\ 2 & 3 & 1 & 5 & 4 \end{pmatrix}$　　(2) $\begin{pmatrix} 1 & 2 & 3 & 4 & 5 \\ 1 & 5 & 2 & 3 & 4 \end{pmatrix}$

(3) $\begin{pmatrix} 1 & 2 & 3 & 4 & 5 & 6 \\ 3 & 6 & 4 & 2 & 5 & 1 \end{pmatrix}$　　(4) $\begin{pmatrix} 1 & 2 & 3 & 4 & 5 & 6 \\ 2 & 5 & 3 & 6 & 1 & 4 \end{pmatrix}$

3．数を大きい順に並べ換える置換 $\sigma = \begin{pmatrix} 1 & 2 & \cdots & n \\ n & n{-}1 & \cdots & 1 \end{pmatrix} \in S_n$ の転倒数 $E(\sigma)$ と符号 $\chi(\sigma)$ を求めよ．

4．$\sigma = \begin{pmatrix} 1 & 2 & \cdots & n \\ k_1 & k_2 & \cdots & k_n \end{pmatrix} \in S_n$ において k_{i-1} と k_{i+1} を入れ換えた置換を σ' とする．

$$\sigma' = \begin{pmatrix} \cdots & i{-}1 & i & i{+}1 & \cdots \\ \cdots & k_{i+1} & k_i & k_{i-1} & \cdots \end{pmatrix}$$

$E(\sigma)$, $E(\sigma')$ をそれぞれ σ, σ' の転倒数とするとき，$E(\sigma')$ を $E(\sigma)$ で表せ．

4

線形空間

行列の様々な性質を知る上で行列と数ベクトルの関係が重要な役割を果たすが，個々の数ベクトルとの関係を独立に調べるよりは，いくつかの数ベクトルとの関係を同時に調べるほうが有効である．そこでこの章では数ベクトル全体の集合を考え，その性質をみていく．

4.1 数ベクトル空間

集合と写像

ここでは，“集合” と “写像” に関して，今後の議論に用いることを導入する．「もの」の集まりを**集合**という．たとえば，自然数全体の集まりを自然数の集合と呼び，数学では $\mathbb{N}$ で表す．すなわち

$$\mathbb{N} = \{1, 2, \ldots\}.$$

また，整数全体のなす集合を $\mathbb{Z} = \{0, \pm 1, \pm 2, \ldots\}$ で表す．その他，有理数全体のなす集合，実数全体のなす集合，および複素数全体のなす集合を，それぞれ $\mathbb{Q}$, $\mathbb{R}$, および $\mathbb{C}$ で表す．この例からもわかるように，一般に集合 A の構成要素が $a, b, c, \ldots$ であるとき，

$$A = \{a, b, c, \ldots\}$$

と表し，それら構成要素 $a, b, c, \ldots$ を，集合 A の**元** (げん) と呼ぶ．また，a が集合 A の元であることを

$$a \in A$$

で表す．

2 つの集合 A, B が与えられ，A の任意の元が B の元であるとき，すなわち条件

$$x \in A \Longrightarrow x \in B$$

が成立するとき，集合 A は集合 B の**部分集合**であるといい，

$$A \subset B$$

で表す．集合 X と，X の元 x に関する性質 $P(x)$ が与えられているとき，$P(x)$ を満たす X の元 x 全体のなす部分集合を

$$\{x \in X \mid P(x)\}$$

と表す．たとえば，正の実数のなす集合は

$$\{x \in \mathbb{R} \mid x > 0\}$$

で表される．集合 X とその部分集合 $A, B \subset X$ が与えられているとする．このとき，A と B の**和集合** $A \cup B$ を

$$A \cup B = \{x \in X \mid x \in A \text{ または } x \in B\}$$

で定義する．また，A と B の**共通部分** $A \cap B$ を

$$A \cap B = \{x \in X \mid x \in A \text{ かつ } x \in B\}$$

で定義する．

次に写像の概念を解説する．集合 A, B に対して，A の各元 a について，B の元 $f(a)$ をただ 1 つ対応させる規則 f のことを**写像**といい

$$f : A \to B, a \mapsto f(a)$$

などと表す．このとき，集合 A を写像 f の**定義域**あるいは**始域**，集合 B を写像 f の**値域**あるいは**終域**という．

数ベクトル

n 次列ベクトルを n 次元**数ベクトル**と呼ぶ．単に $\boldsymbol{a} = (a_i)_{i=1}^n$ と記したら，$a_1, a_2, \ldots, a_n$ を成分とする n 次元数ベクトルを表すことにする．すなわち，

$$\boldsymbol{a} = (a_i)_{i=1}^n := \begin{pmatrix} a_1 \\ a_2 \\ \vdots \\ a_n \end{pmatrix}$$

と定義する．もともと $\boldsymbol{a}$ が n 次元数ベクトルであることがわかっている場合，添字に関する情報を省略し，単に (a_i) と表すこともあるので注意してほしい．上の定義式で用いられている “:=” というコロン：付きの等号であるが，これはコロン：が打たれているほうの言葉や記号の意味を，コロンが打たれていないほうの文章や式で定義する，という意味で用いられている．したがって，ここでは $(a_i)_{i=1}^n$ という記号の意味を，右辺の列ベクトルによって定義する，という意味である．このように，単に $\boldsymbol{a}$ もしくは $(a_i)_{i=1}^n$ と記せば，列ベクトルを表すこととする．ただし，今後の議論は**行ベクトルに対しても同様に行えるので**，読者は列ベクトルで議論をすすめるのみならず，行ベクトルへの読み替えも行ってもらいたい．また，列ベクトルは行ベクトルの転置行列であるから，${}^t(1 \quad 2 \quad 3)$ によって，数ベクトルを表すこともある．

数ベクトルにはスカラー倍 (定数倍) と和 (加法，足し算) と呼ばれる演算が定義されている．定数 c と，n 次元数ベクトル $\boldsymbol{a} = (a_i)_{i=1}^n$ が与えれているとき，$\boldsymbol{a}$ の各成分を等しく c 倍して得られる n 次元数ベクトル $(ca_i)_{i=1}^n$ を $c\boldsymbol{a}$ で表し，$\boldsymbol{a}$ の**スカラー倍**と呼ぶ．すなわち，

$$c\boldsymbol{a} := \begin{pmatrix} ca_1 \\ ca_2 \\ \vdots \\ ca_n \end{pmatrix}$$

と定義する．また，2 つの n 次元数ベクトル $\boldsymbol{a} = (a_i), \boldsymbol{b} = (b_i)$ に対して，対応する成分どうしを足して得られる n 次元数ベクトル $(a_i + b_i)$ を $\boldsymbol{a} + \boldsymbol{b}$ で表

し，$\boldsymbol{a}$ と $\boldsymbol{b}$ の**和**と呼ぶ．すなわち，

$$\boldsymbol{a}+\boldsymbol{b} := \begin{pmatrix} a_1+b_1 \\ a_2+b_2 \\ \vdots \\ a_n+b_n \end{pmatrix}$$

と定義する．

2つの数ベクトル $\boldsymbol{a}=(a_i)_{i=1}^m$, $\boldsymbol{b}=(b_i)_{i=1}^n$ が与えられているとき，$\boldsymbol{a}$ と $\boldsymbol{b}$ が**等しい**ことを，次元が等しくかつ対応する成分どうしがすべて等しいこととして定義する．すなわち

$$\boldsymbol{a}=\boldsymbol{b} \overset{\text{def}}{\Longleftrightarrow} \begin{cases} 1)\ m=n, \\ 2)\ a_i=b_i \quad ({}^\forall i=1,2,\ldots,n) \end{cases}$$

で定義する．

問 4.1.1　$\boldsymbol{a}=\begin{pmatrix}-1\\2\\1\end{pmatrix}$, $\boldsymbol{b}=\begin{pmatrix}-1\\2\\1\end{pmatrix}$, $c=-2$ に対して，$\boldsymbol{a}+\boldsymbol{b}$, $c\boldsymbol{a}$ を求めよ．

問 4.1.2　列ベクトルの和とスカラー倍の定義を，行ベクトルの場合に書き換えよ．また，$\boldsymbol{a}=(-1\quad 2\quad 1)$, $\boldsymbol{b}=(2\quad 0\quad -1)$, $c=-2$ に対して，$\boldsymbol{a}+\boldsymbol{b}$, $c\boldsymbol{a}$ を求めよ．

数ベクトル空間

実数を成分とする n 次元数ベクトル全体のなす集合を $\mathbb{R}^n$ で表し，

$$\mathbb{R}^n = \{\boldsymbol{a}=(a_i)_{i=1}^n \mid \text{任意の } i=1,2,\ldots,n \text{ に対して } a_i \in \mathbb{R}\}$$

とおく．その他，有理数を成分にもつ n 次元数ベクトル全体の集合や，複素数成分を考える場合も同様であり，それぞれ $\mathbb{Q}^n$, $\mathbb{C}^n$ で表される．以下，$\mathbb{F}$ により $\mathbb{Q}, \mathbb{R}, \mathbb{C}$ いずれかの数の集合を表し，$\mathbb{F}^n$ により，数の集合 $\mathbb{F}$ に成分をもつ n 次元数ベクトル全体を表すことにする．集合 $\mathbb{F}^n$ に和 $\boldsymbol{a}+\boldsymbol{b}$ とスカラー倍 $c\boldsymbol{a}$ $(\boldsymbol{a}, \boldsymbol{b} \in \mathbb{F}^n, c \in \mathbb{F})$ を考えたものを，$\mathbb{F}$ 上の n 次元**数ベクトル空間**と呼

ぶ．$\mathbb{F}$ が $\mathbb{Q}, \mathbb{R}, \mathbb{C}$ の場合に応じて，$\mathbb{F}^n$ をそれぞれ**有理数ベクトル空間**，**実数ベクトル空間**，**複素数ベクトル空間**と呼ぶこともある．数ベクトル空間 $\mathbb{F}^n$ の元を (n 次元) **数ベクトル**，あるいは単に**ベクトル**と呼び，$\boldsymbol{u}$ や $\boldsymbol{v}$ など**太字**で表す．数ベクトル空間 $\mathbb{F}^n$ は次の性質を満たす．ただし，$\mathbf{0}$ は，成分がすべて 0 である n 次元数ベクトルを表す．これを**零ベクトル**と呼ぶ．

定理 4.1.1 $\boldsymbol{u}, \boldsymbol{v}, \boldsymbol{w} \in \mathbb{F}^n$ および $a, b \in \mathbb{F}$ に対して，以下が成立する．

(1) $\boldsymbol{u} + \boldsymbol{v} = \boldsymbol{v} + \boldsymbol{u}$

(2) $(\boldsymbol{u} + \boldsymbol{v}) + \boldsymbol{w} = \boldsymbol{u} + (\boldsymbol{v} + \boldsymbol{w})$

(3) $\boldsymbol{u} + \mathbf{0} = \mathbf{0} + \boldsymbol{u} = \boldsymbol{u}$

(4) $\boldsymbol{u} + (-\boldsymbol{u}) = (-\boldsymbol{u}) + \boldsymbol{u} = \mathbf{0}$

(5) $a(\boldsymbol{u} + \boldsymbol{v}) = a\boldsymbol{u} + a\boldsymbol{v}$

(6) $(a + b)\boldsymbol{u} = a\boldsymbol{u} + b\boldsymbol{u}$

(7) $(ab)\boldsymbol{u} = a(b\boldsymbol{u})$

(8) $1\boldsymbol{u} = \boldsymbol{u}$

証明はいずれも容易である．

問 4.1.3 定理 4.1.1 を証明せよ．

基底と正則行列

n 次元数ベクトル空間 $\mathbb{F}^n$ のベクトル $\boldsymbol{v}_1, \boldsymbol{v}_2, \ldots, \boldsymbol{v}_k$ に対して，

$$c_1\boldsymbol{v}_1 + c_2\boldsymbol{v}_2 + \cdots + c_k\boldsymbol{v}_k, \quad c_1, c_2, \ldots, c_k \in \mathbb{F}$$

という形で表される数ベクトルを，$\boldsymbol{v}_1, \boldsymbol{v}_2, \ldots, \boldsymbol{v}_k$ の **1 次結合**と呼ぶ．また，この数ベクトルについて，

$$c_1\boldsymbol{v}_1 + c_2\boldsymbol{v}_2 + \cdots + c_k\boldsymbol{v}_k = \mathbf{0}$$

ならば，この式を **1 次関係式**と呼ぶ．これらは当然 $\mathbb{F}^n$ のベクトルであるが，逆に $\boldsymbol{v}_1, \boldsymbol{v}_2, \ldots, \boldsymbol{v}_k$ をどのように選べば，$\mathbb{F}^n$ のベクトルをそれらの 1 次結合で "過不足なく" 表すことができるか，という問題をここでは考えたい．

定義 4.1.1　n 次元数ベクトル空間 $\mathbb{F}^n$ の有限個のベクトル $\boldsymbol{v}_1, \boldsymbol{v}_2, \ldots, \boldsymbol{v}_k$ を考える．$c_1\boldsymbol{v}_1 + c_2\boldsymbol{v}_2 + \cdots + c_k\boldsymbol{v}_k = \boldsymbol{0}$, $c_1, c_2, \ldots, c_k \in \mathbb{F}$, となるのが $c_1 = c_2 = \cdots = c_k = 0$ の場合に限るとき，ベクトルの集合 $\{\boldsymbol{v}_1, \boldsymbol{v}_2, \ldots, \boldsymbol{v}_k\}$, あるいはベクトルの組 $\boldsymbol{v}_1, \boldsymbol{v}_2, \ldots, \boldsymbol{v}_k$ は **1 次独立**であるという．ベクトルの集合 $\{\boldsymbol{v}_1, \boldsymbol{v}_2, \ldots, \boldsymbol{v}_k\}$ が 1 次独立でないときには，**1 次従属**であるという．

たとえば，3 次元数ベクトル空間 $\mathbb{F}^3$ の基本ベクトル $\boldsymbol{e}_1, \boldsymbol{e}_2, \boldsymbol{e}_3$ を考えれば，$c_1\boldsymbol{e}_1 + c_2\boldsymbol{e}_2 + c_3\boldsymbol{e}_3 = \boldsymbol{0}$ とすると，

$$\boldsymbol{0} = c_1\boldsymbol{e}_1 + c_2\boldsymbol{e}_2 + c_3\boldsymbol{e}_3 = \begin{pmatrix} c_1 \\ c_2 \\ c_3 \end{pmatrix}$$

より $c_1 = c_2 = c_3 = 0$ が従うので，$\{\boldsymbol{e}_1, \boldsymbol{e}_2, \boldsymbol{e}_3\}$ は 1 次独立である．一般の n 次元数ベクトル空間の場合も同様である．

問 4.1.4　4 次元数ベクトル空間 $\mathbb{F}^4$ の 4 次元基本ベクトルの集合 $\{\boldsymbol{e}_1, \boldsymbol{e}_2, \boldsymbol{e}_3, \boldsymbol{e}_4\}$ が 1 次独立であることを確認せよ．

n 次元数ベクトル空間 $\mathbb{F}^n$ の k 個のベクトル $\boldsymbol{a}_1, \boldsymbol{a}_2, \ldots, \boldsymbol{a}_k$ に対して，各 $\boldsymbol{a}_j$ を第 j 列にもつ $n \times k$ 行列を $(\boldsymbol{a}_1 \quad \boldsymbol{a}_2 \quad \cdots \quad \boldsymbol{a}_k)$ で表す．

定理 4.1.2　n 次元数ベクトル空間 $\mathbb{F}^n$ のベクトルの組 $\boldsymbol{v}_1, \boldsymbol{v}_2, \ldots, \boldsymbol{v}_n$ に対し，これらを順に並べて得られる n 次正方行列 $A := (\boldsymbol{v}_1 \quad \boldsymbol{v}_2 \quad \cdots \quad \boldsymbol{v}_n)$ を考える．このとき，次の 4 条件は同値である．

(1)　$\{\boldsymbol{v}_1, \boldsymbol{v}_2, \ldots, \boldsymbol{v}_n\}$ は 1 次独立である．
(2)　同次連立 1 次方程式 $A\boldsymbol{x} = \boldsymbol{0}$ の解は自明解に限る．
(3)　A は正則である．
(4)　任意のベクトル $\boldsymbol{v} \in \mathbb{F}^n$ は $\boldsymbol{v}_1, \boldsymbol{v}_2, \ldots, \boldsymbol{v}_n$ の 1 次結合で一意的に表される．

証明　(1) $\Longrightarrow$ (2): $\{\boldsymbol{v}_1, \boldsymbol{v}_2, \ldots, \boldsymbol{v}_n\}$ が 1 次独立であると仮定する．$A\boldsymbol{x} = \boldsymbol{0}$

の解 $\boldsymbol{x} = \boldsymbol{c} := {}^t(c_1 \quad c_2 \quad \cdots \quad c_n) \in \mathbb{F}^n$ を考えるとき，

$$c_1\boldsymbol{v}_1 + c_2\boldsymbol{v}_2 + \cdots + c_n\boldsymbol{v}_n = (\boldsymbol{v}_1 \quad \boldsymbol{v}_2 \quad \cdots \quad \boldsymbol{v}_n)\begin{pmatrix} c_1 \\ c_2 \\ \vdots \\ c_n \end{pmatrix} = A\boldsymbol{c} = \boldsymbol{0}$$

を得る．したがって，仮定より $c_1 = c_2 = \cdots = c_n = 0$ となり，$\boldsymbol{x} = \boldsymbol{c}$ は自明解である．よって $A\boldsymbol{x} = \boldsymbol{0}$ の解は自明解に限る．

(2) $\Longleftrightarrow$ (3): 定理 2.4.5 (1) $\Longleftrightarrow$ (3) である．

(3) $\Longrightarrow$ (4): A が正則であるとき，n 次元数ベクトル $\boldsymbol{v} \in \mathbb{F}^n$ に対して，$\boldsymbol{v} = c_1\boldsymbol{v}_1 + c_2\boldsymbol{v}_2 + \cdots + c_n\boldsymbol{v}_n$ となる $\boldsymbol{c} := {}^t(c_1 \quad c_2 \quad \cdots \quad c_n) \in \mathbb{F}^n$ は

$$\boldsymbol{v} = c_1\boldsymbol{v}_1 + c_2\boldsymbol{v}_2 + \cdots + c_n\boldsymbol{v}_n = (\boldsymbol{v}_1 \quad \boldsymbol{v}_2 \quad \cdots \quad \boldsymbol{v}_n)\begin{pmatrix} c_1 \\ c_2 \\ \vdots \\ c_n \end{pmatrix} = A\boldsymbol{c}$$

を満たすただ 1 つのベクトルであって，$\boldsymbol{c} = A^{-1}\boldsymbol{v}$ となっている．

(4) $\Longrightarrow$ (1): 任意の n 次元数ベクトルが $\boldsymbol{v}_1, \boldsymbol{v}_2, \ldots, \boldsymbol{v}_n$ の 1 次結合で一意的に表されるならば，$\boldsymbol{0} = 0\boldsymbol{v}_1 + 0\boldsymbol{v}_2 + \cdots + 0\boldsymbol{v}_n$ であることから，$c_1\boldsymbol{v}_1 + c_2\boldsymbol{v}_2 + \cdots + c_n\boldsymbol{v}_n = \boldsymbol{0}$ $(c_1, c_2, \ldots, c_n \in \mathbb{F})$ のとき $c_1 = c_2 = \cdots = c_n = 0$ となる．よって，$\{\boldsymbol{v}_1, \boldsymbol{v}_2, \ldots, \boldsymbol{v}_n\}$ は 1 次独立である．∎

たとえば，3 次元数ベクトル空間において与えられたベクトル $\boldsymbol{v}_1 = {}^t(1 \quad 0 \quad 1)$, $\boldsymbol{v}_2 = {}^t(-1 \quad 1 \quad -1)$, $\boldsymbol{v}_3 = {}^t(0 \quad 2 \quad 1)$ の組の 1 次独立性を判定してみよう．そのためには定理 4.1.2 より，$\boldsymbol{v}_1, \boldsymbol{v}_2, \boldsymbol{v}_3$ を並べて得られる行列

$$A = \begin{pmatrix} 1 & -1 & 0 \\ 0 & 1 & 2 \\ 1 & -1 & 1 \end{pmatrix}$$

が正則であることを確認すればよい．A の行列式を計算すれば $\det A = 1$ となるので，A は正則行列であるから，$\{\boldsymbol{v}_1, \boldsymbol{v}_2, \boldsymbol{v}_3\}$ は1次独立である．

問 4.1.5　次の3次元数ベクトルの組 $\boldsymbol{v}_1, \boldsymbol{v}_2, \boldsymbol{v}_3$ の1次独立性を判定せよ．

(1) $\boldsymbol{v}_1 = \begin{pmatrix} 1 \\ 0 \\ 1 \end{pmatrix}, \quad \boldsymbol{v}_2 = \begin{pmatrix} 2 \\ 1 \\ 2 \end{pmatrix}, \quad \boldsymbol{v}_3 = \begin{pmatrix} -2 \\ 0 \\ -1 \end{pmatrix}$

(2) $\boldsymbol{v}_1 = \begin{pmatrix} 1 \\ 0 \\ 1 \end{pmatrix}, \quad \boldsymbol{v}_2 = \begin{pmatrix} -1 \\ 1 \\ 0 \end{pmatrix}, \quad \boldsymbol{v}_3 = \begin{pmatrix} 1 \\ 2 \\ 3 \end{pmatrix}$

さて，n 次元数ベクトル空間 $\mathbb{F}^n$ の基底を次のように定義しておく．

定義 4.1.2　n 次元数ベクトル空間 $\mathbb{F}^n$ の n 個からなる1次独立なベクトルの組 $\boldsymbol{v}_1, \boldsymbol{v}_2, \ldots, \boldsymbol{v}_n$ に対するベクトルの列 $(\boldsymbol{v}_1, \boldsymbol{v}_2, \ldots, \boldsymbol{v}_n)$ を $\mathbb{F}^n$ の**基底**という．また，このときベクトルの組 $\boldsymbol{v}_1, \boldsymbol{v}_2, \ldots, \boldsymbol{v}_n$ は V の基底をなすという．

基底の正式な取り扱いについては，4.3節を参照していただきたい．ここで“列”という言葉を用いたのは，$\boldsymbol{v}_1, \boldsymbol{v}_2, \ldots, \boldsymbol{v}_k$ の並べ方を変えたものは，互いに異なるものとすることを表している．当然，$\boldsymbol{v}_1, \boldsymbol{v}_2, \ldots, \boldsymbol{v}_k$ の並べ方を変えても基底であること自体には変わりない．しかし，今後の議論の上で，順序を並べ替えたものは**異なる基底**とみる必要がある．“列”という表現を用いるのは，この点を強調するためである．

$(\boldsymbol{v}_1, \boldsymbol{v}_2, \ldots, \boldsymbol{v}_k)$ が数ベクトル空間 $\mathbb{F}^n$ の基底ならば，定理 4.1.2 より，任意の n 次元数ベクトルは $\boldsymbol{v}_1, \boldsymbol{v}_2, \ldots, \boldsymbol{v}_k$ の1次結合で一意的に表される．基本ベクトルの組は $\boldsymbol{e}_1, \boldsymbol{e}_2, \ldots, \boldsymbol{e}_n$ は $\mathbb{F}^n$ の基底をなす．$(\boldsymbol{e}_1, \boldsymbol{e}_2, \ldots, \boldsymbol{e}_n)$ を，n 次元数ベクトル空間 $\mathbb{F}^n$ の**標準基底**と呼ぶ．

問 4.1.6　3次元数ベクトル $\boldsymbol{v} = \begin{pmatrix} 2 \\ -1 \\ 3 \end{pmatrix}$ を基本ベクトル $\boldsymbol{e}_1, \boldsymbol{e}_2, \boldsymbol{e}_3 \in \mathbb{F}^3$ の1次結合で表せ．

定理 4.1.2 の直後にみた例では，ベクトルの組 $\boldsymbol{v}_1 = {}^t(1 \quad 0 \quad 1)$, $\boldsymbol{v}_2 = {}^t(-1 \quad 1 \quad -1)$，$\boldsymbol{v}_3 = {}^t(0 \quad 2 \quad 1)$ が 1 次独立であったから，$(\boldsymbol{v}_1, \boldsymbol{v}_2, \boldsymbol{v}_3)$ は $\mathbb{R}^3$ の基底である．ここで，$\mathbb{R}^3$ のベクトル $\boldsymbol{v}$ を何か 1 つ選び，それをこの基底の 1 次結合で表してみよう．たとえば，$\boldsymbol{v} = {}^t(1 \quad 1 \quad 0)$ を $\boldsymbol{v}_1, \boldsymbol{v}_2, \boldsymbol{v}_3$ の 1 次結合 $c_1\boldsymbol{v}_1 + c_2\boldsymbol{v}_2 + c_3\boldsymbol{v}_3$ で表そう．定理 4.1.2 の証明を読めばわかるとおり，$A := (\boldsymbol{v}_1 \quad \boldsymbol{v}_2 \quad \boldsymbol{v}_3) = \begin{pmatrix} 1 & -1 & 0 \\ 0 & 1 & 2 \\ 1 & -1 & 1 \end{pmatrix}$ の逆行列 A^{-1} を計算すれば，

$$\begin{pmatrix} c_1 \\ c_2 \\ c_3 \end{pmatrix} = A^{-1}\boldsymbol{v} = \begin{pmatrix} 3 & 1 & -2 \\ 2 & 1 & -2 \\ -1 & 0 & 1 \end{pmatrix} \begin{pmatrix} 1 \\ 1 \\ 0 \end{pmatrix} = \begin{pmatrix} 4 \\ 3 \\ -1 \end{pmatrix}$$

として 1 次結合の係数 c_1, c_2, c_3 を求められるので，

$$\boldsymbol{v} = 4\boldsymbol{v}_1 + 3\boldsymbol{v}_2 - \boldsymbol{v}_3$$

であることがわかる．

以上の議論をまとめておこう．n 次元数ベクトル空間 $\mathbb{F}^n$ において与えられた n 個のベクトル $\boldsymbol{v}_1, \boldsymbol{v}_2, \ldots, \boldsymbol{v}_n$ に対して，$(\boldsymbol{v}_1, \boldsymbol{v}_2, \ldots, \boldsymbol{v}_n)$ が $\mathbb{F}^n$ の基底であることを判定するには，上の議論と同様に行列 A を構成し，それが正則であることを示せばよい．逆に，n 次正則行列 A が与えられたとき，A の各列からなる列ベクトルの組，すなわち A の列分割表示を $A = (\boldsymbol{a}_1 \quad \boldsymbol{a}_2 \quad \cdots \quad \boldsymbol{a}_n)$ とするときの $\boldsymbol{a}_1, \boldsymbol{a}_2, \ldots, \boldsymbol{a}_n$ は 1 次独立であることが定理 4.1.2 により保証されるので $\mathbb{F}^n$ の基底をなす．したがって，n 次元数ベクトル空間の基底とは，n 次正則行列の列分割表示で現れる列ベクトルのことであると理解してもよい．

また，$(\boldsymbol{v}_1, \boldsymbol{v}_2, \ldots, \boldsymbol{v}_n)$ が基底のとき，与えられたベクトル $\boldsymbol{v} \in \mathbb{F}^n$ をその 1 次結合に展開する場合には，

$$\begin{pmatrix} c_1 \\ c_2 \\ \vdots \\ c_n \end{pmatrix} = A^{-1} \begin{pmatrix} v_1 \\ v_2 \\ \vdots \\ v_n \end{pmatrix}, \quad \text{ただし} \quad \boldsymbol{v} = \begin{pmatrix} v_1 \\ v_2 \\ \vdots \\ v_n \end{pmatrix}$$

を計算し，$\boldsymbol{v} = c_1\boldsymbol{v}_1 + c_2\boldsymbol{v}_2 + \cdots + c_n\boldsymbol{v}_n$ とすればよい．

問 4.1.7　3 次元数ベクトル空間 $\mathbb{F}^3$ のベクトル

$$\boldsymbol{v} = \begin{pmatrix} 1 \\ 0 \\ 1 \end{pmatrix}, \quad \boldsymbol{v}_1 = \begin{pmatrix} 1 \\ 0 \\ 2 \end{pmatrix}, \quad \boldsymbol{v}_2 = \begin{pmatrix} 1 \\ -1 \\ 2 \end{pmatrix}, \quad \boldsymbol{v}_3 = \begin{pmatrix} 1 \\ 0 \\ 3 \end{pmatrix}$$

について，$(\boldsymbol{v}_1, \boldsymbol{v}_2, \boldsymbol{v}_3)$ が $\mathbb{F}^3$ の基底であることを示し，さらに $\boldsymbol{v}$ を $\boldsymbol{v}_1, \boldsymbol{v}_2, \boldsymbol{v}_3$ の 1 次結合で表せ．

問題 4-1

1.　4 次元数ベクトル空間 $\mathbb{F}^4$ のベクトル

$$\boldsymbol{a} = \begin{pmatrix} 1 \\ -2 \\ 3 \\ -1 \end{pmatrix}, \quad \boldsymbol{a}_1 = \begin{pmatrix} 1 \\ 0 \\ 2 \\ -2 \end{pmatrix}, \quad \boldsymbol{a}_2 = \begin{pmatrix} -2 \\ 3 \\ -1 \\ 1 \end{pmatrix}, \quad \boldsymbol{a}_3 = \begin{pmatrix} 1 \\ 2 \\ 0 \\ -1 \end{pmatrix}, \quad \boldsymbol{a}_4 = \begin{pmatrix} -1 \\ 1 \\ 1 \\ 2 \end{pmatrix}$$

について，$(\boldsymbol{a}_1, \boldsymbol{a}_2, \boldsymbol{a}_3, \boldsymbol{a}_4)$ が $\mathbb{F}^4$ の基底であることを確認せよ．また $\boldsymbol{a}$ を $\boldsymbol{a}_1, \boldsymbol{a}_2, \boldsymbol{a}_3, \boldsymbol{a}_4$ の 1 次結合で表せ．

4.2　線形空間の公理

公理

4.1 節でわれわれが扱った数ベクトル空間に関する性質を述べた定理 4.1.2 は，数ベクトル空間の和・スカラー倍の定義，および定理 4.1.1 にある 8 つの性質のみを用いて記述・証明されていることが確認される．この事実に基づき，われわれは数ベクトル空間の定義を抽象化し，一般の「ベクトル空間」の定義に至る．$\mathbb{F}$ はいままでどおり，数の集合 $\mathbb{Q}, \mathbb{R}$，あるいは $\mathbb{C}$ のいずれかを表すものとする．

定義 4.2.1　空でない集合 V に対して，以下に挙げた 8 つの性質を満たす写像

$$+ : V \times V \to V,\ (\boldsymbol{u}, \boldsymbol{v}) \mapsto \boldsymbol{u} + \boldsymbol{v},$$

$$\cdot : \mathbb{F} \times V \to V,\ (c, \boldsymbol{v}) \to c \cdot \boldsymbol{v} (= c\boldsymbol{v} \text{ と書く}),$$

が定義されているとき，V を ($\mathbb{F}$ 上の) **ベクトル空間**と呼び，写像 $+$ を V の**和**，写像 $\cdot$ を V の**スカラー倍**と呼ぶ．$\boldsymbol{u}, \boldsymbol{v}, \boldsymbol{w} \in V$ および $a, b \in \mathbb{F}$ に対して，

(1)　$\boldsymbol{u} + \boldsymbol{v} = \boldsymbol{v} + \boldsymbol{u}$

(2)　$(\boldsymbol{u} + \boldsymbol{v}) + \boldsymbol{w} = \boldsymbol{u} + (\boldsymbol{v} + \boldsymbol{w})$

(3)　ある V の元 $\boldsymbol{\zeta}$ が存在し，任意の V の元 $\boldsymbol{u}$ に対して，$\boldsymbol{\zeta} + \boldsymbol{u} (= \boldsymbol{u} + \boldsymbol{\zeta}) = \boldsymbol{u}$ を満たす

(4)　任意の V の元 $\boldsymbol{u}$ に対して，ある V の元 $\boldsymbol{x}$ が存在し，$\boldsymbol{u} + \boldsymbol{x} (= \boldsymbol{x} + \boldsymbol{u}) = \boldsymbol{\zeta}$ を満たす

(5)　$a(\boldsymbol{u} + \boldsymbol{v}) = a\boldsymbol{u} + a\boldsymbol{v}$

(6)　$(a + b)\boldsymbol{u} = a\boldsymbol{u} + b\boldsymbol{u}$

(7)　$(ab)\boldsymbol{u} = a(b\boldsymbol{u})$

(8)　$1\boldsymbol{u} = \boldsymbol{u}$

ベクトル空間の元を**ベクトル**と呼ぶ．単にベクトルといえば，われわれはこの (抽象的な) ベクトル空間の元を指す．また，ベクトル空間を**線形空間**とも呼ぶ．本書では今後，線形空間という呼称を主に用いることにする．この定義 4.2.1 を**線形空間 (ベクトル空間) の公理**という．特に，公理 (3) の $\boldsymbol{\zeta}$ を，数ベクトル空間で定めた用語をそのまま流用して，V の**零ベクトル**と呼び，単に $\mathbf{0}$ で表す．もしくは，線形空間 V の零ベクトルであることを明示するために $\mathbf{0}_V$ と表すこともある．また，公理 (4) の $\boldsymbol{x}$ も同様に，$\boldsymbol{u}$ の**逆ベクトル**と呼び，これを $-\boldsymbol{u}$ で表す．この一般の線形空間における零ベクトルと逆ベクトルについては，後ほど注意を促すべき点があるが，いまは気にせず読みすすめてもらいたい．

さて，線形空間の公理の由来から，次のことは容易に理解できるであろう．

例 4.2.1　数ベクトル空間 $\mathbb{F}^n$ は $\mathbb{F}$ 上の線形空間である．すなわち，n 次元

数ベクトル全体のなす集合 $\mathbb{F}^n$ 上に，和 $\boldsymbol{u}+\boldsymbol{v}$ $(\boldsymbol{u}, \boldsymbol{v} \in \mathbb{F}^n)$ と，スカラー倍 $c\boldsymbol{v}$ $(c \in \mathbb{F}, \boldsymbol{v} \in \mathbb{F}^n)$ が定められており，かつこれら和とスカラー倍は，線形空間の公理 (1)–(8) を満たしている (定理 4.1.1 参照) ので，$\mathbb{F}$ 上の線形空間ということになる．上の (1)–(8) を満たすような「和」と「スカラー倍」が定義された集合は，すべからく線形空間と呼べるわけであるから，数ベクトル空間以外にも線形空間はいろいろあることになる． ∎

特に断らない限り，行列の成分は $\mathbb{F}$ の元であるとする．

例 4.2.2　$\mathbb{F}$ に成分をもつ $m \times n$ 行列全体の集合 $M(m, n; \mathbb{F})$ は，行列の和とスカラー倍を，それぞれ和とスカラー倍とすることにより $\mathbb{F}$ 上の線形空間となる．これも，行列の和とスカラー倍の定義とその性質を思い出してほしい．これらが線形空間の公理 (1)–(8) を満たすことは，第1章により保証されている．特に，零ベクトルは零行列により与えられる．また，$A \in M(m, n; \mathbb{F})$ の逆ベクトルは，$-A$ により与えられることは明らかであろう．以上により，$M(m, n; \mathbb{F})$ は線形空間となる． ∎

次のような例もある．

例 4.2.3　$\mathbb{R}$ 上定義された連続関数全体 $C^0 = C^0(\mathbb{R})$ の集合は，$\mathbb{R}$ 上の線形空間をなす．実際，C^0 は関数の和とスカラー倍に関して「閉じている」ことは容易にわかる．すなわち，$f, g \in C^0, c \in \mathbb{R}$ に対して，$f+g, cf \in C^0$ が従う．また，これら「和」と「スカラー倍」が，線形空間の公理 (1)–(8) を満たすことは，微分積分学などにおいて既知であろう．特に，零ベクトルとしては，零関数ととればよい．すなわち，$\mathbb{R}$ 上一定値 0 をとる関数 $\boldsymbol{\zeta}$ を考える．これは定数関数なので連続関数であることは明白であり，任意の元 $f \in C^0$ に対して，$f + \boldsymbol{\zeta} = \boldsymbol{\zeta} + f = f$ を満たすことも，関数の和の定義から明らかである．また，$f \in C^0$ の逆ベクトルとしては，$-f := (-1)f$ をとればよい．$-f \in C^0$ であることは明らかであり，さらに f に対して (5) を満たすことも，関数の和の定義から明らかである．以上により，C^0 は $\mathbb{R}$ 上の線形空間である． ∎

例 4.2.3 において，C^0 を一般に k 回連続的微分可能関数全体 C^k $(k \geqq 1)$ としても，同様に線形空間であることが確かめられる．また，無限回微分可能関数全体 C^∞ や，解析的関数全体 C^ω としても同様である．

線形空間の公理に関する注意

前小節では，線形空間の公理といくつかの例をみた．もちろん，そこでみた例以外にも線形空間の例は多数ある．読者のなかには，数ベクトル空間が自然にもつ性質を，なぜことさら抽象化して扱う必要があるのか，と疑問を感じる読者もあろうかと思う．本節冒頭でも述べたように，数ベクトル空間の根本的な性質（たとえば，基底の存在から連なる諸々の重要な諸事実）は，そのすべてがここで公理として採用した性質から従うことが確認できる．

問 4.2.1 上記のことを確認せよ．

したがって，われわれが数ベクトル空間に対して得た様々な事実は，すべからく一般の線形空間に対しても成立することとなる．よって，定理 4.1.1 にあげられた性質から従う数ベクトル空間の諸性質は，一般の線形空間に対しても一挙に証明されることとなる．表層的な捉え方ではあるが，これが**公理化**の意義といえるであろう．

一方，お気づきの読者も多かろうが，公理 (3) および (4) においては，零ベクトルや逆ベクトルの**一意性**には言及されていない．すでにみた実例においては，零ベクトルの一意性（ただ 1 つしかないこと）や，与えられたベクトルに対する逆ベクトルの一意性などは，疑う気を起こさせないことの 1 つであろう．しかし，公理においてはこれらの一意性には言及されていない．したがって，公理を一瞥する限りにおいては，零ベクトルや逆ベクトルは多数存在する可能性が残される．しかし，実際には一般の線形空間においても，零ベクトルや逆ベクトルは一意的に定まる．正確に述べると，零ベクトルや逆ベクトルの一意性は，**公理から証明されること**なのである．証明されることはなるべく公理のなかから排除して，公理自体は可能な限り簡素にしておき，理論を適用する際の負担を極限まで削ぎ落としたい．まさにこの点が，公理化の重要な点である．

では，最後に零ベクトルおよび逆ベクトルの一意性を証明して，この小節を終えることにする．これは数学で頻出する「一意性の証明」の典型例である．その基本的な手筋は「同じ条件を満たすものが2つあったとしたら，結果としてそれらは一致せざるを得ない」ことを示すことにある．

命題 4.2.1　V を $\mathbb{F}$ 上の線形空間とする．このとき，零ベクトルは V に対して一意的に定まる．

証明　$\boldsymbol{\zeta}$ および $\boldsymbol{\zeta}'$ が V の零ベクトルであるとする．$\boldsymbol{\zeta}$ は V の零ベクトルであることから，$\boldsymbol{\zeta}+\boldsymbol{\zeta}'=\boldsymbol{\zeta}'$ を得る．一方，$\boldsymbol{\zeta}'$ も V の零ベクトルであることから，$\boldsymbol{\zeta}'+\boldsymbol{\zeta}=\boldsymbol{\zeta}$ を得る．そして公理 (1) より $\boldsymbol{\zeta}+\boldsymbol{\zeta}'=\boldsymbol{\zeta}'+\boldsymbol{\zeta}$ が従うので，以上より $\boldsymbol{\zeta}=\boldsymbol{\zeta}'$ を得る．∎

われわれは「零ベクトル」という言葉を導入した直後に，それを表す記号として「$\mathbf{0}$」を用いることを宣言した．読者はさして気にも留めずに読みすすまれたことと思うが，実はこの点に大きな問題が潜んでいた．線形空間の公理においては，零ベクトルの一意性は直接言及されていないことは，すでに注意したとおりである．したがって，公理を導入した直後においては，零ベクトルは複数存在する可能性が残されている．そのように複数存在する (かもしれない) 対象物を，「$\mathbf{0}$」という特別な1つの記号で表してよいのであろうか．もし，実際に複数存在した場合には，$\mathbf{0}$ という記号によって，どの零ベクトルを表しているのか，まったく判別ができないため，その後の議論に著しい障害が発生することが懸念される．したがって，あの時点で「零ベクトルを $\mathbf{0}$ で表す」と宣言することは不適切な行為であったのだ．したがって，正しくは上の命題 4.2.1 を証明した後に，零ベクトルを $\mathbf{0}$ によって表すことを宣言するのが，適切な態度であったことになる．

この事情は逆ベクトルに対しても同様である．公理を導入した時点では，$\boldsymbol{u}\in V$ の逆ベクトルの，$\boldsymbol{u}$ に対する一意性はまったく保証されていない．したがって，それを $-\boldsymbol{u}$ という，あたかも $\boldsymbol{u}$ から一意的に確定するかのような記号を用いて表現することは，零ベクトルの場合と同様に不適切な態度であったことに同意していただけると思う．正しくは，以下の命題を証明した後に，$\boldsymbol{u}$ の逆ベクトルを表す記号 $-\boldsymbol{u}$ を導入すべきなのである．

命題 4.2.2　V を $\mathbb{F}$ 上の線形空間とする．このとき，V の任意のベクトル $\boldsymbol{u}$ の逆ベクトルは，$\boldsymbol{u}$ に対して一意的に定まる．

証明　$\boldsymbol{x}, \boldsymbol{x}'$ がともに $\boldsymbol{u}$ の逆ベクトルであるとする．V のベクトル $(\boldsymbol{x}+\boldsymbol{u})+\boldsymbol{x}'$ を考える．これは公理 (2) により $(\boldsymbol{x}+\boldsymbol{u})+\boldsymbol{x}' = \boldsymbol{x}+(\boldsymbol{u}+\boldsymbol{x}')$ を満たす．ここで，$\boldsymbol{x}$ は $\boldsymbol{u}$ の逆ベクトルであったから $\boldsymbol{x}+\boldsymbol{u} = \boldsymbol{0}$ となり，$(\boldsymbol{x}+\boldsymbol{u})+\boldsymbol{x}' = \boldsymbol{0}+\boldsymbol{x}' = \boldsymbol{x}'$ となる．同様に，$\boldsymbol{x}'$ は $\boldsymbol{u}$ の逆ベクトルであったから，$\boldsymbol{x}+(\boldsymbol{u}+\boldsymbol{x}') = \boldsymbol{x}+\boldsymbol{0} = \boldsymbol{x}$ となる．以上により $\boldsymbol{x} = \boldsymbol{x}'$ を得る．∎

問 4.2.2　$\mathbb{F}$ 上の線形空間 V のベクトル $\boldsymbol{v}$ と $\mathbb{F}$ の元 c について，次のことを示せ．
(1)　$0\boldsymbol{v} = \boldsymbol{0}$　　(2)　$c\boldsymbol{0} = \boldsymbol{0}$　　(3)　$(-1)\boldsymbol{v} = -\boldsymbol{v}$

部分空間

$\mathbb{F}$ は数の集合 ($\mathbb{Q}, \mathbb{R}$，あるいは $\mathbb{C}$)，V を $\mathbb{F}$ 上の線形空間とする．

定義 4.2.2　V の空でない部分集合 U に対し，U が V の和とスカラー倍に関して線形空間をなすとき，U を V の**部分空間**と呼ぶ．

零空間 $\{\boldsymbol{0}\}$ や V 自身は明らかに V の部分空間であり，これらを**自明**な部分空間と呼ぶ．その他の部分空間を**非自明**な部分空間と呼ぶ．数ベクトル空間の非自明な部分空間の例をみてみよう．

例 4.2.4　n 次元数ベクトル空間 $\mathbb{F}^n$ において，

$$U = \{\boldsymbol{u} = (u_i)_{i=1}^n \in \mathbb{F}^n \mid u_n = 0\}$$

とおくと，U は $\mathbb{F}^n$ の部分空間となる．また，

$$W = \left\{ \boldsymbol{u} = (u_i)_{i=1}^n \in \mathbb{F}^n \;\middle|\; \sum_{i=1}^n u_i = 0 \right\}$$

とおくと，W も $\mathbb{F}^n$ の部分空間となる．一方，

$$W' = \left\{ \boldsymbol{u} = (u_i)_{i=1}^n \in \mathbb{F}^n \;\middle|\; \sum_{i=1}^n u_i = 1 \right\}$$

は部分空間とはならない．∎

問 4.2.3　例 4.2.4 の内容を確認せよ．

命題 4.2.3　V を $\mathbb{F}$ 上の線形空間とし，U は V の空でない部分集合とする．このとき，U が V の部分空間であることと，任意の $\boldsymbol{u}, \boldsymbol{v} \in U, c \in \mathbb{F}$ に対して，$\boldsymbol{u}+\boldsymbol{v}, c\boldsymbol{u} \in U$ が成立することとは同値である．

すなわち，V の空でない部分集合 U が V の部分空間であるためには，U が V の和とスカラー倍に関して「閉じて」いればよいというのである．数ベクトル空間に関する例でも，与えられた空でない部分集合 U が，数ベクトル空間の和とスカラー倍に関して閉じていることが確認され次第，公理 (1)–(8) は自動的に満たされてしまうことは，すでに読者自身確認されたことと思う．

問 4.2.4　命題 4.2.3 を証明せよ．

問 4.2.5　$\mathbb{F}$ 上の線形空間 V の 2 つの部分空間 W_1, W_2 について，$W_1 \cap W_2$ は部分空間であることを示せ．また $W_1 + W_2 = \{\boldsymbol{x}_1 + \boldsymbol{x}_2 \mid \boldsymbol{x}_1 \in W_1, \boldsymbol{x}_2 \in W_2\}$ により定義される V の部分集合 $W_1 + W_2$ は部分空間であることを示せ．V の部分空間 $W_1 + W_2$ は W_1 と W_2 の**和空間**と呼ばれる (4.4 節の**部分空間の直和**参照)．

例 4.2.5　A を $m \times n$ 行列とし，U を同次連立 1 次方程式 $A\boldsymbol{x} = \boldsymbol{0}$ の解全体の集合とする．すなわち

$$U = \{\boldsymbol{x} \in \mathbb{F}^n \mid A\boldsymbol{x} = \boldsymbol{0}\}.$$

明らかに $\boldsymbol{0} \in U$ であり，さらに U は $\mathbb{F}^n$ の部分空間である．実際，

$$\begin{aligned} \boldsymbol{a}, \boldsymbol{b} \in U \quad &\Longrightarrow \quad A(\boldsymbol{a}+\boldsymbol{b}) = A\boldsymbol{a} + A\boldsymbol{b} = \boldsymbol{0} \quad \Longrightarrow \quad \boldsymbol{a}+\boldsymbol{b} \in U, \\ s \in \mathbb{F}, \boldsymbol{a} \in U \quad &\Longrightarrow \quad A(s\boldsymbol{a}) = s(A\boldsymbol{a}) = \boldsymbol{0} \quad \Longrightarrow \quad s\boldsymbol{a} \in U \end{aligned}$$

が成り立つ．U を同次連立 1 次方程式 $A\boldsymbol{x} = \boldsymbol{0}$ の**解空間**という．∎

部分空間の生成

$\mathbb{F}$ 上の線形空間 V のベクトル $\boldsymbol{v}_1, \boldsymbol{v}_2, \ldots, \boldsymbol{v}_k$ に対して

$$c_1\boldsymbol{v}_1 + c_2\boldsymbol{v}_2 + \cdots + c_k\boldsymbol{v}_k \qquad (c_1,\, c_2, \ldots,\, c_k \in \mathbb{F})$$

という形で表される V のベクトルを，$\boldsymbol{v}_1, \boldsymbol{v}_2, \ldots, \boldsymbol{v}_k$ の**線形結合**あるいは**1次結合**と呼び，その全体を $\langle \boldsymbol{v}_1, \boldsymbol{v}_2, \ldots, \boldsymbol{v}_k \rangle$，あるいは $\langle \boldsymbol{v}_i \mid i = 1, 2, \ldots, k \rangle$ で表すことにする．すなわち

$$\langle \boldsymbol{v}_1, \boldsymbol{v}_2, \ldots, \boldsymbol{v}_k \rangle = \{c_1\boldsymbol{v}_1 + c_2\boldsymbol{v}_2 + \cdots + c_k\boldsymbol{v}_k \mid c_1,\, c_2, \ldots,\, c_k \in \mathbb{F}\}$$

とおく．次の命題は，命題 4.2.3 を用いると容易に証明できる．

命題 4.2.4　$\mathbb{F}$ 上の線形空間 V のベクトル $\boldsymbol{v}_1, \boldsymbol{v}_2, \ldots, \boldsymbol{v}_k$ に対して $\langle \boldsymbol{v}_1, \boldsymbol{v}_2, \ldots, \boldsymbol{v}_k \rangle$ は V の部分空間をなす．

問 4.2.6　命題 4.2.4 を証明せよ．

部分空間 $\langle \boldsymbol{v}_1, \boldsymbol{v}_2, \ldots, \boldsymbol{v}_k \rangle$ を $\boldsymbol{v}_1, \boldsymbol{v}_2, \ldots, \boldsymbol{v}_k$ で**生成される**部分空間といい，$\boldsymbol{v}_1, \boldsymbol{v}_2, \ldots, \boldsymbol{v}_k$ をその**生成元**という．また $V = \langle \boldsymbol{v}_1, \boldsymbol{v}_2, \ldots, \boldsymbol{v}_k \rangle$ のとき，列 $(\boldsymbol{v}_1, \boldsymbol{v}_2, \ldots, \boldsymbol{v}_k)$ を V の**生成系**という．

例題 4.2.1　次の行列 A について，同次連立 1 次方程式 $A\boldsymbol{x} = \boldsymbol{0}$ の解空間の生成系を求めよ．

$$A = \begin{pmatrix} 1 & -2 & 0 & -2 \\ -2 & 1 & 2 & 3 \\ 1 & 1 & -2 & -1 \end{pmatrix}$$

解答　行列 A の簡約化は $\begin{pmatrix} 1 & 0 & -\dfrac{4}{3} & -\dfrac{4}{3} \\ 0 & 1 & -\dfrac{2}{3} & \dfrac{1}{3} \\ 0 & 0 & 0 & 0 \end{pmatrix}$ であるから，同次連立 1 次方

程式 $A\boldsymbol{x}=\mathbf{0}$ の解空間は

$$\boldsymbol{u}=\begin{pmatrix}4\\2\\3\\0\end{pmatrix},\qquad \boldsymbol{v}=\begin{pmatrix}4\\-1\\0\\3\end{pmatrix}$$

で生成される．つまり $A\boldsymbol{x}=\mathbf{0}$ の解空間の生成系は $(\boldsymbol{u},\boldsymbol{v})$ である．

線形空間の直和*

V, W を $\mathbb{F}$ 上の線形空間とする．このとき，直積集合 $V\times W$ 上に和とスカラー倍を次のように定義すると，$V\times W$ は線形空間となる．

$(\boldsymbol{v},\boldsymbol{w}), (\boldsymbol{v}',\boldsymbol{w}')\in V\times W$ および $c\in\mathbb{F}$ に対し

$$\begin{aligned}(\boldsymbol{v},\boldsymbol{w})+(\boldsymbol{v}',\boldsymbol{w}') &:= (\boldsymbol{v}+\boldsymbol{v}',\boldsymbol{w}+\boldsymbol{w}'),\\ c(\boldsymbol{v},\boldsymbol{w}) &:= (c\boldsymbol{v},c\boldsymbol{w}).\end{aligned}$$

このようにして得られる線形空間を，V と W の**直和**と呼び，$V\dot{+}W$ あるいは $V\oplus W$ で表す．上記の和とスカラー倍に対して，直積集合 $V\times W$ が線形空間をなすことは，公理を1つひとつ確認していくことにより証明される．たとえば，定義 4.2.1 の (2) について，$(\boldsymbol{v}_1,\boldsymbol{w}_1),(\boldsymbol{v}_2,\boldsymbol{w}_2),(\boldsymbol{v}_3,\boldsymbol{w}_3)\in V\times W$ に対して，

$$\begin{aligned}\{(\boldsymbol{v}_1,\boldsymbol{w}_1)+(\boldsymbol{v}_2,\boldsymbol{w}_2)\}+(\boldsymbol{v}_3,\boldsymbol{w}_3) &= (\boldsymbol{v}_1+\boldsymbol{v}_2,\boldsymbol{w}_1+\boldsymbol{w}_2)+(\boldsymbol{v}_3,\boldsymbol{w}_3)\\ &= ((\boldsymbol{v}_1+\boldsymbol{v}_2)+\boldsymbol{v}_3,(\boldsymbol{w}_1+\boldsymbol{w}_2)+\boldsymbol{w}_3)\\ &= (\boldsymbol{v}_1+(\boldsymbol{v}_2+\boldsymbol{v}_3),\boldsymbol{w}_1+(\boldsymbol{w}_2+\boldsymbol{w}_3))\\ &= (\boldsymbol{v}_1,\boldsymbol{w}_1)+(\boldsymbol{v}_2+\boldsymbol{v}_3,\boldsymbol{w}_2+\boldsymbol{w}_3)\\ &= (\boldsymbol{v}_1,\boldsymbol{w}_1)+\{(\boldsymbol{v}_2,\boldsymbol{w}_2)+(\boldsymbol{v}_3,\boldsymbol{w}_3)\}\end{aligned}$$

となる．ただし，上から3番めの等式は，ベクトルの足し算に関する結合律を用いている．また，零ベクトルは $(\mathbf{0}_V,\mathbf{0}_W)$ で与えられる．ここで，$\mathbf{0}_V,\mathbf{0}_W$ はそれぞれ V と W の零ベクトルである．

問 4.2.7　$V\times W$ が上の和とスカラー倍に対して線形空間をなすことを確認せよ．

問題 4-2

1. $\mathbb{F}$ の元を係数とする変数 x の m 次以下の多項式全体からなる集合

$$\mathbb{F}[x]_m = \{c_0 + c_1x + c_2x^2 + \cdots + c_mx^m \mid c_0, c_1, c_2, \ldots, c_m \in \mathbb{F}\}$$

は線形空間であることを示せ．

2. 次の行列 A について，同次連立 1 次方程式 $A\boldsymbol{x} = \mathbf{0}$ の解空間の生成系を求めよ．

$$A = \begin{pmatrix} -1 & 1 & -1 & 0 \\ 2 & -2 & 0 & -2 \\ 0 & 3 & -2 & 1 \\ -1 & 1 & -3 & -2 \end{pmatrix}$$

4.3　線形空間の基底と次元

線形独立と線形従属

平面ベクトルや空間ベクトルは平面や空間の有向線分全体の集合に，平行移動で重なる 2 つの有向線分を「同じ」ものとみなすことにより得られるものである．したがって，平面ベクトルや空間ベクトルは，平面や空間において原点を始点とする「矢印」と思うことができるとともに，終点の座標を考えることにより 2 次元や 3 次元の数ベクトルと思うこともできる．

さて，有向線分というからには，平面ベクトルや空間ベクトルには「向き」がある．そのことは，読者もなんら説明の必要性を感じることなく理解されるところであろう．では，一般のベクトルについてはどうであろうか．ここでいう「一般のベクトル」とは，線形空間の公理 (定義 4.2.1) を満たす集合の元を指すことを思い出してほしい．そのような意味に解すれば，「矢印」で表される平面ベクトルや空間ベクトル以外にも，「ベクトル」が存在することは，読者もすでにご覧になったとおりである．たとえば，例 4.2.3 でみたように，関数のなす空間も線形空間であるから，関数もベクトルということになる．では，その「向き」とは何か？ この問に応えるのが「線形独立」や「線形従属」という概念である．ただし，この概念は1つのベクトルの「向き」を定めるものではない．平面ベクトルや空間ベクトルは，個々のベクトルの(与えられた座標軸に対する)向きを考えることができるが，一般のベクトルの場合には，たとえば関数のように，個々のベクトルに対して「向き」を与えることが，読者には不条理に思えるであろう．実際，それはその通りであって，関数などを含む一般のベクトル1つひとつに対して，有向線分のような「向き」を考えることは無意味である．一般のベクトルに対しては，複数のベクトルの「向きの関係」を議論の対象とすることしかできない．すなわち，複数のベクトルの向きの相対関係を規定することとなる．次に掲げる「線形独立」の定義は，与えられた複数のベクトルが「バラバラな向き」を向いていることを表している．

線形独立性の定義の前に，用語を1つ準備しておく．$\mathbb{F}$ 上の線形空間 V において，k 個のベクトル $\boldsymbol{v}_1, \boldsymbol{v}_2, \ldots, \boldsymbol{v}_k$ に対する

$$c_1\boldsymbol{v}_1 + c_2\boldsymbol{v}_2 + \cdots + c_k\boldsymbol{v}_k = \boldsymbol{0}, \quad c_1, c_2, \ldots, c_k \in \mathbb{F}$$

という形の関係式を，$\boldsymbol{v}_1, \boldsymbol{v}_2, \ldots, \boldsymbol{v}_k$ の間の ($\mathbb{F}$ 上の) **線形関係式**と呼ぶ．特に，$c_1 = c_2 = \cdots = c_k = 0$ の場合を**自明な**線形関係式と呼び，それ以外を**非自明な**線形関係式という．線形関係式は**1次関係式**とも呼ばれる．

定義 4.3.1　V を $\mathbb{F}$ 上の線形空間とする．V のベクトルの組 $\boldsymbol{v}_1, \boldsymbol{v}_2, \ldots, \boldsymbol{v}_k$ の間に自明な線形関係式しかないならば，これらのなす集合 $\{\boldsymbol{v}_1, \boldsymbol{v}_2, \ldots, \boldsymbol{v}_k\}$，あるいはベクトルの組 $\boldsymbol{v}_1, \boldsymbol{v}_2, \ldots, \boldsymbol{v}_k$ は**線形独立**であるという．一方，ベクトルの組 $\boldsymbol{v}_1, \boldsymbol{v}_2, \ldots, \boldsymbol{v}_k$ の間に非自明な線形関係式があれば，これらのなす集合 $\{\boldsymbol{v}_1, \boldsymbol{v}_2, \ldots, \boldsymbol{v}_k\}$，あるいはベクトルの組 $\boldsymbol{v}_1, \boldsymbol{v}_2, \ldots, \boldsymbol{v}_k$ は**線形従属**であるという．線形独立・線形従属はそれぞれ**1次独立**・**1次従属**とも呼ばれる．

定義 4.3.1 において，線形従属の定義は，「線形独立ではないこと」として定義された．これを少し言い換えてみよう．

定義 4.3.2　定義 4.3.1(線形独立の定義) の設定のもと，すべては 0 ではない

$c_1, c_2, \ldots, c_k \in \mathbb{F}$ に対して

$$c_1\boldsymbol{v}_1 + c_2\boldsymbol{v}_2 + \cdots + c_k\boldsymbol{v}_k = \boldsymbol{0}$$

が成立するとき，$\{\boldsymbol{v}_1, \boldsymbol{v}_2, \ldots, \boldsymbol{v}_k\}$ は**線形従属**であるという．

特に V の零ベクトル $\boldsymbol{0}$ のみからなる集合 $\{\boldsymbol{0}\}$ も線形従属である．これは，任意の $c \in \mathbb{F}, c \neq 0$ に対して，$c\boldsymbol{0} = \boldsymbol{0}$ が成立するからである (問 4.2.2 参照)．また，このことからベクトルの集合 $\{\boldsymbol{v}_1, \boldsymbol{v}_2, \ldots, \boldsymbol{v}_k\}$ に零ベクトル $\boldsymbol{0}$ が 1 つでも含まれていれば，この集合は線形従属になる．

定理 4.3.1 V を $\mathbb{F}$ 上の線形空間とし，V のベクトルの組 $\boldsymbol{v}_1, \boldsymbol{v}_2, \ldots, \boldsymbol{v}_k$ が線形独立であるとする．V のベクトル $\boldsymbol{v}$ に対して，$\{\boldsymbol{v}, \boldsymbol{v}_1, \boldsymbol{v}_2, \ldots, \boldsymbol{v}_k\}$ が線形従属であるための必要十分条件は $\boldsymbol{v}$ が $\boldsymbol{v}_1, \boldsymbol{v}_2, \ldots, \boldsymbol{v}_k$ の線形結合で表されることである．

証明 十分性は明らかであるから，必要性のみ示す．すべては 0 でないスカラー $c, c_1, c_2, \ldots, c_k \in \mathbb{F}$ について，$c\boldsymbol{v} + c_1\boldsymbol{v}_1 + c_2\boldsymbol{v}_2 + \cdots + c_k\boldsymbol{v}_k = \boldsymbol{0}$ であるとする．もし $c = 0$ ならば，$\{\boldsymbol{v}_1, \boldsymbol{v}_2, \ldots, \boldsymbol{v}_k\}$ が線形独立であることから，$c = c_1 = c_2 = \cdots = c_k = 0$ となり，仮定に矛盾する．よって，$c \neq 0$ であるから，$\boldsymbol{v} = -(c_1/c)\boldsymbol{v}_1 - (c_2/c)\boldsymbol{v}_2 - \cdots - (c_k/c)\boldsymbol{v}_k$ と，$\boldsymbol{v}$ が $\boldsymbol{v}_1, \boldsymbol{v}_2, \ldots, \boldsymbol{v}_k$ の線形結合で表される． ∎

数ベクトル空間の場合

ここで改めて数ベクトル空間の場合を取り上げてみよう．2 次元数ベクトル

$$\boldsymbol{u} = \begin{pmatrix} 1 \\ -1 \end{pmatrix}, \quad \boldsymbol{v} = \begin{pmatrix} 2 \\ 3 \end{pmatrix}, \quad \boldsymbol{w} = \begin{pmatrix} -1 \\ 2 \end{pmatrix}$$

を考え，$\{\boldsymbol{u}, \boldsymbol{v}, \boldsymbol{w}\}$ の線形独立性を吟味してみよう．すなわち，どのようなスカラー $x, y, z \in \mathbb{F}$ が線形関係式 $x\boldsymbol{u} + y\boldsymbol{v} + z\boldsymbol{w} = \boldsymbol{0}$ を満たすかを考える．この線形関係式を満たす x, y, z が，$x = y = z = 0$ しかなければ $\boldsymbol{u}, \boldsymbol{v}, \boldsymbol{w}$ は線形独立であり，$x = y = z = 0$ 以外にも存在すれば $\boldsymbol{u}, \boldsymbol{v}, \boldsymbol{w}$ は線形従属である．

さて，線形関係式 $x\boldsymbol{u}+y\boldsymbol{v}+z\boldsymbol{w}=\boldsymbol{0}$ を書き換えると，次のように x, y, z を変数とする同次連立 1 次方程式となる:

$$\begin{pmatrix} 1 & 2 & -1 \\ -1 & 3 & 2 \end{pmatrix}\begin{pmatrix} x \\ y \\ z \end{pmatrix} = \begin{pmatrix} 0 \\ 0 \end{pmatrix}$$

この同次連立 1 次方程式の解が**自明解**

$$\begin{pmatrix} x \\ y \\ z \end{pmatrix} = \begin{pmatrix} 0 \\ 0 \\ 0 \end{pmatrix}$$

のみであれば $\boldsymbol{u}, \boldsymbol{v}, \boldsymbol{w}$ は線形独立であり，**非自明解**をもてば $\boldsymbol{u}, \boldsymbol{v}, \boldsymbol{w}$ は線形従属ということになる．では，拡大係数行列を用いて上の方程式を解いてみる．拡大係数行列は

$$\widetilde{A} = \begin{pmatrix} 1 & 2 & -1 & 0 \\ -1 & 3 & 2 & 0 \end{pmatrix}$$

であり，行基本変形を用いて変形していくと

$$\widetilde{A} \to \begin{pmatrix} 1 & 2 & -1 & 0 \\ 0 & 5 & 1 & 0 \end{pmatrix} \to \begin{pmatrix} 1 & 2 & -1 & 0 \\ 0 & 1 & \frac{1}{5} & 0 \end{pmatrix} \to \begin{pmatrix} 1 & 0 & -\frac{7}{5} & 0 \\ 0 & 1 & \frac{1}{5} & 0 \end{pmatrix}$$

となる．よって，解くべき方程式は

$$\begin{cases} x - \dfrac{7}{5}z = 0 \\ y + \dfrac{1}{5}z = 0 \end{cases}$$

であり，解は

$$\begin{pmatrix} x \\ y \\ z \end{pmatrix} = a\begin{pmatrix} \frac{7}{5} \\ -\frac{1}{5} \\ 1 \end{pmatrix} \quad (a \text{ は任意定数})$$

となる．ここで a は任意定数なのであるから，0 以外の値をとることもできる．したがって，この同次連立 1 次方程式は非自明解をもつことになる．よっ

て $\{\boldsymbol{u}, \boldsymbol{v}, \boldsymbol{w}\}$ は線形従属となる．また，定理 4.3.1 より，$\boldsymbol{w}$ は $\boldsymbol{u}, \boldsymbol{v}$ の線形結合で表すことができるが，この例では実際に

$$\boldsymbol{w} = -\frac{7}{5}\boldsymbol{u} + \frac{1}{5}\boldsymbol{v}$$

とすることができる．

問 4.3.1 2 次元数ベクトル

$$\boldsymbol{u} = \begin{pmatrix} 1 \\ 1 \end{pmatrix}, \qquad \boldsymbol{v} = \begin{pmatrix} -1 \\ 2 \end{pmatrix}, \qquad \boldsymbol{w} = \begin{pmatrix} 3 \\ -1 \end{pmatrix}$$

に対して，$\{\boldsymbol{u}, \boldsymbol{v}, \boldsymbol{w}\}$ の線形独立性を吟味せよ．

上の例において再度確認していただきたいことは，数ベクトル $\boldsymbol{u}, \boldsymbol{v}, \boldsymbol{w} \in \mathbb{F}^2$ に対して，これらを列とする 2×3 行列 $A := (\boldsymbol{u} \quad \boldsymbol{v} \quad \boldsymbol{w})$ を係数行列とする同次連立 1 次方程式 $A\boldsymbol{x} = \boldsymbol{0}$ が非自明解をもてば，$\{\boldsymbol{u}, \boldsymbol{v}, \boldsymbol{w}\}$ は線形従属であり，逆に自明解しかもたなければ，$\{\boldsymbol{u}, \boldsymbol{v}, \boldsymbol{w}\}$ は線形独立である点である．実は問 2.3.1 より $A\boldsymbol{x} = \boldsymbol{0}$ は非自明をもつが，このことから考えれば，数ベクトル空間における線形独立・従属性に関する次の一般的な事実が従う．

定理 4.3.2 k 個の n 次元数ベクトル $\boldsymbol{v}_1, \boldsymbol{v}_2, \ldots, \boldsymbol{v}_k \in \mathbb{F}^n$ について，$k > n$ であれば $\{\boldsymbol{v}_1, \boldsymbol{v}_2, \ldots, \boldsymbol{v}_k\}$ は線形従属となる．また，$\{\boldsymbol{v}_1, \boldsymbol{v}_2, \ldots, \boldsymbol{v}_k\}$ が線形独立であれば $k \leqq n$ が成立する．

証明 $n \times k$ 行列 $A := (\boldsymbol{v}_1 \quad \boldsymbol{v}_2 \quad \cdots \quad \boldsymbol{v}_k)$ を考えるとき，$k > n$ であれば，問 2.3.1 より同次連立 1 次方程式 $A\boldsymbol{x} = \boldsymbol{0}$ は非自明解をもつから，それを $\boldsymbol{x} = \boldsymbol{c} := {}^t(c_1 \quad c_2 \quad \cdots \quad c_k) \in \mathbb{F}^k$ とすれば，

$$c_1\boldsymbol{v}_1 + c_2\boldsymbol{v}_2 + \cdots + c_k\boldsymbol{v}_k = (\boldsymbol{v}_1 \quad \boldsymbol{v}_2 \quad \cdots \quad \boldsymbol{v}_k)\begin{pmatrix} c_1 \\ c_2 \\ \vdots \\ c_k \end{pmatrix} = A\boldsymbol{c} = \boldsymbol{0}$$

となり，$\{\boldsymbol{v}_1, \boldsymbol{v}_2, \ldots, \boldsymbol{v}_k\}$ は線形従属である．後半は前半の対偶である． ∎

上の定理 4.3.2 の証明でも一部用いたことであるが，一般に n 次元数ベクトル $\boldsymbol{a}_1, \boldsymbol{a}_2, \ldots, \boldsymbol{a}_k$ について，線形関係式

$$c_1\boldsymbol{a}_1 + c_2\boldsymbol{a}_2 + \cdots + c_k\boldsymbol{a}_k = \boldsymbol{0} \quad (c_1, c_2, \ldots, c_k \in \mathbb{F})$$

が成り立つことと，行列 $A = (\boldsymbol{a}_1 \quad \boldsymbol{a}_2 \quad \cdots \quad \boldsymbol{a}_k)$ を係数行列とする同次連立1次方程式 $A\boldsymbol{x} = \boldsymbol{0}$ が $\boldsymbol{x} = \boldsymbol{c} := {}^t(c_1 \quad c_2 \quad \cdots \quad c_k) \in \mathbb{F}^k$ を解とすることは同値である．ここでは，次の事実を確認しておく（定理 4.1.2 参照）．

命題 4.3.3　k 個の n 次元数ベクトル $\boldsymbol{v}_1, \boldsymbol{v}_2, \ldots, \boldsymbol{v}_k \in \mathbb{F}^n$ について，$n \times k$ 行列 $A := (\boldsymbol{v}_1 \quad \boldsymbol{v}_2 \quad \cdots \quad \boldsymbol{v}_k)$ を考える．このとき，$\{\boldsymbol{v}_1, \boldsymbol{v}_2, \ldots, \boldsymbol{v}_k\}$ が線形独立であることと，同次連立1次方程式 $A\boldsymbol{x} = \boldsymbol{0}$ が自明解 $\boldsymbol{x} = \boldsymbol{0}$ しかもたないことが同値である．また，$\{\boldsymbol{v}_1, \boldsymbol{v}_2, \ldots, \boldsymbol{v}_k\}$ が線形従属であることと，$A\boldsymbol{x} = \boldsymbol{0}$ が非自明解をもつことが同値である．

例題 4.3.1　次の数ベクトル $\boldsymbol{a}_1, \boldsymbol{a}_2, \boldsymbol{a}_3$ の組について線形独立か線形従属かを答えよ．また，線形従属ならば非自明な線形関係式を求めよ．

$$\boldsymbol{a}_1 = \begin{pmatrix} 2 \\ 3 \\ 4 \end{pmatrix}, \qquad \boldsymbol{a}_2 = \begin{pmatrix} 3 \\ 1 \\ 3 \end{pmatrix}, \qquad \boldsymbol{a}_3 = \begin{pmatrix} 5 \\ -3 \\ 1 \end{pmatrix}$$

解答　$A = (\boldsymbol{a}_1 \quad \boldsymbol{a}_2 \quad \boldsymbol{a}_3)$ とおけば，同次連立1次方程式 $A\boldsymbol{x} = \boldsymbol{0}$ の解は，k を任意の定数とするとき，$\boldsymbol{x} = k\begin{pmatrix} 2 \\ -3 \\ 1 \end{pmatrix}$ である．よって，$\{\boldsymbol{a}_1, \boldsymbol{a}_2, \boldsymbol{a}_3\}$ は線形従属であって，$2\boldsymbol{a}_1 - 3\boldsymbol{a}_2 + \boldsymbol{a}_3 = \boldsymbol{0}$ がわかる．∎

一般に，$n \times k$ 行列 A を行基本変形により変形して得られる行列が B であるとき，2つの同次連立1次方程式 $A\boldsymbol{x} = \boldsymbol{0}$, $B\boldsymbol{x} = \boldsymbol{0}$ の解は一致する．このことは A の列分割表示に現れる列ベクトルと B の列分割表示に現れる列ベクトルが同じ線形関係式を満たすことを意味する．実際，$A = (\boldsymbol{a}_1 \quad \boldsymbol{a}_2 \quad \cdots \quad \boldsymbol{a}_k)$,

$B = (\boldsymbol{b}_1 \quad \boldsymbol{b}_2 \quad \cdots \quad \boldsymbol{b}_k)$, $\boldsymbol{c} = {}^t(c_1 \quad c_2 \quad \cdots \quad c_k) \in \mathbb{F}^k$ ならば

$$\begin{aligned} c_1\boldsymbol{a}_1 + c_2\boldsymbol{a}_2 + \cdots + c_k\boldsymbol{a}_k = \boldsymbol{0} \quad &\Longleftrightarrow \quad A\boldsymbol{c} = \boldsymbol{0} \\ &\Longleftrightarrow \quad B\boldsymbol{c} = \boldsymbol{0} \\ &\Longleftrightarrow \quad c_1\boldsymbol{b}_1 + c_2\boldsymbol{b}_2 + \cdots + c_k\boldsymbol{b}_k = \boldsymbol{0} \end{aligned}$$

である．この場合，$1 \leqq i_1 < i_2 < \cdots < i_r \leqq k$ のとき，$\boldsymbol{a}_{i_1}, \boldsymbol{a}_{i_2}, \ldots, \boldsymbol{a}_{i_r}$ と $\boldsymbol{b}_{i_1}, \boldsymbol{b}_{i_2}, \ldots, \boldsymbol{b}_{i_r}$ は同じ線形関係式を満たし（何故か？），一方が線形独立（従属）ならば他方も線形独立（従属）である．以上のことから，次が成り立つ．

命題 4.3.4　行列 A の簡約化を C とすれば，A の列分割表示に現れる列ベクトルと C の列分割表示に現れる列ベクトルは同じ線形関係式を満たす．

例題 4.3.1 の解答において，$A = (\boldsymbol{a}_1 \quad \boldsymbol{a}_2 \quad \boldsymbol{a}_3)$ の簡約化は $\begin{pmatrix} 1 & 0 & -2 \\ 0 & 1 & 3 \\ 0 & 0 & 0 \end{pmatrix}$ だから，命題 4.3.4 より，$2\boldsymbol{a}_1 - 3\boldsymbol{a}_2 + \boldsymbol{a}_3 = \boldsymbol{0}$ がわかる．

線形独立なベクトルの組

線形独立と線形従属に関する次の定理は基本的である．

定理 4.3.5　$\mathbb{F}$ 上の線形空間 V のベクトル $\boldsymbol{b}_1, \boldsymbol{b}_2, \ldots, \boldsymbol{b}_k$ はそれぞれ V のベクトル $\boldsymbol{a}_1, \boldsymbol{a}_2, \ldots, \boldsymbol{a}_r$ の線形結合として

$$\boldsymbol{b}_j = \sum_{i=1}^{r} c_{ij}\boldsymbol{a}_i, \quad c_{ij} \in \mathbb{F}, \quad j = 1, 2, \ldots, k$$

と表されるとし，行列 $C := (c_{ij})$ の列分割表示を $C = (\boldsymbol{c}_1 \quad \boldsymbol{c}_2 \quad \cdots \quad \boldsymbol{c}_k)$ とする．このとき，$\boldsymbol{a}_1, \boldsymbol{a}_2, \ldots, \boldsymbol{a}_r$ が線形独立ならば，$\boldsymbol{b}_1, \boldsymbol{b}_2, \ldots, \boldsymbol{b}_k$ と $\boldsymbol{c}_1, \boldsymbol{c}_2, \ldots, \boldsymbol{c}_k$ は同じ線形関係式を満たす．また,$r < k$ ならば$\boldsymbol{b}_1, \boldsymbol{b}_2, \ldots, \boldsymbol{b}_k$ は線形従属である．

証明　行列の分割計算と同様に,

$$\boldsymbol{b}_j = \sum_{i=1}^{r} c_{ij}\boldsymbol{a}_i = (\boldsymbol{a}_1 \quad \boldsymbol{a}_2 \quad \cdots \quad \boldsymbol{a}_r)\cdot\begin{pmatrix} c_{1j} \\ c_{2j} \\ \vdots \\ c_{rj} \end{pmatrix} \qquad (j = 1, 2, \ldots, k)$$

と表し，さらに

$$(\boldsymbol{b}_1 \quad \boldsymbol{b}_2 \quad \cdots \quad \boldsymbol{b}_k) = (\boldsymbol{a}_1 \quad \boldsymbol{a}_2 \quad \cdots \quad \boldsymbol{a}_r)\cdot C$$

と表す．$x_1, x_2, \ldots, x_k \in \mathbb{F}$ とする．このとき，行列の分割計算と同じ形で,

$$(\boldsymbol{b}_1 \quad \boldsymbol{b}_2 \quad \cdots \quad \boldsymbol{b}_k)\cdot\begin{pmatrix} x_1 \\ x_2 \\ \vdots \\ x_k \end{pmatrix} = (\boldsymbol{a}_1 \quad \boldsymbol{a}_2 \quad \cdots \quad \boldsymbol{a}_r)\cdot C\begin{pmatrix} x_1 \\ x_2 \\ \vdots \\ x_k \end{pmatrix}$$

と表される．（このことは

$$x_1\boldsymbol{b}_1 + x_2\boldsymbol{b}_2 + \cdots + x_k\boldsymbol{b}_k = \sum_{i=1}^{r}(x_1c_{i1} + x_2c_{i2} + \cdots + x_kc_{ik})\boldsymbol{a}_i$$

を表す.）$\{\boldsymbol{a}_1, \boldsymbol{a}_2, \ldots, \boldsymbol{a}_r\}$ が線形独立ならば,

$$(\boldsymbol{b}_1 \quad \boldsymbol{b}_2 \quad \cdots \quad \boldsymbol{b}_k)\cdot\begin{pmatrix} x_1 \\ x_2 \\ \vdots \\ x_k \end{pmatrix} = \boldsymbol{0} \quad\Longleftrightarrow\quad C\begin{pmatrix} x_1 \\ x_2 \\ \vdots \\ x_k \end{pmatrix} = \boldsymbol{0}$$

が成り立ち，これより $\boldsymbol{b}_1, \boldsymbol{b}_2, \ldots, \boldsymbol{b}_k$ と $\boldsymbol{c}_1, \boldsymbol{c}_2, \ldots, \boldsymbol{c}_k$ は同じ線形関係式を満たす．次に，$r < k$ ならば，同次連立1次方程式 $C\boldsymbol{x} = \boldsymbol{0}$ が非自明解 $\boldsymbol{x} = \boldsymbol{r} = {}^t(x_1 \quad x_2 \quad \cdots \quad x_k) \in \mathbb{F}^k$ をもつので,

$$\begin{aligned} r_1\boldsymbol{b}_1 + r_2\boldsymbol{b}_2 + \cdots + r_k\boldsymbol{b}_k &= (\boldsymbol{b}_1 \quad \boldsymbol{b}_2 \quad \cdots \quad \boldsymbol{b}_k)\cdot\boldsymbol{r} \\ &= (\boldsymbol{a}_1 \quad \boldsymbol{a}_2 \quad \cdots \quad \boldsymbol{a}_r)\cdot C\boldsymbol{r} = \boldsymbol{0} \end{aligned}$$

が導かれ，$\{\boldsymbol{b}_1, \boldsymbol{b}_2, \ldots, \boldsymbol{b}_k\}$ は線形従属である．　∎

$\mathbb{F}$ 上の線形空間 V の k 個のベクトルからなる集合 $S = \{\boldsymbol{v}_1, \boldsymbol{v}_2, \ldots, \boldsymbol{v}_k\}$ について，S に含まれる線形独立な部分集合 $T = \{\boldsymbol{v}_{i_1}, \boldsymbol{v}_{i_2}, \ldots, \boldsymbol{v}_{i_r}\}$ が S に含まれる線形独立な部分集合のうちの**極大**なものであるとは，T に含まれないどの $\boldsymbol{v}_j \in S$ に対しても $T \cup \{\boldsymbol{v}_j\}$ が線形従属になることをいう．(定理 4.3.8, 4.4.3 より，このような T は一定の個数のベクトルからなることがわかる．)

例をみよう．3 次元数ベクトル空間 $\mathbb{F}^3$ のベクトル

$$\boldsymbol{u} = \begin{pmatrix} 1 \\ -1 \\ 1 \end{pmatrix}, \quad \boldsymbol{v} = \begin{pmatrix} -1 \\ 2 \\ 0 \end{pmatrix}, \quad \boldsymbol{w} = \begin{pmatrix} 2 \\ -1 \\ 3 \end{pmatrix}$$

について，行列 $A = (\boldsymbol{u} \quad \boldsymbol{v} \quad \boldsymbol{w})$ の簡約化は

$$\begin{pmatrix} 1 & 0 & 3 \\ 0 & 1 & 1 \\ 0 & 0 & 0 \end{pmatrix}$$

だから，命題 4.3.4 より $\{\boldsymbol{u}, \boldsymbol{v}, \boldsymbol{w}\}$ に含まれる線形独立な部分集合のうちの極大なものとしては，たとえば $\{\boldsymbol{u}, \boldsymbol{v}\}$ が挙げられる．

問 4.3.2　3 次元数ベクトル空間 $\mathbb{F}^3$ のベクトル

$$\boldsymbol{u} = \begin{pmatrix} 1 \\ 0 \\ 1 \end{pmatrix}, \quad \boldsymbol{v} = \begin{pmatrix} 1 \\ 1 \\ 2 \end{pmatrix}, \quad \boldsymbol{w} = \begin{pmatrix} -1 \\ 1 \\ 0 \end{pmatrix}$$

に対して，$\{\boldsymbol{u}, \boldsymbol{v}, \boldsymbol{w}\}$ に含まれる線形独立な部分集合のうちの極大なものを挙げよ．

例題 4.3.2　$\mathbb{F}$ 上の線形空間 V のベクトルの組 $\boldsymbol{a}_1, \boldsymbol{a}_2, \boldsymbol{a}_3$ は線形独立とする．

(1)　次のベクトル $\boldsymbol{b}_1, \boldsymbol{b}_2, \boldsymbol{b}_3$ の組について線形独立か線形従属かを答えよ．

$$\boldsymbol{b}_1 = 2\boldsymbol{a}_1 - \boldsymbol{a}_2 + 4\boldsymbol{a}_3, \quad \boldsymbol{b}_2 = -\boldsymbol{a}_1 + 3\boldsymbol{a}_2 + 2\boldsymbol{a}_3, \quad \boldsymbol{b}_3 = 3\boldsymbol{a}_1 - 2\boldsymbol{a}_2 + \boldsymbol{a}_3$$

(2) 次のベクトル $\boldsymbol{b}_1, \boldsymbol{b}_2, \boldsymbol{b}_3, \boldsymbol{b}_4$ が満たす線形関係式を求めよ．

$$\boldsymbol{b}_1 = -\boldsymbol{a}_1 + \boldsymbol{a}_2 + 2\boldsymbol{a}_3,\ \boldsymbol{b}_2 = 3\boldsymbol{a}_1 + 2\boldsymbol{a}_2 - \boldsymbol{a}_3,$$
$$\boldsymbol{b}_3 = 2\boldsymbol{a}_1 - 3\boldsymbol{a}_2 + 4\boldsymbol{a}_3,\ \boldsymbol{b}_4 = 2\boldsymbol{a}_1 + \boldsymbol{a}_2 + 2\boldsymbol{a}_3$$

また $\{\boldsymbol{b}_1, \boldsymbol{b}_2, \boldsymbol{b}_3, \boldsymbol{b}_4\}$ に含まれる線形独立な部分集合のうちの極大なものを挙げよ．

解答　(1) $(\boldsymbol{b}_1\ \ \boldsymbol{b}_2\ \ \boldsymbol{b}_3) = (\boldsymbol{a}_1\ \ \boldsymbol{a}_2\ \ \boldsymbol{a}_3)\cdot(\boldsymbol{c}_1\ \ \boldsymbol{c}_2\ \ \boldsymbol{c}_3)$,

$$\boldsymbol{c}_1 = \begin{pmatrix} 2 \\ -1 \\ 4 \end{pmatrix},\quad \boldsymbol{c}_2 = \begin{pmatrix} -1 \\ 3 \\ 2 \end{pmatrix},\quad \boldsymbol{c}_3 = \begin{pmatrix} 3 \\ -2 \\ 1 \end{pmatrix}$$

であって，$C := (\boldsymbol{c}_1\ \ \boldsymbol{c}_2\ \ \boldsymbol{c}_3)$ の行列式は $|C| = -21 \neq 0$ より，$\{\boldsymbol{c}_1, \boldsymbol{c}_2, \boldsymbol{c}_3\}$ は線形独立である．よって，定理 4.3.5 より $\{\boldsymbol{b}_1, \boldsymbol{b}_2, \boldsymbol{b}_3\}$ も線形独立である．

(2) $(\boldsymbol{b}_1\ \ \boldsymbol{b}_2\ \ \boldsymbol{b}_3\ \ \boldsymbol{b}_4) = (\boldsymbol{a}_1\ \ \boldsymbol{a}_2\ \ \boldsymbol{a}_3)\cdot(\boldsymbol{c}_1\ \ \boldsymbol{c}_2\ \ \boldsymbol{c}_3\ \ \boldsymbol{c}_4)$,

$$\boldsymbol{c}_1 = \begin{pmatrix} -1 \\ 1 \\ 2 \end{pmatrix},\quad \boldsymbol{c}_2 = \begin{pmatrix} 3 \\ 2 \\ -1 \end{pmatrix},\quad \boldsymbol{c}_3 = \begin{pmatrix} 2 \\ -3 \\ 4 \end{pmatrix},\quad \boldsymbol{c}_4 = \begin{pmatrix} 2 \\ 1 \\ 2 \end{pmatrix}$$

であって，行列 $C := (\boldsymbol{c}_1\ \ \boldsymbol{c}_2\ \ \boldsymbol{c}_3\ \ \boldsymbol{c}_4)$ の簡約化は $\begin{pmatrix} 1 & 0 & 0 & \frac{2}{3} \\ 0 & 1 & 0 & \frac{2}{3} \\ 0 & 0 & 1 & \frac{1}{3} \end{pmatrix}$ である．特に $\{\boldsymbol{c}_1, \boldsymbol{c}_2, \boldsymbol{c}_3, \boldsymbol{c}_4\}$ に含まれる線形独立な部分集合のうちの極大なものの 1 つは $\{\boldsymbol{c}_1, \boldsymbol{c}_2, \boldsymbol{c}_3\}$ である．よって，定理 4.3.5 より，$\{\boldsymbol{b}_1, \boldsymbol{b}_2, \boldsymbol{b}_3, \boldsymbol{b}_4\}$ に含まれる線形独立な部分集合のうちの極大なものの 1 つは $\{\boldsymbol{b}_1, \boldsymbol{b}_2, \boldsymbol{b}_3\}$ である．さらに，同次連立 1 次方程式 $C\boldsymbol{x} = \boldsymbol{0}$ の解は，k を任意の定数とするとき，$\boldsymbol{x} = k\begin{pmatrix} 2 \\ 2 \\ 1 \\ -3 \end{pmatrix}$ である．よって $2\boldsymbol{c}_1 + 2\boldsymbol{c}_2 + \boldsymbol{c}_3 - 3\boldsymbol{c}_4 = \boldsymbol{0}$ であって，定理 4.3.5 より，線形関係式 $2\boldsymbol{b}_1 + 2\boldsymbol{b}_2 + \boldsymbol{b}_3 - 3\boldsymbol{b}_4 = \boldsymbol{0}$ を得る． ■

さて，定理 4.3.2 では，n 次元数ベクトル空間 $\mathbb{F}^n$ においては，ベクトルの集合 $\{\boldsymbol{v}_1, \boldsymbol{v}_2, \ldots, \boldsymbol{v}_k\}$ が線形独立であれば，そこに含まれるベクトルの個数 k は最大でも n であることが示されている．また，$n+1$ 個以上のベクトルの集合はかならず線形従属となることも示されている．そして n 次元数ベクトル空間 $\mathbb{F}^n$ では，線形独立なベクトルの集合でちょうど n 個のベクトルを含むものが存在することは，すでにみたとおりである．実は，これと同様のことが，本節で導入した抽象的な線形空間においても示すことができるのである．そのことは以降で扱う**基底**や**次元**という概念を通して得られる．

線形空間の基底

基底の定義をしよう．

定義 4.3.3 $\mathbb{F}$ 上の線形空間 V に対し，V のベクトルの列 $(\boldsymbol{v}_1, \boldsymbol{v}_2, \ldots, \boldsymbol{v}_n)$，$\boldsymbol{v}_1, \boldsymbol{v}_2, \ldots, \boldsymbol{v}_n \in V$ が以下の性質 (1)，(2) を満たすとき，$(\boldsymbol{v}_1, \boldsymbol{v}_2, \ldots, \boldsymbol{v}_n)$ を V の**基底**という．

(1) $V = \langle \boldsymbol{v}_1, \boldsymbol{v}_2, \ldots, \boldsymbol{v}_n \rangle$,

(2) $\{\boldsymbol{v}_1, \boldsymbol{v}_2, \ldots, \boldsymbol{v}_n\}$ は線形独立である．

また，このときベクトルの組 $\boldsymbol{v}_1, \boldsymbol{v}_2, \ldots, \boldsymbol{v}_n$ は V の基底をなすという．

ひとことで言えば，線形独立な生成系のことを基底と呼ぶ．n 次元数ベクトル空間 $\mathbb{F}^n$ の場合を考えれば，標準基底 $(\boldsymbol{e}_1, \boldsymbol{e}_2, \ldots, \boldsymbol{e}_n)$ も，ここでいう意味での基底の 1 つである．また，$\mathbb{F}^n$ におけるどの n 個の線形独立なベクトルの列も $\mathbb{F}^n$ の基底となる (定理 4.1.2 参照)．

さて，$(\boldsymbol{v}_1, \boldsymbol{v}_2, \ldots, \boldsymbol{v}_n)$ が $\mathbb{F}$ 上の線形空間 V の基底であるとき，定義から $V = \langle \boldsymbol{v}_1, \boldsymbol{v}_2, \ldots, \boldsymbol{v}_n \rangle$ だから，V の任意のベクトル $\boldsymbol{v}$ は $\boldsymbol{v} = c_1\boldsymbol{v}_1 + c_2\boldsymbol{v}_2 + \cdots + c_n\boldsymbol{v}_n$ $(c_1, c_2, \ldots, c_n \in \mathbb{F})$ と，$\boldsymbol{v}_1, \boldsymbol{v}_2, \ldots, \boldsymbol{v}_n$ の線形結合で表すことができる．では，その「一意性」はどうだろうか．数ベクトル空間の場合は，任意の数ベクトルを基底の線形結合に表す仕方は一意的であった (定理 4.1.2 参照)．そこでは，数ベクトル空間の特性のもとに，問題を連立 1 次方程式の解の一意性に帰着することができたが，一般の線形空間における抽象的な設定でも一意性の証

明が可能なのである．

定理 4.3.6　$\mathbb{F}$ 上の線形空間 V について，$(\boldsymbol{v}_1, \boldsymbol{v}_2, \ldots, \boldsymbol{v}_n)$ を V の基底とする．このとき，V の任意のベクトル $\boldsymbol{v}$ を $\boldsymbol{v}_1, \boldsymbol{v}_2, \ldots, \boldsymbol{v}_n$ の線形結合で表す仕方は一意的である．

証明　いま，$\boldsymbol{v}$ が $\boldsymbol{v}_1, \boldsymbol{v}_2, \ldots, \boldsymbol{v}_n$ の線形結合として，2通りに表されたとする．

$$\boldsymbol{v} = c_1\boldsymbol{v}_1 + c_2\boldsymbol{v}_2 + \cdots + c_n\boldsymbol{v}_n = d_1\boldsymbol{v}_1 + d_2\boldsymbol{v}_2 + \cdots + d_n\boldsymbol{v}_n.$$

ただし，c_i, d_j はスカラーである．このとき，一方から他方を引くと

$$(c_1 - d_1)\boldsymbol{v}_1 + (c_2 - d_2)\boldsymbol{v}_2 + \cdots + (c_n - d_n)\boldsymbol{v}_n = \boldsymbol{0}$$

を得る．そして $\boldsymbol{v}_1, \boldsymbol{v}_2, \ldots, \boldsymbol{v}_n$ は線形独立であるから，

$$c_1 - d_1 = c_2 - d_2 = \cdots = c_n - d_n = 0,$$

すなわち $c_i = d_i$ が各 $i = 1, 2, \ldots, n$ に対して成立する．　■

明らかに V の基底は V の生成系である．しかし逆は成立しない．一般に，生成系に対しては線形独立性は仮定されない．この点が基底との相違点である．したがって，定理 4.3.6 と同様の主張は，生成系に対しては成立しないことが，証明をもう一度読めば理解できるであろう．

線形空間の次元

これまで線形空間の基底は，常にベクトルの有限列であるかのように記述されているが，実はその限りではない．一般には基底がベクトルの無限列にならざるを得ない線形空間もある．このような線形空間を「無限次元線形空間」と呼ぶ．一方，定義 4.3.3 で扱われているように，基底がベクトルの有限列にとれる線形空間を「有限次元線形空間」と呼ぶ．本小節ではこの「次元」という概念を定義するが，本書では主に有限次元線形空間のみを扱う．

さて，現時点では基底の存在はまだ保証されていない点に注意されたい．この点について，「ある性質」を満たす線形空間に対する基底の存在を，以下で示す．まず，$\mathbb{F}$ 上の線形空間 V に対して，次の性質を考えよう．

定義 4.3.4 V を $\mathbb{F}$ 上の線形空間とする．V が有限個のベクトルからなる生成系をもつ，すなわち，有限個のベクトル $\boldsymbol{v}_1, \boldsymbol{v}_2, \ldots, \boldsymbol{v}_k \in V$ が存在し，

$$V = \langle \boldsymbol{v}_1, \boldsymbol{v}_2, \ldots, \boldsymbol{v}_k \rangle$$

が成立するとき，V は**有限生成** (または**有限次元**) であるという．

定理 4.3.7 $\mathbb{F}$ 上の有限生成線形空間 $V = \langle \boldsymbol{v}_1, \boldsymbol{v}_2, \ldots, \boldsymbol{v}_k \rangle \neq \{\boldsymbol{0}\}$ には基底が存在する．

証明 $V \neq \{\boldsymbol{0}\}$ であるから，$\boldsymbol{b}_1 \in V$ で $\boldsymbol{b}_1 \neq \boldsymbol{0}$ なるベクトルがとれる．V の任意のベクトルが $\boldsymbol{b}_1$ の線形結合 (すなわちスカラー倍) であれば，$(\boldsymbol{b}_1)$ が V の基底である．よって証明は終わる．そうではない場合を考えよう．すると $\boldsymbol{v}_1, \boldsymbol{v}_2, \ldots, \boldsymbol{v}_k$ のなかに $\boldsymbol{b}_1$ の線形結合 (スカラー倍) で表されないものが存在する．なぜならば，もし $\boldsymbol{v}_1, \boldsymbol{v}_2, \ldots, \boldsymbol{v}_k$ がすべて $\boldsymbol{b}_1$ の線形結合であれば，$V = \langle \boldsymbol{v}_1, \boldsymbol{v}_2, \ldots, \boldsymbol{v}_k \rangle$ であることから，V の任意のベクトルが $\boldsymbol{b}_1$ の線形結合で表せることになり，いま考えている場合にあてはまらないからである．そこで $\boldsymbol{v}_1$ がそのベクトルとする．このとき，定理 4.3.1 より $\{\boldsymbol{b}_1, \boldsymbol{v}_1\}$ は線形独立である．$\boldsymbol{b}_2 := \boldsymbol{v}_1$ とおく．さて，$V = \langle \boldsymbol{b}_1, \boldsymbol{b}_2 \rangle$ が成立すれば，$(\boldsymbol{b}_1, \boldsymbol{b}_2)$ が V の基底となるので，その場合は証明は終わりである．そこで $V \neq \langle \boldsymbol{b}_1, \boldsymbol{b}_2 \rangle$ と仮定しよう．このとき，$\boldsymbol{v}_2, \ldots, \boldsymbol{v}_k$ のなかに $\boldsymbol{b}_1, \boldsymbol{b}_2$ の線形結合では表されないものが存在する．なぜならば，もし $\boldsymbol{v}_2, \ldots, \boldsymbol{v}_k$ がすべて $\boldsymbol{b}_1, \boldsymbol{b}_2$ の線形結合であれば，$V = \langle \boldsymbol{v}_1, \boldsymbol{v}_2, \ldots, \boldsymbol{v}_k \rangle$ であることから，V の任意のベクトルが $\boldsymbol{b}_1, \boldsymbol{b}_2$ の線形結合で表せることになり，いま考えている場合にあてはまらないからである．そこで $\boldsymbol{v}_2$ がそのベクトルとする．このとき，定理 4.3.1 より $\{\boldsymbol{b}_1, \boldsymbol{b}_2, \boldsymbol{v}_2\}$ は線形独立である．$\boldsymbol{b}_3 := \boldsymbol{v}_2$ とおく．この議論を繰り返していく．すると $V = \langle \boldsymbol{v}_1, \boldsymbol{v}_2, \ldots, \boldsymbol{v}_k \rangle$ であったことから，高々 k 回の議論の繰り返しのうちに，V の基底 $(\boldsymbol{b}_1, \boldsymbol{b}_2, \ldots, \boldsymbol{b}_n)$ を得る． ∎

零空間 $\{\boldsymbol{0}\}$ ではない有限生成線形空間 V には，有限個のベクトルからなる基底がとれることが確認できた．しかし，その基底のとり方は V に対して一

意的に定まらないことは，証明の内容を確認すれば読者もおわかりになるとおもう．実際，基底のとり方は一意的ではなく，一般に無限に多くのとり方がある．その事実は，のちに数ベクトル空間 $\mathbb{F}^n$ の場合で具体的に眺めることにしたい．一方，次のことがいえる．

定理 4.3.8　$\mathbb{F}$ 上の有限生成線形空間 V の基底を構成するベクトルの個数は，V に対して常に一定である．

証明　$(\boldsymbol{u}_1, \boldsymbol{u}_2, \ldots, \boldsymbol{u}_m)$ および $(\boldsymbol{v}_1, \boldsymbol{v}_2, \ldots, \boldsymbol{v}_n)$ をそれぞれ V の基底とする．このとき，定理 4.3.5 より，$m < n$ でも $m > n$ でもなく，$m = n$ が従う．■

さて，有限生成線形空間の基底のとり方は多々あれども，その各々に含まれるベクトルの個数は，基底のとり方に関わらず常に一定値となることがわかった．そこでわれわれは次のように定義しよう．

定義 4.3.5　有限生成線形空間 V の基底が含むベクトルの個数 n を，V の**次元**と呼び $\dim V$ で表す．このとき，V を n **次元線形空間**と呼ぶ．また，$V = \{\mathbf{0}\}$ のとき $\dim V = 0$ とする．

次元が有限値である線形空間を，一般に有限次元線形空間と呼ぶ．したがって，線形空間が有限生成であれば，必ず有限次元である．定義 4.3.4 でみられた，有限生成と有限次元という用語の運用に関する若干の混乱は，このような事情に基づいている．次の定理は定理 4.3.2 の一般化である．

定理 4.3.9　F 上の n 次元線形空間 V について，V の n 個を超えるベクトルの組は線形従属であり，V の n 個からなる線形独立なベクトルの組は V の基底をなす．

証明　n 個を超えるベクトルの組に属するすべてのベクトルは，基底をなすベクトルの線形結合で表されるから，定理 4.3.5 より，それらは線形従属である．したがって，V の n 個からなる線形独立なベクトルの組は，V の生成系でもあるので，V の基底をなす．■

さて，われわれはいままで $\mathbb{F}^n$ のことを「n 次元数ベクトル空間」と呼んできたが，ここで用いられている「次元」という言葉は，定義 4.3.5 で定義された次元と同じものであることに注意されたい．実際，$\mathbb{F}^n$ は標準基底 $(\boldsymbol{e}_1, \boldsymbol{e}_2, \ldots, \boldsymbol{e}_n)$ をもつ訳であるから，定義 4.3.5 の意味で n 次元線形空間となっている．また，定理 4.1.2 により，n 次元数ベクトル空間 $\mathbb{F}^n$ の基底とは，n 次正則行列 $A = (\boldsymbol{v}_1 \quad \boldsymbol{v}_2 \quad \cdots \quad \boldsymbol{v}_n)$ の各列のなす列 $(\boldsymbol{v}_1, \boldsymbol{v}_2, \ldots, \boldsymbol{v}_n)$ のことであるから，$\mathbb{F}_n$ の基底のとり方は n 次正則行列と同じ数だけあることになる．しかし，それらはいずれも n 個のベクトルからなることは明らかである．

例題 4.3.3　次の数ベクトル $\boldsymbol{a}_1, \boldsymbol{a}_2, \boldsymbol{a}_3, \boldsymbol{a}_4$ のなかから $\mathbb{F}^3$ の基底を 1 組選び，残りのベクトルをそれらの線形結合で表せ．

$$\boldsymbol{a}_1 = \begin{pmatrix} 1 \\ 2 \\ -2 \end{pmatrix}, \quad \boldsymbol{a}_2 = \begin{pmatrix} 2 \\ -3 \\ 5 \end{pmatrix}, \quad \boldsymbol{a}_3 = \begin{pmatrix} 3 \\ -1 \\ 3 \end{pmatrix}, \quad \boldsymbol{a}_4 = \begin{pmatrix} 4 \\ -1 \\ 3 \end{pmatrix}$$

解答　行列 $A = (\boldsymbol{a}_1 \quad \boldsymbol{a}_2 \quad \boldsymbol{a}_3 \quad \boldsymbol{a}_4)$ の簡約化は $\begin{pmatrix} 1 & 0 & 1 & 0 \\ 0 & 1 & 1 & 0 \\ 0 & 0 & 0 & 1 \end{pmatrix}$ である．よって，命題 4.3.4 より $(\boldsymbol{a}_1 \quad \boldsymbol{a}_2 \quad \boldsymbol{a}_4)$ は正則行列であり，定理 4.3.9 より $(\boldsymbol{a}_1, \boldsymbol{a}_2, \boldsymbol{a}_4)$ は $\mathbb{F}^3$ の基底である．また，同次連立 1 次方程式 $A\boldsymbol{x} = \boldsymbol{0}$ の解は，k を任意の定数とするとき，$\boldsymbol{x} = k\begin{pmatrix} -1 \\ -1 \\ 1 \\ 0 \end{pmatrix}$ である．よって $\boldsymbol{a}_3 = \boldsymbol{a}_1 + \boldsymbol{a}_2$ がわかる．このことは，命題 4.3.4 からもわかる．　▮

基底に関する座標，基底変換

$\mathbb{F}$ 上の線形空間 V について，$\mathcal{B} = (\boldsymbol{v}_1, \boldsymbol{v}_2, \ldots, \boldsymbol{v}_n)$ を V の基底とする．定理 4.3.6 により，任意のベクトル $\boldsymbol{v} \in V$ は

$$\boldsymbol{v} = c_1\boldsymbol{v}_1 + c_2\boldsymbol{v}_2 + \cdots + c_n\boldsymbol{v}_n = \sum_{i=1}^{n} c_i\boldsymbol{v}_i \quad (c_1, c_2, \ldots, c_n \in \mathbb{F})$$

の形で一意的に書ける．すなわち n 次元数ベクトル

$$\boldsymbol{c} := \begin{pmatrix} c_1 \\ c_2 \\ \vdots \\ c_n \end{pmatrix}$$

が $\boldsymbol{v}$ に対して一意的に定まる．これを基底 $\mathcal{B}$ に関する $\boldsymbol{v} \in V$ の**座標**と呼ぶ．座標を用いれば，行列を列分割表示した場合における分割計算と同じ形で，

$$\boldsymbol{v} = (\boldsymbol{v}_1 \quad \boldsymbol{v}_2 \quad \cdots \quad \boldsymbol{v}_n) \cdot \boldsymbol{c}$$

と表される．V のベクトルに対して，定められた基底に関する座標を対応させることで，V は n 次元数ベクトル空間と「同一視」される (問題 5-2, ***3*** 参照)．$\mathbb{F}$ 上の n 次元線形空間 V に対して基底は無数に存在するが，V の基底として $\mathcal{B} = (\boldsymbol{v}_1, \boldsymbol{v}_2, \ldots, \boldsymbol{v}_n)$ および $\mathcal{B}' = (\boldsymbol{v}'_1, \boldsymbol{v}'_2, \ldots, \boldsymbol{v}'_n)$ を選んだ場合，基底 $\mathcal{B}$ に関する $\mathcal{B}'$ が含むベクトル $\boldsymbol{v}'_1, \boldsymbol{v}'_2, \ldots, \boldsymbol{v}'_n$ の座標をそれぞれ

$$\boldsymbol{p}_1 = \begin{pmatrix} p_{11} \\ p_{21} \\ \vdots \\ p_{n1} \end{pmatrix}, \quad \boldsymbol{p}_2 = \begin{pmatrix} p_{12} \\ p_{22} \\ \vdots \\ p_{n2} \end{pmatrix}, \ldots, \quad \boldsymbol{p}_n = \begin{pmatrix} p_{1n} \\ p_{2n} \\ \vdots \\ p_{nn} \end{pmatrix}$$

とすれば，

$$\boldsymbol{v}'_j = \sum_{i=1}^{n} p_{ij}\boldsymbol{v}_i = (\boldsymbol{v}_1 \quad \boldsymbol{v}_2 \quad \cdots \quad \boldsymbol{v}_n) \cdot \boldsymbol{p}_j \qquad (j = 1, 2, \ldots, n)$$

と表すことができる．座標を並べた行列 $P := (\boldsymbol{p}_1 \quad \boldsymbol{p}_2 \quad \cdots \quad \boldsymbol{p}_n) = (p_{ij})$ を基底 $\mathcal{B}$ から基底 $\mathcal{B}'$ への **(基底の) 変換行列**と呼ぶ．このとき，定理 4.3.5 より，集合 $\{\boldsymbol{p}_1, \boldsymbol{p}_2, \ldots, \boldsymbol{p}_n\}$ は線形独立であり，P は正則である (定理 4.1.2 参

照). 基底の変換行列 P を用いれば, 行列を列分割表示した場合における分割計算と同じ形で,

$$(\boldsymbol{v}_1' \quad \boldsymbol{v}_2' \quad \cdots \quad \boldsymbol{v}_n') = (\boldsymbol{v}_1 \quad \boldsymbol{v}_2 \quad \cdots \quad \boldsymbol{v}_n) \cdot P \tag{4.3.1}$$

と表される. 一方, 基底 $\mathcal{B}'$ から基底 $\mathcal{B}$ への変換行列 を $Q = (q_{ij})$ とおけば,

$$(\boldsymbol{v}_1 \quad \boldsymbol{v}_2 \quad \cdots \quad \boldsymbol{v}_n) = (\boldsymbol{v}_1' \quad \boldsymbol{v}_2' \quad \cdots \quad \boldsymbol{v}_n') \cdot Q$$

と表されるから, 行列の分割計算と同様に

$$(\boldsymbol{v}_1 \quad \boldsymbol{v}_2 \quad \cdots \quad \boldsymbol{v}_n) = (\boldsymbol{v}_1 \quad \boldsymbol{v}_2 \quad \cdots \quad \boldsymbol{v}_n) \cdot PQ$$

となるが, 定理 4.3.6 より, このことは $PQ = E_n$ を導く. これを直接証明してみよう.

定理 4.3.10　$\mathbb{F}$ 上の線形空間 V の基底 $\mathcal{B}$ から基底 $\mathcal{B}'$ への変換行列を P とし, 基底 $\mathcal{B}'$ から基底 $\mathcal{B}$ への変換行列を Q とすれば, P, Q は正則であって, $P = Q^{-1}$ が成り立つ.

証明　$P = (p_{ij}), Q = (q_{ij})$ とすれば,

$$\boldsymbol{v}_j' = \sum_{i=1}^{n} p_{ij}\boldsymbol{v}_i, \quad \boldsymbol{v}_j = \sum_{i=1}^{n} q_{ij}\boldsymbol{v}_i' \quad (j = 1, 2, \ldots, n)$$

であるから, 各 $k = 1, 2, \ldots, n$ に対して

$$\boldsymbol{v}_k = \sum_{i=1}^{n} q_{ik} \left(\sum_{l=1}^{n} p_{li}\boldsymbol{v}_l \right) = \sum_{l=1}^{n} \left(\sum_{i=1}^{n} p_{li}q_{ik} \right) \boldsymbol{v}_l$$

となる. このとき, 定理 4.3.6 より,

$$\sum_{i=1}^{n} p_{li}q_{ik} = \delta_{lk}$$

を得る. ただし, δ_{lk} はクロネッカーのデルタを表す. したがって, $PQ = E_n$ を得る. これは Q が逆行列 P をもつことを示しており, P, Q は正則である.　∎

系 4.3.11　V を $\mathbb{F}$ 上の線形空間とし，$(\boldsymbol{v}_1, \boldsymbol{v}_2, \ldots, \boldsymbol{v}_n)$ を V の基底とする．$P = (p_{ij})$ を n 次正方行列とし，V のベクトル $\boldsymbol{u}_1, \boldsymbol{u}_2, \ldots, \boldsymbol{u}_n$ を

$$\boldsymbol{u}_j = \sum_{i=1}^{n} p_{ij}\boldsymbol{v}_i = (\boldsymbol{v}_1 \quad \boldsymbol{v}_2 \quad \cdots \quad \boldsymbol{v}_n) \cdot \begin{pmatrix} p_{1j} \\ p_{2j} \\ \vdots \\ p_{nj} \end{pmatrix} \qquad (j = 1, 2, \ldots, n)$$

により定めるとき，$(\boldsymbol{u}_1, \boldsymbol{u}_2, \ldots, \boldsymbol{u}_n)$ が V の基底であるための必要十分条件は P が正則となっていることである．

証明　$(\boldsymbol{u}_1, \boldsymbol{u}_2, \ldots, \boldsymbol{u}_n)$ が V の基底ならば，定理 4.3.10 より，P は正則である．逆に，P が正則であるとする．このとき，

$$(\boldsymbol{u}_1 \quad \boldsymbol{u}_2 \quad \cdots \quad \boldsymbol{u}_n) = (\boldsymbol{v}_1 \quad \boldsymbol{v}_2 \quad \cdots \quad \boldsymbol{v}_r) \cdot P$$

と表されるが，P は正則だから，

$$(\boldsymbol{v}_1 \quad \boldsymbol{v}_2 \quad \cdots \quad \boldsymbol{v}_n) = (\boldsymbol{u}_1 \quad \boldsymbol{u}_2 \quad \cdots \quad \boldsymbol{u}_n) \cdot P^{-1}$$

と表されるので，$\boldsymbol{u}_1, \boldsymbol{u}_2, \ldots, \boldsymbol{u}_n$ は V の生成系である．また，定理 4.3.5 より，$\boldsymbol{u}_1, \boldsymbol{u}_2, \ldots, \boldsymbol{u}_n$ は P の列に現れる数ベクトルの組と同じ線形関係式を満たすが，P は正則だから，$\boldsymbol{u}_1, \boldsymbol{u}_2, \ldots, \boldsymbol{u}_n$ は線形独立である．よって $(\boldsymbol{u}_1, \boldsymbol{u}_2, \ldots, \boldsymbol{u}_n)$ は V の基底である．■

定理 4.3.12　$\mathbb{F}$ 上の線形空間 V の基底 $\mathcal{B} = (\boldsymbol{v}_1, \boldsymbol{v}_2, \ldots, \boldsymbol{v}_n)$ から基底 $\mathcal{B}' = (\boldsymbol{v}'_1, \boldsymbol{v}'_2, \ldots, \boldsymbol{v}'_n)$ への変換行列を P とする．このとき $\mathcal{B}$ および $\mathcal{B}'$ に関するベクトル $\boldsymbol{v} \in V$ の座標をそれぞれ

$$\boldsymbol{c} = \begin{pmatrix} c_1 \\ c_2 \\ \vdots \\ c_n \end{pmatrix}, \quad \boldsymbol{c}' = \begin{pmatrix} c'_1 \\ c'_2 \\ \vdots \\ c'_n \end{pmatrix}$$

とすれば $\boldsymbol{c} = P\boldsymbol{c}'$，すなわち $\boldsymbol{c}' = P^{-1}\boldsymbol{c}$ である．

証明　仮定から

$$\boldsymbol{v} = (\boldsymbol{v}_1' \quad \boldsymbol{v}_2' \quad \cdots \quad \boldsymbol{v}_n') \cdot \boldsymbol{c}' = (\boldsymbol{v}_1 \quad \boldsymbol{v}_2 \quad \cdots \quad \boldsymbol{v}_n) \cdot P\boldsymbol{c}'$$

より，$\boldsymbol{c} = P\boldsymbol{c}'$ が成り立つ．($P = (p_{ij})$ として，この結論を直接みてみれば，

$$\begin{aligned}\boldsymbol{v} &= c_1'\boldsymbol{v}_1' + c_2'\boldsymbol{v}_2' + \cdots + c_n'\boldsymbol{v}_n' \\ &= \sum_{k=1}^{n} c_k'(p_{1k}\boldsymbol{v}_1 + p_{2k}\boldsymbol{v}_2 + \cdots + p_{nk}\boldsymbol{v}_n) \\ &= \sum_{l=1}^{n}(p_{l1}c_1' + p_{l2}c_2' + \cdots + p_{ln}c_n')\boldsymbol{v}_l\end{aligned}$$

となっている.)　■

変換行列の求め方

この小節では変換行列の求め方について，例を用いて解説をしておく．3つの方法を紹介する．本質的にはいずれも同じことなのではあるが，これらを個別に扱うことは，連立1次方程式の解法ににまつわる諸々の事項に対し，より深い洞察を得る機会にもなろう．

3次元数ベクトル空間の場合で，基底変換の例をみてみよう．3次元数ベクトル空間 $\mathbb{F}^3$ のベクトル

$$\boldsymbol{v}_1 = \begin{pmatrix}1\\2\\1\end{pmatrix}, \quad \boldsymbol{v}_2 = \begin{pmatrix}2\\3\\2\end{pmatrix}, \quad \boldsymbol{v}_3 = \begin{pmatrix}0\\1\\1\end{pmatrix}$$

および

$$\boldsymbol{v}_1' = \begin{pmatrix}1\\0\\1\end{pmatrix}, \quad \boldsymbol{v}_2' = \begin{pmatrix}1\\1\\1\end{pmatrix}, \quad \boldsymbol{v}_3' = \begin{pmatrix}1\\0\\2\end{pmatrix}$$

を考えよう．まず，$\boldsymbol{v}_1', \boldsymbol{v}_2', \boldsymbol{v}_3'$ を並べて得られる行列

$$A' := \begin{pmatrix} 1 & 1 & 1 \\ 0 & 1 & 0 \\ 1 & 1 & 2 \end{pmatrix}$$

に対して，$\det A' = 1 \neq 0$ であることから，定理 4.1.2 により $\{\boldsymbol{v}_1', \boldsymbol{v}_2', \boldsymbol{v}_3'\}$ は線形独立である．(もちろん，線形独立の定義を直接確かめてもよいが，この場合はこちらの方法が便利であろう．) したがって，$\mathcal{B}' = (\boldsymbol{v}_1', \boldsymbol{v}_2', \boldsymbol{v}_3')$ は $\mathbb{F}^3$ の基底である．同様に，$\{\boldsymbol{v}_1, \boldsymbol{v}_2, \boldsymbol{v}_3\}$ も線形独立である．

問 4.3.3　上記のことを確認せよ．

したがって，$\mathcal{B} = (\boldsymbol{v}_1, \boldsymbol{v}_2, \boldsymbol{v}_3)$ も V の基底である．では，基底 $\mathcal{B}$ から基底 $\mathcal{B}'$ への変換行列 P を 3 つの手段で求めてみよう．

定義に従う方法

ここでは **基底変換** で述べたとおりの手続きで作業をすすめてみよう．基底 $\mathcal{B}'$ を構成する各ベクトルを，基底 $\mathcal{B}$ の線形結合に展開する．まず，$\boldsymbol{v}_1'$ を $\boldsymbol{v}_1, \boldsymbol{v}_2, \boldsymbol{v}_3$ の線形結合に展開してみよう．$x_1\boldsymbol{v}_1 + x_2\boldsymbol{v}_2 + x_3\boldsymbol{v}_3 = \boldsymbol{v}_1'$ を満たす x_1, x_2, x_3 を求めるには，連立 1 次方程式

$$\begin{cases} x_1 + 2x_2 \phantom{{}+x_3} = 1 \\ 2x_1 + 3x_2 + x_3 = 0 \\ x_1 + 2x_2 + x_3 = 1 \end{cases}$$

を解けばよい．解は $x_1 = -3,\ x_2 = 2,\ x_3 = 0$ となるので $\boldsymbol{v}_1' = -3\boldsymbol{v}_1 + 2\boldsymbol{v}_2$ となる．同様に $\boldsymbol{v}_2' = -\boldsymbol{v}_1 + \boldsymbol{v}_2$, $\boldsymbol{v}_3' = -5\boldsymbol{v}_1 + 3\boldsymbol{v}_2 + \boldsymbol{v}_3$ を得る．

問 4.3.4　上記のことを確認せよ．

したがって，$\mathcal{B}$ から $\mathcal{B}'$ への変換行列 P は

$$P = \begin{pmatrix} -3 & -1 & -5 \\ 2 & 1 & 3 \\ 0 & 0 & 1 \end{pmatrix}$$

により定義される．

次に定理 4.3.12 の内容を確認してみよう．たとえば，基底 $\mathcal{B}$ に関する $\boldsymbol{v} = {}^t(1 \quad 2 \quad -1)$ の座標 $\boldsymbol{c}$ と $\mathcal{B}'$ に関する $\boldsymbol{v}$ の座標 $\boldsymbol{c}'$ に対して $\boldsymbol{c} = P\boldsymbol{c}'$ が成立していることを具体的な計算で確認してみよう．$c_1'\boldsymbol{v}_1' + c_2'\boldsymbol{v}_2' + c_3'\boldsymbol{v}_3' = \boldsymbol{v}$ を満たす c_1', c_2', c_3' を求めることにより，$\boldsymbol{c}' = {}^t(1 \quad 2 \quad -2)$ を得る．同様に $\boldsymbol{c} = {}^t(5 \quad -2 \quad -2)$ を得る．そして直接の計算により $\boldsymbol{c} = P\boldsymbol{c}'$ が確認される．

問 4.3.5 $\boldsymbol{c}, \boldsymbol{c}'$ に関する上記の主張を確認せよ．

問 4.3.6 3 次元数ベクトル空間 $\mathbb{F}^3$ のベクトル

$$\boldsymbol{v}_1 = \begin{pmatrix} 1 \\ 0 \\ 1 \end{pmatrix}, \quad \boldsymbol{v}_2 = \begin{pmatrix} 2 \\ 1 \\ 2 \end{pmatrix}, \quad \boldsymbol{v}_3 = \begin{pmatrix} 1 \\ 1 \\ 2 \end{pmatrix},$$

$$\boldsymbol{v}_1' = \begin{pmatrix} 1 \\ 1 \\ 1 \end{pmatrix}, \quad \boldsymbol{v}_2' = \begin{pmatrix} 1 \\ 2 \\ 1 \end{pmatrix}, \quad \boldsymbol{v}_3' = \begin{pmatrix} 2 \\ 3 \\ 1 \end{pmatrix}$$

に対して，$\mathcal{B} = (\boldsymbol{v}_1, \boldsymbol{v}_2, \boldsymbol{v}_3)$ および $\mathcal{B}' = (\boldsymbol{v}_1', \boldsymbol{v}_2', \boldsymbol{v}_3')$ が V の基底であることを確認せよ．また，基底 $\mathcal{B}$ から基底 $\mathcal{B}'$ への変換行列 P を求めよ．V のベクトル $\boldsymbol{v} = {}^t(1 \quad -1 \quad 1)$ に対して，基底 $\mathcal{B}$ に関する $\boldsymbol{v}$ の座標 $\boldsymbol{c}$ と $\mathcal{B}'$ に関する $\boldsymbol{v}$ の座標 $\boldsymbol{c}'$ が，$\boldsymbol{c} = P\boldsymbol{c}'$ を満たすことを確認せよ．

逆行列を用いる方法

上の例では，

$$\begin{aligned} x_1\boldsymbol{v}_1 + y_1\boldsymbol{v}_2 + z_1\boldsymbol{v}_3 &= \boldsymbol{v}_1' \\ x_2\boldsymbol{v}_1 + y_2\boldsymbol{v}_2 + z_2\boldsymbol{v}_3 &= \boldsymbol{v}_2' \\ x_3\boldsymbol{v}_1 + y_3\boldsymbol{v}_2 + z_3\boldsymbol{v}_3 &= \boldsymbol{v}_3' \end{aligned} \tag{4.3.2}$$

を満たす x_i, y_i, z_i $(i = 1, 2, 3)$ を求めることにより，基底の変換行列

$$P := \begin{pmatrix} x_1 & x_2 & x_3 \\ y_1 & y_2 & y_3 \\ z_1 & z_2 & z_3 \end{pmatrix}$$

を求めたのであった．ここで改めて (4.3.2) をご覧いただきたい．$\boldsymbol{v}_1, \boldsymbol{v}_2, \boldsymbol{v}_3$ を並べて得られる行列

$$A := \begin{pmatrix} 1 & 2 & 0 \\ 2 & 3 & 1 \\ 1 & 2 & 1 \end{pmatrix}$$

を考えれば，連立 1 次方程式

$$A\begin{pmatrix} x_1 \\ x_2 \\ x_3 \end{pmatrix} = \begin{pmatrix} 1 \\ 0 \\ 1 \end{pmatrix}, \quad A\begin{pmatrix} x_1 \\ x_2 \\ x_3 \end{pmatrix} = \begin{pmatrix} 1 \\ 1 \\ 1 \end{pmatrix}, \quad A\begin{pmatrix} x_1 \\ x_2 \\ x_3 \end{pmatrix} = \begin{pmatrix} 1 \\ 0 \\ 2 \end{pmatrix}$$

を解くことにより，x_i, y_i, z_i $(i = 1, 2, 3)$ が求まることに読者の皆さんはお気づきになるであろう．さらに，行列の積の定義を検討すれば，これら 3 つの連立 1 次方程式 (の行列表示) は，行列の等式 $AP = A'$ と同値になることが理解できよう (式 (4.3.1) 参照)．すなわち，基底 $\mathcal{B}$ から基底 $\mathcal{B}'$ への変換行列 P は

$$P = A^{-1}A' = \begin{pmatrix} 1 & 2 & 0 \\ 2 & 3 & 1 \\ 1 & 2 & 1 \end{pmatrix}^{-1} \begin{pmatrix} 1 & 1 & 1 \\ 0 & 1 & 0 \\ 1 & 1 & 2 \end{pmatrix}$$

として与えられることがわかる．読者は $\mathcal{B}$ が基底であることから，A が正則行列であることに注意してほしい．実際 A の逆行列は，

$$A^{-1} = \begin{pmatrix} -1 & 2 & -2 \\ 1 & -1 & 1 \\ -1 & 0 & 1 \end{pmatrix}$$

であることがわかる．あとは簡単な計算により $P = A^{-1}A'$ が確認できよう．

問 4.3.7　問 4.3.6 の設定のもとで上記のことを確認せよ．

掃き出し法を用いる方法

前項においては，P が $A^{-1}A'$ として得られることを示したが，定理 2.4.6 より，$(A\,|\,A')$ に行基本変形を施して左半分 (A の部分) を単位行列まで変形すれば，$(E_3\,|\,A^{-1}A')$ となり，右半分 ($\boldsymbol{v}_1, \boldsymbol{v}_2, \boldsymbol{v}_3$ を並べた部分) には，$\mathcal{B}$ から $\mathcal{B}'$ への変換行列 $P = A^{-1}A'$ が自動的に現れることになる．

問 4.3.8　問 4.3.6 の設定のもと，$\mathcal{B}$ から $\mathcal{B}'$ への変換行列 P を，掃き出し法を用いて求めよ．

問題 4-3

1. 以下の数ベクトル $\boldsymbol{a}_1, \boldsymbol{a}_2, \boldsymbol{a}_3$ の組について線形独立か線形従属かを答えよ．また，線形従属ならば非自明な線形関係式を求めよ．

(1) $\boldsymbol{a}_1 = \begin{pmatrix} 3 \\ 1 \\ 2 \end{pmatrix}, \quad \boldsymbol{a}_2 = \begin{pmatrix} 2 \\ -4 \\ 1 \end{pmatrix}, \quad \boldsymbol{a}_3 = \begin{pmatrix} -1 \\ 3 \\ -3 \end{pmatrix}$

(2) $\boldsymbol{a}_1 = \begin{pmatrix} -1 \\ 1 \\ 1 \end{pmatrix}, \quad \boldsymbol{a}_2 = \begin{pmatrix} 3 \\ -1 \\ 3 \end{pmatrix}, \quad \boldsymbol{a}_3 = \begin{pmatrix} 2 \\ -1 \\ 1 \end{pmatrix}$

2. 以下の数ベクトル $\boldsymbol{a}_1$–$\boldsymbol{a}_4$ のなかから $\mathbb{F}^3$ の基底を 1 組選び，残りのベクトルをそれらの線形結合で表せ．

(1) $\boldsymbol{a}_1 = \begin{pmatrix} 3 \\ 3 \\ -2 \end{pmatrix}, \quad \boldsymbol{a}_2 = \begin{pmatrix} -1 \\ 3 \\ 2 \end{pmatrix}, \quad \boldsymbol{a}_3 = \begin{pmatrix} 2 \\ 0 \\ -2 \end{pmatrix}, \quad \boldsymbol{a}_4 = \begin{pmatrix} 2 \\ -2 \\ -3 \end{pmatrix}$

(2) $\boldsymbol{a}_1 = \begin{pmatrix} 4 \\ 2 \\ 2 \end{pmatrix}, \quad \boldsymbol{a}_2 = \begin{pmatrix} 0 \\ 0 \\ 2 \end{pmatrix}, \quad \boldsymbol{a}_3 = \begin{pmatrix} 2 \\ 1 \\ -1 \end{pmatrix}, \quad \boldsymbol{a}_4 = \begin{pmatrix} 2 \\ 1 \\ 0 \end{pmatrix}$

3. 4次元数ベクトル空間 $\mathbb{F}^4$ のベクトル

$$\boldsymbol{a}_1 = \begin{pmatrix} 0 \\ 1 \\ 3 \\ 2 \end{pmatrix}, \quad \boldsymbol{a}_2 = \begin{pmatrix} 2 \\ 1 \\ 1 \\ 2 \end{pmatrix}, \quad \boldsymbol{a}_3 = \begin{pmatrix} 1 \\ 1 \\ 2 \\ 2 \end{pmatrix}, \quad \boldsymbol{a}_4 = \begin{pmatrix} 1 \\ -2 \\ 0 \\ 3 \end{pmatrix}$$

に対して，$\{\boldsymbol{a}_1, \boldsymbol{a}_2, \boldsymbol{a}_3, \boldsymbol{a}_4\}$ に含まれる1次独立な部分集合のうちの極大なものを挙げよ．

4. $\mathbb{F}$ 上の線形空間 V のベクトルの組 $\boldsymbol{a}_1, \boldsymbol{a}_2, \boldsymbol{a}_3$ は線形独立とする．

(1) 次のベクトル $\boldsymbol{b}_1, \boldsymbol{b}_2, \boldsymbol{b}_3$ の組について線形独立か線形従属かを答えよ．

$$\boldsymbol{b}_1 = \boldsymbol{a}_1 + 2\boldsymbol{a}_2 - \boldsymbol{a}_3, \quad \boldsymbol{b}_2 = 2\boldsymbol{a}_1 - \boldsymbol{a}_2 + \boldsymbol{a}_3, \quad \boldsymbol{b}_3 = 3\boldsymbol{a}_1 + 2\boldsymbol{a}_2 + \boldsymbol{a}_3$$

(2) 次のベクトル $\boldsymbol{b}_1, \boldsymbol{b}_2, \boldsymbol{b}_3, \boldsymbol{b}_4$ の線形関係式を求めよ．

$$\boldsymbol{b}_1 = \boldsymbol{a}_1 - \boldsymbol{a}_2 + \boldsymbol{a}_3, \qquad \boldsymbol{b}_2 = \boldsymbol{a}_1 + 3\boldsymbol{a}_2 + 3\boldsymbol{a}_3,$$
$$\boldsymbol{b}_3 = 3\boldsymbol{a}_1 - \boldsymbol{a}_2 + 4\boldsymbol{a}_3, \quad \boldsymbol{b}_4 = -\boldsymbol{a}_1 + 5\boldsymbol{a}_2 + \boldsymbol{a}_3$$

また $\{\boldsymbol{b}_1, \boldsymbol{b}_2, \boldsymbol{b}_3, \boldsymbol{b}_4\}$ に含まれる線形独立な部分集合のうちの極大なものを挙げよ．

5. 次の数ベクトル $\boldsymbol{a}_1, \boldsymbol{a}_2, \boldsymbol{a}_3, \boldsymbol{b}_1, \boldsymbol{b}_2, \boldsymbol{b}_3$ について，$\mathbb{F}^3$ の基底 $(\boldsymbol{a}_1, \boldsymbol{a}_2, \boldsymbol{a}_3)$ から基底 $(\boldsymbol{b}_1, \boldsymbol{b}_2, \boldsymbol{b}_3)$ への変換行列を求めよ．

$$\boldsymbol{a}_1 = \begin{pmatrix} 1 \\ 0 \\ 0 \end{pmatrix}, \quad \boldsymbol{a}_2 = \begin{pmatrix} 1 \\ 1 \\ 0 \end{pmatrix}, \quad \boldsymbol{a}_3 = \begin{pmatrix} 0 \\ 1 \\ 1 \end{pmatrix}$$
$$\boldsymbol{b}_1 = \begin{pmatrix} 1 \\ 1 \\ 0 \end{pmatrix}, \quad \boldsymbol{b}_2 = \begin{pmatrix} 0 \\ 1 \\ 1 \end{pmatrix}, \quad \boldsymbol{b}_3 = \begin{pmatrix} 0 \\ 0 \\ 1 \end{pmatrix}$$

6. $\mathbb{F}$ 上の3次元線形空間 V の基底 $(\boldsymbol{a}_1, \boldsymbol{a}_2, \boldsymbol{a}_3)$ に対して

$$\boldsymbol{b}_1 = \boldsymbol{a}_1 + \boldsymbol{a}_3, \quad \boldsymbol{b}_2 = \boldsymbol{a}_1 - \boldsymbol{a}_2, \quad \boldsymbol{b}_3 = \boldsymbol{a}_2 - \boldsymbol{a}_3,$$
$$\boldsymbol{c}_1 = \boldsymbol{a}_2 + \boldsymbol{a}_3, \quad \boldsymbol{c}_2 = \boldsymbol{a}_1 + \boldsymbol{a}_2, \quad \boldsymbol{c}_3 = \boldsymbol{a}_2$$

とするとき，$(\boldsymbol{b}_1, \boldsymbol{b}_2, \boldsymbol{b}_3)$ と $(\boldsymbol{c}_1, \boldsymbol{c}_2, \boldsymbol{c}_3)$ はともに V の基底であることを示し，基底 $(\boldsymbol{b}_1, \boldsymbol{b}_2, \boldsymbol{b}_3)$ から基底 $(\boldsymbol{c}_1, \boldsymbol{c}_2, \boldsymbol{c}_3)$ への変換行列を求めよ．

4.4　部分空間の基底と次元

部分空間の次元

有限生成線形空間 $V \neq \{\mathbf{0}\}$ には基底がとれ (定理 4.3.7)，その基底に含まれるベクトルの個数を V の次元 (定義 4.3.5) といった．一方，V の部分集合 U が和とスカラー倍に関して閉じていれば U も線形空間となり (命題 4.2.3)，それを V の部分空間と呼んだ．ところで，次元とは線形空間の「大きさ」をはかるものである．U が V の「部分」なのだから，U は有限生成で，V の次元が U の次元より大きいことが，読者の皆さんにも「想像」できよう．しかし「想像」だけでは数学にはならない．実際このことが正しいことが次の定理の後半の主張からわかる．

定理 4.4.1　V は $\mathbb{F}$ 上の n 次元線形空間とする．$\boldsymbol{v}_1, \boldsymbol{v}_2, \ldots, \boldsymbol{v}_k \in V$ が線形独立なベクトルの組であるとき $k \leqq n$ が成り立ち，さらに，$n-k$ 個のベクトル $\boldsymbol{v}_{k+1}, \ldots, \boldsymbol{v}_n \in V$ が存在して，$\{\boldsymbol{v}_1, \ldots, \boldsymbol{v}_k, \boldsymbol{v}_{k+1}, \ldots, \boldsymbol{v}_n\}$ が V の基底となる．また，V の任意の部分空間 U は有限生成であり，$U \neq V$ ならば $\dim U < n$ である．特に，V の n 個の線形独立なベクトルの組は V の基底をなす．

証明　定理 4.3.9 より $k \leqq n$ である．$(\boldsymbol{u}_1, \ldots, \boldsymbol{u}_n)$ を V の 1 つの基底とする．$\boldsymbol{u}_1, \ldots, \boldsymbol{u}_n$ がすべて $\boldsymbol{v}_1, \ldots, \boldsymbol{v}_k$ の線形結合で表されれば，V の任意のベクトルが $\boldsymbol{v}_1, \ldots, \boldsymbol{v}_k$ の線形結合で表されるので，$(\boldsymbol{v}_1, \ldots, \boldsymbol{v}_k)$ が V の基底となり，さらに，定理 4.3.8 より $k = n$ となっている．そこで，$\boldsymbol{u}_1, \ldots, \boldsymbol{u}_n$ のなかに $\boldsymbol{v}_1, \ldots, \boldsymbol{v}_k$ の線形結合では表されないものが存在する場合を考える．それが（必要ならば番号を付け替えて）$\boldsymbol{u}_1$ としてよい．ここで $\boldsymbol{v}_{k+1} = \boldsymbol{u}_1$ とおく．このとき，定理 4.3.1 より，$\{\boldsymbol{v}_1, \ldots, \boldsymbol{v}_k, \boldsymbol{v}_{k+1}\}$ は線形独立となる．さて，もし $\boldsymbol{u}_2, \ldots, \boldsymbol{u}_n$ がすべて $\boldsymbol{v}_1, \ldots, \boldsymbol{v}_k, \boldsymbol{v}_{k+1}$ の線形結合で表されれば，

$(\boldsymbol{v}_1, \ldots, \boldsymbol{v}_k, \boldsymbol{v}_{k+1})$ が V の基底となり証明は終わる．そこで，$\boldsymbol{u}_2, \ldots, \boldsymbol{u}_n$ のなかに $\boldsymbol{v}_1, \ldots, \boldsymbol{v}_{k+1}$ の線形結合では表されないものが存在する場合を考える．それを（必要ならば番号を付け替えて）$\boldsymbol{u}_2$ としてよい．ここで $\boldsymbol{v}_{k+2} = \boldsymbol{u}_2$ とおく．このとき，定理 4.3.1 より，$\{\boldsymbol{v}_1, \ldots, \boldsymbol{v}_k, \boldsymbol{v}_{k+1}, \boldsymbol{v}_{k+2}\}$ は線形独立となる．この議論を繰り返せば，有限回のうちに V の基底 $(\boldsymbol{v}_1, \ldots, \boldsymbol{v}_l)$ に到達することとなる．このとき，定理 4.3.8 より，$l = n$ である．

次に，U を V の非自明な（すなわち $U \neq \{\boldsymbol{0}\}, V$）部分空間とする．$\boldsymbol{v}_1 \in U$ とし $U \neq W_1 := \langle \boldsymbol{v}_1 \rangle$ とすれば，上記の議論と同様に，W_1 に含まれない任意の U のベクトル $\boldsymbol{v}_2$ について，$\{\boldsymbol{v}_1, \boldsymbol{v}_2\}$ は線形独立であることがわかる．また，$U \neq W_2 := \langle \boldsymbol{v}_1, \boldsymbol{v}_2 \rangle$ とすれば，W_2 に含まれない任意の U のベクトル $\boldsymbol{v}_3$ について，$\{\boldsymbol{v}_1, \boldsymbol{v}_2, \boldsymbol{v}_3\}$ は線形独立であることがわかる．$W_3 = \langle \boldsymbol{v}_1, \boldsymbol{v}_2, \boldsymbol{v}_3 \rangle$ として，この操作を繰り返せば，部分空間の列

$$W_1 \subsetneq W_2 \subsetneq W_3 \subsetneq \cdots \subset U \subsetneq V$$

を得るが，定理 4.3.9 より V には n 個よりも多くの線形独立なベクトルの組は含まれないから，$k \leqq n$ を満たす k が存在して $W_k = U$ でなければならない．特に，U は有限生成であって $\dim U = k \leqq n$ となるが，$\dim U = n$ ならば，定理 4.3.9 より $U = V$ となるので矛盾が起こる．よって $\dim U < n$ である．∎

$\mathbb{F}$ 上の線形空間 V の部分空間 W_1, W_2，および問 4.2.5 で考えた部分空間 $W_1 \cap W_2, W_1 + W_2$ について，次のことがいえる．

定理 4.4.2　$\mathbb{F}$ 上の有限次元線形空間 V の部分空間 W_1 と W_2 に対して，

$$\dim(W_1 + W_2) = \dim W_1 + \dim W_2 - \dim(W_1 \cap W_2)$$

が成り立つ．

証明　$\dim(W_1 \cap W_2) = r, \dim W_1 = k, \dim W_2 = m$ とする．定理 4.4.1 より，$W_1 \cap W_2$ の基底 $(\boldsymbol{a}_1, \boldsymbol{a}_2, \ldots, \boldsymbol{a}_r)$ を任意に選ぶと，この基底に W_1 と W_2 のベクトルを付け加えて W_1 と W_2 の基底を構成することができる．このよ

うにして得られる W_1 と W_2 の基底がそれぞれ

$$(\boldsymbol{a}_1, \ldots, \boldsymbol{a}_r, \boldsymbol{a}_{r+1}, \ldots, \boldsymbol{a}_k), \quad (\boldsymbol{a}_1, \ldots, \boldsymbol{a}_r, \boldsymbol{a}_{k+1}, \ldots, \boldsymbol{a}_{k+m-r})$$

であるとする．明らかに $\boldsymbol{a}_1, \ldots, \boldsymbol{a}_r, \boldsymbol{a}_{r+1}, \ldots, \boldsymbol{a}_k, \boldsymbol{a}_{k+1}, \ldots, \boldsymbol{a}_{k+m-r}$ は $W_1 + W_2$ を生成するので，$\dim(W_1 + W_2) = k + m - r$ を得るには，これらが線形独立であることを示せばよい．いま $c_1, \ldots, c_r, c_{r+1}, \ldots, c_{k+m-r} \in \mathbb{F}$ について線形関係式

$$c_1\boldsymbol{a}_1 + \cdots + c_r\boldsymbol{a}_r + c_{r+1}\boldsymbol{a}_{r+1} + \cdots + c_{k+m-r}\boldsymbol{a}_{k+m-r} = \boldsymbol{0}$$

が成り立つとする．このとき

$$\begin{aligned} &c_1\boldsymbol{a}_1 + \cdots + c_r\boldsymbol{a}_r + c_{r+1}\boldsymbol{a}_{r+1} + \cdots + c_k\boldsymbol{a}_k \\ &\qquad = -(c_{k+1}\boldsymbol{a}_{k+1} + \cdots + c_{k+m-r}\boldsymbol{a}_{k+m-r}) \in W_1 \cap W_2 \end{aligned} \tag{4.4.1}$$

であって，$(\boldsymbol{a}_1, \boldsymbol{a}_2, \ldots, \boldsymbol{a}_r)$ は $W_1 \cap W_2$ の基底だから

$$-(c_{k+1}\boldsymbol{a}_{k+1} + \cdots + c_{k+m-r}\boldsymbol{a}_{k+m-r}) = d_1\boldsymbol{a}_1 + d_2\boldsymbol{a}_2 + \cdots + d_r\boldsymbol{a}_r$$

を満たす $d_1, d_2, \ldots, d_r \in \mathbb{F}$ が存在するが，$(\boldsymbol{a}_1, \ldots, \boldsymbol{a}_r, \boldsymbol{a}_{k+1}, \ldots, \boldsymbol{a}_{k+m-r})$ は W_2 の基底だから

$$c_{k+1} = c_{k+2} = \cdots = c_{k+m-r} = 0$$

を得る．したがって (4.4.1) は

$$c_1\boldsymbol{a}_1 + \cdots + c_r\boldsymbol{a}_r + c_{r+1}\boldsymbol{a}_{r+1} + \cdots + c_k\boldsymbol{a}_k = \boldsymbol{0}$$

を導くが，$(\boldsymbol{a}_1, \ldots, \boldsymbol{a}_r, \boldsymbol{a}_{r+1}, \ldots, \boldsymbol{a}_k)$ は W_1 の基底だから

$$c_1 = \cdots = c_r = c_{r+1} = \cdots = c_k = 0$$

を得る．よって，ベクトルの組 $\boldsymbol{a}_1, \ldots, \boldsymbol{a}_r, \boldsymbol{a}_{r+1}, \ldots, \boldsymbol{a}_k, \boldsymbol{a}_{k+1}, \ldots, \boldsymbol{a}_{k+m-r}$ は線形独立である．∎

部分空間の基底

部分空間の次元でみたように，有限生成線形空間 V の部分空間 U について，われわれの直感がささやくとおり，U は有限生成で，その次元 $\dim U$ はもと

の空間 V の次元 $\dim V$ を超えないことが証明された．本小節では部分空間の基底について考えよう．

定理 4.4.3　$\mathbb{F}$ 上の線形空間 V のベクトル $\boldsymbol{v}_1, \boldsymbol{v}_2, \ldots, \boldsymbol{v}_k$ で生成される V の部分空間を U とする．このとき $\{\boldsymbol{v}_1, \boldsymbol{v}_2, \ldots, \boldsymbol{v}_k\}$ に含まれる線形独立な部分集合のうちの極大なもの T に含まれるベクトルの組は U の基底をなす．

証明　もし $\boldsymbol{v}_i \notin T$ ならば，定理 4.3.1 より，$\boldsymbol{v}_i$ は T に含まれるベクトルの組の線形結合で表される．よって U は T に含まれるベクトルの組で生成されるので，T に含まれるベクトルの組は U の基底をなす．∎

ここでは，4 次元数ベクトル空間 $\mathbb{F}^4$ を例にとり，その有限生成部分空間を考え，その基底を求める手続きを直接確認してみよう．

$\mathbb{F}^4$ から 5 個のベクトル

$$\boldsymbol{u}_1 = \begin{pmatrix} 1 \\ 0 \\ -1 \\ 1 \end{pmatrix}, \quad \boldsymbol{u}_2 = \begin{pmatrix} -2 \\ 1 \\ 2 \\ 1 \end{pmatrix}, \quad \boldsymbol{u}_3 = \begin{pmatrix} -1 \\ 1 \\ 1 \\ 2 \end{pmatrix}$$

$$\boldsymbol{u}_4 = \begin{pmatrix} -2 \\ 0 \\ 2 \\ -2 \end{pmatrix}, \quad \boldsymbol{u}_5 = \begin{pmatrix} -4 \\ 1 \\ 4 \\ -1 \end{pmatrix}$$

をとり，$\mathbb{F}^4$ の部分集合 $S = \{\boldsymbol{u}_1, \boldsymbol{u}_2, \boldsymbol{u}_3, \boldsymbol{u}_4, \boldsymbol{u}_5\}$ を考える．このとき，S に含まれるベクトルの個数が $\mathbb{F}^4$ の次元を超えていることから線形従属な部分集合である (定理 4.3.2 参照)．さて，$U = \langle \boldsymbol{u}_1, \boldsymbol{u}_2, \boldsymbol{u}_3, \boldsymbol{u}_4, \boldsymbol{u}_5 \rangle$ とおく．S は線形従属であるから，U の生成系であっても U の基底ではありえないが，S に含まれる線形独立な部分集合のうちの極大なものを選べば，それに含まれるベクトルの組は基底をなす．どのようなベクトルが U の基底を与えるか，実際にみてみよう．行列 $A = (\boldsymbol{u}_1 \quad \boldsymbol{u}_2 \quad \boldsymbol{u}_3 \quad \boldsymbol{u}_4 \quad \boldsymbol{u}_5)$ の簡約化は

$$C = \begin{pmatrix} 1 & 0 & 1 & -2 & -2 \\ 0 & 1 & 1 & 0 & 1 \\ 0 & 0 & 0 & 0 & 0 \\ 0 & 0 & 0 & 0 & 0 \end{pmatrix}$$

となる (読者は自らこれを確認されたい)．特に 5 つのベクトル $\boldsymbol{u}_1 \sim \boldsymbol{u}_5$ の間の線形関係式，すなわち A の各列の間の線形関係式は，簡約化した行列における各列の間の線形関係式と一致する．よって $\{\boldsymbol{u}_1, \boldsymbol{u}_2\}$ は S に含まれる線形独立な部分集合のうちの極大なもの (の 1 つ) になっている．したがって，定理 4.4.3 より，$(\boldsymbol{u}_1, \boldsymbol{u}_2)$ が U の基底 (の 1 つ) であることがわかる．特に $\boldsymbol{u}_3, \boldsymbol{u}_4, \boldsymbol{u}_5$ は次のようにすべて $\boldsymbol{u}_1, \boldsymbol{u}_2$ の線形結合で表される．

$$\begin{aligned} \boldsymbol{u}_3 &= \boldsymbol{u}_1 + \boldsymbol{u}_2, \\ \boldsymbol{u}_4 &= -2\boldsymbol{u}_1, \\ \boldsymbol{u}_5 &= -2\boldsymbol{u}_1 + \boldsymbol{u}_2. \end{aligned}$$

問 4.4.1　3 次元数ベクトル空間 $\mathbb{F}^3$ において，4 個のベクトル

$$\boldsymbol{u}_1 = \begin{pmatrix} 1 \\ 0 \\ 1 \end{pmatrix}, \quad \boldsymbol{u}_2 = \begin{pmatrix} -1 \\ 1 \\ 0 \end{pmatrix}, \quad \boldsymbol{u}_3 = \begin{pmatrix} 0 \\ 2 \\ 2 \end{pmatrix}, \quad \boldsymbol{u}_4 = \begin{pmatrix} 1 \\ 1 \\ 2 \end{pmatrix}$$

で生成される有限生成部分空間 U の基底を 1 組求めよ．

問 4.4.2　4 次元数ベクトル空間 $\mathbb{F}^4$ において，4 個のベクトル

$$\boldsymbol{u}_1 = \begin{pmatrix} 1 \\ 0 \\ 1 \\ 1 \end{pmatrix}, \quad \boldsymbol{u}_2 = \begin{pmatrix} 1 \\ 2 \\ 3 \\ 5 \end{pmatrix}, \quad \boldsymbol{u}_3 = \begin{pmatrix} -1 \\ 1 \\ 0 \\ 1 \end{pmatrix}, \quad \boldsymbol{u}_4 = \begin{pmatrix} 1 \\ 1 \\ 2 \\ 3 \end{pmatrix}$$

で生成される有限生成部分空間 U の基底を 1 組求めよ．

問 4.4.1，4.4.2 の作業を実行された読者にとって，次の定理の証明はすでに容易なことであろう．是非ご自身で証明してほしい．

定理 4.4.4　n 次元数ベクトル空間 $\mathbb{F}^n$ のベクトル $\boldsymbol{u}_1, \boldsymbol{u}_2, \ldots, \boldsymbol{u}_k$ で生成さ

れる $\mathbb{F}^n$ の部分空間 $U = \langle \boldsymbol{u}_1, \boldsymbol{u}_2, \ldots, \boldsymbol{u}_k \rangle$ を考え, $A = (\boldsymbol{u}_1 \quad \boldsymbol{u}_2 \quad \cdots \quad \boldsymbol{u}_k)$ とする．このとき，U の次元は A の階数に等しい．

問 4.4.3　定理 4.4.4 を証明せよ．

例題 4.4.1　次のベクトル $\boldsymbol{a}_1 \sim \boldsymbol{a}_6 \in \mathbb{F}^3$ について，$W_1 = \langle \boldsymbol{a}_1, \boldsymbol{a}_2, \boldsymbol{a}_3 \rangle$, $W_2 = \langle \boldsymbol{a}_4, \boldsymbol{a}_5, \boldsymbol{a}_6 \rangle$ とするとき，$W_1, W_2, W_1 + W_2, W_1 \cap W_2$ の次元および 1 組の基底を求めよ．

$$\boldsymbol{a}_1 = \begin{pmatrix} 1 \\ -1 \\ 2 \end{pmatrix}, \quad \boldsymbol{a}_2 = \begin{pmatrix} -1 \\ 0 \\ 2 \end{pmatrix}, \quad \boldsymbol{a}_3 = \begin{pmatrix} -3 \\ 1 \\ 2 \end{pmatrix},$$
$$\boldsymbol{a}_4 = \begin{pmatrix} -2 \\ 0 \\ 1 \end{pmatrix}, \quad \boldsymbol{a}_5 = \begin{pmatrix} -2 \\ 2 \\ 1 \end{pmatrix}, \quad \boldsymbol{a}_6 = \begin{pmatrix} -2 \\ 4 \\ 1 \end{pmatrix}$$

解答　行列 $A =: (\boldsymbol{a}_1 \quad \boldsymbol{a}_2 \quad \boldsymbol{a}_3 \quad \boldsymbol{a}_4 \quad \boldsymbol{a}_5 \quad \boldsymbol{a}_6)$ の簡約化は

$$\begin{pmatrix} 1 & 0 & -1 & 0 & -2 & -4 \\ 0 & 1 & 2 & 0 & \dfrac{10}{3} & \dfrac{20}{3} \\ 0 & 0 & 0 & 1 & -\dfrac{5}{3} & -\dfrac{13}{3} \end{pmatrix}$$

であるから，$\dim(W_1 + W_2) = 3$ である．また，$W_1 + W_2$ の 1 つの基底として $(\boldsymbol{a}_1, \boldsymbol{a}_2, \boldsymbol{a}_4)$ が挙げられる．同次連立 1 次方程式 $A\boldsymbol{x} = \boldsymbol{0}$ の解空間 U は

$$\boldsymbol{x}_1 = \begin{pmatrix} 1 \\ -2 \\ 1 \\ 0 \\ 0 \\ 0 \end{pmatrix}, \quad \boldsymbol{x}_2 = \begin{pmatrix} 6 \\ -10 \\ 0 \\ 5 \\ 3 \\ 0 \end{pmatrix}, \quad \boldsymbol{x}_3 = \begin{pmatrix} 12 \\ -20 \\ 0 \\ 13 \\ 0 \\ 3 \end{pmatrix}$$

で生成される．よって $\boldsymbol{a}_3 = -\boldsymbol{a}_1 + 2\boldsymbol{a}_2$ と表され $\dim W_1 = 2$ を得る．W_1 の 1 つの基底は $(\boldsymbol{a}_1, \boldsymbol{a}_2)$ である．次に $\frac{1}{3}(\boldsymbol{x}_3 - 2\boldsymbol{x}_2) \in U$ を計算すれば，$\boldsymbol{a}_6 = -\boldsymbol{a}_4 + 2\boldsymbol{a}_5$ がわかり，$\dim W_2 = 2$ を得る．また W_2 の 1 つの基底は $(\boldsymbol{a}_4, \boldsymbol{a}_5)$ である．さらに $\dim W_1 \cap W_2 = 2 + 2 - 3 = 1$ となり，$\boldsymbol{x}_2 \in U$ から $6\boldsymbol{a}_1 - 10\boldsymbol{a}_2 = -5\boldsymbol{a}_4 - 3\boldsymbol{a}_5 \in W_1 \cap W_2$ が導かれるので，$W_1 \cap W_2$ の 1 つの基底は $(3\boldsymbol{a}_1 - 5\boldsymbol{a}_2)$ である． ∎

部分空間の直和

$\mathbb{F}$ 上の線形空間 V の部分空間 $W_1, W_2, \ldots, W_r$ に対して集合

$$W = \{\boldsymbol{a}_1 + \boldsymbol{a}_2 + \cdots + \boldsymbol{a}_r \mid \boldsymbol{a}_1 \in W_1, \boldsymbol{a}_2 \in W_2, \ldots, \boldsymbol{a}_r \in W_r\}$$

を $W_1, W_2, \ldots, W_r$ の**和空間**といい，$W = W_1 + W_2 + \cdots + W_r$ と表す．この和が V の部分空間であることは容易に確かめられる (問 4.2.5 参照).

$\mathbb{F}$ 上の線形空間 V の部分空間 $W, W_1, W_2, \ldots, W_r$ について，次の 2 条件が成り立つとき，W は $W_1, W_2, \ldots, W_r$ の**直和**であるといい，

$$W = W_1 \oplus W_2 \oplus \cdots \oplus W_r$$

と表す．

(1) $W = W_1 + W_2 + \cdots + W_r$,

(2) $\boldsymbol{x}_1 + \boldsymbol{x}_2 + \cdots + \boldsymbol{x}_r = \boldsymbol{0}, \boldsymbol{x}_1 \in W_1, \boldsymbol{x}_2 \in W_2, \ldots, \boldsymbol{x}_r \in W_r$ が成り立つのは $\boldsymbol{x}_1 = \boldsymbol{x}_2 = \cdots = \boldsymbol{x}_r = \boldsymbol{0}$ のときに限る．

問 4.4.4 上記の条件 (2) は次の条件 $(2)'$ と同値であることを示せ．

$(2)'$ W のベクトルを $W_1, W_2, \ldots, W_r$ のベクトルの和として表す仕方はただ 1 通りである．すなわち $\boldsymbol{x} \in W$ について

$$\boldsymbol{x} = \boldsymbol{x}_1 + \boldsymbol{x}_2 + \cdots + \boldsymbol{x}_r = \boldsymbol{x}'_1 + \boldsymbol{x}'_2 + \cdots + \boldsymbol{x}'_r, \ \boldsymbol{x}_i, \boldsymbol{x}'_i \in W_i \ (i = 1, 2, \ldots, r)$$

が成り立つのは $\boldsymbol{x}_i = \boldsymbol{x}'_i \ (i = 1, 2, \ldots, r)$ のときに限る．

直和に関する基本定理を述べる．次の定理は問題 4-4, **5** に拡張される．

定理 4.4.5 $\mathbb{F}$ 上の線形空間 V の部分空間 W_1 と W_2 に対して，$W_1 + W_2 =$

$W_1 \oplus W_2$ であるための必要十分条件は $W_1 \cap W_2 = \{\mathbf{0}\}$ である.

証明 $W = W_1 + W_2$ が W_1 と W_2 の直和であるための必要十分条件は, $\boldsymbol{x}_1 + \boldsymbol{x}_2 = \mathbf{0}$, $\boldsymbol{x}_1 \in W_1$, $\boldsymbol{x}_2 \in W_2$ となるのが $\boldsymbol{x}_1 = \boldsymbol{x}_2 = \mathbf{0}$ のときに限ることである. この条件は $\boldsymbol{x}_1 = \boldsymbol{x}_2$, $\boldsymbol{x}_1 \in W_1$, $\boldsymbol{x}_2 \in W_2$ が成り立つのは $\boldsymbol{x}_1 = \boldsymbol{x}_2 = \mathbf{0}$ のときに限ること, すなわち $W_1 \cap W_2 = \{\mathbf{0}\}$ と同値である. ■

問 4.4.5* 4.2節の**線形空間の直和**における V と W の直和 $V \dot{+} W$ において, その部分空間 $V' := \{(\boldsymbol{v}, \mathbf{0}) \mid \boldsymbol{v} \in V\}$, $W' := \{(\mathbf{0}, \boldsymbol{w}) \mid \boldsymbol{w} \in W\}$ を考えれば, $V \dot{+} W = V' \oplus W'$ であることを示せ.

定理 4.4.6 $\mathbb{F}$ 上の有限次元線形空間 V の部分空間 $W, W_1, W_2, \ldots, W_r$ について

$$W = W_1 \oplus W_2 \oplus \cdots \oplus W_r$$

とする. このとき $i = 1, 2, \ldots, r$ について各 W_i の基底を合わせたベクトルの組は W の基底をなす. 特に

$$\dim W = \dim W_1 + \dim W_2 + \cdots + \dim W_r$$

である.

証明 $i = 1, 2, \ldots, r$ について, W_i の基底を $(\boldsymbol{w}_{i1}, \ldots, \boldsymbol{w}_{id_i})$, $d_i = \dim W_i$ とする. 明らかに, これらは W の生成系である. これらの組が線形独立であることを示すため,

$$\sum_{i=1}^{r} \sum_{j=1}^{d_i} c_{ij} \boldsymbol{w}_{ij} = \mathbf{0}, \quad c_{ij} \in \mathbb{F} \quad (i = 1, 2, \ldots, r,\ j = 1, 2, \ldots, d_i)$$

とする. このとき, 直和の定義から $i = 1, 2, \ldots, r$ について

$$\sum_{j=1}^{d_i} c_{ij} \boldsymbol{w}_{ij} = \mathbf{0}$$

である. よって $c_{ij} = 0$ $(i = 1, 2, \ldots, r,\ j = 1, 2, \ldots, d_i)$ となり, ベクトルの組 $\boldsymbol{w}_{ij}$ $(i = 1, 2, \ldots, r,\ j = 1, 2, \ldots, d_i)$ は線形独立であることが示され

た．これより主張が得られる． ▮

問題 4-4

1. 次の $\boldsymbol{u}_1$–$\boldsymbol{u}_5 \in \mathbb{F}^4$ で生成される 4 次元数ベクトル空間 $\mathbb{F}^4$ の部分空間 U について，U の 1 組の基底を生成系のなかから選び，残りのベクトルをそれらの線形結合で表せ．

$$\boldsymbol{u}_1 = \begin{pmatrix} 2 \\ 0 \\ 2 \\ 4 \end{pmatrix}, \quad \boldsymbol{u}_2 = \begin{pmatrix} -1 \\ 3 \\ 2 \\ 1 \end{pmatrix}, \quad \boldsymbol{u}_3 = \begin{pmatrix} 1 \\ 3 \\ 4 \\ 5 \end{pmatrix}$$

$$\boldsymbol{u}_4 = \begin{pmatrix} 0 \\ 2 \\ -1 \\ -1 \end{pmatrix}, \quad \boldsymbol{u}_5 = \begin{pmatrix} 2 \\ 2 \\ 1 \\ 3 \end{pmatrix}$$

2. 次の $\boldsymbol{a}_1$–$\boldsymbol{a}_6 \in \mathbb{F}^3$ について，$W_1 = \langle \boldsymbol{a}_1, \boldsymbol{a}_2, \boldsymbol{a}_3 \rangle$, $W_2 = \langle \boldsymbol{a}_4, \boldsymbol{a}_5, \boldsymbol{a}_6 \rangle$ とするとき，W_1, W_2, $W_1 + W_2$, $W_1 \cap W_2$ の次元および 1 組の基底を求めよ．

$$\boldsymbol{a}_1 = \begin{pmatrix} 1 \\ 2 \\ 1 \end{pmatrix}, \quad \boldsymbol{a}_2 = \begin{pmatrix} -1 \\ 3 \\ 1 \end{pmatrix}, \quad \boldsymbol{a}_3 = \begin{pmatrix} 2 \\ -1 \\ 0 \end{pmatrix}$$

$$\boldsymbol{a}_4 = \begin{pmatrix} 0 \\ 1 \\ 1 \end{pmatrix}, \quad \boldsymbol{a}_5 = \begin{pmatrix} -1 \\ 0 \\ 1 \end{pmatrix}, \quad \boldsymbol{a}_6 = \begin{pmatrix} 3 \\ 2 \\ -1 \end{pmatrix}$$

3. $\mathbb{F}$ 上の n 次元線形空間 V の部分空間 W_1, W_2 について次のことを示せ．

(1)　$\dim W_1 < n/2$, $\dim W_2 < n/2 \Longrightarrow W_1 + W_2 \neq V$

(2)　$W_1 \neq W_2$, $\dim W_1 = \dim W_2 = n - 1 \Longrightarrow \dim(W_1 \cap W_2) = n - 2$

4. $\mathbb{F}$ 上の線形空間 V の線形独立なベクトルの組 $\boldsymbol{a}_1, \boldsymbol{a}_2, \ldots, \boldsymbol{a}_r$ について $W_1 = \langle \boldsymbol{a}_1, \boldsymbol{a}_2, \ldots, \boldsymbol{a}_k \rangle$, $W_2 = \langle \boldsymbol{a}_{k+1}, \boldsymbol{a}_{k+2}, \ldots, \boldsymbol{a}_r \rangle$ $(1 \leqq k < r)$ とおくとき，$\langle \boldsymbol{a}_1, \boldsymbol{a}_2, \ldots, \boldsymbol{a}_r \rangle = W_1 \oplus W_2$ が成り立つことを示せ．

5. $\mathbb{F}$ 上の線形空間 V の部分空間 $W_1, W_2, \ldots, W_r$ について，次の 3 つの条件は同値であることを示せ．

(i)　$W_1 + W_2 + \cdots + W_r = W_1 \oplus W_2 \oplus \cdots \oplus W_r$

(ii)　$W_i \cap (W_1 + \cdots + W_{i-1} + W_{i+1} + \cdots + W_r) = \{\mathbf{0}\}$ $(i = 1, 2, \ldots, r)$

(iii)　$W_i \cap (W_{i+1} + \cdots + W_r) = \{\mathbf{0}\}$ $(i = 1, 2, \ldots, r-1)$

5

線形写像

行列と数ベクトルの演算は，ベクトル空間の間の写像を定めている．特に，正方行列は同一の数ベクトル空間内におけるベクトルの変換を引き起こす．この章では行列の作用を線形空間の基底との関わりのなかで考察していく．

5.1　xy-平面上の 1 次変換

行列が表す 1 次変換

xy-平面における各点 $\mathrm{P}(x, y)$ に対して，ただ 1 つの点 $\mathrm{Q}(x', y')$ が定まるとき，この対応を xy-平面上の**変換**といい，$\mathrm{P}(x, y)$ はこの変換により $\mathrm{Q}(x', y')$ に**移る**という．また，この場合 $\mathrm{Q}(x', y')$ をこの変換による $\mathrm{P}(x, y)$ の**像**という．たとえば次のような xy-平面上の変換がある．

$$x \text{ 軸に関する対称移動} \quad : \quad (x, y) \mapsto (x, -y)$$
$$y \text{ 軸に関する対称移動} \quad : \quad (x, y) \mapsto (-x, y)$$

xy-平面上の点を 2 次元実数ベクトル空間 $\mathbb{R}^2$ のベクトルと同一視すれば，これらの変換は行列を用いて，それぞれ次のように表される．

$$\begin{pmatrix} x \\ -y \end{pmatrix} = \begin{pmatrix} 1 & 0 \\ 0 & -1 \end{pmatrix}\begin{pmatrix} x \\ y \end{pmatrix}, \quad \begin{pmatrix} -x \\ y \end{pmatrix} = \begin{pmatrix} -1 & 0 \\ 0 & 1 \end{pmatrix}\begin{pmatrix} x \\ y \end{pmatrix}$$

xy-平面上の変換を f と名付けるとき，f により点 (x, y) が点 (x', y') に移ることを $f : (x, y) \mapsto (x', y')$ のように表す．一般に xy-平面上の変換

$f:(x,\,y)\mapsto(x',\,y')$ が，$a,\,b,\,c,\,d$ を実数として

$$\begin{cases} x'=ax+by \\ y'=cx+dy \end{cases} \quad \text{すなわち} \quad \begin{pmatrix} x' \\ y' \end{pmatrix}=\begin{pmatrix} a & b \\ c & d \end{pmatrix}\begin{pmatrix} x \\ y \end{pmatrix}$$

で定められるとき，これを行列 $A:=\begin{pmatrix} a & b \\ c & d \end{pmatrix}$ が表す変換という．また，この場合 A は f を表す行列と呼ばれる．一般に，行列が表す変換を**1次変換**という．1次変換により原点 $(0,\,0)$ は原点に移る．$A=E_2$ のときは，xy-平面上のすべての点はそれ自身に移される．この変換を**恒等変換**という．

問 5.1.1　原点に関する対称移動の変換 $f:(x,\,y)\mapsto(-y,\,-x)$ を表す行列を求めよ．特に，この変換は1次変換である．

例 5.1.1　m を実数とし，直線 $y=mx$ に関する対称移動 f を考える．f により点 $\mathrm{P}(x,\,y)$ が点 $\mathrm{Q}(x',\,y')$ に移るとき，直線 $y=mx$ は線分 PQ の垂直2等分線であるから

$$m\cdot\frac{y'-y}{x'-x}=-1, \quad \frac{y'+y}{2}=m\cdot\frac{x'+x}{2}$$

が成り立つ．よって

$$\begin{cases} x'+my'=x+my \\ -mx'+y'=mx-y \end{cases}$$

すなわち

$$\begin{pmatrix} 1 & m \\ -m & 1 \end{pmatrix}\begin{pmatrix} x' \\ y' \end{pmatrix}=\begin{pmatrix} 1 & m \\ m & -1 \end{pmatrix}\begin{pmatrix} x \\ y \end{pmatrix}$$

を得る．行列 $A:=\begin{pmatrix} 1 & m \\ -m & 1 \end{pmatrix}$ は正則で，

$$\begin{pmatrix} x' \\ y' \end{pmatrix}=A^{-1}\begin{pmatrix} 1 & m \\ m & -1 \end{pmatrix}\begin{pmatrix} x \\ y \end{pmatrix}=\frac{1}{m^2+1}\begin{pmatrix} -m^2+1 & 2m \\ 2m & m^2-1 \end{pmatrix}\begin{pmatrix} x \\ y \end{pmatrix}$$

だから，f は行列 $\dfrac{1}{m^2+1}\begin{pmatrix} -m^2+1 & 2m \\ 2m & m^2-1 \end{pmatrix}$ が表す１次変換である． ■

合成変換と逆変換

xy-平面上の１次変換 f, g 対して，f によって点 P が点 Q に移り，g によって点 Q が点 R に移るときに，点 P を点 R に移す変換を考える．この変換を f と g の**合成変換**といい $g \circ f$ で表す．行列 A, B がそれぞれ１次変換 f, g を表すとき，点 (x, y) が f によって点 (x', y') に移り，次に点 (x', y') が g によって点 (x'', y'') に移ることは，行列 A, B を用いて

$$\begin{pmatrix} x' \\ y' \end{pmatrix} = A\begin{pmatrix} x \\ y \end{pmatrix}, \quad \begin{pmatrix} x'' \\ y'' \end{pmatrix} = B\begin{pmatrix} x' \\ y' \end{pmatrix} = BA\begin{pmatrix} x \\ y \end{pmatrix}$$

と表される．すなわち，合成変換 $g \circ f$ は１次変換で，それを表す行列は BA である．

> **問 5.1.2**　行列 $\begin{pmatrix} -1 & 4 \\ 3 & -2 \end{pmatrix}, \begin{pmatrix} 0 & -3 \\ 2 & 1 \end{pmatrix}$ が表す１次変換を f, g とする．このとき，合成変換 $g \circ f, f \circ g$ を表す行列をそれぞれ求めよ．また，$g \circ f, f \circ g$ による点 $(2, -3)$ の像をそれぞれ求めよ．

xy-平面上の１次変換 f を表す行列 A が正則であるとする．このとき A は逆行列をもつので，xy-平面上の２点 $(x, y), (x', y')$ について，２式

$$\begin{pmatrix} x' \\ y' \end{pmatrix} = A\begin{pmatrix} x \\ y \end{pmatrix}, \quad \begin{pmatrix} x \\ y \end{pmatrix} = A^{-1}\begin{pmatrix} x' \\ y' \end{pmatrix}$$

は同値である．つまり，A^{-1} が表す１次変換は f の逆対応である．この１次変換を f の**逆変換**と呼び，f^{-1} で表す．

> **問 5.1.3**　行列 $\begin{pmatrix} 5 & -4 \\ 3 & -2 \end{pmatrix}$ が表す１次変換を f とする．このとき f の逆変換を表す行列を求めよ．また f によって点 $(-2, 1)$ に移る点の座標を求めよ．

回転移動の変換

xy-平面上において原点 O を中心として反時計回りに角 θ だけ回転する移動により，点 $\mathrm{P}(x, y)$ が点 $\mathrm{Q}(x', y')$ に移るとする．点 P の偏角，すなわち x 軸の正の方向から半直線 OP の方向へ測って得られる角を α とすれば，$r = \overline{\mathrm{OP}} := \sqrt{x^2 + y^2}$ として

$$\begin{cases} x = r\cos\alpha, \\ y = r\sin\alpha \end{cases}$$

である．また，点 Q の偏角は $\alpha + \theta$ だから

$$\begin{cases} x' = r\cos(\alpha+\theta), \\ y' = r\sin(\alpha+\theta) \end{cases}$$

である．ここで，三角関数の加法定理から

$$\begin{cases} x' = r(\cos\alpha\cos\theta - \sin\alpha\sin\theta) = x\cos\theta - y\sin\theta \\ y' = r(\sin\alpha\cos\theta + \cos\alpha\sin\theta) = x\sin\theta + y\cos\theta \end{cases}$$

であるから，

$$\begin{pmatrix} x' \\ y' \end{pmatrix} = \begin{pmatrix} \cos\theta & -\sin\theta \\ \sin\theta & \cos\theta \end{pmatrix}\begin{pmatrix} x \\ y \end{pmatrix}$$

と表される．よって xy-平面上における，原点 O を中心として反時計回りに角 θ だけ回転する移動は行列

$$R_\theta := \begin{pmatrix} \cos\theta & -\sin\theta \\ \sin\theta & \cos\theta \end{pmatrix}$$

が表す 1 次変換である．以後，原点 O を中心とする回転は反時計回りであるとする．

原点 O を中心として角 α だけ回転する 1 次変換 f，角 β だけ回転する 1 次変換 g とすれば，それらの合成変換 $g \circ f$ は，原点 O を中心として角 $\alpha + \beta$ だけ回転する 1 次変換である．また，1 次変換 $f, g, g \circ f$ を表す行列はそれぞれ $R_\alpha, R_\beta, R_{\alpha+\beta}$ であって，$R_{\alpha+\beta} = R_\alpha R_\beta$ が成り立つ．

問 5.1.4　$R_{\pi/6} = \begin{pmatrix} \cos\dfrac{\pi}{6} & -\sin\dfrac{\pi}{6} \\ \sin\dfrac{\pi}{6} & \cos\dfrac{\pi}{6} \end{pmatrix}$ に対して，$R_{\pi/6}^n$ を求めよ．

原点 O を中心として角 θ だけ回転する１次変換 f に対して，その逆変換 f^{-1} は原点 O を中心として角 $-\theta$ だけ回転する１次変換であって，行列

$$R_{-\theta} = \begin{pmatrix} \cos(-\theta) & -\sin(-\theta) \\ \sin(-\theta) & \cos(-\theta) \end{pmatrix} = \begin{pmatrix} \cos\theta & \sin\theta \\ -\sin\theta & \cos\theta \end{pmatrix}$$

で表される．特に $R_{-\theta} = R_\theta^{-1} = {}^tR_\theta$ である．

例 5.1.2　m を実数とするとき，直線 $y = mx$ に関する対称移動 f は１次変換であった (例 5.1.1 参照)．角 θ を $\tan\theta = m$ $(-\pi/2 < \theta \leqq \pi/2)$ を満たす直線 $y = mx$ が x 軸となす角とする．１次変換 f を表す行列 H_θ を θ を用いて記述してみる．f による点 $(1, 0)$ の像は

$$R_{2\theta}\begin{pmatrix} 1 \\ 0 \end{pmatrix} = \begin{pmatrix} \cos 2\theta \\ \sin 2\theta \end{pmatrix}$$

より点 $(\cos 2\theta, \sin 2\theta)$ であり，点 $(0, 1)$ の像は

$$R_{\pi+2\theta}\begin{pmatrix} 0 \\ 1 \end{pmatrix} = \begin{pmatrix} -\sin(\pi+2\theta) \\ \cos(\pi+2\theta) \end{pmatrix} = \begin{pmatrix} \sin 2\theta \\ -\cos 2\theta \end{pmatrix}$$

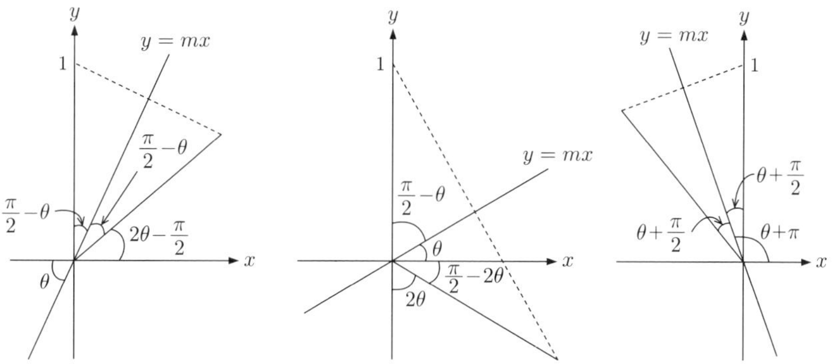

より点 $(\sin 2\theta, -\cos 2\theta)$ である．よって

$$H_\theta \begin{pmatrix} x \\ y \end{pmatrix} = xH_\theta \begin{pmatrix} 1 \\ 0 \end{pmatrix} + yH_\theta \begin{pmatrix} 0 \\ 1 \end{pmatrix} = \begin{pmatrix} \cos 2\theta & \sin 2\theta \\ \sin 2\theta & -\cos 2\theta \end{pmatrix} \begin{pmatrix} x \\ y \end{pmatrix}$$

となり $H_\theta = \begin{pmatrix} \cos 2\theta & \sin 2\theta \\ \sin 2\theta & -\cos 2\theta \end{pmatrix}$ を得る．一方

$$\begin{aligned} \cos\theta &= \frac{1}{\sqrt{\tan^2\theta + 1}} = \frac{1}{\sqrt{m^2+1}}, \\ \sin\theta &= \cos\theta \cdot \tan\theta = \frac{m}{\sqrt{m^2+1}} \end{aligned}$$

より，H_θ は例 5.1.1 で得られた 1 次変換 f を表す行列に一致していることがわかる． ■

問 5.1.5　x 軸を原点を中心として $5\pi/12$ だけ回転してできる直線を ℓ とする．直線 ℓ に関する対称移動により点 $(\sqrt{3}, -1)$ が移る点の座標を求めよ．

問題 5-1

1. xy-平面上の 1 次変換 $f : (x, y) \mapsto (2x + y, 5x + 3y)$ について，f は 1 対 1 上への写像である，すなわち xy-平面上の任意の点 Q に対して，ただ 1 つの xy-平面上の点 P が存在して，f による点 P の像は点 Q であることを示せ．

2. xy-平面上の 1 次変換 $f : (x, y) \mapsto (-5x + 15y, -2x + 6y)$ について，f による像が自分自身である点がつくる図形の方程式を求めよ．また f による像が原点である点がつくる図形の方程式を求めよ．

3. 原点を通り，x 軸となす角が θ $(-\pi/2 < \theta \leqq \pi/2)$ である直線 ℓ に関する対称移動による点 $\mathrm{P}(x, y)$ の像を点 $\mathrm{Q}(x', y')$ とし，線分 PQ の中点を点 $\mathrm{R}(x'', y'')$ するとき，写像 $f : (x, y) \mapsto (x'', y'')$ は 1 次変換であることを示し，f を表す行列 A を求めよ．また f による像が原点である点がつくる図形の方程式を求めよ．

5.2 線形空間の間の線形写像

線形写像および線形変換の定義

$\mathbb{F}$ は $\mathbb{R}$ あるいは $\mathbb{C}$ であるとし，行列の成分は $\mathbb{F}$ の元とする．線形空間は $\mathbb{F}$ 上の有限次元線形空間を意味する．ここでは xy-平面上の 1 次変換の一般化である線形空間の間の線形写像の概念を導入する．

線形空間 V から線形空間 W への写像 $f : V \to W$ が 2 つの条件

$$
\begin{aligned}
&(1) \quad f(\boldsymbol{x}_1 + \boldsymbol{x}_2) = f(\boldsymbol{x}_1) + f(\boldsymbol{x}_2), \quad && \boldsymbol{x}_1, \boldsymbol{x}_2 \in V, \\
&(2) \quad f(s\boldsymbol{x}) = sf(\boldsymbol{x}), && s \in \mathbb{F}, \boldsymbol{x} \in V
\end{aligned}
$$

を満たすとき，f を **線形写像**，あるいは**1 次写像**という．また，線形空間 V から V 自身への線形写像を V 上の**線形変換**，あるいは**1 次変換**という．

問 5.2.1 線形空間 V から線形空間 W への線形写像 $f : V \to W$ について，$f(\mathbf{0}) = \mathbf{0}$ であることを示せ．

数ベクトル空間の間の線形写像

$m \times n$ 行列 A に対して，数ベクトル空間 $\mathbb{F}^n$ から数ベクトル空間 $\mathbb{F}^m$ への写像 $f_A : \mathbb{F}^n \to \mathbb{F}^m$ を $f_A(\boldsymbol{x}) = A\boldsymbol{x}, \boldsymbol{x} \in \mathbb{F}^n$ により定める．このとき f_A は上記 (1)，(2) を満たし，線形写像である．このとき f_A を行列 A が表す線形写像といい，また，A を f_A を表す行列という．一方，任意の線形写像 $f : \mathbb{F}^n \to \mathbb{F}^m$ に対して $\boldsymbol{a}_j = f(\boldsymbol{e}_j) \in \mathbb{F}^m$ $(j = 1, 2, \ldots, n, \boldsymbol{e}_j \in \mathbb{F}^n)$ とおき，$m \times n$ 行列 A を $A = (\boldsymbol{a}_1 \quad \boldsymbol{a}_2 \quad \cdots \quad \boldsymbol{a}_n)$ により定めれば，任意の $\boldsymbol{x} = {}^t(x_1 \quad x_2 \quad \cdots \quad x_n) \in \mathbb{F}^n$ に対して

$$
f(\boldsymbol{x}) = x_1 f(\boldsymbol{e}_1) + x_2 f(\boldsymbol{e}_2) + \cdots + x_n f(\boldsymbol{e}_n) = \sum_{j=1}^{n} x_j \boldsymbol{a}_j = A\boldsymbol{x}
$$

となるから，$f = f_A$ を得る．このことより，$\mathbb{F}^n$ から $\mathbb{F}^m$ への線形写像は $m \times n$ 行列と 1 対 1 に対応することがわかる．

問 5.2.2 写像 $f : \mathbb{R}^3 \to \mathbb{R}^2, {}^t(x \quad y \quad z) \mapsto {}^t(x - y \quad y - z)$ が線形写像であることを示し，f を表す 2×3 行列を求めよ．

問 5.2.3　写像 $f:\mathbb{R}^2\to\mathbb{R}^2$, ${}^t(x\quad y)\mapsto{}^t(x+y\quad xy)$ および写像 $g:\mathbb{R}^2\to\mathbb{R}^2$, ${}^t(x\quad y)\mapsto{}^t(x+1\quad y)$ は線形写像でないことを示せ．

線形写像の核と像

線形写像 $f:V\to W$ に対して，f の核 $\mathrm{Ker}\,f$ と像 $\mathrm{Im}\,f$ を

$$\mathrm{Ker}\,f=\{\boldsymbol{x}\in V\mid f(\boldsymbol{x})=\mathbf{0}\in W\},\quad \mathrm{Im}\,f=\{f(\boldsymbol{x})\in W\mid \boldsymbol{x}\in V\}$$

で定める．このとき $(\boldsymbol{x}_1,\boldsymbol{x}_2,\ldots,\boldsymbol{x}_n)$ を V の基底とすれば f の像 $\mathrm{Im}\,f$ は $f(\boldsymbol{x}_1), f(\boldsymbol{x}_2),\ldots, f(\boldsymbol{x}_n)$ で生成される W の部分空間である．実際，任意の $\boldsymbol{x}\in V$ に対して，$\boldsymbol{x}=c_1\boldsymbol{x}_1+c_2\boldsymbol{x}_2+\cdots+c_n\boldsymbol{x}_n$ $(c_1, c_2,\ldots, c_n\in\mathbb{F})$ のとき，

$$f(\boldsymbol{x})=c_1f(\boldsymbol{x}_1)+c_2f(\boldsymbol{x}_2)+\cdots+c_nf(\boldsymbol{x}_n)\in\langle f(\boldsymbol{x}_1), f(\boldsymbol{x}_2),\ldots, f(\boldsymbol{x}_n)\rangle$$

である．これより $\mathrm{Im}\,f\subset\langle f(\boldsymbol{x}_1), f(\boldsymbol{x}_2),\ldots, f(\boldsymbol{x}_n)\rangle$ を得る．一方，任意の $c_1, c_2,\ldots, c_n\in\mathbb{F}$ に対して，

$$c_1f(\boldsymbol{x}_1)+c_2f(\boldsymbol{x}_2)+\cdots+c_nf(\boldsymbol{x}_n)=f(c_1\boldsymbol{x}_1+c_2\boldsymbol{x}_2+\cdots+c_n\boldsymbol{x}_n)\in\mathrm{Im}\,f$$

である．よって $\mathrm{Im}\,f=\langle f(\boldsymbol{x}_1), f(\boldsymbol{x}_2),\ldots, f(\boldsymbol{x}_n)\rangle$ が成り立つ．

問 5.2.4　線形写像 $f:V\to W$ の核 $\mathrm{Ker}\,f$ は V の部分空間であることを示せ．

定理 5.2.1　線形写像 $f:V\to W$ について次の2条件は同値である．

(1)　f は1対1写像，すなわち $f(\boldsymbol{x})=f(\boldsymbol{y}),\ \boldsymbol{x},\boldsymbol{y}\in V\Longrightarrow\boldsymbol{x}=\boldsymbol{y}$

(2)　$\mathrm{Ker}\,f=\{\mathbf{0}\}$

証明　(1) $\Longrightarrow$ (2) は明らかである (次の問とする)．

(2) $\Longrightarrow$ (1) を示す．$f(\boldsymbol{x})=f(\boldsymbol{y}),\ \boldsymbol{x},\boldsymbol{y}\in V$ とすれば $f(\boldsymbol{x}-\boldsymbol{y})=\mathbf{0}$ だから，$\mathrm{Ker}\,f=\{\mathbf{0}\}$ より，$\boldsymbol{x}-\boldsymbol{y}=\mathbf{0}$，すなわち $\boldsymbol{x}=\boldsymbol{y}$ である．∎

問 5.2.5　定理 5.2.1 について，(1) $\Longrightarrow$ (2) を示せ．

例 5.2.1 行列 $A = \begin{pmatrix} a & b \\ c & d \end{pmatrix}$ $(a,\ b,\ c,\ d \in \mathbb{R})$ に対して，1次変換 $f_A : \mathbb{R}^2 \to \mathbb{R}^2$ の核と像はそれぞれ

$$\operatorname{Ker} f_A = \{\boldsymbol{x} \in \mathbb{R}^2 \mid A\boldsymbol{x} = \boldsymbol{0}\},$$

$$\operatorname{Im} f_A = \left\langle A\begin{pmatrix} 1 \\ 0 \end{pmatrix} = \begin{pmatrix} a \\ c \end{pmatrix},\quad A\begin{pmatrix} 0 \\ 1 \end{pmatrix} = \begin{pmatrix} b \\ d \end{pmatrix} \right\rangle$$

である．特に $\operatorname{Ker} f_A$ は同次連立1次方程式 $A\boldsymbol{x} = \boldsymbol{0}$ の解空間である．$\det A \neq 0$ ならば，A が正則であることと A の各列のなす列が $\mathbb{R}^2$ の基底であることから $\operatorname{Ker} f_A = \{\boldsymbol{0}\}$, $\operatorname{Im} f_A = \mathbb{R}^2$ であり，f_A は1対1上への写像である (定理 4.1.2，5.2.1 参照)．一方，$A \neq O$ かつ $\det A = 0$ ならば，A の各行のなす集合と各列のなす集合はそれぞれ線形従属だから，$\operatorname{Ker} f_A = \langle {}^t(b \quad -a) \rangle$ あるいは $\operatorname{Ker} f_A = \langle {}^t(d \quad -c) \rangle$ であり，また $\operatorname{Im} f_A = \langle {}^t(a \quad c) \rangle$ あるいは $\operatorname{Im} f_A = \langle {}^t(b \quad d) \rangle$ であって，$\dim(\operatorname{Ker} f_A) = \dim(\operatorname{Im} f_A) = 1$ となる． ▮

xy-平面上の1次変換の核と像

例 5.2.1 の1次変換 $f_A : \mathbb{R}^2 \to \mathbb{R}^2$ を xy-平面上の1次変換 $(x \quad y) \mapsto (ax+by \quad cx+dy)$ とみなす．$\det A \neq 0$ ならば f_A の核と像は，それぞれ原点と全平面に対応する．一方，$A \neq O$ かつ $\det A = 0$ ならば，f_A の核および像は xy-平面上の原点を通る直線に対応する．具体的には，$ad - bc = \det A = 0$ より $a(cx+dy) = c(ax+by)$, $b(cx+dy) = d(ax+by)$ $(x,\ y \in \mathbb{R})$ であるから，$\operatorname{Ker} f_A$ は直線 $ax + by = 0$ あるいは $cx + dy = 0$ に対応し，$\operatorname{Im} f_A$ は直線 $ay = cx$ あるいは $by = dx$ に対応する．

問 5.2.6 1次変換 $f : \mathbb{R}^2 \to \mathbb{R}^2$, ${}^t(x \quad y) \mapsto {}^t(x+y \quad -x-y)$ について，$\operatorname{Ker} f$ および $\operatorname{Im} f$ の基底を求めよ．また，このとき $\operatorname{Ker} f$ および $\operatorname{Im} f$ は xy-平面上のどのような図形をつくるか?

命題 5.2.2 $a,\ b,\ c,\ d \in \mathbb{R}$ について $ad - bc \neq 0$ とする．このとき xy-平

面上の1次変換 $f:(x,\,y)\mapsto(ax+by,\,cx+dy)$ は1対1上への写像である．また $p,\,q,\,k$ を定数とするとき，f による直線 $\ell:px+qy=k$ 上の点の像がつくる図形 $L:=\{(ax+by,\,cx+dy)\mid x,\,y\in\mathbb{R},\,px+qy=k\}$ は直線となる．直線 L を f による直線 ℓ の像という．

証明　行列 $A=\begin{pmatrix}a & b\\ c & d\end{pmatrix}$ の行列式は0でないので，f は1対1上への写像であることは例 5.2.1 で示した．A は正則だから $A^{-1}=\begin{pmatrix}r & s\\ t & u\end{pmatrix}$ とし，$(v\quad w)=(p\quad q)A^{-1}$ とおく．$(x,\,y)\in L$ に対して $(rx+sy,\,tx+uy)$ は ℓ 上の点であるから，$p(rx+sy)+q(tx+uy)=k$，すなわち $vx+wy=k$ が成り立つ．よって，L は直線 $vx+wy=k$ 上にある点の集合である．一方，この直線上の任意の点 $(x,\,y)$ に対して $(x',\,y')=(rx+sy,\,tx+uy)$ とすれば，$(x,\,y)$ は f による $(x',\,y')$ の像 $(ax'+by',\,cx'+dy')$ であり $v(ax'+by')+w(cx'+dy')=k$，すなわち $(va+wc)x'+(vb+wd)y'=k$ が成り立つ．このとき $(va+wc\quad vb+wd)=(v\quad w)A=(p\quad q)A^{-1}A=(p\quad q)$ であり，$(x',\,y')$ は ℓ 上の点である．よって，L は直線 $vx+wy=k$ である． ■

問 5.2.7　xy-平面上の1次変換 $f:(x,\,y)\mapsto(2x+y,\,3x+2y)$ による直線 $x-y=1$ の像の方程式を求めよ．

線形空間の核と像の次元

定理 5.2.3　線形写像 $f:V\to W$ に対して，V が $\mathbb{F}$ 上有限次元ならば

$$\dim V=\dim(\operatorname{Ker} f)+\dim(\operatorname{Im} f)$$

が成り立つ．

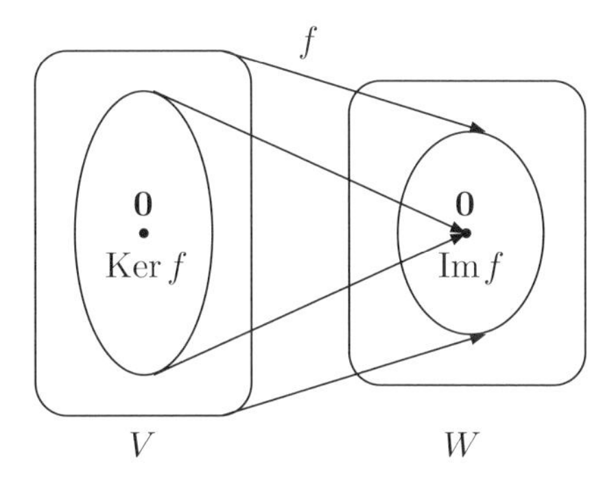

証明　$n = \dim V$, $k = \dim(\mathrm{Ker}\, f)$ とおく．V の1組の基底 $(\boldsymbol{x}_1, \boldsymbol{x}_2, \ldots, \boldsymbol{x}_n)$ について，$k \neq 0$ ならば $(\boldsymbol{x}_1, \boldsymbol{x}_2, \ldots, \boldsymbol{x}_k)$ は $\mathrm{Ker}\, f$ の基底をなすとしてよい (定理 4.4.1 参照)．$\mathrm{Im}\, f = \langle f(\boldsymbol{x}_1), f(\boldsymbol{x}_2), \ldots, f(\boldsymbol{x}_n) \rangle$ であるが，$f(\boldsymbol{x}_1) = f(\boldsymbol{x}_2) = \cdots = f(\boldsymbol{x}_k) = \boldsymbol{0}$ より $\mathrm{Im}\, f = \langle f(\boldsymbol{x}_{k+1}), f(\boldsymbol{x}_{k+2}), \ldots, f(\boldsymbol{x}_n) \rangle$ である．$(f(\boldsymbol{x}_{k+1}), f(\boldsymbol{x}_{k+2}), \ldots, f(\boldsymbol{x}_n))$ が $\mathrm{Im}\, f$ の基底をなすことを示す．いま

$$c_1 f(\boldsymbol{x}_{k+1}) + c_2 f(\boldsymbol{x}_{k+2}) + \cdots + c_{n-k} f(\boldsymbol{x}_n) = \boldsymbol{0} \quad (c_1, c_2, \ldots, c_{n-k} \in \mathbb{F})$$

とする．このとき $f(c_1\boldsymbol{x}_{k+1} + c_2\boldsymbol{x}_{k+2} + \cdots + c_{n-k}\boldsymbol{x}_n) = \boldsymbol{0}$ より

$$c_1\boldsymbol{x}_{k+1} + c_2\boldsymbol{x}_{k+2} + \cdots + c_{n-k}\boldsymbol{x}_n \in \mathrm{Ker}\, f$$

である．ここで $(\boldsymbol{x}_1, \boldsymbol{x}_2, \ldots, \boldsymbol{x}_k)$ は $\mathrm{Ker}\, f$ の基底だから, ある $d_1, d_2, \ldots, d_k \in \mathbb{F}$ が存在して

$$c_1\boldsymbol{x}_{k+1} + c_2\boldsymbol{x}_{k+2} + \cdots + c_{n-k}\boldsymbol{x}_n = d_1\boldsymbol{x}_1 + d_2\boldsymbol{x}_2 + \cdots + d_k\boldsymbol{x}_k$$

と表される．ただし $k = 0$ ならば右辺は $\boldsymbol{0}$ である．さらに $(\boldsymbol{x}_1, \boldsymbol{x}_2, \ldots, \boldsymbol{x}_n)$ は V の基底だから $c_1 = c_2 = \cdots = c_{n-k} = d_1 = d_2 = \cdots = d_k = 0$ を得る．これより W のベクトルの組 $\{f(\boldsymbol{x}_{k+1}), f(\boldsymbol{x}_{k+2}), \ldots, f(\boldsymbol{x}_n)\}$ は線形独立であり，$\mathrm{Im}\, f$ の基底をなす．よって $\dim(\mathrm{Im}\, f) = n - k$ となり，$\dim V = \dim(\mathrm{Ker}\, f) + \dim(\mathrm{Im}\, f)$ が成り立つ． ▮

例 5.2.2　$m \times n$ 行列 A の表す線形写像 $f_A : \mathbb{F}^n \to \mathbb{F}^m$ について，$A = (\boldsymbol{a}_1 \quad \boldsymbol{a}_2 \quad \cdots \quad \boldsymbol{a}_n)$ を A の列分割表示するとき，

$$\mathrm{Im}\, f_A = \langle f_A(\boldsymbol{e}_1), f_A(\boldsymbol{e}_2), \ldots, f_A(\boldsymbol{e}_n) \rangle = \langle \boldsymbol{a}_1, \boldsymbol{a}_2, \ldots, \boldsymbol{a}_n \rangle$$

だから，定理 4.4.4 より $\dim(\mathrm{Im}\, f_A) = \mathrm{rank}\, A$ である．よって，定理 5.2.3 より $\dim(\mathrm{Ker}\, f_A) = n - \mathrm{rank}\, A$ が成り立つ．また

$$\mathrm{Ker}\, f_A = \{\boldsymbol{x} \in \mathbb{F}^n \mid A\boldsymbol{x} = \boldsymbol{0}\}$$

であり，$\mathrm{Ker}\, f_A$ は同次連立 1 次方程式 $A\boldsymbol{x} = \boldsymbol{0}$ の解空間である． ▮

問 5.2.8　次の行列 A が表す線形写像 $f_A : \mathbb{F}^3 \to \mathbb{F}^2$ について $\mathrm{Im}\, f_A$ と $\mathrm{Ker}\, f_A$ の次元および 1 組の基底をそれぞれ求めよ．

(1)　$A = \begin{pmatrix} 1 & -2 & 0 \\ -1 & -3 & 2 \end{pmatrix}$　　(2)　$A = \begin{pmatrix} -1 & 1 & -2 \\ 2 & -2 & 4 \end{pmatrix}$

例題 5.2.1　次の行列 A が表す線形写像 $f_A : \mathbb{F}^5 \to \mathbb{F}^3$ に対して，$\mathrm{Ker}\, f_A$ と $\mathrm{Im}\, f_A$ の次元と 1 組の基底をそれぞれ求めよ．

$$A = \begin{pmatrix} 2 & 3 & 1 & 1 & -2 \\ 1 & -2 & -3 & 3 & 0 \\ -1 & 0 & 1 & 2 & -3 \end{pmatrix}$$

解答　A の簡約化は $\begin{pmatrix} 1 & 0 & -1 & 0 & 1 \\ 0 & 1 & 1 & 0 & -1 \\ 0 & 0 & 0 & 1 & -1 \end{pmatrix}$ だから，$\boldsymbol{y}_1 = \begin{pmatrix} 2 \\ 1 \\ -1 \end{pmatrix}$, $\boldsymbol{y}_2 = \begin{pmatrix} 3 \\ -2 \\ 0 \end{pmatrix}$, $\boldsymbol{y}_4 = \begin{pmatrix} 1 \\ 3 \\ 2 \end{pmatrix}$ として $(\boldsymbol{y}_1, \boldsymbol{y}_2, \boldsymbol{y}_4)$ は $\mathrm{Im}\, f_A$ の基底をなす．また $\dim(\mathrm{Im}\, f_A) = 3$, $\dim(\mathrm{Ker}\, f_A) = 2$ である．さらに，同次連立 1 次方程式 $A\boldsymbol{x} = \boldsymbol{0}$ の解空間の生成系は $(\boldsymbol{x}_1, \boldsymbol{x}_2)$, ただし

$$\boldsymbol{x}_1 = \begin{pmatrix} 1 \\ -1 \\ 1 \\ 0 \\ 0 \end{pmatrix}, \qquad \boldsymbol{x}_2 = \begin{pmatrix} -1 \\ 1 \\ 0 \\ 1 \\ 1 \end{pmatrix}$$

であるので，この $(\boldsymbol{x}_1, \boldsymbol{x}_2)$ が $\mathrm{Ker}\, f_A$ の基底をなす． ■

線形写像の行列

線形写像 $f: V \to W$ に対して，$(\boldsymbol{x}_1, \boldsymbol{x}_2, \ldots, \boldsymbol{x}_n)\,(n = \dim V)$ を V の基底，$(\boldsymbol{y}_1, \boldsymbol{y}_2, \ldots, \boldsymbol{y}_m)\,(m = \dim W)$ を W の基底とするとき

$$f(\boldsymbol{x}_j) = a_{1j}\boldsymbol{y}_1 + a_{2j}\boldsymbol{y}_2 + \cdots + a_{mj}\boldsymbol{y}_m \qquad (j = 1, 2, \ldots, n) \tag{5.2.1}$$

を満たす $m \times n$ 行列 $A = (a_{ij})$ を V の基底 $(\boldsymbol{x}_1, \boldsymbol{x}_2, \ldots, \boldsymbol{x}_n)$ と W の基底 $(\boldsymbol{y}_1, \boldsymbol{y}_2, \ldots, \boldsymbol{y}_m)$ に関する**線形写像 f の行列**という．以後，(5.2.1) を行列の列分割計算と同様に

$$(f(\boldsymbol{x}_1) \quad f(\boldsymbol{x}_2) \quad \cdots \quad f(\boldsymbol{x}_n)) = (\boldsymbol{y}_1 \quad \boldsymbol{y}_2 \quad \cdots \quad \boldsymbol{y}_m) \cdot A \tag{5.2.2}$$

と表す．

命題 5.2.4　線形写像 $f: V \to W$ に対して，V の基底 $(\boldsymbol{x}_1, \boldsymbol{x}_2, \ldots, \boldsymbol{x}_n)$ と W の基底 $(\boldsymbol{y}_1, \boldsymbol{y}_2, \ldots, \boldsymbol{y}_m)$ に関する f の行列を A とする．このとき $\dim(\mathrm{Im}\, f) = \mathrm{rank}\, A$ である．

証明　行列 A の列分割表示を $A = (\boldsymbol{a}_1 \quad \boldsymbol{a}_2 \quad \cdots \quad \boldsymbol{a}_n)$ とし，$\boldsymbol{a}_1, \boldsymbol{a}_2, \ldots, \boldsymbol{a}_n$ で生成される $\mathbb{F}^m$ の部分空間を U とする．このとき $c_1, c_2, \ldots, c_n \in \mathbb{F}$ に対して，

$$(f(\boldsymbol{x}_1) \quad f(\boldsymbol{x}_2) \quad \cdots \quad f(\boldsymbol{x}_n)) \cdot \begin{pmatrix} c_1 \\ c_2 \\ \vdots \\ c_n \end{pmatrix} = (\boldsymbol{y}_1 \quad \boldsymbol{y}_2 \quad \cdots \quad \boldsymbol{y}_m) \cdot A \begin{pmatrix} c_1 \\ c_2 \\ \vdots \\ c_n \end{pmatrix}$$

となるが，$\{\boldsymbol{y}_1, \boldsymbol{y}_2, \ldots, \boldsymbol{y}_m\}$ は線形独立だから，

$$(f(\boldsymbol{x}_1) \quad f(\boldsymbol{x}_2) \quad \cdots \quad f(\boldsymbol{x}_n)) \cdot \begin{pmatrix} c_1 \\ c_2 \\ \vdots \\ c_n \end{pmatrix} = \boldsymbol{0} \iff A \begin{pmatrix} c_1 \\ c_2 \\ \vdots \\ c_n \end{pmatrix} = \boldsymbol{0}$$

が成り立つ．これより $f(\boldsymbol{x}_1), f(\boldsymbol{x}_2), \ldots, f(\boldsymbol{x}_n)$ と $\boldsymbol{a}_1, \boldsymbol{a}_2, \ldots, \boldsymbol{a}_n$ は同じ線形関係式を満たす．特に $f(\boldsymbol{x}_1), f(\boldsymbol{x}_2), \ldots, f(\boldsymbol{x}_n)$ のうちの線形独立な最大個数は $\boldsymbol{a}_1, \boldsymbol{a}_2, \ldots, \boldsymbol{a}_n$ のうちの線形独立な最大個数に等しい．よって，定理 4.4.3 より，

$$\dim(\operatorname{Im} f) = \dim\langle f(\boldsymbol{x}_1), f(\boldsymbol{x}_2), \ldots, f(\boldsymbol{x}_n)\rangle = \dim U$$

である．さらに，定理 4.4.4 より主張が得られる．∎

例 5.2.3　$m \times n$ 行列 A は $\mathbb{F}^n$ の標準基底 $(\boldsymbol{e}_1, \boldsymbol{e}_2, \ldots, \boldsymbol{e}_n)$ と m 次元基本ベクトルからなる $\mathbb{F}^m$ の標準基底 $(\boldsymbol{e}'_1, \boldsymbol{e}'_2, \ldots, \boldsymbol{e}'_m)$ に関する線形写像 f_A の行列である．実際 $(f_A(\boldsymbol{e}_1) \quad f_A(\boldsymbol{e}_2) \quad \cdots \quad f_A(\boldsymbol{e}_n)) = AE_n = E_mA = (\boldsymbol{e}'_1 \quad \boldsymbol{e}'_2 \quad \cdots \quad \boldsymbol{e}'_m)A$ である．これより $\dim(\operatorname{Im} f_A) = \operatorname{rank} A$ である (例 5.2.2 参照)．∎

線形空間の間の線形写像を，基底に関する座標を通してみてみよう．

命題 5.2.5　線形写像 $f : V \to W$ に対して，V の基底 $(\boldsymbol{x}_1, \boldsymbol{x}_2, \ldots, \boldsymbol{x}_n)$ と W の基底 $(\boldsymbol{y}_1, \boldsymbol{y}_2, \ldots, \boldsymbol{y}_m)$ に関する f の行列を A とする．このとき V ベクトル $\boldsymbol{x} = \displaystyle\sum_{i=1}^{n} b_i \boldsymbol{x}_i$ $(b_1, b_2, \ldots, b_n \in \mathbb{F})$ について

$$\begin{pmatrix} c_1 \\ c_2 \\ \vdots \\ c_m \end{pmatrix} = A \begin{pmatrix} b_1 \\ b_2 \\ \vdots \\ b_n \end{pmatrix}$$

とすれば，$f(\boldsymbol{x}) = \displaystyle\sum_{j=1}^{m} c_j \boldsymbol{y}_j$ である．

証明　仮定から

$$(f(\boldsymbol{x}_1) \quad f(\boldsymbol{x}_2) \quad \cdots \quad f(\boldsymbol{x}_n)) \cdot \begin{pmatrix} b_1 \\ b_2 \\ \vdots \\ b_n \end{pmatrix} = (\boldsymbol{y}_1 \quad \boldsymbol{y}_2 \quad \cdots \quad \boldsymbol{y}_m) \cdot A \begin{pmatrix} b_1 \\ b_2 \\ \vdots \\ b_n \end{pmatrix}$$

より，$f(\boldsymbol{x}) = \displaystyle\sum_{j=1}^{m} c_j \boldsymbol{y}_j$ である．∎

例 5.2.4　線形写像 $f : \mathbb{F}^2 \to \mathbb{F}^3$ について，$\mathbb{F}^2$ の基底 $(\boldsymbol{x}_1, \boldsymbol{x}_2)$ と $\mathbb{F}^3$ の基底 $(\boldsymbol{y}_1, \boldsymbol{y}_2, \boldsymbol{y}_3)$ に関する f の行列が $A = \begin{pmatrix} 3 & 2 \\ 1 & 0 \\ -2 & -1 \end{pmatrix}$ であるとする．このとき $\mathbb{F}^2$ のベクトル $\boldsymbol{x} = 3\boldsymbol{x}_1 - 4\boldsymbol{x}_2$ の f による像は，$\begin{pmatrix} 1 \\ 3 \\ -2 \end{pmatrix} = A \begin{pmatrix} 3 \\ -4 \end{pmatrix}$ より，$f(\boldsymbol{x}) = \boldsymbol{y}_1 + 3\boldsymbol{y}_2 - 2\boldsymbol{y}_3$ である．∎

定理 5.2.6　n 次元線形空間 V の基底 $(\boldsymbol{x}_1, \boldsymbol{x}_2, \ldots, \boldsymbol{x}_n)$ と m 次元線形空間 W の基底 $(\boldsymbol{y}_1, \boldsymbol{y}_2, \ldots, \boldsymbol{y}_m)$ に関する線形写像 $f : V \to W$ の行列を A とする．また V の基底 $(\boldsymbol{x}'_1, \boldsymbol{x}'_2, \ldots, \boldsymbol{x}'_n)$ と W の基底 $(\boldsymbol{y}'_1, \boldsymbol{y}'_2, \ldots, \boldsymbol{y}'_m)$ に対して，n 次正則行列 P と m 次正則行列 Q は

$$(\boldsymbol{x}'_1 \quad \boldsymbol{x}'_2 \quad \cdots \quad \boldsymbol{x}'_n) = (\boldsymbol{x}_1 \quad \boldsymbol{x}_2 \quad \cdots \quad \boldsymbol{x}_n) \cdot P,$$
$$(\boldsymbol{y}'_1 \quad \boldsymbol{y}'_2 \quad \cdots \quad \boldsymbol{y}'_m) = (\boldsymbol{y}_1 \quad \boldsymbol{y}_2 \quad \cdots \quad \boldsymbol{y}_m) \cdot Q$$

を満たす基底の変換行列とする．このとき V の基底 $(\boldsymbol{x}'_1, \boldsymbol{x}'_2, \ldots, \boldsymbol{x}'_n)$ と W の基底 $(\boldsymbol{y}'_1, \boldsymbol{y}'_2, \ldots, \boldsymbol{y}'_m)$ に関する線形写像 f の行列は $Q^{-1}AP$ である．

証明　$P = (p_{ij})$ とする．$j = 1, 2, \ldots, n$ について，

$$\begin{aligned} \boldsymbol{x}'_j &= p_{1j}\boldsymbol{x}_1 + p_{2j}\boldsymbol{x}_2 + \cdots + p_{nj}\boldsymbol{x}_n, \\ f(\boldsymbol{x}'_j) &= p_{1j}f(\boldsymbol{x}_1) + p_{2j}f(\boldsymbol{x}_2) + \cdots + p_{nj}f(\boldsymbol{x}_n) \end{aligned}$$

より

$$\begin{aligned} (f(\boldsymbol{x}'_1) \quad f(\boldsymbol{x}_2\prime) \quad \cdots \quad f(\boldsymbol{x}'_n)) &= (f(\boldsymbol{x}_1) \quad f(\boldsymbol{x}_2) \quad \cdots \quad f(\boldsymbol{x}_n)) \cdot P \\ &= (\boldsymbol{y}_1 \quad \boldsymbol{y}_2 \quad \cdots \quad \boldsymbol{y}_m) \cdot AP \\ &= (\boldsymbol{y}'_1 \quad \boldsymbol{y}'_2 \quad \cdots \quad \boldsymbol{y}'_m) \cdot Q^{-1}AP \end{aligned}$$

となる．これより主張を得る．　■

例 5.2.5　$\mathbb{F}^3$ の標準基底 $(\boldsymbol{e}_1, \boldsymbol{e}_2, \boldsymbol{e}_3)$ と $\mathbb{F}^2$ の標準基底 $(\boldsymbol{e}_1, \boldsymbol{e}_2)$ に関する線形写像 $f : \mathbb{F}^2 \to \mathbb{F}^3$ の行列が $A = \begin{pmatrix} 8 & 14 \\ -1 & -3 \\ 0 & 1 \end{pmatrix}$ であるとする．(例 5.2.3 より $f = f_A$ である．) いま $\boldsymbol{p}_1 = \begin{pmatrix} 2 \\ -1 \end{pmatrix}$, $\boldsymbol{p}_2 = \begin{pmatrix} -3 \\ 2 \end{pmatrix}$, $\boldsymbol{q}_1 = \begin{pmatrix} 2 \\ 1 \\ -1 \end{pmatrix}$, $\boldsymbol{q}_2 = \begin{pmatrix} 4 \\ -3 \\ 2 \end{pmatrix}$, $\boldsymbol{q}_3 = \begin{pmatrix} 3 \\ -4 \\ 3 \end{pmatrix}$ とおくとき，$\mathbb{F}^2$ の基底 $(\boldsymbol{p}_1, \boldsymbol{p}_2)$ と $\mathbb{F}^3$ の基底 $(\boldsymbol{q}_1, \boldsymbol{q}_2, \boldsymbol{q}_3)$ に関する線形写像 f の行列は，$P = (\boldsymbol{p}_1 \quad \boldsymbol{p}_2) = \begin{pmatrix} 2 & -3 \\ -1 & 2 \end{pmatrix}$, $Q = (\boldsymbol{q}_1 \quad \boldsymbol{q}_2 \quad \boldsymbol{q}_3) = \begin{pmatrix} 2 & 4 & 3 \\ 1 & -3 & -4 \\ -1 & 2 & 3 \end{pmatrix}$ として，$Q^{-1}AP = \begin{pmatrix} 1 & 0 \\ 0 & 1 \\ 0 & 0 \end{pmatrix}$ となる．　■

問題 5-2

1. 次の行列 A が表す $\mathbb{F}^5$ から $\mathbb{F}^3$ への線形写像 f_A に対して，$\mathrm{Ker}\, f_A$ と $\mathrm{Im}\, f_A$ の次元および 1 組の基底をそれぞれ求めよ．

$$A = \begin{pmatrix} 1 & 1 & 2 & -1 & 2 \\ -1 & 3 & 2 & 1 & -1 \\ 0 & 1 & 1 & 3 & -2 \end{pmatrix}$$

2. U, V, W を線形空間とする．線形写像 $f : U \to V$ と線形写像 $g : V \to W$ について，合成写像 $g \circ f$ を $(g \circ f)(\boldsymbol{x}) = g(f(\boldsymbol{x})) \in W$ $(\boldsymbol{x} \in U)$ により定める．このとき $g \circ f : U \to W$ は線形写像であることを示せ．

3. n 次元線形空間 V の基底を $\mathcal{B} := (\boldsymbol{x}_1, \boldsymbol{x}_2, \ldots, \boldsymbol{x}_n)$ とするとき，V のベクトルに基底 $\mathcal{B}$ に関するその座標を対応させる，V から $\mathbb{F}^n$ への写像

$$f : V \to \mathbb{F}^n,\ a_1\boldsymbol{x}_1 + a_2\boldsymbol{x}_2 + \cdots + a_n\boldsymbol{x}_n \mapsto \begin{pmatrix} a_1 \\ a_2 \\ \vdots \\ a_n \end{pmatrix}$$

は線形写像であることを示せ．さらに $\mathrm{Ker}\, f = \{\mathbf{0}\}$ かつ $\mathrm{Im}\, f = \mathbb{F}^n$ であること確かめよ．(特に定理 5.2.1 より $f : V \to \mathbb{F}^n$ は 1 対 1 上への写像であり，V は線形空間として $\mathbb{F}^n$ と同一視される．)

4. n 次元線形空間 V の基底 $(\boldsymbol{x}_1, \boldsymbol{x}_2, \ldots, \boldsymbol{x}_n)$ と m 次元線形空間 W の基底 $(\boldsymbol{y}_1, \boldsymbol{y}_2, \ldots, \boldsymbol{y}_m)$ に関する線形写像 $f : V \to W$ の行列が，$m \times n$ 行列 $A = (a_{ij})$ であるとき，f がどのように定められた線形写像であるかを答えよ．

5. 線形写像 $f : V \to W$ に対して，V の基底 $(\boldsymbol{x}_1, \boldsymbol{x}_2, \ldots, \boldsymbol{x}_n)$ の最後の $n - r$ 個のベクトルは $\mathrm{Ker}\, f$ の基底をなすとする．このとき，定理 5.2.3 の証明から $(f(\boldsymbol{x}_1), f(\boldsymbol{x}_2), \ldots, f(\boldsymbol{x}_r))$ は $\mathrm{Im}\, f$ の基底となる．$\boldsymbol{y}_i = f(\boldsymbol{x}_i)$ $(i = 1, 2, \ldots, r)$ とおき，これらに W のベクトルをつけ加えて W の基底 $(\boldsymbol{y}_1, \boldsymbol{y}_2, \ldots, \boldsymbol{y}_m)$ を構成する．このとき V の基底 $(\boldsymbol{x}_1, \boldsymbol{x}_2, \ldots, \boldsymbol{x}_n)$ と W の基底 $(\boldsymbol{y}_1, \boldsymbol{y}_2, \ldots, \boldsymbol{y}_m)$ に関する f の行列を求めよ．

5.3 線形空間上の線形変換

線形変換の行列

n 次元線形空間 V 上の線形変換 f と V の基底 $(\boldsymbol{x}_1, \boldsymbol{x}_2, \ldots, \boldsymbol{x}_n)$ に対して，$(f(\boldsymbol{x}_1) \quad f(\boldsymbol{x}_2) \quad \cdots \quad f(\boldsymbol{x}_n)) = (\boldsymbol{x}_1 \quad \boldsymbol{x}_2 \quad \cdots \quad \boldsymbol{x}_n) \cdot A$ を満たす n 次正方行列 A を V の基底 $(\boldsymbol{x}_1, \boldsymbol{x}_2, \ldots, \boldsymbol{x}_n)$ に関する**線形変換 f の行列**という．

定理 5.2.6 より次の定理が成り立つ．

定理 5.3.1 n 次元線形空間 V の基底 $(\boldsymbol{x}_1, \boldsymbol{x}_2, \ldots, \boldsymbol{x}_n)$ に関する V 上の線形変換 f の行列を A とし，V の基底 $(\boldsymbol{y}_1, \boldsymbol{y}_2, \ldots, \boldsymbol{y}_n)$ に対して n 次正則行列 P は $(\boldsymbol{y}_1 \quad \boldsymbol{y}_2 \quad \cdots \quad \boldsymbol{y}_n) = (\boldsymbol{x}_1 \quad \boldsymbol{x}_2 \quad \cdots \quad \boldsymbol{x}_n) \cdot P$ を満たす基底の変換行列とする．このとき，基底 $(\boldsymbol{y}_1, \boldsymbol{y}_2, \ldots, \boldsymbol{y}_n)$ に関する f の行列は $P^{-1}AP$ である．

例 5.3.1 n 次正方行列 A について，$\mathbb{F}^n$ の標準基底 $(\boldsymbol{e}_1, \boldsymbol{e}_2, \ldots, \boldsymbol{e}_n)$ に関する $\mathbb{F}^n$ 上の線形変換 f_A の行列は A である (例 5.2.3 参照)．さらに，任意の $\mathbb{F}^n$ の基底 $(\boldsymbol{x}_1, \boldsymbol{x}_2, \ldots, \boldsymbol{x}_n)$ に対して，行列 $P = (\boldsymbol{x}_1 \quad \boldsymbol{x}_2 \quad \cdots \quad \boldsymbol{x}_n)$ は $\mathbb{F}^n$ の標準基底 $(\boldsymbol{e}_1, \boldsymbol{e}_2, \ldots, \boldsymbol{e}_n)$ から基底 $(\boldsymbol{x}_1, \boldsymbol{x}_2, \ldots, \boldsymbol{x}_n)$ への変換行列なので，$\mathbb{F}^n$ の基底 $(\boldsymbol{x}_1, \boldsymbol{x}_2, \ldots, \boldsymbol{x}_n)$ に関する線形変換 f_A の行列は $P^{-1}AP$ である． ▮

例題 5.3.1 次の行列 A が表す $\mathbb{F}^3$ 上の線形変換 f_A を考える．

$$A = \begin{pmatrix} -1 & 1 & 2 \\ 8 & -2 & -6 \\ -7 & 3 & 7 \end{pmatrix}$$

$\mathbb{F}^3$ の基底 $(\boldsymbol{e}_1 - \boldsymbol{e}_2 + 2\boldsymbol{e}_3, -2\boldsymbol{e}_2 + \boldsymbol{e}_3, -\boldsymbol{e}_1 - 2\boldsymbol{e}_2)$ に関する f_A の行列を求めよ．

解答 $\mathbb{F}^3$ の標準基底 $\boldsymbol{e}_1, \boldsymbol{e}_2, \boldsymbol{e}_3$ から基底 $(\boldsymbol{e}_1 - \boldsymbol{e}_2 + 2\boldsymbol{e}_3, -2\boldsymbol{e}_2 + \boldsymbol{e}_3, -\boldsymbol{e}_1 - 2\boldsymbol{e}_2)$

への変換行列は $P := \begin{pmatrix} 1 & 0 & -1 \\ -1 & -2 & -2 \\ 2 & 1 & 0 \end{pmatrix}$ だから，例 5.3.1 より，求める f_A の行列は $P^{-1}\begin{pmatrix} -1 & 1 & 2 \\ 8 & -2 & -6 \\ -7 & 3 & 7 \end{pmatrix}P = \begin{pmatrix} 2 & 0 & 0 \\ 0 & 1 & 1 \\ 0 & 0 & 1 \end{pmatrix}$ である． ▮

不変部分空間*

線形空間 V 上の線形変換 f と V の部分空間 W について，

$$\boldsymbol{x} \in W \Longrightarrow f(\boldsymbol{x}) \in W$$

が成り立つとき，W は f-**不変部分空間**であるという．このとき f の定義域を W に制限する写像を W 上の線形変換とみなし，$f|_W : W \to W$ と表す．n 次正方行列 A が表す数ベクトル空間 $\mathbb{F}^n$ 上の線形変換 f_A に対して，$\mathbb{F}^n$ の部分空間 W が f_A-不変部分空間であるとき W は A-**不変部分空間**である，あるいは W は A-**不変**であるという．

例 5.3.2 $A = \begin{pmatrix} 8 & 4 \\ -9 & -4 \end{pmatrix}$ とする．A が表す $\mathbb{R}^2$ 上の 1 次変換 f_A について，$A\begin{pmatrix} -2 \\ 3 \end{pmatrix} = \begin{pmatrix} -4 \\ 6 \end{pmatrix} = \begin{pmatrix} -2 \\ 3 \end{pmatrix}(2)$ である．よって $W = \left\langle \begin{pmatrix} -2 \\ 3 \end{pmatrix} \right\rangle$ は A-不変であり，W の基底 $\begin{pmatrix} -2 \\ 3 \end{pmatrix}$ に関する W 上の線形変換 $f_A|_W$ の行列は (2) である．また，xy-平面上の 1 次変換 f_A による直線 $\ell : 2x + 3y = 0$ の像は直線 ℓ 自身である (命題 5.2.2 参照)． ▮

例 5.3.3 例題 5.3.1 で考えた 行列 A について，$W = \langle \boldsymbol{e}_1 + \boldsymbol{e}_3, \boldsymbol{e}_1 + 2\boldsymbol{e}_2 \rangle$ は A-不変である．実際，$A(\boldsymbol{e}_1 + \boldsymbol{e}_3) = \boldsymbol{e}_1 + 2\boldsymbol{e}_2$, $A(\boldsymbol{e}_1 + 2\boldsymbol{e}_2) = -(\boldsymbol{e}_1 + \boldsymbol{e}_3) + 2(\boldsymbol{e}_1 + 2\boldsymbol{e}_2)$ が成り立つ．また，W の基底 $(\boldsymbol{e}_1 + \boldsymbol{e}_3, \boldsymbol{e}_1 + 2\boldsymbol{e}_2)$ に関する W

上の線形変換 $f_A|_W$ の行列は $\begin{pmatrix} 0 & -1 \\ 1 & 2 \end{pmatrix}$ である．さらに W の基底 $(\boldsymbol{e}_1+\boldsymbol{e}_3,\ \boldsymbol{e}_1+2\boldsymbol{e}_2)$ から基底 $(-2\boldsymbol{e}_2+\boldsymbol{e}_3,\ -\boldsymbol{e}_1-2\boldsymbol{e}_2)$ への変換行列は $\begin{pmatrix} 1 & 0 \\ -1 & -1 \end{pmatrix}$ だから，W の基底 $(-2\boldsymbol{e}_2+\boldsymbol{e}_3,\ -\boldsymbol{e}_1-2\boldsymbol{e}_2)$ に関する $f_A|_W$ の行列は

$$\begin{pmatrix} 1 & 0 \\ -1 & -1 \end{pmatrix}^{-1}\begin{pmatrix} 0 & -1 \\ 1 & 2 \end{pmatrix}\begin{pmatrix} 1 & 0 \\ -1 & -1 \end{pmatrix} = \begin{pmatrix} 1 & 1 \\ 0 & 1 \end{pmatrix}$$

である．■

不変部分空間の直和*

n 次元線形空間 V 上の線形変換 f に対して，f-不変部分空間 W_1 と W_2 が存在して $V=W_1\oplus W_2$，すなわち V は W_1 と W_2 の直和であるとする．W_1 の基底 $(\boldsymbol{x}_1, \boldsymbol{x}_2, \ldots, \boldsymbol{x}_m)$ と W_2 の基底 $(\boldsymbol{x}_{m+1}, \boldsymbol{x}_{m+2}, \ldots, \boldsymbol{x}_n)$ に関する線形変換 $f|_{W_1}$ と $f|_{W_2}$ の行列をそれぞれ B と C で表す:

$$\begin{aligned}
(f(\boldsymbol{x}_1) \quad f(\boldsymbol{x}_2) \quad \cdots \quad f(\boldsymbol{x}_m)) &= (\boldsymbol{x}_1 \quad \boldsymbol{x}_2 \quad \cdots \quad \boldsymbol{x}_m)\cdot B \\
(f(\boldsymbol{x}_{m+1}) \quad f(\boldsymbol{x}_{m+2}) \quad \cdots \quad f(\boldsymbol{x}_n)) &= (\boldsymbol{x}_{m+1} \quad \boldsymbol{x}_{m+2} \quad \cdots \quad \boldsymbol{x}_n)\cdot C
\end{aligned}$$

このとき V の基底 $(\boldsymbol{x}_1, \boldsymbol{x}_2, \ldots, \boldsymbol{x}_n)$ に関する線形変換 f の行列を A とすると，$(f(\boldsymbol{x}_1) \quad f(\boldsymbol{x}_2) \quad \cdots \quad f(\boldsymbol{x}_n)) = (\boldsymbol{x}_1 \quad \boldsymbol{x}_2 \quad \cdots \quad \boldsymbol{x}_n)A$ より，A は次の形をしている:

$$A=\begin{pmatrix} B & O \\ O & C \end{pmatrix}$$

このことは次の問に一般化される．

問 5.3.1　線形空間 V 上の線形変換 f に対して，$V=W_1\oplus W_2\oplus\cdots W_r$ となる f-不変部分空間 W_i $(i=1,2,\ldots,r)$ があるとする．$i=1,2,\ldots,r$ に対して，行列 B_i を W_i の基底 $(\boldsymbol{x}_{i1}, \boldsymbol{x}_{i2}, \ldots, \boldsymbol{x}_{im_i})$ に関する W_i 上の線形変換 $f|_{W_i}$ の行列とするとき，$W_1, W_2, \ldots, W_r$ の基底を順に並べた V の基底 $(x_{ij} \mid i=1,2,\ldots,r,\ j=1,2,\ldots,m_i)$ に関する線形変換 f の行列は

$$\begin{pmatrix} B_1 & & & \\ & B_2 & & \\ & & \ddots & \\ & & & B_r \end{pmatrix}$$

であることを示せ．

例 5.3.4 例題 5.3.1 において $\boldsymbol{x}_1 = \boldsymbol{e}_1 - \boldsymbol{e}_2 + 2\boldsymbol{e}_3$, $\boldsymbol{x}_2 = -2\boldsymbol{e}_2 + \boldsymbol{e}_3$, $\boldsymbol{x}_3 = -\boldsymbol{e}_1 - 2\boldsymbol{e}_2$ とおけば，$W_1 := \langle \boldsymbol{x}_1 \rangle$ および $W_2 := \langle \boldsymbol{x}_2, \boldsymbol{x}_3 \rangle$ は A-不変であり，$\mathbb{F}^3 = W_1 \oplus W_2$ かつ

$$(f_A(\boldsymbol{x}_1)\ f_A(\boldsymbol{x}_2)\ f_A(\boldsymbol{x}_3)) = (\boldsymbol{x}_1 \quad \boldsymbol{x}_2 \quad \boldsymbol{x}_3) \begin{pmatrix} 2 & 0 & 0 \\ 0 & 1 & 1 \\ 0 & 0 & 1 \end{pmatrix}$$

となっている． ∎

問 5.3.2 $A = \begin{pmatrix} 5 & -2 \\ 4 & -1 \end{pmatrix}$ とする．A が表す $\mathbb{R}^2$ 上の 1 次変換 f_A について，$\boldsymbol{x}_1 = \begin{pmatrix} 1 \\ 1 \end{pmatrix}$, $\boldsymbol{x}_1 = \begin{pmatrix} 1 \\ 2 \end{pmatrix}$ とするとき，$W_1 = \langle \boldsymbol{x}_1 \rangle$ および $W_2 = \langle \boldsymbol{x}_2 \rangle$ は A-不変であることを示せ．また $\mathbb{R}^2$ の基底 $(\boldsymbol{x}_1, \boldsymbol{x}_2)$ に関する f_A の行列 B を求めよ．

べき等行列の不変部分空間*

正方行列 A が $A^2 = A$ を満たすとき A を**べき等行列**という．

問 5.3.3 n 次正方行列 A はべき等行列であるとして，以下のことを示せ．
(1) $\mathbb{F}^n = \operatorname{Im} f_A \oplus \operatorname{Ker} f_A$ (2) $\operatorname{Im} f_{E-A} = \operatorname{Ker} f_A$

例 5.3.5 n 次正方行列 A はべき等行列であるとする．問 5.3.3 より $\mathbb{F}^n = \operatorname{Im} f_A \oplus \operatorname{Ker} f_A$ であり，問題 5-3, **5** より $\operatorname{Im} f_A = \{\boldsymbol{x} \in \mathbb{F}^n \mid A\boldsymbol{x} = \boldsymbol{x}\}$ である．さて $\operatorname{Im} f_A$ の 1 組の基底を $(\boldsymbol{x}_1, \boldsymbol{x}_2, \ldots, \boldsymbol{x}_m)$ とし，$\operatorname{Ker} f_A$ の 1 組の基底を $(\boldsymbol{x}_{m+1}, \boldsymbol{x}_{m+2}, \ldots, \boldsymbol{x}_n)$ とする．このとき V の基底 $(\boldsymbol{x}_1, \boldsymbol{x}_2, \ldots, \boldsymbol{x}_n)$

に関する線形変換 f_A の行列 B は

$$B = \begin{pmatrix} E_m & O_{m\times n} \\ O_{n\times m} & O_n \end{pmatrix}$$

であり，$P = (\boldsymbol{x}_1 \quad \boldsymbol{x}_2 \quad \cdots \quad \boldsymbol{x}_n)$ とおけば，例 5.3.1 より $P^{-1}AP = B$ となる． ∎

問 5.3.4 行列 $A = \begin{pmatrix} -1 & 2 & -1 \\ -4 & 5 & -2 \\ -6 & 6 & -2 \end{pmatrix}$ が表す $\mathbb{F}^3$ 上の線形変換 f_A について $\mathrm{Im}\, f_A$ および $\mathrm{Ker}\, f_A$ の基底を求めよ．また，$\mathrm{Im}\, f_A$ の基底と $\mathrm{Ker}\, f_A$ の基底を合わせた $\mathbb{F}^3$ の基底 $(\boldsymbol{x}_1, \boldsymbol{x}_2, \boldsymbol{x}_3)$ に関する f_A の行列を，例 5.3.5 の方法で求めよ．

べき等行列 A に対して $A(E-A) = (E-A)A = O$ および $(E-A)^2 = E-A$ が成り立つ．次の定理は問 5.3.3 の一般化である．

定理 5.3.2 n 次正方行列 $A_1, A_2, \ldots, A_r$ が $A_1 + A_2 + \cdots + A_r = E_n$, $A_iA_j = O\ (i \neq j)$, $A_i^2 = A_i\ (i = 1, 2, \ldots, r)$ を満たすとき

$$\mathbb{F}^n = \mathrm{Im}\, f_{A_1} \oplus \mathrm{Im}\, f_{A_2} \oplus \cdots \oplus \mathrm{Im}\, f_{A_r}$$

が成り立つ．

証明 $\mathbb{F}^n$ の任意のベクトル $\boldsymbol{x}$ に対して

$$\boldsymbol{x} = E_n\boldsymbol{x} = (A_1 + A_2 + \cdots + A_r)\boldsymbol{x} = A_1\boldsymbol{x} + A_2\boldsymbol{x} + \cdots + A_r\boldsymbol{x}$$

より $\mathbb{F}^n = \mathrm{Im}\, f_{A_1} + \mathrm{Im}\, f_{A_2} + \cdots + \mathrm{Im}\, f_{A_r}$ である．また $i = 1, 2, \ldots, r$ について $\boldsymbol{y}_i \in \mathbb{F}^n$ が存在して $\boldsymbol{x}_i = A_i\boldsymbol{y}_i$ かつ $\boldsymbol{x}_1 + \boldsymbol{x}_2 + \cdots + \boldsymbol{x}_r = \boldsymbol{0}$ ならば

$$\begin{aligned} \boldsymbol{0} &= A_i\boldsymbol{0} = A_i(\boldsymbol{x}_1 + \boldsymbol{x}_2 + \cdots + \boldsymbol{x}_r) = A_i(A_1\boldsymbol{y}_1 + A_2\boldsymbol{y}_2 + \cdots + A_r\boldsymbol{y}_r) \\ &= A_i^2\boldsymbol{y}_i = A_i\boldsymbol{y}_i = \boldsymbol{x}_i \quad (i = 1, 2, \ldots, r) \end{aligned}$$

を得る．よって $\mathbb{F}^n = \mathrm{Im}\, f_{A_1} \oplus \mathrm{Im}\, f_{A_2} \oplus \cdots \oplus \mathrm{Im}\, f_{A_r}$ が示された． ∎

問題5-3

1. 次の行列 A が表す $\mathbb{F}^3$ 上の線形変換 f_A を考える．

$$A = \begin{pmatrix} 3 & 0 & -3 \\ 1 & 5 & 6 \\ -1 & -2 & -1 \end{pmatrix}$$

$\mathbb{F}^3$ の基底 $(-2\boldsymbol{e}_1 + \boldsymbol{e}_2,\ 3\boldsymbol{e}_1 - 3\boldsymbol{e}_2 + \boldsymbol{e}_3,\ 3\boldsymbol{e}_1 - 2\boldsymbol{e}_2)$ に関する $\mathbb{F}^3$ 上の線形変換 f_A の行列を求めよ．

2. ***1*** で考えた行列 A について，$W = \langle -3\boldsymbol{e}_1 + 2\boldsymbol{e}_3,\ -3\boldsymbol{e}_1 + 2\boldsymbol{e}_2 \rangle$ は A-不変であることを示せ．また W の基底 $(-3\boldsymbol{e}_1 + 2\boldsymbol{e}_3,\ -3\boldsymbol{e}_1 + 2\boldsymbol{e}_2)$ および $(3\boldsymbol{e}_1 - 3\boldsymbol{e}_2 + \boldsymbol{e}_3,\ 3\boldsymbol{e}_1 - 2\boldsymbol{e}_2)$ に関する W 上の線形変換 $f_A|_W$ の行列をそれぞれ求めよ．

3. n 次正方行列 A はある自然数 m について $A^m = O$ を満たすとする．A が表す $\mathbb{F}^n$ 上の線形変換 f_A に対して，f_A を $f_A^{(1)}$，合成写像 $f_A \circ f_A$ を $f_A^{(2)}$ とそれぞれ表し，帰納的に $f_A^{(k+1)} = f_A \circ f_A^{(k)},\ k = 2, 3, \ldots$ とおく．以下のことを示せ．

(1) $\operatorname{Im} f_A^{(m)} = \{\boldsymbol{0}\}$.

(2) $\operatorname{Im} f_A^{(k+1)} \subset \operatorname{Im} f_A^{(k)} \quad (k = 1, 2, \ldots)$.

(3) $A^k \neq O,\ 1 \leqq k < m \Longrightarrow \dim(\operatorname{Im} f_A^{(k+1)}) < \dim(\operatorname{Im} f_A^{(k)})$.

(4) $A^n = O$.

4.* n 次元線形空間 V が 2 つの部分空間 W_1, W_2 の直和であるとする．V から W_1 への線形写像 f を $f(\boldsymbol{x}) = \boldsymbol{x}_1,\ \boldsymbol{x} \in V$，ここで $\boldsymbol{x}_1$ は $\boldsymbol{x} = \boldsymbol{x}_1 + \boldsymbol{x}_2$, $\boldsymbol{x}_1 \in W_1,\ \boldsymbol{x}_2 \in W_2$ により一意的に定まる W_1 のベクトル，と定義する．このとき f は V 上の線形変換とみなせるが，V の任意の基底に関する線形変換 f の行列 A はべき等行列であることを示せ．

5.* n 次正方行列 A がべき等行列であるとき，$\operatorname{Im} f_A = \{\boldsymbol{x} \in \mathbb{F}^n \mid A\boldsymbol{x} = \boldsymbol{x}\}$ であることを示せ．

6

行列の固有値と対角化

行列が引き起こす線形空間上の作用を考えるとき，うまく基底を選ぶことでより単純な行列の作用として実現できる．この章ではそのための操作を詳細に論じていく．

6.1　固有値と固有空間

固有値と固有ベクトル

$\mathbb{F}$ は $\mathbb{R}$ あるいは $\mathbb{C}$ であるとし，行列の成分は $\mathbb{F}$ の元とする．線形空間は $\mathbb{F}$ 上の有限次元線形空間を意味する．

線形空間 V 上の線形変換 f に対して，F の元 λ と $\mathbf{0}$ でない V の元 $\boldsymbol{v}$ が

$$f(\boldsymbol{v}) = \lambda\boldsymbol{v}$$

を満たすとき，λ を f の**固有値**，$\boldsymbol{v}$ を λ に属する f の**固有ベクトル**という．

n 次正方行列 A により定まる数ベクトル空間 $\mathbb{F}^n$ 上の線形変換 f_A に対して，f_A の固有値 λ を A の $\mathbb{F}$ における固有値，あるいは単に A の固有値といい，λ に属する f_A の固有ベクトル $\boldsymbol{v}$ を A の固有ベクトルという．この場合

$$A\boldsymbol{v} = \lambda\boldsymbol{v}$$

であり，この式は

$$(\lambda E_n - A)\boldsymbol{v} = \mathbf{0}$$

と書き換えられる．つまり $\lambda \in \mathbb{F}$ が n 次正方行列 A の固有値ならば，同次連立 1 次方程式 $(\lambda E_n - A)\boldsymbol{x} = \mathbf{0}$ は非自明な解をもち，その非自明な解が λ に属する A の固有ベクトルである．特に，このとき $|\lambda E_n - A| = 0$ である．そ

こで，n 次多項式 $\Phi_A(x)$ を

$$\Phi_A(x) = |xE_n - A|$$

により定めれば，λ は方程式 $\Phi_A(x) = 0$ の解であるが，逆に $\Phi_A(x) = 0$ の $\mathbb{F}$ における任意の解は A の固有値である，

$$\lambda \in \mathbb{F} \text{ が } A \text{ の固有値} \iff \Phi_A(\lambda) = |\lambda E_n - A| = 0.$$

n 次多項式 $\Phi_A(x)$ を A の**固有多項式**，n 次方程式 $\Phi_A(x) = 0$ を A の**固有方程式**という．一般に n 次方程式は $\mathbb{C}$ において重複度を込めて n 個の解をもつことが知られている (代数学の基本定理)[1].

例 6.1.1　例 5.3.2 における行列 $A = \begin{pmatrix} 8 & 4 \\ -9 & -4 \end{pmatrix}$ の固有多項式は $\Phi_A(x) = |xE_2 - A| = \begin{vmatrix} x-8 & -4 \\ 9 & x+4 \end{vmatrix} = (x-2)^2$ であり，A の固有値は 2 である．同次連立 1 次方程式 $(2E_2 - A)\boldsymbol{x} = \boldsymbol{0}$ の解空間は $\begin{pmatrix} -2 \\ 3 \end{pmatrix}$ で生成され，このベクトルは 2 に属する A の固有ベクトルである． ▮

問 6.1.1　対角行列 $A = \lambda E_n$ $(\lambda \in \mathbb{F})$ の固有値と固有ベクトルは何か．

固有値と固有ベクトルの性質をみていこう．

定理 6.1.1　n 次正方行列 A の相異なる固有値 $\lambda_1, \lambda_2, \ldots, \lambda_m \in \mathbb{F}$ に対して，これらに属する A の固有ベクトルをそれぞれ $\boldsymbol{v}_1, \boldsymbol{v}_2, \ldots, \boldsymbol{v}_m$ とする．このとき，ベクトルの組 $\{\boldsymbol{v}_1, \boldsymbol{v}_2, \ldots, \boldsymbol{v}_m\}$ は線形独立である．

証明　スカラー $c_1, c_2, \ldots, c_m$ に対して，線形関係式

$$c_1\boldsymbol{v}_1 + c_2\boldsymbol{v}_2 + \cdots + c_m\boldsymbol{v}_m = \boldsymbol{0}$$

[1] 高木貞治著『代数学講義』共立出版　第 2 章 §9 参照.

が成り立つとする．この線形関係式から始めて f_A の像を次々と考えていけば

$$
\begin{gathered}
c_1\lambda_1\boldsymbol{v}_1 + c_2\lambda_2\boldsymbol{v}_2 + \cdots + c_m\lambda_m\boldsymbol{v}_m = \mathbf{0} \\
c_1\lambda_1^2\boldsymbol{v}_1 + c_2\lambda_2^2\boldsymbol{v}_2 + \cdots + c_m\lambda_m^2\boldsymbol{v}_m = \mathbf{0} \\
\vdots \\
c_1\lambda_1^{m-1}\boldsymbol{v}_1 + c_2\lambda_2^{m-1}\boldsymbol{v}_2 + \cdots + c_m\lambda_m^{m-1}\boldsymbol{v}_m = \mathbf{0}
\end{gathered}
$$

が得られるが，このことは

$$
X = \begin{pmatrix} c_1 & 0 & \cdots & 0 \\ 0 & c_2 & \cdots & 0 \\ \vdots & \vdots & \ddots & \vdots \\ 0 & 0 & \cdots & c_m \end{pmatrix}, \quad Y = \begin{pmatrix} 1 & \lambda_1 & \cdots & \lambda_1^{m-1} \\ 1 & \lambda_2 & \cdots & \lambda_2^{m-1} \\ \vdots & \vdots & \ddots & \vdots \\ 1 & \lambda_m & \cdots & \lambda_m^{m-1} \end{pmatrix}
$$

として $(\boldsymbol{v}_1 \quad \boldsymbol{v}_2 \quad \cdots \quad \boldsymbol{v}_m)XY = (\mathbf{0} \quad \mathbf{0} \quad \cdots \quad \mathbf{0})$ を意味する．ここで，$\lambda_1, \lambda_2, \ldots, \lambda_m$ は互いに異なるので，$|{}^tY| \neq 0$ (問題 3-3, ***3*** (ヴァンデルモンドの行列式) 参照)．よって

$$
(c_1\boldsymbol{v}_1 \quad c_2\boldsymbol{v}_2 \quad \cdots \quad c_m\boldsymbol{v}_m) = (\boldsymbol{v}_1 \quad \boldsymbol{v}_2 \quad \cdots \quad \boldsymbol{v}_m)X = (\mathbf{0} \quad \mathbf{0} \quad \cdots \quad \mathbf{0})
$$

となるが，$\boldsymbol{v}_i \neq \mathbf{0}$ $(i = 1, 2, \ldots, m)$ より $c_1 = c_2 = \cdots = c_m = 0$ である．∎

例 6.1.2　行列 $A = \begin{pmatrix} 4 & -1 \\ 2 & 1 \end{pmatrix}$ の固有多項式は $\Phi_A(x) = (x-3)(x-2)$ であり，A の固有値は 2, 3 である．同次連立 1 次方程式 $(2E_2 - A)\boldsymbol{x} = \mathbf{0}$, $(3E_2 - A)\boldsymbol{x} = \mathbf{0}$ の解空間はそれぞれ $\boldsymbol{v}_1 := \begin{pmatrix} 1 \\ 2 \end{pmatrix}$, $\boldsymbol{v}_2 := \begin{pmatrix} 1 \\ 1 \end{pmatrix}$ で生成される．特に，2 に属する A の固有ベクトル $\boldsymbol{v}_1$ と 3 に属する A の固有ベクトル $\boldsymbol{v}_2$ の組は線形独立である．∎

固有空間

n 次正方行列 A の固有値 λ に対して同次連立 1 次方程式 $(\lambda E_n - A)\boldsymbol{x} = \mathbf{0}$ の解空間 (例 4.2.5 参照) を $W(A;\lambda)$ で表し，λ に対する**固有空間**という．

$$\begin{aligned} W(A;\lambda) &= \{\boldsymbol{v} \in \mathbb{F}^n \mid (\lambda E_n - A)\boldsymbol{v} = \mathbf{0}\} \\ &= \{\boldsymbol{v} \in \mathbb{F}^n \mid A\boldsymbol{v} = \lambda\boldsymbol{v}\}. \end{aligned}$$

$W(A;\lambda)$ は λ に属する A の固有ベクトル全体に $\mathbf{0}$ を合わせた線形空間である．普通 $\mathbf{0}$ は固有ベクトルとは考えない．

例 6.1.3　例 6.1.2 における行列 A の固有値 2, 3 に対する固有空間は，それぞれ $W(A;2) = \left\langle \begin{pmatrix} 1 \\ 2 \end{pmatrix} \right\rangle$, $W(A;3) = \left\langle \begin{pmatrix} 1 \\ 1 \end{pmatrix} \right\rangle$ である．

問 6.1.2　行列 $A = \begin{pmatrix} 3 & 1 \\ 2 & 2 \end{pmatrix}$ のすべての固有値と，そのそれぞれに対する固有空間を求めよ．

例題 6.1.1　次の行列 A, B の固有値に対する固有空間を求めよ．

$$A = \begin{pmatrix} 5 & 5 & -2 \\ -1 & 0 & 1 \\ 5 & 7 & 0 \end{pmatrix}, \qquad B = \begin{pmatrix} 1 & 2 & 2 \\ 3 & -4 & -6 \\ -2 & 4 & 6 \end{pmatrix}$$

解答　A の固有多項式は $|xE_3 - A| = (x-1)(x-2)^2$ だから，A の固有値は 2, 1 である．$2E_3 - A$ の簡約化は $\begin{pmatrix} 1 & 0 & 1 \\ 0 & 1 & -1 \\ 0 & 0 & 0 \end{pmatrix}$ だから，$W(A;2) = \left\langle \begin{pmatrix} -1 \\ 1 \\ 1 \end{pmatrix} \right\rangle$ である．$E_3 - A$ の簡約化は $\begin{pmatrix} 1 & 0 & -3 \\ 0 & 1 & 2 \\ 0 & 0 & 0 \end{pmatrix}$ だから，$W(A;1) =$

$\left\langle \begin{pmatrix} 3 \\ -2 \\ 1 \end{pmatrix} \right\rangle$ である．B の固有多項式は $|xE_3 - B| = (x+1)(x-2)^2$ だから，

B の固有値は 2, -1 である．$2E_3 - B$ の簡約化は $\begin{pmatrix} 1 & -2 & -2 \\ 0 & 0 & 0 \\ 0 & 0 & 0 \end{pmatrix}$ だから，

$W(B\,;2) = \left\langle \begin{pmatrix} 2 \\ 1 \\ 0 \end{pmatrix}, \begin{pmatrix} 2 \\ 0 \\ 1 \end{pmatrix} \right\rangle$ である．$-E_3 - B$ の簡約化は $\begin{pmatrix} 1 & 0 & -\frac{1}{2} \\ 0 & 1 & \frac{3}{2} \\ 0 & 0 & 0 \end{pmatrix}$

だから，$W(B\,;-1) = \left\langle \begin{pmatrix} 1 \\ -3 \\ 2 \end{pmatrix} \right\rangle$ である． ■

定理 6.1.2　n 次正方行列 A の相異なる固有値 $\lambda_1, \lambda_2, \ldots, \lambda_m \in \mathbb{F}$ に対して，$W = W(A\,;\lambda_1) + W(A\,;\lambda_2) + \cdots + W(A\,;\lambda_m)$ とおけば，

$$W = W(A\,;\lambda_1) \oplus W(A\,;\lambda_2) \oplus \cdots \oplus W(A\,;\lambda_m)$$

かつ

$$\dim W = \dim W(A\,;\lambda_1) + \dim W(A\,;\lambda_2) + \cdots + \dim W(A\,;\lambda_m) \leqq n$$

が成り立つ．特に $n = \dim W$ ならば $\mathbb{F}^n = W$ である．

証明　各 $i = 1, 2, \ldots, m$ に対して $\boldsymbol{v}_i \in W(A\,;\lambda_i)$ とする．定理 6.1.1 より相異なる固有値に属する固有ベクトルの線形関係式は自明な線形関係式に限るので，$\boldsymbol{v}_1 + \boldsymbol{v}_2 + \cdots + \boldsymbol{v}_m = \mathbf{0}$ ならば $\boldsymbol{v}_1 = \boldsymbol{v}_2 = \cdots = \boldsymbol{v}_m = \mathbf{0}$ である．このことと定理 4.4.1，4.4.6 から定理の主張が導かれる． ■

例 6.1.4　n 次正方行列 A が $\mathbb{F}$ において n 個の相異なる固有値 $\lambda_1, \lambda_2, \ldots, \lambda_n$ をもてば，$\dim W(A\,;\lambda_i) \geqq 1$ $(i = 1, 2, \ldots, n)$ より

$$\mathbb{F}^n = W(A\,;\lambda_1) \oplus W(A\,;\lambda_2) \oplus \cdots \oplus W(A\,;\lambda_n)$$

となる. ∎

問 6.1.3　n 次正方行列 A の固有値 λ に対する固有空間 $W(A\,;\lambda)$ が $\mathbb{F}^n$ に一致するならば, $A=\lambda E_n$ であることを示せ.

ケーリー - ハミルトンの定理*

さて, 正方行列とその固有多項式に関する次の **ケーリー - ハミルトンの定理**は重要である.

定理 6.1.3　n 次正方行列 A の固有多項式 $\Phi_A(x)=|xE_n-A|$ が

$$\Phi_A(x)=c_0+c_1x+c_2x^2+\cdots+c_{n-1}x^{n-1}+x^n$$

と表されるとき,

$$c_0E_n+c_1A+c_2A^2+\cdots+c_{n-1}A^{n-1}+A^n=O$$

が成り立つ.

証明　$X=xE_n-A$ とおき, $\widetilde{X}$ を X の余因子行列とする. $\widetilde{X}$ の各 (i,j) 成分は, X の (j,i) 余因子だから, x の $n-1$ 次以下の多項式である. よって, ある n 次正方行列 B_0, $B_1,\ldots,$ B_{n-1} が存在して

$$\widetilde{X}=B_0+xB_1+x^2B_2+\cdots+x^{n-1}B_{n-1}$$

と表される. このとき $\Phi_A(x)E_n=\widetilde{X}X$ より

$$\begin{aligned}
&(c_0+c_1x+c_2x^2+\cdots+c_{n-1}x^{n-1}+x^n)E_n\\
&\qquad=(B_0+xB_1+x^2B_2+\cdots+x^{n-1}B_{n-1})(xE_n-A)\\
&\qquad=xB_0-B_0A+x^2B_1-xB_1A+\cdots+x^nB_{n-1}-x^{n-1}B_{n-1}A
\end{aligned}$$

である. 各 x^i $(i=0,\,1,\ldots,\,n)$ の係数行列を比較すると

$$c_0E_n=-B_0A,\quad c_iE_n=B_{i-1}-B_iA\;(1\leqq i\leqq n-1),\quad E_n=B_{n-1}$$

となるので

$$\begin{aligned}
&c_0E_n + c_1A + c_2A^2 + \cdots + c_{n-1}A^{n-1} + A^n \\
&\qquad = -B_0A + (B_0 - B_1A)A + \cdots + (B_{n-2} - B_{n-1}A)A^{n-1} + A^n \\
&\qquad = O
\end{aligned}$$

となる． ▮

行列のトレース*

n 次正方行列 $A = (a_{ij})$ の対角成分 $a_{11}, a_{22}, \ldots, a_{nn}$ の和を A の**トレース**といい $\mathrm{tr}\,A$ で表す．

$$\mathrm{tr}\,A = a_{11} + a_{22} + \cdots + a_{nn}.$$

$\Phi_A(x)$ の x^{n-1} の係数が $-\mathrm{tr}\,A$ で定数項が $(-1)^n \det A$ であるので，$\Phi_A(x) = 0$ の解を $\lambda_1, \lambda_2, \ldots, \lambda_n$ とすると

$$\begin{aligned}
\mathrm{tr}\,A &= \lambda_1 + \lambda_2 + \cdots + \lambda_n, \\
\det A &= \lambda_1\lambda_2\cdots\lambda_n
\end{aligned}$$

が成り立つ．この $\lambda_1, \lambda_2, \ldots, \lambda_n$ は A の $\mathbb{C}$ における固有値の全体である．

例 6.1.5　$A = \begin{pmatrix} a & b \\ c & d \end{pmatrix}$ に関して $\Phi_A(x) = x^2 - (\mathrm{tr}\,A)x + (\det A)E_2$ であって，$A^2 - (a+d)A + (ad-bc)E_2 = O$ が成り立つ (例題 1.3.1 参照)． ▮

問題 6-1

1.　次の行列 A, B の固有値に対する固有空間を求めよ．

$$A = \begin{pmatrix} -3 & 2 & -1 \\ -5 & 3 & -1 \\ 2 & -2 & 2 \end{pmatrix}, \qquad B = \begin{pmatrix} 5 & 1 & 2 \\ -2 & 2 & -2 \\ -2 & -1 & 1 \end{pmatrix}$$

2.　n 次正方行列 A, B は $AB = BA$ を満たすとする．このとき A の任意の固有値 λ に対する固有空間 $W(A;\lambda)$ は B-不変であることを示せ．

3. 3 次正方行列 $A = (a_{ij})$ の $\mathbb{C}$ における固有値を $\lambda_1, \lambda_2, \lambda_3$ とするとき，

$$\lambda_1\lambda_2 + \lambda_2\lambda_3 + \lambda_3\lambda_1 = a_{11}a_{22} + a_{22}a_{33} + a_{33}a_{11} - (a_{12}a_{21} + a_{23}a_{32} + a_{13}a_{31})$$

が成り立つことを示せ．

4.* X を n 次正方行列とする．定理 6.1.3 (ケーリー – ハミルトンの定理) を用いて，ある自然数 m に対して $X^m = O$ ならば $X^n = O$ であることを示せ．(このことは問題 5-3, ***3*** でも別の方法で示された．)

5.* n 次正方行列 A と B に対して $\mathrm{tr}\,(AB) = \mathrm{tr}\,(BA)$ が成り立つことを示せ．特に，正則行列 P に対して $\mathrm{tr}\,(P^{-1}AP) = \mathrm{tr}\,A$ である．

6.2 行列の対角化

行列の相似と対角化

n 次正方行列 A と B に対して，ある n 次正則行列 P が存在して

$$B = P^{-1}AP$$

が成り立つとき，A は B に**相似**である，あるいは A と B は相似であるという．このとき A と B の固有多項式について，

$$|xE_n - B| = |xE_n - P^{-1}AP| = |P^{-1}(xE_n - A)P| = |xE_n - A|$$

より，$\Phi_B(x) = \Phi_A(x)$ が成り立ち，A と B の固有値は一致する．

正方行列 A について，A が対角行列に相似であるとき，A は**対角化可能**あるいは**半単純**であるという．また，正則行列 P を適当に定めて $P^{-1}AP$ が対角行列であるようにすることを，A を**対角化**するという．また，この場合，A は P によって対角化されるという．n 次正方行列 A が対角化可能であるとき，$\mathbb{F}^n$ のある基底に関する f_A の行列は対角行列となる．

定理 6.2.1 n 次正方行列 A に関して，A の $\mathbb{F}$ におけるすべての相異なる固有値を $\lambda_1, \lambda_2, \ldots, \lambda_r$ とし，$d_i = \dim W(A; \lambda_i)$ $(i = 1, 2, \ldots, r)$ とす

るとき，次の5条件は同値である．

(1)　A は対角化可能である．

(2)　$n = d_1 + d_2 + \cdots + d_r$.

(3)　$\mathbb{F}^n = W(A\,; \lambda_1) \oplus W(A\,; \lambda_2) \oplus \cdots \oplus W(A\,; \lambda_r)$.

(4)　A は次の対角行列 D に相似である．

$$D = \begin{pmatrix} \lambda_1 E_{d_1} & & & \\ & \lambda_2 E_{d_2} & & \\ & & \ddots & \\ & & & \lambda_r E_{d_r} \end{pmatrix}$$

(5)　A は，対角成分が $i = 1, 2, \ldots, r$ に対するちょうど d_i 個の λ_i からなる対角行列に相似である．

証明　(1) $\Longrightarrow$ (2): A は対角成分が $\alpha_1, \alpha_2, \ldots, \alpha_n \ (\in \mathbb{F})$ である対角行列 B に相似であるとする．このとき，$\Phi_A(x) = \Phi_B(x) = (x-\alpha_1)(x-\alpha_2)\cdots(x-\alpha_n)$ より，$\alpha_1, \alpha_2, \ldots, \alpha_n$ は A の固有値である．正則行列 P に対して $B = P^{-1}AP$ が成り立つとき，P の列分割表示を $P = (\boldsymbol{p}_1 \quad \boldsymbol{p}_2 \quad \cdots \quad \boldsymbol{p}_n)$ とすれば，

$$A(\boldsymbol{p}_1 \quad \boldsymbol{p}_2 \quad \cdots \quad \boldsymbol{p}_n) = PB = (\boldsymbol{p}_1 \quad \boldsymbol{p}_2 \quad \cdots \quad \boldsymbol{p}_n)\begin{pmatrix} \alpha_1 & & & \\ & \alpha_2 & & \\ & & \ddots & \\ & & & \alpha_n \end{pmatrix}$$

より，$i = 1, 2, \ldots, n$ について $\boldsymbol{p}_i$ は A の固有値 α_i に属する固有ベクトルである．よって，定理 4.4.4，6.1.2 より

$$n = \operatorname{rank} P = \dim \langle \boldsymbol{p}_1, \boldsymbol{p}_2, \ldots, \boldsymbol{p}_n \rangle \leqq d_1 + d_2 + \cdots + d_r \leqq n$$

であり，結局 $n = d_1 + d_2 + \cdots + d_r$ を得る．

(2) $\Longrightarrow$ (3): 定理 6.1.2 より (2) は (3) を導く．

(3) $\Longrightarrow$ (4): $i = 1, 2, \ldots, r$ について $W(A\,; \lambda_i)$ の基底を $(\boldsymbol{p}_{i1}, \boldsymbol{p}_{i2}, \ldots, \boldsymbol{p}_{id_i})$ とすれば，これらは，(3) より n 個からなり，定理 4.4.6 より $\mathbb{F}^n$ の基底をな

す．このとき，定理 4.1.2 より，行列

$$P = (\boldsymbol{p}_{11} \quad \cdots \quad \boldsymbol{p}_{1d_1} \quad \boldsymbol{p}_{21} \quad \cdots \quad \boldsymbol{p}_{2d_2} \quad \cdots \quad \boldsymbol{p}_{r1} \cdots \quad \boldsymbol{p}_{rd_r})$$

は正則であり，$P^{-1}AP = D$ である．

(4) $\Longrightarrow$ (5), (5) $\Longrightarrow$ (1): 明らかである． ∎

問 6.2.1　定理 6.2.1 の記号のもとで，正則行列 P に対して $P^{-1}AP = D$ が成り立つとして，次のことを証明せよ．正則行列 Q について $Q^{-1}AQ = D$ であるための必要十分条件は，$i = 1, 2, \ldots, r$ について d_i 次正則行列 R_i が存在して

$$Q = P \begin{pmatrix} R_1 & & & \\ & R_2 & & \\ & & \ddots & \\ & & & R_r \end{pmatrix}$$

となることである．

問 6.2.1 のように $Q^{-1}AQ = D$ である場合には次のことがいえる．Q の列をなすベクトルは，$\mathbb{F}^n$ の基底をなすような A の固有値に属する固有ベクトルの組である．

例 6.2.1　n 次正方行列 A が n 個の相異なる固有値 $\lambda_1, \lambda_2, \ldots, \lambda_n \in \mathbb{F}$ をもつとする．このとき A は対角化可能である．実際，$i = 1, 2, \ldots, n$ について $d_i = \dim W(A; \lambda_i)$ とおくと $n \leqq d_1 + d_2 + \cdots + d_n$ を得るが，定理 6.1.2 より $n = d_1 + d_2 + \cdots + d_n$ である．特に $d_1 = d_2 = \cdots = d_n = 1$ であり，A の固有値 $\lambda_1, \lambda_2, \ldots, \lambda_n$ のそれぞれに属する固有ベクトル $\boldsymbol{p}_1, \boldsymbol{p}_2, \ldots, \boldsymbol{p}_n$ に対して $P = (\boldsymbol{p}_1 \quad \boldsymbol{p}_2 \quad \ldots \quad \boldsymbol{p}_n)$ とおけば，

$$P^{-1}AP = \begin{pmatrix} \lambda_1 & & & \\ & \lambda_2 & & \\ & & \ddots & \\ & & & \lambda_n \end{pmatrix}$$

となる． ∎

問 6.2.2　$\mathbb{F}=\mathbb{C}$ とする．次の行列 A, B, C, D が対角化可能であれば対角化せよ．

$$A=\begin{pmatrix}2 & -1\\ 3 & -2\end{pmatrix},\quad B=\frac{1}{2}\begin{pmatrix}-1 & 1\\ -3 & 3\end{pmatrix},\quad C=\begin{pmatrix}2 & -1\\ 1 & 1\end{pmatrix},\quad D=\begin{pmatrix}2 & -1\\ 1 & 0\end{pmatrix}$$

例題 6.2.1

(1)　例題 6.1.1 における行列 A, B のうち対角化可能な行列を対角化せよ．

(2)　$\mathbb{F}=\mathbb{C}$ とする．次の行列 C, D が対角化可能であれば対角化せよ．

$$C=\begin{pmatrix}-1 & 1 & 2\\ -1 & 2 & 1\\ 3 & -2 & 2\end{pmatrix},\qquad D=\begin{pmatrix}-2 & 1 & 3\\ 1 & -2 & -3\\ -1 & 2 & 1\end{pmatrix}$$

解答　(1) 定理 6.2.1 より，行列 B が対角化可能である．例題 6.1.1 より

$$P=\begin{pmatrix}2 & 2 & 1\\ 1 & 0 & -3\\ 0 & 1 & 2\end{pmatrix}$$ として $$P^{-1}BP=\begin{pmatrix}2 & 0 & 0\\ 0 & 2 & 0\\ 0 & 0 & -1\end{pmatrix}$$ を得る．

(2) C の固有多項式は $|xE_3-C|=(x-3)(x^2-3)$ だから，C の固有値は $3, \pm\sqrt{3}$ であって，C は対角化可能である．$3E_3-C, \pm\sqrt{3}E_3-C$ の簡約化はそれぞれ

$$\begin{pmatrix}1 & 0 & -3/5\\ 0 & 1 & -2/5\\ 0 & 0 & 0\end{pmatrix},\qquad \begin{pmatrix}1 & 0 & \mp\sqrt{3}\\ 0 & 1 & \mp\sqrt{3}-1\\ 0 & 0 & 0\end{pmatrix}$$

となる．よって，固有値 $3, \pm\sqrt{3}$ に対する固有空間はそれぞれ

$$W(C\,;3)=\left\langle\begin{pmatrix}3\\ 2\\ 5\end{pmatrix}\right\rangle,\quad W(C\,;\pm\sqrt{3})=\left\langle\begin{pmatrix}\pm\sqrt{3}\\ \pm\sqrt{3}+1\\ 1\end{pmatrix}\right\rangle$$

であり，

$$Q = \begin{pmatrix} 3 & \sqrt{3} & -\sqrt{3} \\ 2 & \sqrt{3}+1 & -\sqrt{3}+1 \\ 5 & 1 & 1 \end{pmatrix}$$

として

$$Q^{-1}CQ = \begin{pmatrix} 3 & 0 & 0 \\ 0 & \sqrt{3} & 0 \\ 0 & 0 & -\sqrt{3} \end{pmatrix}$$

を得る．D の固有多項式は $|xE_3 - D| = (x+1)(x^2+2x+6)$ だから，D の固有値は $-1 \pm \sqrt{5}i$, -1 (i は虚数単位) であって，D は対角化可能である．$(-1 \pm \sqrt{5}i)E_3 - D$, $-E_3 - D$ の簡約化はそれぞれ

$$\begin{pmatrix} 1 & 0 & \dfrac{-2 \pm \sqrt{5}i}{3} \\ 0 & 1 & \dfrac{2 \mp \sqrt{5}i}{3} \\ 0 & 0 & 0 \end{pmatrix}, \qquad \begin{pmatrix} 1 & 0 & -4 \\ 0 & 1 & -1 \\ 0 & 0 & 0 \end{pmatrix}$$

となる．よって，固有値 $-1 \pm \sqrt{5}i$, -1 に対する固有空間はそれぞれ

$$W(D\,; -1 \pm \sqrt{5}i) = \left\langle \begin{pmatrix} 2 \mp \sqrt{5}i \\ -2 \pm \sqrt{5}i \\ 3 \end{pmatrix} \right\rangle, \quad W(D\,; -1) = \left\langle \begin{pmatrix} 4 \\ 1 \\ 1 \end{pmatrix} \right\rangle$$

であり，

$$R = \begin{pmatrix} 2-\sqrt{5}i & 2+\sqrt{5}i & 4 \\ -2+\sqrt{5}i & -2-\sqrt{5} & 1 \\ 3 & 3 & 1 \end{pmatrix}$$

として

$$R^{-1}DR = \begin{pmatrix} -1+\sqrt{5}i & 0 & 0 \\ 0 & -1-\sqrt{5}i & 0 \\ 0 & 0 & -1 \end{pmatrix}$$

を得る． ∎

固有値の重複度*

n 次正方行列の固有値 $\lambda \in \mathbb{F}$ に対して，固有方程式の解 λ の重複度を単に λ の**重複度**という．定理 6.2.1 から次のことが導かれる．

系 6.2.2　正方行列 A が対角化可能であるための必要十分条件は，A の固有方程式の解がすべて $\mathbb{F}$ の元で，A のすべての固有値について重複度と固有空間の次元が一致することである．

証明　n 次正方行列 A のすべての相異なる固有値を $\lambda_1, \lambda_2, \ldots, \lambda_r \in \mathbb{F}$ とし，それぞれの重複度を $n_1, n_2, \ldots, n_r$ とする．また，$i = 1, 2, \ldots, r$ について $d_i = \dim W(A; \lambda_i)$ とおく．A が対角化可能とすると，定理 6.2.1 より

$$\Phi_A(x) = (x - \lambda_1)^{d_1}(x - \lambda_2)^{d_2} \cdots (x - \lambda_r)^{d_r}$$

であり，これより $n_i = d_i$ $(i = 1, 2, \ldots, r)$ を得る．逆に，A の固有方程式の解がすべて $\mathbb{F}$ の元であり，$n_i = d_i$ $(i = 1, 2, \ldots, r)$ と仮定すれば，

$$\Phi_A(x) = (x - \lambda_1)^{n_1}(x - \lambda_2)^{n_2} \cdots (x - \lambda_r)^{n_r}$$

かつ $n = n_1 + n_2 + \cdots + n_r = d_1 + d_2 + \cdots + d_r$ が成り立つから，定理 6.2.1 より A は対角化可能である． ∎

同時対角化*

対角化可能な n 次正方行列 A, B について，$P^{-1}AP, P^{-1}BP$ がともに対角行列になるような n 次正則行列 P が存在するとき，$AB = BA$ が成り立つ (問題 6-2, **4**)．この逆を示そう．

補題 6.2.3　n 次正方行列 A と B は対角化可能で，$AB = BA$ とする．このとき，以下のことが成り立つ．

(1) A のすべての相異なる固有値を $\lambda_1, \lambda_2, \ldots, \lambda_r$ とし, $d_i = \dim W(A; \lambda_i)$

$(i=1, 2, \ldots, r)$ とする．n 次正則行列 X に対して

$$X^{-1}AX = \begin{pmatrix} \lambda_1 E_{d_1} & & & \\ & \lambda_2 E_{d_2} & & \\ & & \ddots & \\ & & & \lambda_r E_{d_r} \end{pmatrix}$$

が成り立つとき，各 $i=1, 2, \ldots, r$ について d_i 次正方行列 B_i が存在して

$$X^{-1}BX = \begin{pmatrix} B_1 & & & \\ & B_2 & & \\ & & \ddots & \\ & & & B_r \end{pmatrix}$$

となっている．

(2) (1) における行列 $B_1, B_2, \ldots, B_r$ は対角化可能である．

証明 (1) X の列分割表示を $X = (\boldsymbol{x}_1 \quad \boldsymbol{x}_2 \quad \cdots \quad \boldsymbol{x}_n)$ とすれば，$\boldsymbol{x}_1, \boldsymbol{x}_2, \ldots, \boldsymbol{x}_n$ は $W(A;\lambda_i)$ $(i=1, 2, \ldots, r)$ の基底を順に並べたものである．また，問題 6-1, **2** より，すべての i について $W(A;\lambda_i)$ は B-不変である．一方，$\mathbb{F}^n$ の基底 $(\boldsymbol{x}_1, \boldsymbol{x}_2, \ldots, \boldsymbol{x}_n)$ に関する B が表す $\mathbb{F}^n$ 上の線形変換 f_B の行列は $X^{-1}BX$ である (例 5.3.1 参照)．よって (1) の主張は問 5.3.1 から導かれる．

(2) $C = X^{-1}BX$ とおく．B は対角化可能だから n 次正則行列 Y により対角化されるとする．このとき

$$Y^{-1}BY = Y^{-1}(XCX^{-1})Y = (X^{-1}Y)^{-1}C(X^{-1}Y)$$

は対角行列だから C は対角化可能である．$i=1, 2, \ldots, r$ について，(1) における B_i のすべての固有値に対する固有空間の次元の和 k_i は定理 6.1.2 より d_i 以下である．また C の固有値に属する固有ベクトルは $B_1, B_2, \ldots, B_r$ の固有値に対する固有空間のベクトル $\boldsymbol{v}_i \in \mathbb{F}^{d_i}$ $(i=1, 2, \ldots, r)$ を縦に並べた

列ベクトル

$$\begin{pmatrix} \boldsymbol{v}_1 \\ \boldsymbol{v}_2 \\ \vdots \\ \boldsymbol{v}_r \end{pmatrix} \in \mathbb{F}^n$$

の形で表されるので，C のすべての相異なる固有値に対する固有空間の次元の和は $k_1 + k_2 + \cdots + k_r$ 以下である．さらに A, C は対角化可能だから，定理 6.2.1 より，

$$n \leqq k_1 + k_2 + \cdots + k_r \leqq d_1 + d_2 + \cdots + d_r = n$$

となり，結局 $k_i = d_i$ $(i = 1, 2, \ldots, r)$ を得る．したがって，定理 6.2.1 より (1) における行列 $B_1, B_2, \ldots, B_r$ は対角化可能である．∎

定理 6.2.4　n 次正方行列 A と B は対角化可能で，$AB = BA$ とする．このとき，ある n 次正則行列 P が存在して $P^{-1}AP$ と $P^{-1}BP$ はともに対角行列になる．

証明　A は対角化可能だから，定理 6.2.1 より 補題 6.2.3 (1) の条件を満たす n 次正則行列 X は存在する．よって，補題 6.2.3 (2) で $i = 1, 2, \ldots, r$ について d_i 次正方行列 Y_i によって $Y_i^{-1}B_iY_i$ が対角行列であるとする．このとき

$$P = X \begin{pmatrix} Y_1 & & & \\ & Y_2 & & \\ & & \ddots & \\ & & & Y_r \end{pmatrix}$$

とおけば $P^{-1}AP$ と $P^{-1}BP$ はともに対角行列である．∎

問題 6-2

1.　問題 6-1, ***1*** における行列 A, B のうち対角化可能な行列を対角化せよ．

2. $\mathbb{F}=\mathbb{C}$ とする．次の行列 A, B, C, D が対角化可能であれば対角化せよ．

$$A=\begin{pmatrix} 1 & 2 & 3 \\ -2 & 1 & -1 \\ 2 & -1 & 1 \end{pmatrix}, \qquad B=\begin{pmatrix} 5 & 2 & 2 \\ 2 & 5 & 2 \\ -5 & -5 & -2 \end{pmatrix},$$

$$C=\begin{pmatrix} 5 & -1 & 4 \\ -3 & 2 & -3 \\ 3 & -2 & 7 \end{pmatrix}, \qquad D=\begin{pmatrix} 2 & -3 & -5 \\ -5 & 2 & 3 \\ -1 & 4 & 5 \end{pmatrix}$$

3. 対角化可能なべき零行列は O に限ることを示せ．

4.* A, B を n 次正方行列とし，ある n 次正則行列 P が存在して $P^{-1}AP$ と $P^{-1}BP$ がともに対角行列であるとする．このとき $AB=BA$ であることを示せ．

5.* A が階数 r の n 次べき等行列であるとき，A の固有値に対する固有空間の次元を求め，A が対角化可能であることを示せ (例 5.3.5 参照).

6.* 次の行列 A, B について，$P^{-1}AP$ と $P^{-1}BP$ が対角行列となるような 3 次正則行列 P を求めよ．

$$A=\begin{pmatrix} -1 & 4 & -2 \\ -1 & 3 & -1 \\ 1 & -2 & 2 \end{pmatrix}, \qquad B=\begin{pmatrix} 6 & -6 & 0 \\ 2 & -1 & 0 \\ 1 & -2 & 3 \end{pmatrix}$$

6.3　内積空間

内積

$\mathbb{F}$ は $\mathbb{R}$ あるいは $\mathbb{C}$ であるとし，行列の成分は $\mathbb{F}$ の元とする．線形空間は $\mathbb{F}$ 上の有限次元線形空間を意味する．線形空間 V に関して，写像

$$(\cdot, \cdot) : V \times V \longrightarrow \mathbb{F}$$

が，任意の $\boldsymbol{a}, \boldsymbol{b}, \boldsymbol{c} \in V$ と $s \in \mathbb{F}$ に対して

(i)　$(\boldsymbol{a}+\boldsymbol{b}, \boldsymbol{c}) = (\boldsymbol{a}, \boldsymbol{c}) + (\boldsymbol{b}, \boldsymbol{c})$

(ii)　$(s\boldsymbol{a}, \boldsymbol{b}) = s(\boldsymbol{a}, \boldsymbol{b})$

(iii)　$(\boldsymbol{a}, \boldsymbol{b}) = \overline{(\boldsymbol{b}, \boldsymbol{a})}$ ここで $\overline{}$ は複素共役を表す

(iv)　$\boldsymbol{a} \neq \boldsymbol{0}$ ならば $(\boldsymbol{a}, \boldsymbol{a}) > 0$

を満たすとき，$(\cdot, \cdot)$ を V の**内積**といい，$(\boldsymbol{a}, \boldsymbol{b})$ を $\boldsymbol{a}, \boldsymbol{b} \in V$ の内積という．$\mathbb{F} = \mathbb{C}$ のときは**ユニタリー内積**ともいう．内積を考えた線形空間を**内積空間**という．(内積の条件 (iii) から $(\boldsymbol{a}, \boldsymbol{a}) = \overline{(\boldsymbol{a}, \boldsymbol{a})}$ なので $(\boldsymbol{a}, \boldsymbol{a})$ は実数であり，(iv) は意味がある．また，$\mathbb{F} = \mathbb{R}$ のとき，(iii) は $(\boldsymbol{a}, \boldsymbol{b}) = (\boldsymbol{b}, \boldsymbol{a})$ となる．)

問 6.3.1　内積空間 V の内積 $(\cdot, \cdot)$ について，$\boldsymbol{a}, \boldsymbol{b}, \boldsymbol{c} \in V$, $s \in \mathbb{F}$ として，以下のことを示せ．

(1)　$(\boldsymbol{0}, \boldsymbol{a}) = (\boldsymbol{a}, \boldsymbol{0}) = 0$.

(2)　$(\boldsymbol{a}, \boldsymbol{b} + \boldsymbol{c}) = (\boldsymbol{a}, \boldsymbol{b}) + (\boldsymbol{a}, \boldsymbol{c})$.

(3)　$(\boldsymbol{a}, s\boldsymbol{b}) = \overline{s}(\boldsymbol{a}, \boldsymbol{b})$.

行列 A とベクトル $\boldsymbol{a}$ に対して，$\overline{A}$ と $\overline{\boldsymbol{a}}$ はそれぞれ A と $\boldsymbol{a}$ の各成分を複素共役に置き換えたものを表すことにする．

例 6.3.1　n 次元数ベクトル空間 $\mathbb{F}^n$ において，

$$\boldsymbol{a} = \begin{pmatrix} a_1 \\ a_2 \\ \vdots \\ a_n \end{pmatrix}, \quad \boldsymbol{b} = \begin{pmatrix} b_1 \\ b_2 \\ \vdots \\ b_n \end{pmatrix} \in \mathbb{F}^n$$

に対して

$$(\boldsymbol{a}, \boldsymbol{b}) = {}^t\boldsymbol{a}\overline{\boldsymbol{b}} = \sum_{i=1}^{n} a_i \overline{b_i}$$

を対応させるものとして定まる内積 $(\cdot, \cdot)$ がある．この内積を $\mathbb{F}^n$ の**標準内積**という．$\mathbb{F} = \mathbb{R}$ のときは $(\boldsymbol{a}, \boldsymbol{b}) = a_1 b_1 + a_2 b_2 + \cdots + a_n b_n$ である．■

ベクトルのノルム

以後，内積空間といえば，内積 $(\cdot, \cdot)$ をもつ $\mathbb{F}$ 上の内積空間であることを意味するものとする．内積空間 V のベクトル $\boldsymbol{a}$ に対して

$$||\boldsymbol{a}|| = \sqrt{(\boldsymbol{a}, \boldsymbol{a})}$$

を $\boldsymbol{a}$ の長さあるいはノルムという．

定理 6.3.1 (コーシー・シュワルツの不等式) 内積空間の任意のベクトル $\boldsymbol{a}, \boldsymbol{b}$ に対して

$$|(\boldsymbol{a}, \boldsymbol{b})| \leqq ||\boldsymbol{a}|| \cdot ||\boldsymbol{b}||$$

が成り立つ．(ここで $c \in \mathbb{F}$ に対して $|c| = \sqrt{c\bar{c}}$ である．) また，等号が成り立つのは $\boldsymbol{a}, \boldsymbol{b}$ が線形従属の場合に限る．

証明 $\boldsymbol{b} = \boldsymbol{0}$ ならば $\boldsymbol{a}, \boldsymbol{b}$ は線形従属であって，しかも等号が成り立つ．$\boldsymbol{b} \neq \boldsymbol{0}$ とする．$\boldsymbol{a}, \boldsymbol{b}$ が線形従属の場合，非自明な線形関係式 $s\boldsymbol{a} + t\boldsymbol{b} = \boldsymbol{0}$ $(s,\ t \in \mathbb{F})$ について $s \neq 0$ となるので，$\boldsymbol{a} = c\boldsymbol{b}$ $(c \in \mathbb{F})$ とすれば，

$$|(\boldsymbol{a}, \boldsymbol{b})|^2 = (\boldsymbol{a}, \boldsymbol{b})\overline{(\boldsymbol{a}, \boldsymbol{b})} = (c\boldsymbol{b}, \boldsymbol{b})\overline{(c\boldsymbol{b}, \boldsymbol{b})} = |c|^2||\boldsymbol{b}||^4$$

かつ, 問 6.3.1 より

$$||\boldsymbol{a}||^2||\boldsymbol{b}||^2 = (c\boldsymbol{b}, c\boldsymbol{b})(\boldsymbol{b}, \boldsymbol{b}) = c\bar{c}(\boldsymbol{b}, \boldsymbol{b})^2 = |c|^2||\boldsymbol{b}||^4$$

であるから，$|(\boldsymbol{a}, \boldsymbol{b})| = ||\boldsymbol{a}|| \cdot ||\boldsymbol{b}||$ が成り立つ．$\boldsymbol{a}, \boldsymbol{b}$ が線形独立であるとする．任意の $s, t \in \mathbb{F}$ に対して，$s \neq 0$ ならば，$s\boldsymbol{a} + t\boldsymbol{b} \neq \boldsymbol{0}$ であり，さらに

$$0 < ||s\boldsymbol{a} + t\boldsymbol{b}||^2 = |s|^2||\boldsymbol{a}||^2 + s\bar{t}(\boldsymbol{a}, \boldsymbol{b}) + \bar{s}t\overline{(\boldsymbol{a}, \boldsymbol{b})} + |t|^2||\boldsymbol{b}||^2$$

となる．ここで $s = ||\boldsymbol{b}||^2 (\neq 0)$, $t = -(\boldsymbol{a}, \boldsymbol{b})$ とおけば，

$$\begin{aligned} 0 &< ||s\boldsymbol{a} + t\boldsymbol{b}||^2 \\ &= ||\boldsymbol{a}||^2||\boldsymbol{b}||^4 - \overline{(\boldsymbol{a}, \boldsymbol{b})}(\boldsymbol{a}, \boldsymbol{b})||\boldsymbol{b}||^2 - (\boldsymbol{a}, \boldsymbol{b})\overline{(\boldsymbol{a}, \boldsymbol{b})}||\boldsymbol{b}||^2 + |(\boldsymbol{a}, \boldsymbol{b})|^2||\boldsymbol{b}||^2 \end{aligned}$$

を得る．よって

$$(||\boldsymbol{a}||^2||\boldsymbol{b}||^2 - |(\boldsymbol{a}, \boldsymbol{b})|^2)||\boldsymbol{b}||^2 > 0$$

となり，$|(\boldsymbol{a}, \boldsymbol{b})| < ||\boldsymbol{a}|| \cdot ||\boldsymbol{b}||$ が証明された． ∎

問 6.3.2　V の任意のベクトル $\boldsymbol{a}, \boldsymbol{b}$ に対して

$$||\boldsymbol{a}+\boldsymbol{b}|| \leqq ||\boldsymbol{a}|| + ||\boldsymbol{b}||$$

が成り立つことを示せ (この不等式は**三角不等式**と呼ばれている).

正規直交基底

V のベクトル $\boldsymbol{a}, \boldsymbol{b}$ が

$$(\boldsymbol{a}, \boldsymbol{b}) = 0$$

を満たすとき $\boldsymbol{a}$ と $\boldsymbol{b}$ は互いに**直交**するという.

問 6.3.3　n 次元内積空間 V のどれも $\boldsymbol{0}$ でない n 個の互いに直交するベクトルの組は V の基底をなすことを示せ.

内積空間 V の基底 $(\boldsymbol{x}_1, \boldsymbol{x}_2, \ldots, \boldsymbol{x}_n)$ が**正規直交基底**であるとは

$$(\boldsymbol{x}_i, \boldsymbol{x}_j) = \delta_{ij} = \begin{cases} 1 & (i=j) \\ 0 & (i \neq j) \end{cases} \qquad (1 \leqq i, j \leqq n)$$

が成り立つこと，すなわち，$\boldsymbol{x}_1, \boldsymbol{x}_2, \ldots, \boldsymbol{x}_n$ が互いに直交するノルムが 1 のベクトルの組であることをいう.

問 6.3.4　内積空間 V について，$\boldsymbol{x}_1, \boldsymbol{x}_2, \ldots, \boldsymbol{x}_r \in V$ は互いに直交するノルムが 1 のベクトルの組であるとする．このとき V の任意のベクトル $\boldsymbol{y}$ に対して

$$\boldsymbol{x} = \boldsymbol{y} - (\boldsymbol{y}, \boldsymbol{x}_1)\boldsymbol{x}_1 - (\boldsymbol{y}, \boldsymbol{x}_2)\boldsymbol{x}_2 - \cdots - (\boldsymbol{y}, \boldsymbol{x}_r)\boldsymbol{x}_r$$

とおくと，$\boldsymbol{x}$ は $\boldsymbol{x}_1, \boldsymbol{x}_2, \cdots, \boldsymbol{x}_r$ の各々と直交することを示せ.

定理 6.3.2　内積空間は正規直交基底をもつ.

証明　V を n 次元内積空間とし，$(\boldsymbol{x}_1, \boldsymbol{x}_2, \ldots, \boldsymbol{x}_n)$ を V の基底とする．まず，$\boldsymbol{y}_1 = \dfrac{\boldsymbol{x}_1}{||\boldsymbol{x}_1||}$ とおくと $||\boldsymbol{y}_1|| = 1$ である．次に，$n \geqq 2$ のとき，ベクトル

$\boldsymbol{x}_2 - (\boldsymbol{x}_2, \boldsymbol{y}_1)\boldsymbol{y}_1$ は問 6.3.4 より，$(\boldsymbol{x}_2 - (\boldsymbol{x}_2, \boldsymbol{y}_1)\boldsymbol{y}_1, \boldsymbol{y}_1) = 0$ を満たすから

$$\boldsymbol{y}_2 = \frac{\boldsymbol{x}_2 - (\boldsymbol{x}_2, \boldsymbol{y}_1)\boldsymbol{y}_1}{||\boldsymbol{x}_2 - (\boldsymbol{x}_2, \boldsymbol{y}_1)\boldsymbol{y}_1||}$$

とおけば $||\boldsymbol{y}_2|| = 1$ かつ $(\boldsymbol{y}_2, \boldsymbol{y}_1) = 0$ となる．さらに，$n \geqq 3$ のとき，

$$\boldsymbol{y}_3 = \frac{\boldsymbol{x}_3 - (\boldsymbol{x}_3, \boldsymbol{y}_1)\boldsymbol{y}_1 - (\boldsymbol{x}_3, \boldsymbol{y}_2)\boldsymbol{y}_2}{||\boldsymbol{x}_3 - (\boldsymbol{x}_3, \boldsymbol{y}_1)\boldsymbol{y}_1 - (\boldsymbol{x}_3, \boldsymbol{y}_2)\boldsymbol{y}_2||}$$

とおけば $||\boldsymbol{y}_3|| = 1$ であり，問 6.3.4 より，$(\boldsymbol{y}_3, \boldsymbol{y}_1) = (\boldsymbol{y}_3, \boldsymbol{y}_2) = 0$ となる．以後，この操作を続けていけば V の正規直交基底 $(\boldsymbol{y}_1, \boldsymbol{y}_2, \ldots, \boldsymbol{y}_n)$ を構成できる (問 6.3.3 参照). ▮

上でみた内積空間 V のベクトル $\boldsymbol{a}(\neq \boldsymbol{0})$ に対する，ノルムが 1 のベクトル $\dfrac{\boldsymbol{a}}{||\boldsymbol{a}||}$ を $\boldsymbol{a}$ の**正規化**という．また，証明中のように正規直交基底をつくることを**グラム・シュミットの直交化**という．

問 6.3.5 n 次元実数ベクトル空間 $\mathbb{R}^n$ のベクトル $\boldsymbol{x}$ と正の実数 $a \in \mathbb{R}$ に対して，$\dfrac{\boldsymbol{x}}{||\boldsymbol{x}||} = \dfrac{a\boldsymbol{x}}{||a\boldsymbol{x}||}$ が成り立つことを示せ.

例題 6.3.1 $\mathbb{R}^3$ の基底をなす次のベクトルの組から標準内積に関する $\mathbb{R}^3$ の正規直交基底をつくれ.

$$\boldsymbol{x}_1 = \begin{pmatrix} 1 \\ 0 \\ 1 \end{pmatrix}, \qquad \boldsymbol{x}_2 = \begin{pmatrix} 2 \\ -1 \\ 3 \end{pmatrix}, \qquad \boldsymbol{x}_3 = \begin{pmatrix} 1 \\ -2 \\ 1 \end{pmatrix}$$

解答　グラム・シュミットの直交化より，

$$\boldsymbol{y}_1 = \frac{\boldsymbol{x}_1}{||\boldsymbol{x}_1||} = \frac{1}{\sqrt{2}}\begin{pmatrix}1\\0\\1\end{pmatrix},$$

$$\boldsymbol{y}_2 = \frac{\boldsymbol{x}_2 - (\boldsymbol{x}_2, \boldsymbol{y}_1)\boldsymbol{y}_1}{||\boldsymbol{x}_2 - (\boldsymbol{x}_2, \boldsymbol{y}_1)\boldsymbol{y}_1||} = \frac{1}{\sqrt{6}}\begin{pmatrix}-1\\-2\\1\end{pmatrix},$$

$$\boldsymbol{y}_3 = \frac{\boldsymbol{x}_3 - (\boldsymbol{x}_3, \boldsymbol{y}_1)\boldsymbol{y}_1 - (\boldsymbol{x}_3, \boldsymbol{y}_2)\boldsymbol{y}_2}{||\boldsymbol{x}_3 - (\boldsymbol{x}_3, \boldsymbol{y}_1)\boldsymbol{y}_1 - (\boldsymbol{x}_3, \boldsymbol{y}_2)\boldsymbol{y}_2||} = \frac{1}{\sqrt{3}}\begin{pmatrix}1\\-1\\-1\end{pmatrix}$$

とすれば，$(\boldsymbol{y}_1, \boldsymbol{y}_2, \boldsymbol{y}_3)$ は正規直交基底である．$\boldsymbol{y}_3$ の計算には問 6.3.5 を利用すると，計算が簡略化される． ▮

問 6.3.6　$\mathbb{C}^3$ の基底をなす以下のベクトルの組から標準内積に関する $\mathbb{C}^3$ 正規直交基底をつくれ．

(1)　$\boldsymbol{x}_1 = \begin{pmatrix}1\\1\\-1\end{pmatrix},\ \boldsymbol{x}_2 = \begin{pmatrix}1\\2\\-1\end{pmatrix},\ \boldsymbol{x}_3 = \begin{pmatrix}1\\-1\\2\end{pmatrix}$

(2)　$\boldsymbol{x}_1 = \begin{pmatrix}2\\2\\1\end{pmatrix},\ \boldsymbol{x}_2 = \begin{pmatrix}2\\-1\\1\end{pmatrix},\ \boldsymbol{x}_3 = \begin{pmatrix}3\\1\\-2\end{pmatrix}$

(3)　$\boldsymbol{x}_1 = \begin{pmatrix}1\\i\\0\end{pmatrix},\ \boldsymbol{x}_2 = \begin{pmatrix}i\\0\\1\end{pmatrix},\ \boldsymbol{x}_3 = \begin{pmatrix}0\\1\\i\end{pmatrix}$,　i は虚数単位

直交補空間

内積空間 V の部分空間 W に対して，W のすべてのベクトルと直交するベクトルからなる V の部分空間 $W^\perp$ を W の**直交補空間**という．

$$W^\perp = \{\boldsymbol{y} \in V \mid (\boldsymbol{y}, \boldsymbol{x}) = 0,\ \ \forall \boldsymbol{x} \in W\}$$

定理 6.3.3　内積空間 V の部分空間 W に対して

$$V = W \oplus W^{\perp}$$

が成り立つ．特に $\dim W^{\perp} = \dim V - \dim W$ である．

証明　$\dim W = r$ とする．定理 6.3.2 より W の正規直交基底 $(\boldsymbol{x}_1, \boldsymbol{x}_2, \ldots, \boldsymbol{x}_r)$ がある．V のベクトル $\boldsymbol{y}$ に対して $\boldsymbol{y}_1 \in W$ を

$$\boldsymbol{y}_1 = (\boldsymbol{y}, \boldsymbol{x}_1)\boldsymbol{x}_1 + (\boldsymbol{y}, \boldsymbol{x}_2)\boldsymbol{x}_2 + \cdots + (\boldsymbol{y}, \boldsymbol{x}_r)\boldsymbol{x}_r$$

と定める．次に $\boldsymbol{y}_2 = \boldsymbol{y} - \boldsymbol{y}_1$ とおけば $i = 1, 2, \ldots, r$ に対して

$$(\boldsymbol{y}_2, \boldsymbol{x}_i) = (\boldsymbol{y} - \boldsymbol{y}_1, \boldsymbol{x}_i) = (\boldsymbol{y}, \boldsymbol{x}_i) - (\boldsymbol{y}_1, \boldsymbol{x}_i) = 0$$

だから $\boldsymbol{y}_2 \in W^{\perp}$ となる．したがって，$V = W + W^{\perp}$ である．$\boldsymbol{x} \in W \cap W^{\perp}$ とすると $(\boldsymbol{x}, \boldsymbol{x}) = 0$ より $\boldsymbol{x} = \boldsymbol{0}$ であるから，$W \cap W^{\perp} = \{\boldsymbol{0}\}$ である．よって，定理 4.4.5，4.4.6 より，$V = W \oplus W^{\perp}$ および次元の式を得る． ■

随伴行列

正方行列 A に対して行列 ${}^t\overline{A}$ を考える．補題 6.3.4 (1) より，任意のベクトル $\boldsymbol{x}, \boldsymbol{y} \in \mathbb{F}^n$ に対して $(A\boldsymbol{x}, \boldsymbol{y}) = (\boldsymbol{x}, {}^t\overline{A}\boldsymbol{y})$ が成り立つ．このことから，${}^t\overline{A}$ は A の**随伴行列** と呼ばれる．この性質は今後，断りなく用いる．(${}^t\overline{A}$ を A^* と書くこともある．)

補題 6.3.4　n 次正方行列 A, B について，次のことが成り立つ．ただし，$\mathbb{F}^n$ の内積は標準内積とする．

(1)　任意のベクトル $\boldsymbol{x}, \boldsymbol{y} \in \mathbb{F}^n$ に対して $(A\boldsymbol{x}, \boldsymbol{y}) = (\boldsymbol{x}, B\boldsymbol{y})$ が成り立つための必要十分条件は $B = {}^t\overline{A}$ である．

(2)　W を $\mathbb{F}^n$ の A-不変部分空間とする．このとき $W^{\perp}$ は ${}^t\overline{A}$-不変である．

証明　(1) 任意のベクトル $\boldsymbol{x}, \boldsymbol{y} \in \mathbb{F}^n$ に対して

$$(A\boldsymbol{x}, \boldsymbol{y}) = {}^t(A\boldsymbol{x})\overline{\boldsymbol{y}} = {}^t\boldsymbol{x}\,\overline{({}^t\overline{A}\boldsymbol{y})} = (\boldsymbol{x}, {}^t\overline{A}\boldsymbol{y})$$

となる．一方，任意のベクトル $\boldsymbol{x}, \boldsymbol{y} \in \mathbb{F}^n$ に対して $(A\boldsymbol{x}, \boldsymbol{y}) = (\boldsymbol{x}, B\boldsymbol{y})$ であるとする．このとき，各 $i = 1, 2, \ldots, n$ について $\boldsymbol{x}_i = (B - {}^t\overline{A})\boldsymbol{e}_i$ とおけば，

$$(\boldsymbol{x}_i, \boldsymbol{x}_i) = (\boldsymbol{x}_i, B\boldsymbol{e}_i) - (\boldsymbol{x}_i, {}^t\overline{A}\boldsymbol{e}_i) = (A\boldsymbol{x}_i, \boldsymbol{e}_i) - (A\boldsymbol{x}_i, \boldsymbol{e}_i) = 0$$

となる．よって $(B - {}^t\overline{A})E_n = (\boldsymbol{x}_1 \quad \boldsymbol{x}_2 \cdots \quad \boldsymbol{x}_n) = O$ であり，$B = {}^t\overline{A}$ を得る．

(2) 仮定と (1) から，任意のベクトル $\boldsymbol{x} \in W$ と 任意のベクトル $\boldsymbol{y} \in W^{\perp}$ に対して，$(\boldsymbol{x}, {}^t\overline{A}\boldsymbol{y}) = (A\boldsymbol{x}, \boldsymbol{y}) = 0$ となり，${}^t\overline{A}\boldsymbol{y} \in W^{\perp}$ が成り立つ．したがって $W^{\perp}$ は ${}^t\overline{A}$-不変である．■

ユニタリー行列

正方行列 A が

$$A{}^t\overline{A} = {}^t\overline{A}A = E$$

を満たす，すなわち A が正則で $A^{-1} = {}^t\overline{A}$ であるとき，A をユニタリー行列と呼ぶ．

定理 6.3.5　n 次正方行列 A について，次の3条件は同値である．
(1)　A はユニタリー行列である．
(2)　任意のベクトル $\boldsymbol{x} \in \mathbb{F}^n$ について $||A\boldsymbol{x}|| = ||\boldsymbol{x}||$ が成り立つ．
(3)　任意のベクトル $\boldsymbol{x}, \boldsymbol{y} \in \mathbb{F}^n$ ついて $(A\boldsymbol{x}, A\boldsymbol{y}) = (\boldsymbol{x}, \boldsymbol{y})$ が成り立つ．
ただし $\mathbb{F}^n$ の内積は標準内積とする．

証明　(1) $\Longrightarrow$ (2): ${}^t\overline{A}A = E$ より，

$$||A\boldsymbol{x}||^2 = (A\boldsymbol{x}, A\boldsymbol{x}) = (\boldsymbol{x}, {}^t\overline{A}A\boldsymbol{x}) = (\boldsymbol{x}, \boldsymbol{x}) = ||\boldsymbol{x}||^2,$$

すなわち $||A\boldsymbol{x}|| = ||\boldsymbol{x}||$ となる．

(2) $\Longrightarrow$ (3): $||A(\boldsymbol{x}+\boldsymbol{y})|| = ||\boldsymbol{x}+\boldsymbol{y}||$, $||A\boldsymbol{x}|| = ||\boldsymbol{x}||$, $||A\boldsymbol{y}|| = ||\boldsymbol{y}||$ および

$$||A(\boldsymbol{x}+\boldsymbol{y})||^2 = ||A\boldsymbol{x}||^2 + (A\boldsymbol{x}, A\boldsymbol{y}) + \overline{(A\boldsymbol{x}, A\boldsymbol{y})} + ||A\boldsymbol{y}||^2,$$
$$||\boldsymbol{x}+\boldsymbol{y}||^2 = ||\boldsymbol{x}||^2 + (\boldsymbol{x}, \boldsymbol{y}) + \overline{(\boldsymbol{x}, \boldsymbol{y})} + ||\boldsymbol{y}||^2$$

より，

$$(A\boldsymbol{x},\,A\boldsymbol{y})+\overline{(A\boldsymbol{x},\,A\boldsymbol{y})}=(\boldsymbol{x},\,\boldsymbol{y})+\overline{(\boldsymbol{x},\,\boldsymbol{y})}$$

である．また $\boldsymbol{x}$ の代わりに $i\boldsymbol{x}$ (i は虚数単位) を用いて上記の計算をすれば，

$$i\{(A\boldsymbol{x},\,A\boldsymbol{y})-\overline{(A\boldsymbol{x},\,A\boldsymbol{y})}\}=i\{(\boldsymbol{x},\,\boldsymbol{y})-\overline{(\boldsymbol{x},\,\boldsymbol{y})}\}$$

となり，$(A\boldsymbol{x},\,A\boldsymbol{y})=(\boldsymbol{x},\,\boldsymbol{y})$ を得る．

(3) $\Longrightarrow$ (1): n 次元基本ベクトル $\boldsymbol{e}_1, \boldsymbol{e}_2, \ldots, \boldsymbol{e}_n \in \mathbb{F}^n$ ついて $(\boldsymbol{e}_i,\,{}^t\overline{A}A\boldsymbol{e}_j)=(A\boldsymbol{e}_i,\,A\boldsymbol{e}_j)=(\boldsymbol{e}_i,\,\boldsymbol{e}_j)=\delta_{ij}$ $(i=1,\,2,\ldots,\,n)$ より，${}^t\overline{A}A=E$ を得る． ∎

問 6.3.7　以下の問に答えよ．

(1)　n 次正方行列 A について，次の 2 条件は同値であること示せ．

　(i)　A はユニタリー行列である．

　(ii)　行列 A の列分割表示を $A=(\boldsymbol{a}_1\ \ \boldsymbol{a}_2\ \ \cdots\ \ \boldsymbol{a}_n)$ とすれば，$\boldsymbol{a}_1, \boldsymbol{a}_2, \ldots, \boldsymbol{a}_n$ は $\mathbb{F}^n$ の標準内積に関する正規直交基底をなす:

$$(\boldsymbol{a}_i,\,\boldsymbol{a}_j)={}^t\boldsymbol{a}_i\,\overline{\boldsymbol{a}_j}=\delta_{ij}\quad(1\leqq i,\,j\leqq n).$$

(2)　行列 A, B はユニタリー行列とする．このとき，次の行列もユニタリー行列であることを示せ．

　(a)　A^{-1}　　　(b)　AB

(3)　次のことを証明せよ．n 次元内積空間 V の正規直交基底 $(\boldsymbol{x}_1, \boldsymbol{x}_2, \ldots, \boldsymbol{x}_n)$ から基底 $(\boldsymbol{y}_1, \boldsymbol{y}_2, \ldots, \boldsymbol{y}_n)$ への変換行列を A とするとき，$\boldsymbol{y}_1, \boldsymbol{y}_2, \ldots, \boldsymbol{y}_n$ が V の正規直交基底であるための必要十分条件は A がユニタリー行列となっていることである．

正規行列とその対角化

正方行列 B が

$$B\,{}^t\overline{B}={}^t\overline{B}B$$

を満たすとき B を**正規行列**と呼ぶ．特に，ユニタリー行列は正規行列である．

問 6.3.8　行列 A はユニタリー行列で，行列 B は正規行列とする．このとき，行列 $A^{-1}BA$ は正規行列であることを示せ．

定理 6.3.6 (テプリッツの定理)　正方行列 B の固有方程式の解がすべて $\mathbb{F}$ の元であるとする．B がユニタリー行列によって対角化されるための必要十分条件は B が正規行列となっていることである．

証明　正方行列 B がユニタリー行列 A によって対角化されるとしよう．つまり $D := A^{-1}BA$ は対角行列である．このとき $B = ADA^{-1}$ であり，

$$
{}^t\overline{B} = {}^t\overline{(ADA^{-1})} = {}^t\overline{(AD\,{}^t\overline{A})} = A\overline{D}A^{-1}
$$

だから

$$
B\,{}^t\overline{B} = A(D\overline{D})A^{-1} = A(\overline{D}D)A^{-1} = {}^t\overline{B}B
$$

が成り立つ．逆に B が n 次正規行列であると仮定し，ユニタリー行列によって対角化されることを n に関する帰納法で証明する．λ を B の固有値とする．問題 6-1, **2** より $W(B\,;\lambda)$ は B-不変かつ ${}^t\overline{B}$-不変である．よって，補題 6.3.4 (2) より，$\mathbb{F}^n$ の標準内積に関して，$W(B\,;\lambda)^{\perp}$ は B-不変である．ここで $n_1 = \dim W(B\,;\lambda)$ とし，$W(B\,;\lambda)$ の正規直交基底を $(\boldsymbol{a}_1, \ldots, \boldsymbol{a}_{n_1})$ とすれば，これに $W(B\,;\lambda)^{\perp}$ の正規直交基底 $(\boldsymbol{a}_{n_1+1}, \ldots, \boldsymbol{a}_n)$ を付け加えて，$\mathbb{F}^n = W(B\,;\lambda) \oplus W(B\,;\lambda)^{\perp}$ の正規直交基底 $(\boldsymbol{a}_1, \ldots, \boldsymbol{a}_{n_1}, \ldots, \boldsymbol{a}_n)$ をつくることができる．(定理 6.3.3 参照)．このとき $A_1 = (\boldsymbol{a}_1 \quad \cdots \quad \boldsymbol{a}_{n_1} \quad \cdots \quad \boldsymbol{a}_n)$ とおくと，問 6.3.7 (1) より A_1 はユニタリー行列である．$n = n_1$ ならば，問 6.1.3 より，$B = \lambda E_n$ である．また $n > n_1$ ならば，ある $n - n_1$ 次正方行列 B' が存在して，

$$
BA_1 = A_1 \begin{pmatrix} \lambda E_{n_1} & O \\ O & B' \end{pmatrix}
$$

となる．このとき，問 6.3.8 より，$A_1^{-1}BA_1$ は正規行列だから，B' は正規行列である．ここで $n = 2$ のとき，B はユニタリー行列によって対角化される．$n > 2$ とする．帰納法の仮定から，ある $n - n_1$ 次ユニタリー行列 A_2' が存在して ${A_2'}^{-1}B'A_2'$ が対角行列となり，

$$
A_2 = \begin{pmatrix} E_{n_1} & O \\ O & A_2' \end{pmatrix}
$$

とおくと $A_2^{-1}A_1^{-1}BA_1A_2$ は対角行列である．したがって $A = A_1A_2$ とおけば問 6.3.7 (2)(b) より A はユニタリー行列で $A^{-1}BA$ は対角行列である． ∎

n 次方程式は $\mathbb{C}$ において重複度を込めて n 個の解をもつから，$\mathbb{F} = \mathbb{C}$ の場合，定理 6.3.6 および問 6.3.7 (1) より，**正規行列 B はユニタリー行列によって対角化可能であって，$P^{-1}BP$ が対角行列となるようなユニタリー行列 P は B の各固有値に対する固有空間から選んだ正規直交基底を並べて得られる**(定理 4.4.6 参照)．特に，正規行列の相異なる 2 つの固有値に属する固有ベクトルは，標準内積に関して，互いに直交する (問題 6-3, ***4*** 参照)．命題 6.3.7 の前半では，その特別な場合について述べ，証明を与える．

エルミート行列

正方行列 B が

$$B = {}^t\overline{B}$$

を満たすとき B を**エルミート行列**と呼ぶ．エルミート行列は正規行列である．

命題 6.3.7 エルミート行列 B の固有値はすべて実数であり，λ, μ を B の相異なる 2 つの固有値とすれば，それぞれに属する固有ベクトルは，標準内積に関して，互いに直交する．

証明 λ, μ を エルミート行列 B の固有値とし ($\lambda = \mu$ でもよい)，それぞれに属する固有ベクトルを $\boldsymbol{x} \in W(B\,;\lambda)$, $\boldsymbol{y} \in W(B\,;\mu)$ とする．このとき，

$$\lambda(\boldsymbol{x}, \boldsymbol{y}) = (\lambda\boldsymbol{x}, \boldsymbol{y}) = (B\boldsymbol{x}, \boldsymbol{y}) = (\boldsymbol{x}, {}^t\overline{B}\boldsymbol{y}) = (\boldsymbol{x}, B\boldsymbol{y}) = (\boldsymbol{x}, \mu\boldsymbol{y}) = \overline{\mu}(\boldsymbol{x}, \boldsymbol{y})$$

が成り立つ．よって，$\lambda = \mu$ ならば，$\lambda = \overline{\lambda}$ であり，λ は実数であることがわかる．さらに $\lambda \neq \mu$ ならば，これらは実数だから，$\lambda(\boldsymbol{x}, \boldsymbol{y}) = \mu(\boldsymbol{x}, \boldsymbol{y})$ となり，$(\boldsymbol{x}, \boldsymbol{y}) = 0$ が成り立つ． ∎

命題 6.3.8 正規行列 B の固有値がすべて実数ならば，B はエルミート行列である．

証明　B のすべての固有値が実数であるとき，定理 6.3.6 より，あるユニタリー行列 A が存在して $D := A^{-1}BA$ が対角行列となる．このとき D の対角成分は B の固有値であるから

$$A^{-1}BA = D = {}^t\overline{D} = {}^t\overline{(A^{-1}BA)} = {}^t\overline{A}\,{}^t\overline{B}\,{}^t\overline{A^{-1}}$$

を得る．ここで，問 6.3.7 (2)(a) より，A^{-1} もユニタリー行列であるから，

$$B = A({}^t\overline{A}\,{}^t\overline{B}\,{}^t\overline{A^{-1}})A^{-1} = (A\,{}^t\overline{A})\,{}^t\overline{B}\,({}^t\overline{A^{-1}}A^{-1}) = {}^t\overline{B}$$

が成り立ち，B はエルミート行列であることがわかる．∎

この命題と命題 6.3.7 から次がいえる．正規行列がエルミート行列であるための必要十分条件は固有値がすべて実数となっていることである．正規行列がユニタリー行列であるための必要十分条件については問題 6-3, **5** を参照せよ．

直交行列，実対称行列

成分がすべて実数の行列を**実行列**と呼ぶことにする．実行列 A がエルミート行列であるとき，A は対称行列であるから**実対称行列**と呼ばれる．

実行列 A が**直交行列**であるとは

$$A\,{}^tA = {}^tAA = E$$

を満たす，つまりユニタリー行列であることをいう．

定理 6.3.6, 6.3.7 および問 6.3.7 (1) より，**実対称行列 B は直交行列によって対角化可能であって，$P^{-1}BP$ が対角行列となるような直交行列 P は B の各固有値に対する固有空間から選んだ正規直交基底を並べて得られる．**

例題 6.3.2　次の実対称行列 B を直交行列によって対角化せよ．

$$B = \begin{pmatrix} 10 & 2 & 2 \\ 2 & 7 & 1 \\ 2 & 1 & 7 \end{pmatrix}$$

解答　B の固有多項式は $\Phi_B(x) = (x-6)^2(x-12)$ であり，B の固有値は 6,

12 である．$6E_3 - B$, $12E_3 - B$ の簡約化はそれぞれ

$$\begin{pmatrix} 1 & \frac{1}{2} & \frac{1}{2} \\ 0 & 0 & 0 \\ 0 & 0 & 0 \end{pmatrix}, \qquad \begin{pmatrix} 1 & 0 & -2 \\ 0 & 1 & -1 \\ 0 & 0 & 0 \end{pmatrix}$$

となり，固有空間は $W(B\,;6) = \langle \boldsymbol{x}_1, \boldsymbol{x}_2 \rangle$, $W(B\,;12) = \langle \boldsymbol{x}_3 \rangle$, ただし

$$\boldsymbol{x}_1 = \begin{pmatrix} -1 \\ 2 \\ 0 \end{pmatrix}, \quad \boldsymbol{x}_2 = \begin{pmatrix} -1 \\ 0 \\ 2 \end{pmatrix}, \quad \boldsymbol{x}_3 = \begin{pmatrix} 2 \\ 1 \\ 1 \end{pmatrix}$$

である．$\boldsymbol{x}_1, \boldsymbol{x}_2$ に対して，グラム・シュミットの直交化より，

$$\boldsymbol{a}_1 = \frac{\boldsymbol{x}_1}{||\boldsymbol{x}_1||} = \frac{1}{\sqrt{5}} \begin{pmatrix} -1 \\ 2 \\ 0 \end{pmatrix},$$

$$\boldsymbol{a}_2 = \frac{\boldsymbol{x}_2 - (\boldsymbol{x}_2, \boldsymbol{a}_1)\boldsymbol{a}_1}{||\boldsymbol{x}_2 - (\boldsymbol{x}_2, \boldsymbol{a}_1)\boldsymbol{a}_1||} = \frac{1}{\sqrt{30}} \begin{pmatrix} -2 \\ -1 \\ 5 \end{pmatrix}$$

とおけば，$(\boldsymbol{a}_1, \boldsymbol{a}_2)$ は $W(B\,;6)$ の正規直交基底となる．また

$$\boldsymbol{a}_3 = \frac{\boldsymbol{x}_3}{||\boldsymbol{x}_3||} = \frac{1}{\sqrt{6}} \begin{pmatrix} 2 \\ 1 \\ 1 \end{pmatrix}$$

とおけば，$\boldsymbol{a}_3$ は $\boldsymbol{a}_1, \boldsymbol{a}_2$ と直交しているので (命題 6.3.7 参照),

$$A = (\boldsymbol{a}_1 \quad \boldsymbol{a}_2 \quad \boldsymbol{a}_3) = \begin{pmatrix} -\frac{1}{\sqrt{5}} & -\frac{2}{\sqrt{30}} & \frac{2}{\sqrt{6}} \\ \frac{2}{\sqrt{5}} & -\frac{1}{\sqrt{30}} & \frac{1}{\sqrt{6}} \\ 0 & \frac{5}{\sqrt{30}} & \frac{1}{\sqrt{6}} \end{pmatrix}$$

は直交行列であって

$$A^{-1}BA = \begin{pmatrix} 6 & 0 & 0 \\ 0 & 6 & 0 \\ 0 & 0 & 12 \end{pmatrix}$$

となる． ∎

問 6.3.9　以下の問に答えよ．

(1)　次の実対称行列 A, B を直交行列によって対角化せよ．

$$A = \begin{pmatrix} 2 & 1 & 1 \\ 1 & 2 & 1 \\ 1 & 1 & 2 \end{pmatrix}, \qquad B = \begin{pmatrix} 3 & 2 & 2 \\ 2 & 3 & -2 \\ 2 & -2 & 3 \end{pmatrix}$$

(2)　次のエルミート行列 C をユニタリー行列によって対角化せよ．

$$C = \begin{pmatrix} 2 & -\omega & \omega^2 \\ -\omega^2 & 2 & \omega \\ \omega & \omega^2 & 2 \end{pmatrix}, \quad \omega = \frac{-1+\sqrt{3}\,i}{2}$$

問題 6-3

1.　$(\boldsymbol{x}_1, \boldsymbol{x}_2, \ldots, \boldsymbol{x}_n)$ を内積空間 V の正規直交基底とする．V の任意のベクトル $\boldsymbol{a}, \boldsymbol{b} \in V$ に対して，$s_i = (\boldsymbol{a}, \boldsymbol{x}_i)$, $t_i = (\boldsymbol{b}, \boldsymbol{x}_i)$ $(i = 1, 2, \ldots, n)$ とおくとき

$$(\boldsymbol{a}, \boldsymbol{b}) = \sum_{i=1}^{n} s_i \overline{t_i}$$

が成り立つことを示せ．

2.　n 次正方行列 A について，$\mathrm{Ker}\, f_A = (\mathrm{Im}\, f_{{}^tA})^{\perp}$ および $\mathrm{rank}\, A = \mathrm{rank}\, {}^tA$ を示せ．ただし $\mathbb{F}^n$ の内積は標準内積とする．

3.　正規行列 B の固有値 λ について，$\overline{\lambda}$ は ${}^t\overline{B}$ の固有値であることを示せ．(ヒント: λ に属する固有ベクトル $\boldsymbol{x}$ について $\|({}^t\overline{B} - \overline{\lambda}E)\boldsymbol{x}\|^2 = 0$ を示す．)

4.　正規行列 B の相異なる2つの固有値に属する固有ベクトルは，標準内積

に関して，互いに直交することを **3** を用いて示せ．

5.* $\mathbb{F} = \mathbb{C}$ として次のことを証明せよ: 正規行列 B がユニタリー行列であるための必要十分条件は B の固有値の絶対値がすべて 1 となっていることである．

6.* V を n 次元内積空間とし，$(\boldsymbol{a}_1, \boldsymbol{a}_2, \ldots, \boldsymbol{a}_n)$ を V の正規直交基底とする．f を V 上の線形変換とし，$(\boldsymbol{a}_1, \boldsymbol{a}_2, \ldots, \boldsymbol{a}_n)$ に関する f の行列を B とする．さらに ${}^t\overline{B}$ は V 上の線形変換 f^* の $(\boldsymbol{a}_1, \boldsymbol{a}_2, \ldots, \boldsymbol{a}_n)$ に関する行列であるとする．このとき V 上の線形変換 g が任意のベクトル $\boldsymbol{x}, \boldsymbol{y} \in V$ に対して $(f(\boldsymbol{x}), \boldsymbol{y}) = (\boldsymbol{x}, g(\boldsymbol{y}))$ を満たすための必要十分条件は $g = f^*$ であることを示せ．

7.* n 次正方行列 A はべき等行列であるとする．このとき A がエルミート行列であるための必要十分条件は $(\mathrm{Im}\, f_A)^\perp = \mathrm{Ker}\, f_A$ であることを示せ．ただし $\mathbb{F}^n$ の内積は標準内積とする．

8.* 有限次元内積空間 V の部分空間 W に対して，線形写像 $f : V \to W$ を $f(\boldsymbol{x}) = \boldsymbol{x}_1$ $(\boldsymbol{x} \in V)$，ここで $\boldsymbol{x}_1$ は $\boldsymbol{x} = \boldsymbol{x}_1 + \boldsymbol{x}_2$ $(\boldsymbol{x}_1 \in W, \boldsymbol{x}_2 \in W^\perp)$ により一意的に定まる W の元，と定義する (定理 6.3.3 参照)．このとき f は V の線形変換とみなせるが，V の正規直交基底に関する f の行列 A は $A^2 = A$ かつ $A = {}^t\overline{A}$ を満たすことを示せ．$f : V \to W$ を**正射影**という．

6.4　ジョルダンの標準形*

広い意味の固有空間

n 次正方行列 A の固有値 $\lambda \in \mathbb{F}$ に対して，λ の重複度が m のとき，$\mathbb{F}^n$ の部分空間 $\widetilde{W}(A\,;\lambda)$ を

$$\widetilde{W}(A\,;\lambda) = \{\boldsymbol{x} \in \mathbb{F}^n \mid (A - \lambda E_n)^m \boldsymbol{x} = \boldsymbol{0}\}$$

により定め，これを λ に対する**広い意味の固有空間**という．明らかに $\widetilde{W}(A\,;\lambda)$ は $W(A\,;\lambda)$ を含む．また $\widetilde{W}(A\,;\lambda)$ は A-不変である．

問 6.4.1　$\widetilde{W}(A\,;\lambda)$ は $\mathbb{F}^n$ の A-不変部分空間であることを示せ．

次の定理のため，多項式に関する一般的な補題を証明しておく．

補題 6.4.1　$\mathbb{F}$ の元を係数とする多項式 $\varphi_1(x), \varphi_2(x), \ldots, \varphi_r(x)$ をすべて割り切る 1 次以上の多項式は存在しないとする．このとき $\mathbb{F}$ の元を係数とする多項式 $g_1(x), g_2(x), \ldots, g_r(x)$ が存在して

$$g_1(x)\varphi_1(x) + g_2(x)\varphi_2(x) + \cdots + g_r(x)\varphi_r(x) = 1$$

となっている．

証明　集合 Ω は $\mathbb{F}$ の元を係数とする多項式 $g_1(x), g_2(x), \ldots, g_r(x)$ に対して

$$u(x) = g_1(x)\varphi_1(x) + g_2(x)\varphi_2(x) + \cdots + g_r(x)\varphi_r(x)$$

と表される多項式 $u(x)$ 全体の集合とする．$u_0(x) \in \Omega$ は Ω の中で次数が最低のものとする．各 $u(x) \in \Omega$ に対して

$$u(x) = u_0(x)q(x) + h(x)$$

を満たす 0 でなければ次数が $u_0(x)$ より低い多項式 $h(x)$ が存在するが，明らかに $h(x) \in \Omega$ だから $u_0(x)$ の選び方から $h(x) = 0$ である．よって $u_0(x)$ はすべての $u(x) \in \Omega$ を割り切り，特に $u_0(x)$ は $\varphi_1(x), \varphi_2(x), \ldots, \varphi_r(x)$ をすべて割り切る．一方，仮定から $\varphi_1(x), \varphi_2(x), \ldots, \varphi_r(x)$ をすべて割り切る 1 次以上の多項式は存在しないので，$u_0(x)$ は 0 次の多項式，すなわち定数である．このとき $u_0(x) = 1$ と選べる．したがって

$$1 = u_0(x) = g_1(x)\varphi_1(x) + g_2(x)\varphi_2(x) + \cdots + g_r(x)\varphi_r(x)$$

を満たす $\mathbb{F}$ の元を係数とする多項式 $g_1(x), g_2(x), \ldots, g_r(x)$ が存在する．∎

定理 6.4.2　n 次正方行列 A の固有方程式の解がすべて $\mathbb{F}$ に含まれるとし，A のすべての相異なる固有値を $\lambda_1, \lambda_2, \ldots, \lambda_r$ とする．このとき，各 $i = 1, 2, \ldots, r$ に対して A の多項式で表されるべき等行列 A_i が存在し，$A_iA_j = O\ (i \neq j)$, $\widetilde{W}(A;\lambda_i) = \operatorname{Im} f_{A_i}$ を満たす．特に

$$\mathbb{F}^n = \widetilde{W}(A;\lambda_1) \oplus \widetilde{W}(A;\lambda_2) \oplus \cdots \oplus \widetilde{W}(A;\lambda_r) \tag{6.4.1}$$

かつ $\widetilde{W}(A;\lambda_i) = \{\boldsymbol{x} \in \mathbb{F}^n \mid A_i\boldsymbol{x} = \boldsymbol{x}\}\ (i = 1, 2, \ldots, r)$ が成り立つ．

証明　A の固有値 $\lambda_1, \lambda_2, \ldots, \lambda_r$ の重複度をそれぞれ $n_1, n_2, \ldots, n_r$ とする．仮定から $\Phi_A(x) = (x-\lambda_1)^{n_1}(x-\lambda_2)^{n_2}\cdots(x-\lambda_r)^{n_r}$ となっている．ここで $i = 1, 2, \ldots, r$ について $\varphi_i(x) = \Phi_A(x)/(x-\lambda_i)^{n_i}$ とおく．このとき $\varphi_1(x), \varphi_2(x), \ldots, \varphi_r(x)$ のすべてを割り切る 1 次以上の多項式は存在しない．よって，補題 6.4.1 より

$$g_1(x)\varphi_1(x) + g_2(x)\varphi_2(x) + \cdots + g_r(x)\varphi_r(x) = 1$$

を満たす $\mathbb{F}$ の元を係数とする多項式 $g_1(x), g_2(x), \ldots, g_r(x)$ が存在する．(特に $i = 1, 2, \ldots, r$ について $g_i(x)\varphi_i(x)$ は $x - \lambda_i$ で割り切れない．) そこで，変数 x に A を代入して (定数 a のところは aE_n に置き換えて)

$$g_1(A)\varphi_1(A) + g_2(A)\varphi_2(A) + \cdots + g_r(A)\varphi_r(A) = E_n$$

を得るが，$i = 1, 2, \ldots, r$ について $A_i = g_i(A)\varphi_i(A)$ とおくとき，

$$A_1 + A_2 + \cdots + A_r = E_n$$

である．$1 \leqq i \neq j \leqq r$ ならば $\varphi_i(x)\varphi_j(x)$ は $\Phi_A(x)$ で割り切れ，定理 6.1.3 より $\Phi_A(A) = O$ だから $\varphi_i(A)\varphi_j(A) = O$ である．したがって，$A_iA_j = O$ $(1 \leqq i \neq j \leqq r)$ を得る．これより $i = 1, 2, \ldots, r$ について

$$A_i = A_iE_n = A_i(A_1 + A_2 + \cdots + A_r) = A_i^2$$

となる．よって，定理 5.3.2 より

$$\mathbb{F}^n = \operatorname{Im} f_{A_1} \oplus \operatorname{Im} f_{A_2} \oplus \cdots \oplus \operatorname{Im} f_{A_r}$$

である．次に $i = 1, 2, \ldots, r$ について $\widetilde{W}(A;\lambda_i) = \operatorname{Im} f_{A_i}$ であることを示す．$(A-\lambda_iE_n)^{n_i}\varphi_i(A) = \Phi_A(A) = O$ より $\mathbb{F}^n$ の任意のベクトル $\boldsymbol{x}$ について

$$(A-\lambda_iE_n)^{n_i}A_i\boldsymbol{x} = g_i(A)(A-\lambda_iE_n)^{n_i}\varphi_i(A)\boldsymbol{x} = O\boldsymbol{x} = \boldsymbol{0}$$

である．よって $\widetilde{W}(A;\lambda_i) \supset \operatorname{Im} f_{A_i}$ が成り立つ．逆に $\boldsymbol{x} \in \widetilde{W}(A;\lambda_i)$ とする．このとき $(A-\lambda_iE_n)^{n_i}\boldsymbol{x} = \boldsymbol{0}$ である．$g_i(x)\varphi_i(x)$ は $x-\lambda_i$ で割り切れないので，$g_i(x)\varphi_i(x)$ と $(x-\lambda_i)^{n_i}$ をともに割り切る 1 次以上の多項式はなく補題 6.4.1 よりある $\mathbb{F}$ の元を係数とする多項式 $a_i(x)$ と $b_i(x)$ が存在して

$a_i(x)g_i(x)\varphi_i(x)+b_i(x)(x-\lambda_i)^{n_i}=1$ となっている．よって

$$\begin{aligned}\boldsymbol{x} &= E_n\boldsymbol{x} = (a_i(A)g_i(A)\varphi_i(A)+b_i(A)(A-\lambda_iE_n)^{n_i})\boldsymbol{x}\\ &= a_i(A)A_i\boldsymbol{x}+b_i(A)(A-\lambda_iE_n)^{n_i}\boldsymbol{x}\\ &= A_i(a_i(A)\boldsymbol{x})\in \operatorname{Im} f_{A_i}\end{aligned}$$

を得る．したがって，$\widetilde{W}(A\,;\lambda_i)=\operatorname{Im} f_{A_i}$ が成り立つ．最後の主張は問題 5-3, **5** から得られる． ∎

系 6.4.3　定理 6.4.2 の条件のもとで，A の固有値 $\lambda_1, \lambda_2, \ldots, \lambda_r$ の重複度をそれぞれ $n_1, n_2, \ldots, n_r$ とすれば，$\dim \widetilde{W}(A\,;\lambda_i)=n_i$ $(i=1, 2, \ldots, r)$ である．さらに，各 $i=1, 2, \ldots, r$ に対して $\widetilde{W}(A\,;\lambda_i)$ のある基底に関する線形変換 $f_A|_{\widetilde{W}(A\,;\lambda_i)}$ の行列を B_i とするとき，$C_i := B_i-\lambda_iE_{n_i}$ はべき零行列であり，ある A の多項式で表される n 次べき零行列 N と n 次正則行列 P が存在して，

$$P^{-1}(A-N)P=\begin{pmatrix}\lambda_1E_{n_1} & & & \\ & \lambda_2E_{n_2} & & \\ & & \ddots & \\ & & & \lambda_rE_{n_r}\end{pmatrix} \tag{6.4.2}$$

かつ

$$P^{-1}NP=\begin{pmatrix}C_1 & & & \\ & C_2 & & \\ & & \ddots & \\ & & & C_r\end{pmatrix} \tag{6.4.3}$$

となる．

証明　各 $i=1, 2, \ldots, r$ について $m_i=\dim\widetilde{W}(A\,;\lambda_i)$ とおき，$\widetilde{W}(A\,;\lambda_i)$ の基底 $(\boldsymbol{p}_{i1}, \boldsymbol{p}_{i2}, \ldots, \boldsymbol{p}_{im_i})$ に関する線形変換 $f_A|_{\widetilde{W}(A\,;\lambda_i)}$ の行列が B_i であるとする．さらに

$$P=(\boldsymbol{p}_{11}\quad\cdots\quad\boldsymbol{p}_{1m_1}\quad\boldsymbol{p}_{21}\quad\cdots\quad\boldsymbol{p}_{2m_2}\quad\cdots\quad\boldsymbol{p}_{r1}\quad\cdots\quad\boldsymbol{p}_{rm_r})$$

とおき，$i = 1, 2, \ldots, r$ について $n_i = m_i$ であることを示す．定義から $\operatorname{Im} f_{(A-\lambda_i E_n)^{n_i}}|_{\widetilde{W}(A;\lambda_i)} = \{\mathbf{0}\}$ であるが，例 5.3.1 より，

$$P^{-1}AP = \begin{pmatrix} B_1 & & & \\ & B_2 & & \\ & & \ddots & \\ & & & B_r \end{pmatrix}$$

だから，$(B_i - \lambda_i E_{m_i})^{n_i} = O$ を得る．よって $B_i - \lambda_i E_{m_i}$ の固有値は 0 のみであるから

$$\varPhi_{B_i - \lambda_i E_{m_i}}(x) = |xE_{m_i} - (B_i - \lambda_i E_{m_i})| = |(x + \lambda_i)E_{m_i} - B_i| = x^{m_i}$$

となるが，このことは

$$\varPhi_{B_i}(x) = |xE_{m_i} - B_i| = (x - \lambda_i)^{m_i}$$

を導く．一方，$\varPhi_A(x) = \varPhi_{B_1}(x)\varPhi_{B_2}(x)\cdots\varPhi_{B_r}(x)$ であるから

$$\varPhi_A(x) = (x - \lambda_1)^{m_1}(x - \lambda_2)^{m_2}\cdots(x - \lambda_r)^{m_r}$$

となるが，これは $n_i = m_i$ を意味する．さて，ここで定理 6.4.2 における A_i $(i = 1, 2, \ldots, r)$ を用いて行列 N を $A = \lambda_1 A_1 + \cdots + \lambda_r A_r + N$ となるように定めれば，(6.4.2)，(6.4.3) を得る．∎

例 6.4.1　3 次の行列に対して，系 6.4.3 の例をみてみよう．行列

$$A = \begin{pmatrix} 2 & -1 & 1 \\ -1 & 2 & 1 \\ 1 & -2 & 3 \end{pmatrix}$$

の固有多項式は $\varPhi_A(x) = (x-2)^2(x-3)$ だから，A の固有値は 2, 3 である．$3E_3 - A$ の簡約化は $\begin{pmatrix} 1 & 0 & -2/3 \\ 0 & 1 & -1/3 \\ 0 & 0 & 0 \end{pmatrix}$ だから，$\boldsymbol{x}_1 := \begin{pmatrix} 2 \\ 1 \\ 3 \end{pmatrix}$ が $W(A;3)$ の基底

をなす．$2E_3 - A$ の簡約化は $\begin{pmatrix} 1 & 0 & -1 \\ 0 & 1 & -1 \\ 0 & 0 & 0 \end{pmatrix}$ だから，$\boldsymbol{x}_2 := \begin{pmatrix} 1 \\ 1 \\ 1 \end{pmatrix}$ が $W(A;2)$ の基底をなす．$\mathbb{R}^3$ はこの2つの固有空間の直和 $W(A;2) \oplus W(A;3)$ ではなく，定理 6.2.1 より，A は対角化可能ではない．系 6.4.3 より，$\dim \widetilde{W}(A;2) = 2$ であり，$(2E_3 - A)^2$ の簡約化は $\begin{pmatrix} 1 & -1 & 0 \\ 0 & 0 & 0 \\ 0 & 0 & 0 \end{pmatrix}$ だから，$\boldsymbol{x}_3 := \begin{pmatrix} 1 \\ 1 \\ 0 \end{pmatrix}$，$\boldsymbol{x}_4 := \begin{pmatrix} 0 \\ 0 \\ 1 \end{pmatrix}$ が $\widetilde{W}(A;2)$ の基底をなす．$\mathbb{R}^3$ の基底 $(\boldsymbol{x}_1, \boldsymbol{x}_3, \boldsymbol{x}_4)$ に関する f_A の行列は $B := \begin{pmatrix} 3 & 0 & 0 \\ 0 & 1 & 1 \\ 0 & -1 & 3 \end{pmatrix}$ であり，$C := B - \begin{pmatrix} 3 & 0 & 0 \\ 0 & 2 & 0 \\ 0 & 0 & 2 \end{pmatrix} = \begin{pmatrix} 0 & 0 & 0 \\ 0 & -1 & 1 \\ 0 & -1 & 1 \end{pmatrix}$ はべき零行列である．つまり $P = (\boldsymbol{x}_1 \quad \boldsymbol{x}_3 \quad \boldsymbol{x}_4)$ とすれば，$P^{-1}AP = B$ であり，$N = PCP^{-1}$ とすれば，N はべき零行列であって，

$$P^{-1}(A-N)P = \begin{pmatrix} 3 & 0 & 0 \\ 0 & 2 & 0 \\ 0 & 0 & 2 \end{pmatrix} \quad \text{かつ} \quad P^{-1}NP = C = \begin{pmatrix} 0 & 0 & 0 \\ 0 & -1 & 1 \\ 0 & -1 & 1 \end{pmatrix}$$

となる．また，$S := A - N = \begin{pmatrix} 4 & -2 & 0 \\ 1 & 1 & 0 \\ 3 & -3 & 2 \end{pmatrix}$，$N = \begin{pmatrix} -2 & 1 & 1 \\ -2 & 1 & 1 \\ -2 & 1 & 1 \end{pmatrix}$ であって，$A = S + N$ および $SN = NS$ が成り立つ．∎

定理 6.4.4　定理 6.4.2 の条件のもとで任意の正方行列 A に対して対角化可能な行列 S とべき零行列 N がただ1組存在して，$A = S + N$ および $SN = NS$ を満たす．

証明　系 6.4.3 において $S = A - N$ とおけば，S は対角化可能であり，N はべき零行列である．さらに $P^{-1}SP$ と $P^{-1}NP$ は交換可能であるから $SN = NS$ が成り立つ．他に対角化可能な行列 S' とべき零行列 N' が存在して $A = S' + N'$ かつ $S'N' = N'S'$ を満たすとする．S', N' は互いに交換

可能であるから A と交換可能である．さらに S, N はともに A の多項式で表されるからそれぞれ S', N' と交換可能である．よって，定理 6.2.4 より，ある n 次正則行列 P が存在して $P^{-1}SP$ と $P^{-1}S'P$ はともに対角行列となる．これより $S-S'$ は対角化可能である．また $N-N'$ はべき零行列である．$S-S'=N'-N$ であって，この行列は対角化可能なべき零行列だから，問題 6-2, ***3*** より，$S-S'=N'-N=O$，すなわち $S=S', N=N'$ である． ▮

べき零行列の標準形

N を n 次べき零行列とする．N の固有値は 0 のみであるから，$\mathbb{F}^n=\widetilde{W}(A\,;0)$ である．$N^m=O$ かつ $N^{m-1}\neq O$ とし，$W_{(j)}=\{\boldsymbol{x}\in\mathbb{F}^n \mid N^j\boldsymbol{x}=\mathbf{0}\}$ $(j=1,2,\ldots)$ および $W_{(0)}=\{\mathbf{0}\}$ とおく．このとき

$$W_{(0)}\subset W_{(1)}\subset\cdots\subset W_{(m-1)}\subset W_{(m)}=W_{(m+1)}=\cdots=\mathbb{F}^n$$

となっている．ここで，$k_j=\dim W_{(j)}, r_j=k_j-k_{j-1}$ $(j=1,2,\ldots)$ とおく．$W_{(m-1)}\neq W_{(m)}=W_{(m+1)}$ だから $r_m>r_{m+1}=0$ であって，さらに，定理 4.4.1 より，$W_{(m-1)}$ の基底に $\mathbb{F}^n$ の線形独立なベクトルの組 $\boldsymbol{a}_1,\ldots,\boldsymbol{a}_{r_m}$ をつけ加えて，

$$\mathbb{F}^n=W_{(m)}=W_{(m-1)}\oplus\langle\boldsymbol{a}_1,\ldots,\boldsymbol{a}_{r_m}\rangle \tag{6.4.4}$$

となるようにできる．ここで

$$\sum_{\ell=1}^{r_m}c_\ell N\boldsymbol{a}_\ell\in W_{(m-2)}\quad(c_\ell\in\mathbb{F})$$

とすれば

$$\sum_{\ell=1}^{r_m}c_\ell\boldsymbol{a}_\ell\in W_{(m-1)}$$

となるが，(6.4.4) よりこのベクトルは $\mathbf{0}$ でなければならず，さらに $c_1=\cdots=c_{r_m}=0$ を得る．つまり $\{N\boldsymbol{a}_1,\ldots,N\boldsymbol{a}_{r_m}\}$ は線形独立であって，しかも

$$\langle N\boldsymbol{a}_1,\ldots,N\boldsymbol{a}_{r_m}\rangle\cap W_{(m-2)}=\{\mathbf{0}\}$$

である．よって，定理 4.4.1 より，$N\boldsymbol{a}_1,\ldots,N\boldsymbol{a}_{r_m}$ に $W_{(m-2)}$ の任意の基底と $W_{(m-1)}$ の線形独立なベクトルの組 $\boldsymbol{a}_{r_m+1},\ldots,\boldsymbol{a}_{r_{m-1}}$ をつけ加えて $W_{(m-1)}$

の基底をなすようにできる．特に

$$W_{(m-1)} = W_{(m-2)} \oplus \langle N\boldsymbol{a}_1, \ldots, N\boldsymbol{a}_{r_m}, \boldsymbol{a}_{r_m+1}, \ldots, \boldsymbol{a}_{r_{m-1}} \rangle$$

および $r_{m-1} \geqq r_m$ がわかる．このことを一般化しよう．

補題 6.4.5　k を $m-1$ 以下の自然数とする．$m-k \leqq i \leqq m$ を満たす各自然数 i 対して $W_{(i)}$ のベクトルの組 $\boldsymbol{a}_{r_{i+1}+1}, \ldots, \boldsymbol{a}_{r_i}$ が存在して，各 $j = m-k, \ldots, m$ について $\{N^{i-j}\boldsymbol{a}_{r_{i+1}+1}, \ldots, N^{i-j}\boldsymbol{a}_{r_i} \mid j \leqq i \leqq m\}$ が線形独立であり，さらに

$$W_{(j)} = W_{(j-1)} \oplus \langle N^{i-j}\boldsymbol{a}_{r_{i+1}+1}, \ldots, N^{i-j}\boldsymbol{a}_{r_i} \mid j \leqq i \leqq m \rangle$$

が成り立つ．特に $r_1 \geqq r_2 \geqq \cdots \geqq r_m > 0$ である．

証明　k に関する帰納法で示す．$k=1$ のとき正しいことは上でみた．$s \geqq 2$ として，$k = s-1$ のときに正しいと仮定する．このとき $m-s+1 \leqq i \leqq m$ ならば，

$$N^{i-m+s-1}\boldsymbol{a}_{r_{i+1}+1}, \ldots, N^{i-m+s-1}\boldsymbol{a}_{r_i} \in W_{(m-s+1)}$$

であるから，

$$N^{i-m+s}\boldsymbol{a}_{r_{i+1}+1}, \ldots, N^{i-m+s}\boldsymbol{a}_{r_i} \in W_{(m-s)}$$

となる．ここで

$$\sum_{i=m-s+1}^{m} \sum_{\ell=r_{i+1}+1}^{r_i} c_{i\ell} N^{i-m+s}\boldsymbol{a}_\ell \in W_{(m-s-1)} \quad (c_{i\ell} \in \mathbb{F})$$

とすれば

$$\sum_{i=m-s+1}^{m} \sum_{\ell=r_{i+1}+1}^{r_i} c_{i\ell} N^{i-m+s-1}\boldsymbol{a}_\ell \in W_{(m-s)} \tag{6.4.5}$$

となるが，

$$W = \langle N^{i-m+s-1}\boldsymbol{a}_{r_{i+1}+1}, \ldots, N^{i-m+s-1}\boldsymbol{a}_{r_i} \mid m-s+1 \leqq i \leqq m \rangle$$

とおくとき $W_{(m-s+1)} = W_{(m-s)} \oplus W$ だから，(6.4.5) のベクトルは $\mathbf{0}$ でなければならず，特に $c_{i\ell} = 0$ $(m-s+1 \leqq i \leqq m,\ r_{i+1}+1 \leqq \ell \leqq r_i)$ を得る．

したがって r_{m-s+1} 個のベクトルの組

$$N^{i-m+s}\boldsymbol{a}_{r_{i+1}+1}, \ldots, N^{i-m+s}\boldsymbol{a}_{r_i} \in W_{(m-s)} \quad (m-s+1 \leqq i \leqq m)$$

は線形独立であって，定理 4.4.1 より，これらに $W_{(m-s-1)}$ の任意の基底と $W_{(m-s)}$ の適当なベクトルの組 $\boldsymbol{a}_{r_{m-s+1}+1}, \ldots, \boldsymbol{a}_{r_{m-s}}$ をつけ加えて $W_{(m-s)}$ の基底をなすようにでき，補題は $k=s$ のときも正しい．■

自然数 i に対して，i 次正方行列 $N_{(i)}$ を

$$N_{(i)} = (\delta_{k+1\,j})_{1 \leqq k,\, j \leqq i} = \begin{pmatrix} 0 & 1 & & & & \\ & 0 & 1 & & & \\ & & \ddots & \ddots & & \\ & & & 0 & 1 & \\ & & & & 0 & 1 \\ & & & & & 0 \end{pmatrix} \tag{6.4.6}$$

と定義する．この形の行列をいくつか対角線上に並べてできる正方行列を**べき零行列の標準形**という．

補題 6.4.5 の条件を満たすベクトルの組 $N^{i-j}\boldsymbol{a}_\ell$ $(1 \leqq i \leqq m,\ 1 \leqq j \leqq i,\ r_{i+1}+1 \leqq \ell \leqq r_i)$ は $\mathbb{F}^n$ の基底をなすが，$1 \leqq i \leqq m$ と $r_{i+1}+1 \leqq \ell \leqq r_i$ に対する 1 つの $a_\ell \in W_{(i)}$ に注目すれば，$(N^{i-1}\boldsymbol{a}_\ell, N^{i-2}\boldsymbol{a}_\ell, \ldots, N\boldsymbol{a}_\ell, \boldsymbol{a}_\ell)$ を基底とする $\mathbb{F}^n$ の部分空間 $W_{i,\ell}$ は N-不変であり，$f_N|_{W_{i,\ell}}$ のこの基底に関する i 次正方行列を $N_{i,\ell}$ とすれば $N_{i,\ell} = N_{(i)}$ となる．

問 6.4.2　自然数 m に対して $N_{(n)}^m$ を求めよ．

補題 6.4.6　べき零行列 N はあるべき零行列の標準形 J と相似である．このとき，$i=1, 2, \ldots, m$ に対して，J の対角線上に並ぶ (6.4.6) の形の i 次正方行列 $N_{(i)}$ の個数は $r_i - r_{i+1}$ 個であり，N によって一意的に定まる．

証明　上の説明から，N は $i=1, 2, \ldots, m$ に対して (6.4.6) の形の i 次正方行列 $N_{(i)}$ が対角線上に $r_i - r_{i+1}$ 個並ぶべき零行列の標準形と相似である (例

5.3.1 参照). また, 正則行列 P に対して $K := P^{-1}NP$ がべき零行列の標準形であるとき, K の対角線上に並ぶ $i = 1, 2, \ldots, m$ に対する (6.4.6) の形の i 次正方行列 $N_{(i)}$ の個数を ℓ_i とすれば, $N^iP = PK^i$ $(i = 1, 2, \ldots, m)$ よりこれらは $k_i = k_{i-1} + \ell_i + \ell_{i+1} + \cdots + \ell_m$, $i = 1, 2, \ldots, m$ を満たす. (実際, 問 6.4.2 より, $\ell_i + \ell_{i+1} + \cdots + \ell_m$ は K^{i-1} および K^i のそれぞれの列分割表示に現れる $\mathbf{0}$ の個数の差である.) これより, $\ell_i = r_i - r_{i+1}$ $(i = 1, 2, \ldots, m)$ を得る. ∎

例 6.4.2 $N = \begin{pmatrix} -1 & 1 & 0 & -1 \\ -2 & 0 & 2 & 0 \\ -3 & 2 & 0 & -3 \\ 0 & -1 & 1 & 1 \end{pmatrix}$ について, $N^2 = \begin{pmatrix} -1 & 0 & 1 & 0 \\ -4 & 2 & 0 & -4 \\ -1 & 0 & 1 & 0 \\ -1 & 1 & -1 & -2 \end{pmatrix}$, $N^3 = \begin{pmatrix} -2 & 1 & 0 & -2 \\ 0 & 0 & 0 & 0 \\ -2 & 1 & 0 & -2 \\ 2 & -1 & 0 & 2 \end{pmatrix}$, $N^4 = O$, $\dim W_{(1)} = 1$, $\dim W_{(2)} = 2$, $\dim W_{(3)} = 3$, $\dim W_{(4)} = 4$ である. $\boldsymbol{e}_1 \in \mathbb{F}^4$ に対して $\mathbb{F}^4 = W_{(3)} \oplus \langle \boldsymbol{e}_1 \rangle$ であり, $(N^3\boldsymbol{e}_1, N^2\boldsymbol{e}_1, N\boldsymbol{e}_1, \boldsymbol{e}_1)$ は $\mathbb{F}^4$ の基底である. よって $P = (N^3\boldsymbol{e}_1 \quad N^2\boldsymbol{e}_1 \quad N\boldsymbol{e}_1 \quad \boldsymbol{e}_1) = \begin{pmatrix} -2 & -1 & -1 & 1 \\ 0 & -4 & -2 & 0 \\ -2 & -1 & -3 & 0 \\ 2 & -1 & 0 & 0 \end{pmatrix}$ とおけば $P^{-1}NP = N_{(4)}$ となる. ∎

例 6.4.3 $N = \begin{pmatrix} -1 & 0 & -1 & -1 \\ -1 & 1 & -1 & 0 \\ 0 & 1 & 0 & 1 \\ 1 & -1 & 1 & 0 \end{pmatrix}$ について, $N^2 = O$, $\dim W_{(1)} = 2$, $\dim W_{(2)} = 4$ である. $\boldsymbol{e}_1, \boldsymbol{e}_2 \in \mathbb{F}^4$ に対して $\mathbb{F}^4 = W_{(1)} \oplus \langle \boldsymbol{e}_1, \boldsymbol{e}_2 \rangle$ であり, $(N\boldsymbol{e}_1, \boldsymbol{e}_1, N\boldsymbol{e}_2, \boldsymbol{e}_2)$ は $\mathbb{F}^4$ の基底である. よって $P = (N\boldsymbol{e}_1 \quad \boldsymbol{e}_1 \quad N\boldsymbol{e}_2 \quad \boldsymbol{e}_2)$

$$= \begin{pmatrix} -1 & 1 & 0 & 0 \\ -1 & 0 & 1 & 1 \\ 0 & 0 & 1 & 0 \\ 1 & 0 & -1 & 0 \end{pmatrix} \text{ とおけば } P^{-1}NP = \begin{pmatrix} 0 & 1 & 0 & 0 \\ 0 & 0 & 0 & 0 \\ 0 & 0 & 0 & 1 \\ 0 & 0 & 0 & 0 \end{pmatrix} \text{ となる.}$$

例 6.4.4　$N = \begin{pmatrix} 2 & 1 & -1 & -1 \\ -4 & -2 & 2 & 2 \\ -2 & -1 & 1 & 1 \\ 2 & 1 & -1 & -1 \end{pmatrix}$ について，$N^2 = O$, $\dim W_{(1)} = 3$, $\dim W_{(2)} = 4$ である．$\boldsymbol{e}_1 \in \mathbb{F}^4$ に対して $\mathbb{F}^4 = W_{(1)} \oplus \langle \boldsymbol{e}_1 \rangle$ である．$\boldsymbol{x}_1 = \begin{pmatrix} 1 \\ 0 \\ 2 \\ 0 \end{pmatrix}, \boldsymbol{x}_2 = \begin{pmatrix} 1 \\ 0 \\ 0 \\ 2 \end{pmatrix}$ に対して $W_{(1)} = \langle N\boldsymbol{e}_1, \boldsymbol{x}_1, \boldsymbol{x}_2 \rangle$ であり, $(N\boldsymbol{e}_1, \boldsymbol{e}_1, \boldsymbol{x}_1, \boldsymbol{x}_2)$ は $\mathbb{F}^4$ の基底である．よって $P = (N\boldsymbol{e}_1 \quad \boldsymbol{e}_1 \quad \boldsymbol{x}_1 \quad \boldsymbol{x}_2) = \begin{pmatrix} 2 & 1 & 1 & 1 \\ -4 & 0 & 0 & 0 \\ -2 & 0 & 2 & 0 \\ 2 & 0 & 0 & 2 \end{pmatrix}$

とおけば $P^{-1}NP = \begin{pmatrix} 0 & 1 & 0 & 0 \\ 0 & 0 & 0 & 0 \\ 0 & 0 & 0 & 0 \\ 0 & 0 & 0 & 0 \end{pmatrix}$ となる．

問 6.4.3　次のべき零行列 N について，$P^{-1}NP$ がべき零行列の標準形となる正則行列 P を求めよ．

(1) $N = \begin{pmatrix} -2 & 1 & 0 & -2 \\ -2 & 0 & 2 & 0 \\ -4 & 2 & 0 & -4 \\ 1 & -1 & 1 & 2 \end{pmatrix}$　　(2) $N = \begin{pmatrix} -4 & 4 & 2 & -1 \\ 1 & -2 & -1 & 1 \\ -14 & 16 & 8 & -5 \\ -8 & 8 & 4 & -2 \end{pmatrix}$

ジョルダンの標準形

定数 $\alpha \in \mathbb{F}$ と自然数 i に対して，i 次正方行列

$$J_i(\alpha) := \begin{pmatrix} \alpha & 1 & & & \\ & \alpha & 1 & & \\ & & \ddots & \ddots & \\ & & & \alpha & 1 \\ & & & & \alpha \end{pmatrix} \tag{6.4.7}$$

を α に関する i 次の**ジョルダン細胞**という．また，いくつかのジョルダン細胞を対角線上に並べてできる正方行列

$$\begin{pmatrix} J_{i_1}(\alpha_1) & & & \\ & J_{i_2}(\alpha_2) & & \\ & & \ddots & \\ & & & J_{i_k}(\alpha_k) \end{pmatrix}$$

を**ジョルダン行列**という．

系 6.4.3 において，C_i $(i = 1, 2, \ldots, r)$ はべき零行列であるが，補題 6.4.6 より $i = 1, 2, \ldots, r$ に対して，$L_i := Q_i^{-1} C_i Q_i$ がべき零行列の標準形となるような n_i 次正則行列 Q_i が存在する．このとき

$$R = P \begin{pmatrix} Q_1 & & & \\ & Q_2 & & \\ & & \ddots & \\ & & & Q_r \end{pmatrix} \tag{6.4.8}$$

とおけば，(6.4.2) と (6.4.3) より，

$$R^{-1}AR = \begin{pmatrix} \lambda_1 E_{n_1} + L_1 & & & \\ & \lambda_2 E_{n_2} + L_2 & & \\ & & \ddots & \\ & & & \lambda_r E_{n_r} + L_r \end{pmatrix} \tag{6.4.9}$$

となり，これはジョルダン行列である．

定理 6.4.7 定理 6.4.2 の条件のもとで任意の正方行列はジョルダン行列に相似である．また，そのようなジョルダン行列はジョルダン細胞の並び方を除いて一意的に定まる．

証明 任意の正方行列 A について，定理 6.4.2 の条件のもとで A がジョルダン行列に相似であることは (6.4.9) でみた．一意性を示すため，(6.4.9) を仮定した上で，さらにある正則行列 Q が存在して，$J = Q^{-1}AQ$ がジョルダン行列であるとする．定理 6.4.4 より，$J = S + N$ および $SN = NS$ を満たす対角化可能な行列 S とべき零行列 N がただ 1 組存在するが，この場合，$\alpha_1, \alpha_2, \ldots, \alpha_k$ を $\lambda_1, \lambda_2, \ldots, \lambda_r$ のいずれかとして，S および N は

$$S = \begin{pmatrix} \alpha_1 E_{i_1} & & & \\ & \alpha_2 E_{i_2} & & \\ & & \ddots & \\ & & & \alpha_k E_{i_k} \end{pmatrix}, \quad N = \begin{pmatrix} C_{i_1} & & & \\ & C_{i_2} & & \\ & & \ddots & \\ & & & C_{i_k} \end{pmatrix}$$

の形をしている．さらに，単位行列 E_n の列を適当に入れ換えた行列 P を考えることにより，

$$P^{-1}SP = \begin{pmatrix} \lambda_1 E_{n_1} & & & \\ & \lambda_2 E_{n_2} & & \\ & & \ddots & \\ & & & \lambda_r E_{n_r} \end{pmatrix}$$

であって，かつ $P^{-1}JP$ が J のジョルダン細胞を並び替えたジョルダン行列であるようにできる．このとき，問 6.2.1 および定理 6.4.4 より，$P^{-1}SP = (R^{-1}Q)S(Q^{-1}R)$ であって，かつ $i = 1, 2, \ldots, r$ に対する n_i 次正則行列 R_i が存在して

$$P = Q^{-1}R \begin{pmatrix} R_1 & & & \\ & R_2 & & \\ & & \ddots & \\ & & & R_r \end{pmatrix}, \quad N = Q^{-1}R \begin{pmatrix} L_1 & & & \\ & L_2 & & \\ & & \ddots & \\ & & & L_r \end{pmatrix} R^{-1}Q$$

となるから，補題 6.4.6 より $P^{-1}JP = P^{-1}SP + P^{-1}NP$ はジョルダン細胞の並び方を除いて (6.4.9) に一致している．よって J はジョルダン細胞の並び方を除いて (6.4.9) に一致している． ∎

行列 A に対して，$P^{-1}AP$ がジョルダン行列となる正則行列 P をジョルダン行列への**変換行列**と呼び，ジョルダン行列 $P^{-1}AP$ を A に対する**ジョルダンの標準形**と呼ぶ．

例 6.4.5　例 6.4.1 の行列 A について，定理 6.4.7 より，ジョルダンの標準形は $D := \begin{pmatrix} 3 & 0 & 0 \\ 0 & 2 & 1 \\ 0 & 0 & 2 \end{pmatrix}$ である．つまり，$\mathbb{R}^3$ のある基底に関する行列が D となっている．(6.4.8) で定まる変換行列を求めてみよう．$P^{-1}AP = B$, $N = PCP^{-1}$ であったが，例 6.4.1 の行列 C の右下に現れたべき零行列 $Y = \begin{pmatrix} -1 & 1 \\ -1 & 1 \end{pmatrix}$ に相似なべき零行列の標準形について考える．補題 6.4.5 にしたがって，$\mathbb{R}^2$ の基底をつくる．$\dim W_{(1)} = 1, \dim W_{(2)} = 2$ であり，$\boldsymbol{e}_2 \in \mathbb{R}^2$ に対して $(Y\boldsymbol{e}_2, \boldsymbol{e}_2)$ は $\mathbb{R}^2$ の基底となる．この基底に関する f_Y の行列は $N_{(2)} = \begin{pmatrix} 0 & 1 \\ 0 & 0 \end{pmatrix}$ である．つまり $X = (Y\boldsymbol{e}_2 \quad \boldsymbol{e}_2) = \begin{pmatrix} 1 & 0 \\ 1 & 1 \end{pmatrix}$ とおけば $X^{-1}YX = N_{(2)}$ である．そこで $R = P\begin{pmatrix} 1 & 0 & 0 \\ 0 & 1 & 0 \\ 0 & 1 & 1 \end{pmatrix}$ とおけば，$R^{-1}AR = D$ となる． ∎

例題 6.4.1

(1)　次の行列 A についてジョルダンの標準形への変換行列を求めよ．

(i) $A = \begin{pmatrix} 3 & 0 & -1 \\ 6 & 5 & -5 \\ 7 & 3 & -4 \end{pmatrix}$ (ii) $A = \begin{pmatrix} 0 & 0 & 1 & 0 \\ -2 & 0 & 4 & 4 \\ -4 & 1 & 3 & -2 \\ 1 & -1 & 1 & 4 \end{pmatrix}$

(2) (1) の行列 A について，定理 6.4.4 のように，$A = S + N$, $SN = NS$ を満たす対角化可能な行列 S とべき零行列 N の和で表せ．

解答 (i) $\Phi_A(x) = (x-2)(x-1)^2$ だから，A の固有値は 1, 2 である．$E_3 - A$ の簡約化は $\begin{pmatrix} 1 & 0 & -\frac{1}{2} \\ 0 & 1 & -\frac{1}{2} \\ 0 & 0 & 0 \end{pmatrix}$ だから，$\boldsymbol{x}_1 := \begin{pmatrix} 1 \\ 1 \\ 2 \end{pmatrix}$ が $W(A;1)$ の基底をなす．

$2E_3 - A$ の簡約化は $\begin{pmatrix} 1 & 0 & -1 \\ 0 & 1 & \frac{1}{3} \\ 0 & 0 & 0 \end{pmatrix}$ だから，$\boldsymbol{x}_2 := \begin{pmatrix} 3 \\ -1 \\ 3 \end{pmatrix}$ が $W(A;2)$ の基底をなす．$\mathbb{R}^3$ はこの 2 つの固有空間の直和 $W(A;1) \oplus W(A;2)$ ではなく，定理 6.2.1 より，A は対角化可能ではない．系 6.4.3 より，$\dim \widetilde{W}(A;1) = 2$ であり，$(E_3 - A)^2$ の簡約化は $\begin{pmatrix} 1 & 1 & -1 \\ 0 & 0 & 0 \\ 0 & 0 & 0 \end{pmatrix}$ だから，$\boldsymbol{x}_3 := \begin{pmatrix} 1 \\ -1 \\ 0 \end{pmatrix}$, $\boldsymbol{x}_4 := \begin{pmatrix} 0 \\ 1 \\ 1 \end{pmatrix}$ が $\widetilde{W}(A;1)$ の基底をなす．$\mathbb{R}^3$ の基底 $(\boldsymbol{x}_2, \boldsymbol{x}_3, \boldsymbol{x}_4)$ に関する f_A の行列は $B := \begin{pmatrix} 2 & 0 & 0 \\ 0 & 3 & -1 \\ 0 & 4 & -1 \end{pmatrix}$ であり，$C := B - \begin{pmatrix} 2 & 0 & 0 \\ 0 & 1 & 0 \\ 0 & 0 & 1 \end{pmatrix} = \begin{pmatrix} 0 & 0 & 0 \\ 0 & 2 & -1 \\ 0 & 4 & -2 \end{pmatrix}$ はべき零行列である．つまり $P = (\boldsymbol{x}_2 \ \ \boldsymbol{x}_3 \ \ \boldsymbol{x}_4)$ とすれば，$P^{-1}AP = B$ であり，

$N = PCP^{-1}$ とすれば，N はべき零行列であって，

$$P^{-1}(A-N)P = \begin{pmatrix} 2 & 0 & 0 \\ 0 & 1 & 0 \\ 0 & 0 & 1 \end{pmatrix} \quad \text{かつ} \quad P^{-1}NP = C = \begin{pmatrix} 0 & 0 & 0 \\ 0 & 2 & -1 \\ 0 & 4 & -2 \end{pmatrix}$$

となる．次に，(6.4.8) で定まる変換行列を求める．行列 C の右下に現れたべき零行列 $Y = \begin{pmatrix} 2 & -1 \\ 4 & -2 \end{pmatrix}$ に相似なべき零行列の標準形について考える．補題 6.4.5 にしたがって，$\mathbb{R}^2$ の基底をつくる．$\dim W_{(1)} = 1, \dim W_{(2)} = 2$ であり，$\boldsymbol{e}_2 \in \mathbb{R}^2$ に対して $(Y\boldsymbol{e}_2, \boldsymbol{e}_2)$ は $\mathbb{R}^2$ の基底となる．この基底に関する f_Y の行列は $N_{(2)}$ である．つまり $X = (Y\boldsymbol{e}_2 \quad \boldsymbol{e}_2) = \begin{pmatrix} -1 & 0 \\ -2 & 1 \end{pmatrix}$ とおけば

$X^{-1}YX = N_{(2)}$ であり，$R = P\begin{pmatrix} 1 & 0 & 0 \\ 0 & -1 & 0 \\ 0 & -2 & 1 \end{pmatrix} = \begin{pmatrix} 3 & -1 & 0 \\ -1 & -1 & 1 \\ 3 & -2 & 1 \end{pmatrix}$ とおけば，

R はジョルダン行列への変換行列であって，$R^{-1}AR = \begin{pmatrix} 2 & 0 & 0 \\ 0 & 1 & 1 \\ 0 & 0 & 1 \end{pmatrix}$ となる．

(ii) $\Phi_A(x) = (x-1)(x-2)^3$ だから，A の固有値は 1, 2 である．$2E_3 - A$ の簡約化は $\begin{pmatrix} 1 & 0 & 0 & 0 \\ 0 & 1 & 0 & -2 \\ 0 & 0 & 1 & 0 \\ 0 & 0 & 0 & 0 \end{pmatrix}$ だから，$\boldsymbol{x}_1 := \begin{pmatrix} 0 \\ 2 \\ 0 \\ 1 \end{pmatrix}$ が $W(A;2)$ の基底をなす．

$E_3 - A$ の簡約化は $\begin{pmatrix} 1 & 0 & -1 & 0 \\ 0 & 1 & -2 & 0 \\ 0 & 0 & 0 & 0 \\ 0 & 0 & 0 & 1 \end{pmatrix}$ だから，$\boldsymbol{x}_2 := \begin{pmatrix} 1 \\ 2 \\ 1 \\ 0 \end{pmatrix}$ が $W(A;1)$ の基底をなす．$\mathbb{R}^4 \neq W(A;1) \oplus W(A;2)$ だから，定理 6.2.1 より，A は対角化可能ではない．系 6.4.3 より，$\dim \widetilde{W}(A;2) = 3$ であり，$(2E_3 - A)^3$ の簡約

化は $\begin{pmatrix} 0 & 1 & -1 & -2 \\ 0 & 0 & 0 & 0 \\ 0 & 0 & 0 & 0 \\ 0 & 0 & 0 & 0 \end{pmatrix}$ だから，$\boldsymbol{x}_3 := \begin{pmatrix} 1 \\ 0 \\ 0 \\ 0 \end{pmatrix}$，$\boldsymbol{x}_4 := \begin{pmatrix} 0 \\ 1 \\ 1 \\ 0 \end{pmatrix}$，$\boldsymbol{x}_1$ が $\widetilde{W}(A\,;2)$ の基底をなす．$\mathbb{R}^4$ の基底 $(\boldsymbol{x}_3, \boldsymbol{x}_4, \boldsymbol{x}_1, \boldsymbol{x}_2)$ に関する f_A の行列は $B := \begin{pmatrix} 0 & 1 & 0 & 0 \\ -4 & 4 & 0 & 0 \\ 1 & 0 & 2 & 0 \\ 0 & 0 & 0 & 1 \end{pmatrix}$ であり，$C := B - \begin{pmatrix} 2 & 0 & 0 & 0 \\ 0 & 2 & 0 & 0 \\ 0 & 0 & 2 & 0 \\ 0 & 0 & 0 & 1 \end{pmatrix} = \begin{pmatrix} -2 & 1 & 0 & 0 \\ -4 & 2 & 0 & 0 \\ 1 & 0 & 0 & 0 \\ 0 & 0 & 0 & 0 \end{pmatrix}$ はべき零行列である．つまり $P = (\boldsymbol{x}_3 \quad \boldsymbol{x}_4 \quad \boldsymbol{x}_1 \quad \boldsymbol{x}_2)$ とすれば，$P^{-1}AP = B$ であり，$N = PCP^{-1}$ とすれば，N はべき零行列であって，

$$P^{-1}(A-N)P = \begin{pmatrix} 2 & 0 & 0 & 0 \\ 0 & 2 & 0 & 0 \\ 0 & 0 & 2 & 0 \\ 0 & 0 & 0 & 1 \end{pmatrix} \quad \text{かつ} \quad P^{-1}NP = C = \begin{pmatrix} -2 & 1 & 0 & 0 \\ -4 & 2 & 0 & 0 \\ 1 & 0 & 0 & 0 \\ 0 & 0 & 0 & 0 \end{pmatrix}$$

となる．次に，(6.4.8) で定まる変換行列を求める．行列 C の左上に現れたべき零行列 $Y = \begin{pmatrix} -2 & 1 & 0 \\ -4 & 2 & 0 \\ 1 & 0 & 0 \end{pmatrix}$ に相似なべき零行列の標準形について考える．補題 6.4.5 にしたがって，$\mathbb{R}^3$ の基底をつくる．$\dim W_{(1)} = 1, \dim W_{(2)} = 2, \dim W_{(3)} = 3$ であり，$\boldsymbol{e}_2 \in \mathbb{R}^3$ に対して $(Y^2\boldsymbol{e}_2, Y\boldsymbol{e}_2, \boldsymbol{e}_2)$ は $\mathbb{R}^3$ の基底となる．この基底に関する f_Y の行列は $N_{(3)}$ である．つまり $X = (Y^2\boldsymbol{e}_2 \quad Y\boldsymbol{e}_2 \quad \boldsymbol{e}_2) = \begin{pmatrix} 0 & 1 & 0 \\ 0 & 2 & 1 \\ 1 & 0 & 0 \end{pmatrix}$ とおけば $X^{-1}YX = N_{(3)}$ であり，$R =$

$P\begin{pmatrix} -2 & 1 & 0 & 0 \\ -4 & 2 & 0 & 0 \\ 1 & 0 & 0 & 0 \\ 0 & 0 & 0 & 1 \end{pmatrix} = \begin{pmatrix} 0 & 1 & 0 & 1 \\ 2 & 2 & 1 & 2 \\ 0 & 2 & 1 & 1 \\ 1 & 0 & 0 & 0 \end{pmatrix}$ とおけば，R はジョルダン行列への変換行列であって，$R^{-1}AR = \begin{pmatrix} 2 & 1 & 0 & 0 \\ 0 & 2 & 1 & 0 \\ 0 & 0 & 2 & 0 \\ 0 & 0 & 0 & 1 \end{pmatrix}$ となる．

(2) (i) $S = \begin{pmatrix} -2 & -3 & 3 \\ 1 & 2 & -1 \\ -3 & -3 & 4 \end{pmatrix}$, $N = PCP^{-1} = \begin{pmatrix} 5 & 3 & -4 \\ 5 & 3 & -4 \\ 10 & 6 & -8 \end{pmatrix}$. (ii) $S = \begin{pmatrix} 2 & -1 & 1 & 2 \\ 0 & 0 & 2 & 4 \\ 0 & -1 & 3 & 2 \\ 0 & 0 & 0 & 2 \end{pmatrix}$, $N = PCP^{-1} = \begin{pmatrix} -2 & 1 & 0 & -2 \\ -2 & 0 & 2 & 0 \\ -4 & 2 & 0 & -4 \\ 1 & -1 & 1 & 2 \end{pmatrix}$. ∎

問題 6-4

1. 次の行列 A についてジョルダンの標準形への変換行列を求めよ．

(i) $A = \begin{pmatrix} 3 & -1 & 2 \\ 0 & 5 & -4 \\ -1 & 1 & 0 \end{pmatrix}$　　(ii) $A = \begin{pmatrix} -3 & 4 & 6 & -8 \\ 1 & 1 & -2 & 3 \\ -14 & 16 & 25 & -33 \\ -8 & 8 & 12 & -15 \end{pmatrix}$

2. ***1*** の行列 A について，定理 6.4.4 のように，$A = S + N$，$SN = NS$ を満たす対角化可能な行列 S とべき零行列 N の和で表せ．

7

幾何学的ベクトル

7.1 平面ベクトル，空間ベクトル

平面ベクトル

O を原点とする xy-平面を考える．以下，単に平面といえば，この xy-平面をさす．平面上の 2 点 P, Q に対し，P から Q に向かう有向線分を $\overrightarrow{\mathrm{PQ}}$ で表す．このとき，P を $\overrightarrow{\mathrm{PQ}}$ の**始点**，Q を**終点**と呼ぶ．2 つの有向線分 $\overrightarrow{\mathrm{PQ}}$ と $\overrightarrow{\mathrm{P'Q'}}$ に対し，$\overrightarrow{\mathrm{PQ}}$ を平行移動により $\overrightarrow{\mathrm{P'Q'}}$ に一致させることができるとき，$\overrightarrow{\mathrm{PQ}}$ と $\overrightarrow{\mathrm{P'Q'}}$ は**同値**であるという．$\overrightarrow{\mathrm{PQ}}$ と $\overrightarrow{\mathrm{P'Q'}}$ が同値であるとは，4 点 P, Q, P$'$, Q$'$ が平行四辺形をなすことに他ならないことは明らかであろう．あるいは，有向線分 $\overrightarrow{\mathrm{PQ}}$, $\overrightarrow{\mathrm{P'Q'}}$ を平行移動して，それぞれの始点を平面の原点 O まで移動した際，終点 Q, Q$'$ の移動先が一致していれば，$\overrightarrow{\mathrm{PQ}}$ と $\overrightarrow{\mathrm{P'Q'}}$ は同値になる．

具体例をみることにしよう．xy-平面上の点の座標は (x, y) あるいは $\begin{pmatrix} x \\ y \end{pmatrix}$ により表す．第 5 章では前者を用いたが，この節では主に後者を用いる．xy-平面上の点 P, Q, P$'$, Q$'$ が以下のように与えられているとする:

$$\mathrm{P} = \begin{pmatrix} 3 \\ -5 \end{pmatrix}, \quad \mathrm{Q} = \begin{pmatrix} -1 \\ 2 \end{pmatrix}; \quad \mathrm{P'} = \begin{pmatrix} -1 \\ 0 \end{pmatrix}, \quad \mathrm{Q'} = \begin{pmatrix} -5 \\ 7 \end{pmatrix}.$$

いま，2 つの有向線分 $\overrightarrow{\mathrm{PQ}}$, $\overrightarrow{\mathrm{P'Q'}}$ を平行移動して，それぞれの始点 P, P$'$ を原点まで移動することを考える．たとえば，$\overrightarrow{\mathrm{PQ}}$ について考えれば，P, Q の x 座標からそれぞれ 3 を引き，y 座標からそれぞれ -5 を引けば (すなわち 5 を足

せば)，この作業を実現できることが理解されよう．したがって，有向線分 $\overrightarrow{\mathrm{PQ}}$ の始点 P を平行移動によって原点まで移動した際，終点 Q はそれに応じて

$$\mathrm{R} = \begin{pmatrix} -4 \\ 7 \end{pmatrix}$$

に移動することになる．一方，有向線分 $\overrightarrow{\mathrm{P'Q'}}$ の始点 $\mathrm{P'}$ を平行移動により原点まで移動すれば，その終点 $\mathrm{Q'}$ も R に移動することも同様に理解される．したがって，これらの有向線分 $\overrightarrow{\mathrm{PQ}}, \overrightarrow{\mathrm{P'Q'}}$ は同値ということになる．

問 7.1.1　次で与えられる 4 点 P, Q, $\mathrm{P'}$, $\mathrm{Q'}$ に対して，有向線分 $\overrightarrow{\mathrm{PQ}}, \overrightarrow{\mathrm{P'Q'}}$ が同値か否か判定せよ:

$$(1)\quad \mathrm{P} = \begin{pmatrix} -2 \\ 1 \end{pmatrix},\quad \mathrm{Q} = \begin{pmatrix} 3 \\ 0 \end{pmatrix};\quad \mathrm{P'} = \begin{pmatrix} -1 \\ 2 \end{pmatrix},\quad \mathrm{Q'} = \begin{pmatrix} 4 \\ 1 \end{pmatrix}.$$

$$(2)\quad \mathrm{P} = \begin{pmatrix} -2 \\ 1 \end{pmatrix},\quad \mathrm{Q} = \begin{pmatrix} 3 \\ 0 \end{pmatrix};\quad \mathrm{P'} = \begin{pmatrix} -1 \\ 2 \end{pmatrix},\quad \mathrm{Q'} = \begin{pmatrix} 3 \\ 1 \end{pmatrix}.$$

2 つの有効線分 $\overrightarrow{\mathrm{PQ}}$ と $\overrightarrow{\mathrm{P'Q'}}$ が同値であることを，

$$\overrightarrow{\mathrm{PQ}} \equiv \overrightarrow{\mathrm{P'Q'}}$$

と表す．このとき，次が成立することは容易に理解される．

命題 7.1.1

(1)　$\overrightarrow{\mathrm{PQ}} \equiv \overrightarrow{\mathrm{PQ}}$,

(2)　$\overrightarrow{\mathrm{PQ}} \equiv \overrightarrow{\mathrm{P'Q'}}$ ならば $\overrightarrow{\mathrm{P'Q'}} \equiv \overrightarrow{\mathrm{PQ}}$,

(3)　$\overrightarrow{\mathrm{PQ}} \equiv \overrightarrow{\mathrm{P'Q'}}$ かつ $\overrightarrow{\mathrm{P'Q'}} \equiv \overrightarrow{\mathrm{P''Q''}}$ ならば $\overrightarrow{\mathrm{PQ}} \equiv \overrightarrow{\mathrm{P''Q''}}$.

以下では，互いに同値な有向線分は同一視することにする．すなわち，平行移動により一致する有向線分は“同じもの”と思うのである．すると，平面上の有向線分全体は，互いに同値であるものは 1 つにまとめられる．この 1 つひとつのまとまりのことを**同値類**と呼ぶことにする．有向線分 $\overrightarrow{\mathrm{PQ}}$ の平行移動として得られる有向線分全体は，1 つの同値類 $[\overrightarrow{\mathrm{PQ}}]$ をなす．この同値類を，$\overrightarrow{\mathrm{PQ}}$

を**代表**とする同値類と呼ぶ．これらの同値類のことを**平面ベクトル**という．

平面ベクトル $\boldsymbol{a}, \boldsymbol{b}$，およびスカラー k に対して，**和** $\boldsymbol{a}+\boldsymbol{b}$ と**スカラー倍** $k\boldsymbol{a}$ の定義を導入しよう．平面ベクトル $\boldsymbol{a}$ と $\boldsymbol{b}$ の代表元を，それぞれ $\overrightarrow{\mathrm{AA'}}$, $\overrightarrow{\mathrm{BB'}}$ とする．有向線分 $\overrightarrow{\mathrm{BB'}}$ を平行移動して，始点 B を A$'$ まで移す．有向線分 $\overrightarrow{\mathrm{BB'}}$ のこの平行移動により，終点 B$'$ が点 C まで移ったとしよう．このとき

$$\boldsymbol{a}+\boldsymbol{b}=[\overrightarrow{\mathrm{AC}}]$$

と定義する．有向線分 $\overrightarrow{\mathrm{AA'}}$ に対して，その**大きさ** $|\overrightarrow{\mathrm{AA'}}|$ を，線分 AA$'$ の長さで定義する．いま，点 A を始点として，有向線分 $\overrightarrow{\mathrm{AA'}}$ 方向に長さ $k|\overrightarrow{\mathrm{AA'}}|$ の線分を描き，その終点を A$''$ とする．スカラー k の値が負の場合は，有向線分 $\overrightarrow{\mathrm{AA'}}$ とは逆方向に長さ $k|\overrightarrow{\mathrm{AA'}}|$ の線分を描くことにする．このとき

$$k\boldsymbol{a}=\left[\overrightarrow{\mathrm{AA''}}\right]$$

と定義する．

以下，考えている xy-平面を $\mathbb{E}$ で表し，平面ベクトル全体のなす集合を V で表す．平面ベクトル $\boldsymbol{a}\in V$ が与えられたとき，その代表元 $\overrightarrow{\mathrm{PQ}}$ を任意に 1 つとる．この代表元を平行移動して始点 P を原点 O に移した際，終点 Q が平面上の点 A$\in\mathbb{E}$ に移ったとする．このとき，明らかに $\boldsymbol{a}=[\overrightarrow{\mathrm{OA}}]$ である．逆に，平面上の点 A$\in\mathbb{E}$ を任意に与えれば，平面ベクトルが $\boldsymbol{a}=[\overrightarrow{\mathrm{OA}}]$ により定まる．このように，平面ベクトルと平面上の点は 1 対 1 に対応していることがわかる．

$$V\xrightarrow{1:1}\mathbb{E}:\boldsymbol{a}=[\overrightarrow{\mathrm{OA}}]\longmapsto \mathrm{A}$$

平面上の点は座標を与えれば完全に決定されるので，A の x 座標を a_1, y 座標を a_2 とすれば，この 1 対 1 対応を通じて，平面ベクトルは次のように 2 次元数ベクトルと同一視できる．

$$\boldsymbol{a}=\begin{pmatrix}a_1\\a_2\end{pmatrix}$$

以上の議論を通じて，平面ベクトルと 2 次元数ベクトルは同一視されること

になるのである．

$$V \xrightarrow{1:1} \mathbb{E} \xrightarrow{1:1} \mathbb{R}^2 \ : \ \boldsymbol{a} = [\overrightarrow{\mathrm{OA}}] \longmapsto \mathrm{A} \longmapsto \begin{pmatrix} a_1 \\ a_2 \end{pmatrix}$$

例をみてみよう．$\mathrm{P} = \begin{pmatrix} -1 \\ 2 \end{pmatrix}$ を始点とし，$\mathrm{Q} = \begin{pmatrix} 3 \\ 1 \end{pmatrix}$ を終点とする xy-平面上の有向線分 $\overrightarrow{\mathrm{PQ}}$ を代表とする平面ベクトル

$$\boldsymbol{a} = [\overrightarrow{\mathrm{PQ}}]$$

を考えよう．$\boldsymbol{a}$ の代表元を原点 O 始点の有向線分 $\overrightarrow{\mathrm{OA}}$ に取り替えると，A の座標は $\begin{pmatrix} 4 \\ -1 \end{pmatrix}$ で与えられる．すなわち平面ベクトル $\boldsymbol{a} = [\overrightarrow{\mathrm{PQ}}]$ は，2 次元数ベクトル $\begin{pmatrix} 4 \\ -1 \end{pmatrix}$ と同一視されることになる．

問 7.1.2　平面上の 2 点 $\mathrm{P} = \begin{pmatrix} 3 \\ -1 \end{pmatrix}$，$\mathrm{Q} = \begin{pmatrix} 1 \\ 2 \end{pmatrix}$ を考える．このとき，平面ベクトル $\boldsymbol{a} = [\overrightarrow{\mathrm{PQ}}]$ に対応する 2 次元数ベクトル $\boldsymbol{v}$ を求めよ．

このように同一視すれば，平面ベクトルの和とスカラー倍は，2 次元数ベクトルの和とスカラー倍に他ならないことがわかる．以下では，そのことを確かめよう．2 つの平面ベクトル $\boldsymbol{a}, \boldsymbol{b}$ に対応する平面上の点を，それぞれ A, B とする．したがって，$\boldsymbol{a} = \overrightarrow{\mathrm{OA}}, \boldsymbol{b} = \overrightarrow{\mathrm{OB}}$ である．2 つの点 A, B の座標をそれぞれ

$$\begin{pmatrix} a_1 \\ a_2 \end{pmatrix}, \quad \begin{pmatrix} b_1 \\ b_2 \end{pmatrix}$$

とおく．平面ベクトルの和 $\boldsymbol{a} + \boldsymbol{b}$ に対応する点の座標について考えよう．有向線分 $\overrightarrow{\mathrm{OA}}$ と $\overrightarrow{\mathrm{OB}}$ に対して，$\overrightarrow{\mathrm{OB}}$ を平行移動して，その始点 O を点 A にまで移動したとき，$\overrightarrow{\mathrm{OB}}$ の終点 B が点 C に移動したとする．このとき，和 $\boldsymbol{a} + \boldsymbol{b}$ は

$$\boldsymbol{a} + \boldsymbol{b} = [\overrightarrow{\mathrm{OC}}]$$

により定義される．このとき，点 C は点 B を x 軸方向に a_1, y 軸方向に a_2

移動して得られる点なので，その座標は

$$\begin{pmatrix} a_1 + b_1 \\ a_2 + b_2 \end{pmatrix}$$

となる．したがって，平面ベクトルの和 $\boldsymbol{a} + \boldsymbol{b}$ は，2 次元数ベクトルの和

$$\begin{pmatrix} a_1 \\ a_2 \end{pmatrix} + \begin{pmatrix} b_1 \\ b_2 \end{pmatrix}$$

と同一視される．

スカラー倍に関しても同様である．平面ベクトル $\boldsymbol{a}$ に，$\mathbb{E}$ 上の点 A が対応しているとする．スカラー k に対し，平面ベクトル $k\boldsymbol{a}$ の代表元は，有向線分 $\overrightarrow{\mathrm{OA}}$ の方向はそのままに，その長さを k 倍して得られる有向線分 $\overrightarrow{\mathrm{OA'}}$ で与えられる．(ただし，スカラー k が負の場合は，向きが逆になる．) このとき，終点 $\mathrm{A'}$ の座標は，A の x 座標 a_1, y 座標 a_2 を，それぞれ k 倍して得られるので，平面ベクトル $k\boldsymbol{a}$ は 2 次元数ベクトル

$$\begin{pmatrix} ka_1 \\ ka_2 \end{pmatrix}$$

と同一視される．これは，$\boldsymbol{a} \in V$ に対応する 2 次元数ベクトルの k 倍に一致する．

問 7.1.3　xy-平面内の 4 点 $\mathrm{P} = \begin{pmatrix} 2 \\ -3 \end{pmatrix}$, $\mathrm{Q} = \begin{pmatrix} 1 \\ 1 \end{pmatrix}$, $\mathrm{P'} = \begin{pmatrix} 3 \\ 1 \end{pmatrix}$, $\mathrm{Q'} = \begin{pmatrix} 0 \\ -2 \end{pmatrix}$ を考え，平面ベクトル $\boldsymbol{a} = [\overrightarrow{\mathrm{PQ}}]$, $\boldsymbol{b} = [\overrightarrow{\mathrm{P'Q'}}]$ を考える．このとき，以下の作業を行え．

(1)　平面ベクトル $\boldsymbol{a} + \boldsymbol{b}$, $2\boldsymbol{a}$, $-3\boldsymbol{b}$ の代表元を，それぞれ 1 つずつ求めよ．

(2)　$\boldsymbol{a}$, $\boldsymbol{b}$ に対応する 2 次元数ベクトル $\boldsymbol{u}$, $\boldsymbol{v}$ を求めよ．

(3)　$\boldsymbol{a} + \boldsymbol{b}$, $2\boldsymbol{a}$, $-3\boldsymbol{b}$ に対応する数ベクトルが，それぞれ $\boldsymbol{u} + \boldsymbol{v}$, $2\boldsymbol{u}$, $-3\boldsymbol{v}$ となることを確認せよ．

以上により，平面ベクトルは 2 次元数ベクトルと同一視することができ，その和とスカラー倍も 2 次元数ベクトルの和・スカラー倍として理解されることがわかった．したがって，数ベクトル空間における和・スカラー倍に関して，

定理 4.1.1 にあげられている 8 つの性質は，すべて平面ベクトルの和・スカラー倍に対しても成立していることがわかる．

問 7.1.4　上記のことを確かめよ．

空間ベクトル

次に空間の場合を考えよう．この場合も，空間内の 2 つの有向線分 $\overrightarrow{\mathrm{PQ}}, \overrightarrow{\mathrm{P'Q'}}$ に対して，平行移動を用いて両者を一致させることができるとき，互いに**同値**であると定義し，$\overrightarrow{\mathrm{PQ}} \equiv \overrightarrow{\mathrm{P'Q'}}$ と表すことにする．この場合も，命題 7.1.1 と同じ性質が成立することは明らかであろう．また，これも平面の場合と同様に，空間内の有向線分 $\overrightarrow{\mathrm{PQ}}$ と互いに同値な有向線分全体のなす集合 $[\overrightarrow{\mathrm{PQ}}]$ を，$\overrightarrow{\mathrm{PQ}}$ を代表元とする**同値類**と呼び，これらの同値類を**空間ベクトル**と呼ぶ．空間ベクトル全体のなす集合を，ここでも記号 V を用いて表すことにする．また，空間も平面の場合と同様に $\mathbb{E}$ で表すことにする．

空間ベクトルに対しても，和とスカラー倍が同様に定義できる．空間ベクトル $\boldsymbol{a}, \boldsymbol{b}$ に対して，それらの代表元 $\overrightarrow{\mathrm{AA'}}, \overrightarrow{\mathrm{BB'}}$ をそれぞれとる．有向線分 $\overrightarrow{\mathrm{BB'}}$ を平行移動して，その始点 B を点 A′ まで移動したとき，$\overrightarrow{\mathrm{BB'}}$ の終点 B′ が点 C に移動したとする．このとき

$$\boldsymbol{a} + \boldsymbol{b} = [\overrightarrow{\mathrm{AC}}]$$

で，空間ベクトル $\boldsymbol{a}$ と $\boldsymbol{b}$ の**和** $\boldsymbol{a}+\boldsymbol{b}$ を定義する．スカラー倍に関しても同様である．スカラー k と空間ベクトル $\boldsymbol{a}$ に対し，$\boldsymbol{a}$ の代表元 $\overrightarrow{\mathrm{AA'}}$ の方向に，長さ $k|\overrightarrow{\mathrm{AA'}}|$ の線分を描く．スカラー k が負の場合は，$\overrightarrow{\mathrm{AA'}}$ とは逆向きに，長さ $k|\overrightarrow{\mathrm{AA'}}|$ の線分を描く．いずれの場合も，その線分の終点を A″ とおく．このとき，

$$k\boldsymbol{a} = [\overrightarrow{\mathrm{AA''}}]$$

で，空間ベクトル $\boldsymbol{a}$ の**スカラー倍** $k\boldsymbol{a}$ を定義する．

代表元として原点 O に始点をもつ有向線分を選ぶことにより，平面ベクトルの場合と同様に空間ベクトルも空間 $\mathbb{E}$ の点と同一視できる．空間ベクトル $\boldsymbol{a}$ が与えられたとき，$\mathbb{E}$ の原点 O を始点にもつ代表元 $\overrightarrow{\mathrm{OA}}$ がただ 1 つ存在する．

そこで，空間ベクトル $\boldsymbol{a} \in V$ と空間 $\mathbb{E}$ の点 A$\in \mathbb{E}$ を同一視する．空間の点 A は，x 座標 a_1, y 座標 a_2, z 座標 a_3 の値を定めることにより完全に決定される．したがって，空間ベクトルは 3 次元数ベクトルと同一視できる．

$$\boldsymbol{a} = \begin{pmatrix} a_1 \\ a_2 \\ a_3 \end{pmatrix}$$

この同一視のもと，空間ベクトルの和とスカラー倍は，3 次元数ベクトルの和とスカラー倍に他ならないことが，平面の場合と同様な議論によって理解される．

以上により，空間ベクトルは 3 次元数ベクトルと同一視することができ，その和とスカラー倍も 3 次元数ベクトルの和・スカラー倍として理解されることがわかった．したがって，数ベクトル空間における和・スカラー倍に関して，定理 4.1.1 にあげられている 8 つの性質は，すべて空間ベクトルの和・スカラー倍に対しても成立していることがわかる．

問 7.1.5 (xyz-) 空間内の 4 点 $\mathrm{P} = \begin{pmatrix} 1 \\ 0 \\ -2 \end{pmatrix}$, $\mathrm{Q} = \begin{pmatrix} 1 \\ 1 \\ 0 \end{pmatrix}$, $\mathrm{P}' = \begin{pmatrix} 3 \\ -1 \\ 1 \end{pmatrix}$, $\mathrm{Q}' = \begin{pmatrix} 1 \\ 2 \\ -1 \end{pmatrix}$ を考え，空間ベクトル $\boldsymbol{a} = [\overrightarrow{\mathrm{PQ}}]$, $\boldsymbol{b} = [\overrightarrow{\mathrm{P'Q'}}]$ を考える．このとき，以下の作業を行え．

(1) 空間ベクトル $\boldsymbol{a} + \boldsymbol{b}$, $2\boldsymbol{a}$, $-3\boldsymbol{b}$ の代表元を，それぞれ 1 つずつ求めよ．

(2) $\boldsymbol{a}, \boldsymbol{b}$ に対応する 3 次元数ベクトル $\boldsymbol{u}, \boldsymbol{v}$ を求めよ．

(3) $\boldsymbol{a} + \boldsymbol{b}$, $2\boldsymbol{a}$, $-3\boldsymbol{b}$ に対応する数ベクトルが，それぞれ $\boldsymbol{u} + \boldsymbol{v}$, $2\boldsymbol{u}$, $-3\boldsymbol{v}$ となることを確認せよ．

長さとなす角

平面ベクトル $\boldsymbol{a}$ に対して，対応する平面 $\mathbb{E}$ の点を A とする．このとき，平面ベクトル $\boldsymbol{a}$ の長さ $||\boldsymbol{a}||$ を，平面 $\mathbb{E}$ における原点 O から点 A までの距離で

定義する．すなわち，点 A の x 座標を a_1, y 座標を a_2 としたとき，

$$\|\boldsymbol{a}\| = \sqrt{{a_1}^2 + {a_2}^2}$$

で定義する．いうなれば，平面ベクトル $\boldsymbol{a}$ の代表元をなす有向線分 $\overrightarrow{\mathrm{OA}}$ の長さとして，平面ベクトル $\boldsymbol{a}$ の長さを定義する．いま，代表元として特に $\overrightarrow{\mathrm{OA}}$ を取り上げたが，平面ベクトルの長さは，代表元のとり方に依存しないことに注意しておく．

問 7.1.6　平面ベクトルの長さは，代表元のとり方に依存しないことの理由を述べよ．

2つの平面ベクトル $\boldsymbol{a}, \boldsymbol{b}$ に対して，対応する平面上の点をそれぞれ A, B とおく．$\boldsymbol{a}$ と $\boldsymbol{b}$ **のなす角** θ を，有向線分 $\overrightarrow{\mathrm{OA}}, \overrightarrow{\mathrm{OB}}$ のなす角として定義する．平面上の三角形 OAB の各辺の長さ $|\mathrm{OA}|, |\mathrm{OB}|, |\mathrm{AB}|$ と θ の間には，余弦定理より

$$|\mathrm{AB}|^2 = |\mathrm{OA}|^2 + |\mathrm{OB}|^2 - 2|\mathrm{OA}| \cdot |\mathrm{OB}| \cos\theta$$

が成立する．この式中の量 $|\mathrm{OA}| \cdot |\mathrm{OB}| \cos\theta$ を $\boldsymbol{a}, \boldsymbol{b}$ の**内積**と呼び

$$(\boldsymbol{a}, \boldsymbol{b})$$

で表す．点 A, B の座標をそれぞれ

$$\begin{pmatrix} a_1 \\ a_2 \end{pmatrix}, \quad \begin{pmatrix} b_1 \\ b_2 \end{pmatrix}$$

とする．このとき，

$$|\mathrm{OA}| \cdot |\mathrm{OB}| \cos\theta = \frac{1}{2}\left(|\mathrm{OA}|^2 + |\mathrm{OB}|^2 - |\mathrm{AB}|^2\right)$$

の右辺を座標を用いて計算すれば

$$(\boldsymbol{a}, \boldsymbol{b}) = a_1 b_1 + a_2 b_2$$

を得る．これより

$$\cos\theta = \frac{(\boldsymbol{a}, \boldsymbol{b})}{\|\boldsymbol{a}\| \times \|\boldsymbol{b}\|} = \frac{a_1 b_1 + a_2 b_2}{\sqrt{{a_1}^2 + {a_2}^2}\sqrt{{b_1}^2 + {b_2}^2}}$$

を得る．

問 7.1.7　上記のことを確認せよ．

問 7.1.8　$\mathrm{A} = \begin{pmatrix} 1 \\ 0 \end{pmatrix}$, $\mathrm{B} = \begin{pmatrix} 1 \\ \sqrt{3} \end{pmatrix}$ とする．このとき，平面ベクトル $\boldsymbol{a} = [\overrightarrow{\mathrm{OA}}]$ と $\boldsymbol{b} = [\overrightarrow{\mathrm{OB}}]$ の内積 $(\boldsymbol{a}, \boldsymbol{b})$ を求めよ．また $\boldsymbol{a}$ と $\boldsymbol{b}$ のなす角 θ を求めよ．

以上の議論は空間ベクトルに対しても成立する．空間ベクトル $\boldsymbol{a}, \boldsymbol{b}$ に対して，対応する空間内の点を A, B とおく．ベクトル $\boldsymbol{a}, \boldsymbol{b}$ のなす角を，有効線分 $\overrightarrow{\mathrm{OA}}$ と $\overrightarrow{\mathrm{OB}}$ のなす角として定義すれば，三角形 OAB に対する余弦定理から，この場合も

$$|\mathrm{AB}|^2 = |\mathrm{OA}|^2 + |\mathrm{OB}|^2 - 2|\mathrm{OA}| \cdot |\mathrm{OB}| \cos\theta$$

が成立する．そこで空間ベクトル $\boldsymbol{a}, \boldsymbol{b}$ の**内積**を $(\boldsymbol{a}, \boldsymbol{b}) := |\mathrm{OA}| \cdot |\mathrm{OB}| \cos\theta$ で定義すると，点 A, B の座標をそれぞれ

$$\begin{pmatrix} a_1 \\ a_2 \\ a_3 \end{pmatrix}, \quad \begin{pmatrix} b_1 \\ b_2 \\ b_3 \end{pmatrix}$$

とおき，同様の計算を行えば

$$(\boldsymbol{a}, \boldsymbol{b}) = a_1 b_1 + a_2 b_2 + a_3 b_3$$

を得る．したがって，

$$||\boldsymbol{a}|| = \sqrt{(\boldsymbol{a}, \boldsymbol{a})} = \sqrt{{a_1}^2 + {a_2}^2 + {a_3}^2},$$
$$\cos\theta = \frac{(\boldsymbol{a}, \boldsymbol{b})}{||\boldsymbol{a}||||\boldsymbol{b}||} = \frac{a_1 b_1 + a_2 b_2 + a_3 b_3}{\sqrt{{a_1}^2 + {a_2}^2 + {a_3}^2}\sqrt{{b_1}^2 + {b_2}^2 + {b_3}^2}}$$

を得る．

問 7.1.9　上記のことを確認せよ．

実数ベクトル空間の内積

前節では平面ベクトルと空間ベクトル，すなわち 2 次元実数ベクトル空間と 3 次元実数ベクトル空間の内積を考えることにより，ベクトルの長さとなす角

を論じた．ここでは，一般の n 次元実数ベクトル空間 $\mathbb{R}^n$ に対しても内積を導入し，ベクトルの長さやなす角を論じることを目的とする．2 次元や 3 次元の場合とは異なり，もはやわれわれの直感が効かない世界に足を踏み入れることになるが，同様の議論が可能であることに，読者は着目されたい．

ここでは，前節とは議論の順序を変え，まず内積の定義を導入することから始めよう．2 つの n 次元数ベクトル

$$\boldsymbol{a} = (a_i)_{i=1}^n, \quad \boldsymbol{b} = (b_i)_{i=1}^n$$

に対して，その**内積** $(\boldsymbol{a}, \boldsymbol{b})$ を

$$(\boldsymbol{a}, \boldsymbol{b}) := \sum_{i=1}^n a_i b_i = a_1 b_1 + a_2 b_2 + \cdots + a_n b_n$$

で定める．また，n 次元数ベクトル $\boldsymbol{a}$ の**長さ** $||\boldsymbol{a}||$ を

$$||\boldsymbol{a}|| := \sqrt{(\boldsymbol{a}, \boldsymbol{a})} = \sqrt{{a_1}^2 + {a_2}^2 + \cdots + {a_n}^2}$$

で定義し，また $\boldsymbol{a}$ と $\boldsymbol{b}$ の**なす角** θ を

$$\cos\theta = \frac{(\boldsymbol{a}, \boldsymbol{b})}{||\boldsymbol{a}|| \times ||\boldsymbol{b}||}$$

で定義する．

たとえば，4 次元数ベクトル $\boldsymbol{u} = {}^t(1 \quad 0 \quad \sqrt{3} \quad 0)$, $\boldsymbol{v} = {}^t(0 \quad 0 \quad 1 \quad 0)$ に対して，定義より内積は

$$(\boldsymbol{u}, \boldsymbol{v}) = 1 \times 0 + 0 \times 0 + \sqrt{3} \times 1 + 0 \times 0 = \sqrt{3}$$

となる．同様に，

$$(\boldsymbol{u}, \boldsymbol{u}) = 4, \quad (\boldsymbol{v}, \boldsymbol{v}) = 1$$

より，$\boldsymbol{u}, \boldsymbol{v}$ の長さは $||\boldsymbol{u}||, ||\boldsymbol{v}||$ は

$$||\boldsymbol{u}|| = \sqrt{4} = 2, \quad ||\boldsymbol{v}|| = \sqrt{1} = 1$$

である．したがって，$\boldsymbol{u}, \boldsymbol{v}$ のなす角 θ は

$$\cos\theta = \frac{\sqrt{3}}{2 \times 1} = \frac{\sqrt{3}}{2} \quad (0 \leqq \theta \leqq \pi)$$

を満たす角として定義されるので

$$\theta = \frac{\pi}{3}$$

ということになる．

一般に，高次元の実数ベクトル空間は，われわれの感覚 (主に視覚) を超えた状況になる．しかしわれわれは，感覚的な理解が得られる状況 (この場合でいえば，平面や空間) における理解を，論理を通じて，それまでの感覚を超えた状況に対しても拡張していくことを，これからもたびたび行うことになるので，以下では (高次元) 実数ベクトル空間の場合を例にとり，その点を再度注意しておきたい．平面や空間の場合，ベクトル $\boldsymbol{a}$ は原点 O を始点にもつ有向線分 $\overrightarrow{\mathrm{OA}}$ に代表され，われわれはベクトル $\boldsymbol{a}$ と点 A を同一視することにより，ベクトル $\boldsymbol{a}$ の長さとは有向線分 $\overrightarrow{\mathrm{OA}}$ の長さであり，ベクトル $\boldsymbol{b}$ に対応する点を B としたとき，$\boldsymbol{a}, \boldsymbol{b}$ のなす角とは有向線分 $\overrightarrow{\mathrm{OA}}$ と $\overrightarrow{\mathrm{OB}}$ のなす角であるというように，**視覚的**に理解することができた．しかし，一般の n 次元ベクトルとなると，それに対応する点がどのように存在しているのか，そもそもそれを含む「空間」を一望のもとに視野におさめられない以上，平面や空間の場合のように，視覚的な理解を得ることは難しい．だが，一般の n 次元数ベクトル $\boldsymbol{a} = (a_i)_{i=1}^n$ の場合には，**原点** O および対応する**点** A を単に n 個の数字の組

$$\mathrm{O} = \begin{pmatrix} 0 \\ 0 \\ \vdots \\ 0 \end{pmatrix}, \quad \mathrm{A} = \begin{pmatrix} a_1 \\ a_2 \\ \vdots \\ a_n \end{pmatrix}$$

のことであるとみなすことで，"有向線分 $\overrightarrow{\mathrm{OA}}$" により代表されると理解することにしよう．すると n 次元実数ベクトル空間における内積により，この有向線分 $\overrightarrow{\mathrm{OA}}$ の**長さ** $|\overrightarrow{\mathrm{OA}}|$ は

$$|\overrightarrow{\mathrm{OA}}| := \sqrt{(\boldsymbol{a}, \boldsymbol{a})}$$

で定義されることになる．また，もう 1 つ n 次元数ベクトル $\boldsymbol{b} = (b_i)_{i=1}^n$ を考

えれば，それに対応する点Bは n 個の数の組

$$\mathrm{B} = \begin{pmatrix} b_1 \\ b_2 \\ \vdots \\ b_n \end{pmatrix}$$

のことであり，“n 次元空間” 内の2つの有向線分 $\overrightarrow{\mathrm{OA}}$ と $\overrightarrow{\mathrm{OB}}$ のなす角 θ は，n 次元数ベクトル $\boldsymbol{a}, \boldsymbol{b}$ に対して上で定義した角 θ によって定義することになる．

視覚的な理解が困難な状況下であっても，このように理念的な理解を通じて，あたかもそれが視覚的に理解されているかのように，議論をすすめることが可能となりうる．この観点は数学の様々な分野でさらに一般化されることになる．

問 7.1.10　4次元数ベクトル

$$\boldsymbol{u} = \begin{pmatrix} 1 \\ 0 \\ 1 \\ 0 \end{pmatrix}, \quad \boldsymbol{v} = \begin{pmatrix} 0 \\ 0 \\ \sqrt{2} \\ 0 \end{pmatrix}$$

に対して，内積 $(\boldsymbol{u}, \boldsymbol{v})$ を求めよ．また，$\boldsymbol{u}$ と $\boldsymbol{v}$ のなす角を求めよ．

7.2　行列式と図形，外積

平面上のベクトルと行列式

座標平面の座標軸は，ふだんよく目にするように，横軸 (x 軸) については右方向，縦軸 (y 軸) については上方向が正となるように引いてあるものとする．

座標平面上の点 $\mathrm{P}(x, y)$ を原点 $\mathrm{O}(0, 0)$ とは異なるようにとり，$|\overrightarrow{\mathrm{OP}}|$ を r とおく．x 軸上の点 $(r, 0)$ を原点を中心として反時計回りに回転させて点Pに一

致したときの回転の角を φ とおく．ただし，角 φ は $0 \leqq \varphi < 2\pi$ を満たすようにとる．すると，点 P の座標は r, φ を用いて

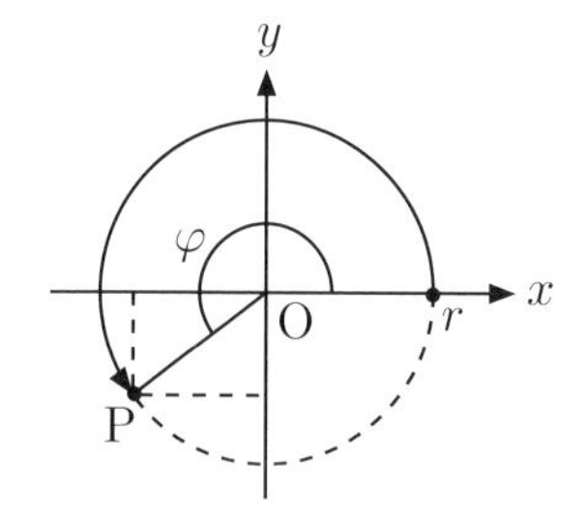

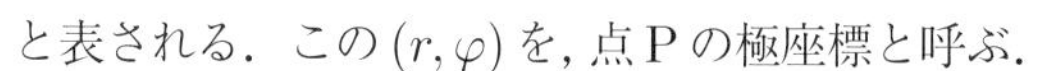

$$\begin{cases} x = r\cos\varphi \\ y = r\sin\varphi \end{cases} \quad (0 \leqq \varphi < 2\pi)$$

と表される．この (r, φ) を，点 P の極座標と呼ぶ．

座標平面上の 3 点 $\mathrm{O}(0,0)$，$\mathrm{A}(a_1, a_2)$，$\mathrm{B}(b_1, b_2)$ は同一直線上にないとし，ベクトル $\overrightarrow{\mathrm{OA}}, \overrightarrow{\mathrm{OB}}$ をそれぞれ $\overrightarrow{a}$，$\overrightarrow{b}$ で表す．また，$\overrightarrow{a}$，$\overrightarrow{b}$ のなす角を θ とする $(0 < \theta < \pi)$．このとき，$\overrightarrow{a}$，$\overrightarrow{b}$ のうちどちらか一方を原点を中心として角 θ だけ反時計回りに回転させると，もう一方のベクトルと同じ向きになる．

命題 7.2.1　$\overrightarrow{a} = (a_1, a_2)$，$\overrightarrow{b} = (b_1, b_2)$ および θ は上のとおりとする．原点を中心として $\overrightarrow{a}$ を角 θ だけ反時計回りに回転させたとき $\overrightarrow{b}$ と同じ向きになるならば，$\begin{vmatrix} a_1 & a_2 \\ b_1 & b_2 \end{vmatrix} > 0$ である．また，原点を中心として $\overrightarrow{b}$ を角 θ だけ反時計回りに回転させたとき $\overrightarrow{a}$ と同じ向きになるならば，$\begin{vmatrix} a_1 & a_2 \\ b_1 & b_2 \end{vmatrix} < 0$ である．

証明　原点を中心として $\overrightarrow{a}$ を角 θ だけ反時計回りに回転させたとき $\overrightarrow{b}$ と同じ向きになるとする．点 A の極座標を (r, φ) とすれば，原点を中心として角 $-\varphi$ だけ回転させる 1 次変換 f により点 A は点 $(r, 0)$ に移される．また，点 B の f による像を点 $\mathrm{B}'(b_1', b_2')$ とすれば，$\overrightarrow{a}$，$\overrightarrow{b}$ に関する仮定から $b_2' > 0$ である．さらに，

$$\begin{pmatrix} a_1 & b_1 \\ a_2 & b_2 \end{pmatrix} = \begin{pmatrix} \cos\varphi & -\sin\varphi \\ \sin\varphi & \cos\varphi \end{pmatrix} \begin{pmatrix} r & b_1' \\ 0 & b_2' \end{pmatrix}$$

だから，

$$\begin{vmatrix} a_1 & a_2 \\ b_1 & b_2 \end{vmatrix} = \begin{vmatrix} a_1 & b_1 \\ a_2 & b_2 \end{vmatrix} = \begin{vmatrix} \cos\varphi & -\sin\varphi \\ \sin\varphi & \cos\varphi \end{vmatrix} \begin{vmatrix} r & b_1' \\ 0 & b_2' \end{vmatrix} = rb_2' > 0.$$

原点を中心として $\overrightarrow{b}$ を角 θ だけ反時計回りに回転させたとき $\overrightarrow{a}$ と同じ向きになる場合も，同様に示すことができる．

引き続き，座標平面上の3点 $\mathrm{O}(0,0)$，$\mathrm{A}(a_1,a_2)$，$\mathrm{B}(b_1,b_2)$ は同一直線上にないとする．OA, OB を隣り合う2辺とする平行四辺形の面積 S について

$$
\begin{aligned}
S^2 &= (|\overrightarrow{a}||\overrightarrow{b}|\sin\theta)^2 \\
&= |\overrightarrow{a}|^2|\overrightarrow{b}|^2(1-\cos^2\theta) \\
&= |\overrightarrow{a}|^2|\overrightarrow{b}|^2 - |\overrightarrow{a}|^2|\overrightarrow{b}|^2\cos^2\theta \\
&= |\overrightarrow{a}|^2|\overrightarrow{b}|^2 - (\overrightarrow{a}\cdot\overrightarrow{b})^2 \\
&= ({a_1}^2+{a_2}^2)({b_1}^2+{b_2}^2) - (a_1b_1+a_2b_2)^2 \\
&= (a_1b_2-a_2b_1)^2 = \begin{vmatrix} a_1 & a_2 \\ b_1 & b_2 \end{vmatrix}^2
\end{aligned}
$$

が成り立つ．したがって，

$$
S = \sqrt{\begin{vmatrix} a_1 & a_2 \\ b_1 & b_2 \end{vmatrix}^2} \quad \left(= \begin{vmatrix} a_1 & a_2 \\ b_1 & b_2 \end{vmatrix} \text{の絶対値} \right)
$$

である．

右手系の空間座標

座標空間の3つの座標軸について，点 $(1,0,0)$ を通る軸を x 軸，点 $(0,1,0)$ を通る軸を y 軸，点 $(0,0,1)$ を通る軸を z 軸と呼ぶことにする．この空間内の xy-平面において，点 $(1,0,0)$ を原点を中心として $\dfrac{\pi}{2}$ だけ回転させると点 $(0,1,0)$ に一致する．右ねじが締まる方向をこの回転の向きに合わせたとき，右ねじが進行する方向を z 軸の正の向きにとることにする．このように座標の向きを定めたとき，この座標系は**右手系**であるという．そう呼ぶのは，右手の第一指 (親指)，第二指 (人差し指)，

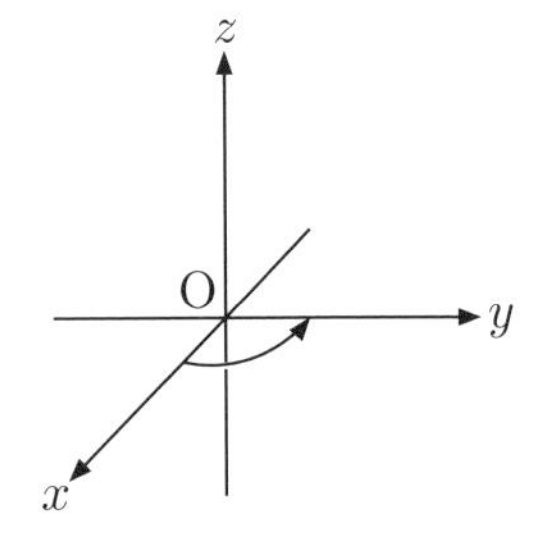

第三指 (中指) を使って x 軸，y 軸，z 軸の正の向きを指し示せるからである．

空間内の平行四辺形の面積

3 点 $\mathrm{O}(0,0,0)$, $\mathrm{A}(a_1,a_2,a_3)$, $\mathrm{B}(b_1,b_2,b_3)$ は同一直線上にないとし，ベクトル $\overrightarrow{\mathrm{OA}}$, $\overrightarrow{\mathrm{OB}}$ をそれぞれ $\vec{a}$，$\vec{b}$ で表す．$\vec{a}$，$\vec{b}$ のなす角を θ $(0<\theta<\pi)$ とすると，OA, OB を隣り合う 2 辺とする平行四辺形の面積 S について

$$
\begin{aligned}
S^2 &= (|\vec{a}||\vec{b}|\sin\theta)^2 \\
&= |\vec{a}|^2|\vec{b}|^2(1-\cos^2\theta) \\
&= |\vec{a}|^2|\vec{b}|^2 - |\vec{a}|^2|\vec{b}|^2\cos^2\theta \\
&= |\vec{a}|^2|\vec{b}|^2 - (\vec{a}\cdot\vec{b})^2 \\
&= ({a_1}^2+{a_2}^2+{a_3}^2)({b_1}^2+{b_2}^2+{b_3}^2) - (a_1b_1+a_2b_2+a_3b_3)^2 \\
&= (a_1b_2-a_2b_1)^2 + (a_1b_3-a_3b_1)^2 + (a_2b_3-a_3b_2)^2 \\
&= \begin{vmatrix} a_1 & a_2 \\ b_1 & b_2 \end{vmatrix}^2 + \begin{vmatrix} a_1 & a_3 \\ b_1 & b_3 \end{vmatrix}^2 + \begin{vmatrix} a_2 & a_3 \\ b_2 & b_3 \end{vmatrix}^2
\end{aligned}
$$

が成り立つ．したがって，

$$
S = \sqrt{\begin{vmatrix} a_1 & a_2 \\ b_1 & b_2 \end{vmatrix}^2 + \begin{vmatrix} a_1 & a_3 \\ b_1 & b_3 \end{vmatrix}^2 + \begin{vmatrix} a_2 & a_3 \\ b_2 & b_3 \end{vmatrix}^2}
$$

である．明らかに $S\neq 0$ だから，次のことが成り立つ．

補題 7.2.2　3 点 $\mathrm{O}(0,0,0)$, $\mathrm{A}(a_1,a_2,a_3)$, $\mathrm{B}(b_1,b_2,b_3)$ が同一直線上にないとき，

$$
\begin{vmatrix} a_1 & a_2 \\ b_1 & b_2 \end{vmatrix},\qquad \begin{vmatrix} a_1 & a_3 \\ b_1 & b_3 \end{vmatrix},\qquad \begin{vmatrix} a_2 & a_3 \\ b_2 & b_3 \end{vmatrix}
$$

のうち少なくとも 1 つは 0 でない．

外積

空間内の3点 $\mathrm{O}(0,0,0)$, $\mathrm{A}(a_1,a_2,a_3)$, $\mathrm{B}(b_1,b_2,b_3)$ が同一直線上にないとき，O, A, B を含む平面がただ1つ存在する．その平面を α とおくと，点Oを通り平面 α に垂直な直線がただ1つ存在するからそれを ℓ とおく．

点Nを平面 α 以外からとり，$\overrightarrow{\mathrm{ON}}$ を $\overrightarrow{n}$ とおく．このとき，もし点Nが直線 ℓ 上にあるならば，$\overrightarrow{n} \perp \overrightarrow{a}$, $\overrightarrow{n} \perp \overrightarrow{b}$ より

$$\overrightarrow{n} \cdot \overrightarrow{a} = 0, \qquad \overrightarrow{n} \cdot \overrightarrow{b} = 0$$

である．逆に，もし $\overrightarrow{n} \cdot \overrightarrow{a} = 0$ かつ $\overrightarrow{n} \cdot \overrightarrow{b} = 0$ ならば，平面 α 上の任意の点Pについて $\overrightarrow{\mathrm{OP}} = s\overrightarrow{a} + t\overrightarrow{b}$ $(s, t$ は実数$)$ と表すことができるから，

$$\begin{aligned}\overrightarrow{n} \cdot \overrightarrow{\mathrm{OP}} &= \overrightarrow{n} \cdot (s\overrightarrow{a} + t\overrightarrow{b}) = \overrightarrow{n} \cdot (s\overrightarrow{a}) + \overrightarrow{n} \cdot (t\overrightarrow{b}) \\ &= s(\overrightarrow{n} \cdot \overrightarrow{a}) + t(\overrightarrow{n} \cdot \overrightarrow{b}) = 0\end{aligned}$$

となる．したがって，$\overrightarrow{n} \perp \alpha$ であるから，点Nは ℓ 上にある．

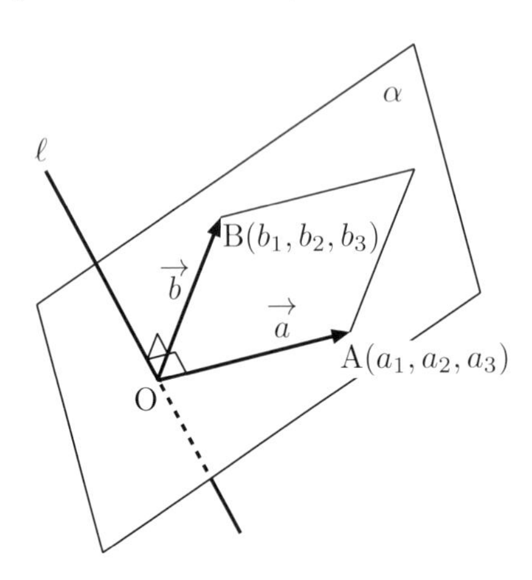

命題 7.2.3　記号は上のとおりとすると，点

$$\left(\begin{vmatrix} a_2 & a_3 \\ b_2 & b_3 \end{vmatrix}, \ -\begin{vmatrix} a_1 & a_3 \\ b_1 & b_3 \end{vmatrix}, \ \begin{vmatrix} a_1 & a_2 \\ b_1 & b_2 \end{vmatrix} \right)$$

は点Oとは異なる直線 ℓ 上の点である．

証明　まず，補題 7.2.2 よりこの点は O とは異なる点である．次に，この点が直線 ℓ 上にあることを行列式の余因子展開を用いて示す．2 つの行列式

$$\begin{vmatrix} a_1 & a_2 & a_3 \\ a_1 & a_2 & a_3 \\ b_1 & b_2 & b_3 \end{vmatrix}, \qquad \begin{vmatrix} b_1 & b_2 & b_3 \\ a_1 & a_2 & a_3 \\ b_1 & b_2 & b_3 \end{vmatrix}$$

はどちらも 0 だから，それぞれ第 1 行に関して余因子展開することにより 2 つの等式

$$a_1 \begin{vmatrix} a_2 & a_3 \\ b_2 & b_3 \end{vmatrix} - a_2 \begin{vmatrix} a_1 & a_3 \\ b_1 & b_3 \end{vmatrix} + a_3 \begin{vmatrix} a_1 & a_2 \\ b_1 & b_2 \end{vmatrix} = 0,$$

$$b_1 \begin{vmatrix} a_2 & a_3 \\ b_2 & b_3 \end{vmatrix} - b_2 \begin{vmatrix} a_1 & a_3 \\ b_1 & b_3 \end{vmatrix} + b_3 \begin{vmatrix} a_1 & a_2 \\ b_1 & b_2 \end{vmatrix} = 0$$

が得られる．これより，点 N を命題の主張のように定めて $\overrightarrow{\mathrm{ON}}$ を $\overrightarrow{n}$ とおけば $\overrightarrow{n} \cdot \overrightarrow{a} = 0$ かつ $\overrightarrow{n} \cdot \overrightarrow{b} = 0$ が成り立つから，点 N は直線 ℓ 上にある．　■

命題 7.2.3 の点を N とするとき，ベクトル $\overrightarrow{\mathrm{ON}}$ を $\overrightarrow{a}$ と $\overrightarrow{b}$ の**外積**と呼び，記号 $\overrightarrow{a} \times \overrightarrow{b}$ で表す．すなわち，$\overrightarrow{a} = (a_1, a_2, a_3)$, $\overrightarrow{b} = (b_1, b_2, b_3)$ に対して

$$\overrightarrow{a} \times \overrightarrow{b} = \left(\begin{vmatrix} a_2 & a_3 \\ b_2 & b_3 \end{vmatrix}, \ -\begin{vmatrix} a_1 & a_3 \\ b_1 & b_3 \end{vmatrix}, \ \begin{vmatrix} a_1 & a_2 \\ b_1 & b_2 \end{vmatrix} \right) \tag{7.2.1}$$

と定める．内積は数 (スカラー) であるが，外積はベクトルである．その意味で，内積，外積をそれぞれスカラー積，ベクトル積とも呼ぶ．定義から明らかに，$\overrightarrow{a} \times \overrightarrow{b}$ は $\overrightarrow{a}$ および $\overrightarrow{b}$ と直交する．すなわち，

$$(\overrightarrow{a} \times \overrightarrow{b}) \cdot \overrightarrow{a} = 0, \qquad (\overrightarrow{a} \times \overrightarrow{b}) \cdot \overrightarrow{b} = 0.$$

また，大きさは，前項の議論より $\overrightarrow{a}$ と $\overrightarrow{b}$ を隣り合う 2 辺とする平行四辺形の面積に等しい．すなわち，

$$|\overrightarrow{a} \times \overrightarrow{b}| = \sqrt{\begin{vmatrix} a_2 & a_3 \\ b_2 & b_3 \end{vmatrix}^2 + \begin{vmatrix} a_1 & a_3 \\ b_1 & b_3 \end{vmatrix}^2 + \begin{vmatrix} a_1 & a_2 \\ b_1 & b_2 \end{vmatrix}^2}$$

$$= |\overrightarrow{a}||\overrightarrow{b}| \sin\theta \qquad (\theta \text{ は } \overrightarrow{a},\ \overrightarrow{b} \text{ のなす角}).$$

例 7.2.1　$\overrightarrow{e_1} = (1,0,0)$, $\overrightarrow{e_2} = (0,1,0)$, $\overrightarrow{e_3} = (0,0,1)$ とするとき,

$$\overrightarrow{e_1} \times \overrightarrow{e_2} = \left(\begin{vmatrix} 0 & 0 \\ 1 & 0 \end{vmatrix}, \ -\begin{vmatrix} 1 & 0 \\ 0 & 0 \end{vmatrix}, \ \begin{vmatrix} 1 & 0 \\ 0 & 1 \end{vmatrix} \right) = (0,0,1) = \overrightarrow{e_3},$$

$$\overrightarrow{e_2} \times \overrightarrow{e_3} = \left(\begin{vmatrix} 1 & 0 \\ 0 & 1 \end{vmatrix}, \ -\begin{vmatrix} 0 & 0 \\ 0 & 1 \end{vmatrix}, \ \begin{vmatrix} 0 & 1 \\ 0 & 0 \end{vmatrix} \right) = (1,0,0) = \overrightarrow{e_1},$$

$$\overrightarrow{e_3} \times \overrightarrow{e_1} = \left(\begin{vmatrix} 0 & 1 \\ 0 & 0 \end{vmatrix}, \ -\begin{vmatrix} 0 & 1 \\ 1 & 0 \end{vmatrix}, \ \begin{vmatrix} 0 & 0 \\ 1 & 0 \end{vmatrix} \right) = (0,1,0) = \overrightarrow{e_2}$$

である. ▮

問 7.2.1　次の $\overrightarrow{a}$, $\overrightarrow{b}$ に対して, $\overrightarrow{a} \times \overrightarrow{b}$ を求めよ.
(1) $\overrightarrow{a} = (3,2,5)$,　$\overrightarrow{b} = (2,1,3)$　　(2) $\overrightarrow{a} = (1,1,2)$,　$\overrightarrow{b} = (-1,3,1)$

さて, 外積を定める際, 3 点 O, A, B が同一直線上にないことを仮定したが, (7.2.1) の右辺のベクトル自体はこれら 3 点が同一直線上にある場合でも定まる. そこで, 任意の 2 点 $\mathrm{A}(a_1, a_2, a_3)$, $\mathrm{B}(b_1, b_2, b_3)$ に対して, 外積 $\overrightarrow{a} \times \overrightarrow{b}$ を (7.2.1) により定めることにする.

問 7.2.2　3 点 O, A, B が同一直線上にあるとき, $\overrightarrow{a} \times \overrightarrow{b} = \overrightarrow{0}$ であることを示せ.

命題 7.2.4　空間のベクトル $\overrightarrow{a}$, $\overrightarrow{b}$, $\overrightarrow{c}$ および実数 k に対して, 次のことが成り立つ.

(1)　$\overrightarrow{a} \times \overrightarrow{b} = -\overrightarrow{b} \times \overrightarrow{a}$

(2)　$\overrightarrow{a} \times \overrightarrow{a} = \overrightarrow{0}$

(3)　$(k\overrightarrow{a}) \times \overrightarrow{b} = \overrightarrow{a} \times (k\overrightarrow{b}) = k(\overrightarrow{a} \times \overrightarrow{b})$

(4)　$\overrightarrow{a} \times (\overrightarrow{b} + \overrightarrow{c}) = \overrightarrow{a} \times \overrightarrow{b} + \overrightarrow{a} \times \overrightarrow{c}$

証明はやさしい.

問 7.2.3　命題 7.2.4 を示せ.

なお，座標系を右手系にとると，$\vec{a} \times \vec{b}$ の向きは右ねじの進む方向になる．(ここでは詳しく述べない．)

平行六面体の体積

平行四辺形 OADB を底面とする平行六面体 OADB-CEGF の体積 V を求めよう．

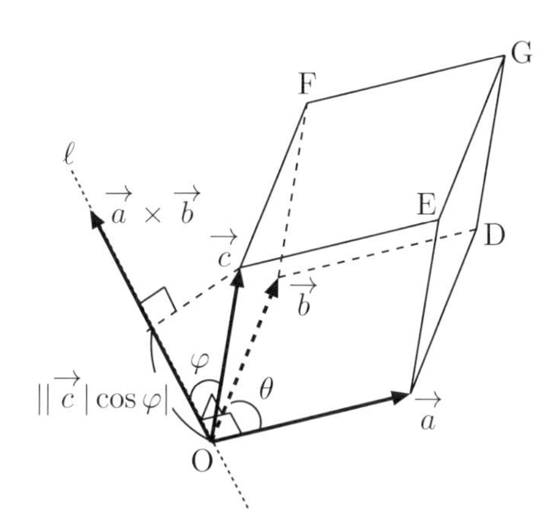

$\overrightarrow{OA}$, $\overrightarrow{OB}$ をそれぞれ $\vec{a}$, $\vec{b}$ とおけば，底面積は $|\vec{a} \times \vec{b}|$ に一致する．あとは高さがわかればよい．$\overrightarrow{OC}$ を $\vec{c}$ とおく．$\vec{a} \times \vec{b}$ は $\vec{a}$, $\vec{b}$ に垂直なベクトルだから，$\vec{a} \times \vec{b}$ と $\vec{c}$ とのなす角を φ とおけば，高さは $||\vec{c}|\cos\varphi|$ で与えられる．よって，

$$\vec{a} = (a_1, a_2, a_3), \quad \vec{b} = (b_1, b_2, b_3), \quad \vec{c} = (c_1, c_2, c_3)$$

とすると，

$$\begin{aligned} V^2 &= (|\vec{a} \times \vec{b}||\vec{c}|\cos\varphi)^2 = ((\vec{a} \times \vec{b}) \cdot \vec{c})^2 \\ &= \left(c_1 \begin{vmatrix} a_2 & a_3 \\ b_2 & b_3 \end{vmatrix} - c_2 \begin{vmatrix} a_1 & a_3 \\ b_1 & b_3 \end{vmatrix} + c_3 \begin{vmatrix} a_1 & a_2 \\ b_1 & b_2 \end{vmatrix} \right)^2 \end{aligned}$$

$$= \begin{vmatrix} a_1 & a_2 & a_3 \\ b_1 & b_2 & b_3 \\ c_1 & c_2 & c_3 \end{vmatrix}^2$$

である．したがって，

$$V = \sqrt{\begin{vmatrix} a_1 & a_2 & a_3 \\ b_1 & b_2 & b_3 \\ c_1 & c_2 & c_3 \end{vmatrix}^2} \quad \left(= \begin{vmatrix} a_1 & a_2 & a_3 \\ b_1 & b_2 & b_3 \\ c_1 & c_2 & c_3 \end{vmatrix} \text{の絶対値} \right).$$

平行六面体の体積の計算中に現れた $(\overrightarrow{a} \times \overrightarrow{b}) \cdot \overrightarrow{c}$ を，$\overrightarrow{a}$，$\overrightarrow{b}$，$\overrightarrow{c}$ の**スカラー三重積**という．

問題 7-2

1．スカラー三重積について，

$$(\overrightarrow{a} \times \overrightarrow{b}) \cdot \overrightarrow{c} = (\overrightarrow{b} \times \overrightarrow{c}) \cdot \overrightarrow{a} = (\overrightarrow{c} \times \overrightarrow{a}) \cdot \overrightarrow{b}$$

が成り立つことを示せ．

2．外積について，以下の等式を示せ．

(1)　$(\overrightarrow{a} \times \overrightarrow{b}) \times \overrightarrow{c} = -(\overrightarrow{b} \cdot \overrightarrow{c})\overrightarrow{a} + (\overrightarrow{c} \cdot \overrightarrow{a})\overrightarrow{b}$

(2)　(ヤコビ恒等式)　$(\overrightarrow{a} \times \overrightarrow{b}) \times \overrightarrow{c} + (\overrightarrow{b} \times \overrightarrow{c}) \times \overrightarrow{a} + (\overrightarrow{c} \times \overrightarrow{a}) \times \overrightarrow{b} = \overrightarrow{0}$

3．等式

$$(\overrightarrow{a} \times \overrightarrow{b}) \cdot (\overrightarrow{c} \times \overrightarrow{d}) = \begin{vmatrix} \overrightarrow{a} \cdot \overrightarrow{c} & \overrightarrow{a} \cdot \overrightarrow{d} \\ \overrightarrow{b} \cdot \overrightarrow{c} & \overrightarrow{b} \cdot \overrightarrow{d} \end{vmatrix}$$

が成り立つことを示せ．

問と問題の解答

(省略する場合は番号を記載しない．)

問 1.1.1　順に，3×5 型，1

問 1.1.2　$\begin{pmatrix} 2 & 3 & 4 \\ 3 & 4 & 5 \end{pmatrix}$

問 1.1.3　順に，$(3 \quad 1 \quad 2 \quad 4 \quad 3)$，$\begin{pmatrix} 2 \\ 2 \\ 4 \end{pmatrix}$

問 1.1.4　(1) $\begin{pmatrix} 1 \\ 2 \end{pmatrix}$　(2) $(2 \quad 3)$　(3) $\begin{pmatrix} a & c \\ b & d \end{pmatrix}$　(4) $\begin{pmatrix} 2 & 4 \\ 1 & 2 \\ 3 & 1 \end{pmatrix}$

問題 1 - 1

1. $\begin{pmatrix} 2 & 1 & 5 \\ 1 & 5 & 7 \\ 5 & 7 & 17 \end{pmatrix}$

2. (1) $(-1)^{i+j} \qquad (i = 1, 2, 3\,;\ j = 1, 2, 3)$

(2) $1 + (-1)^{i+j} \qquad (i = 1, 2, 3\,;\ j = 1, 2, 3)$

(3) $2^{4i+j-5} \qquad (i = 1, 2, 3, 4\,;\ j = 1, 2, 3, 4)$

(4) $[2^{j-i}] \qquad (i = 1, 2, 3, 4\,;\ j = 1, 2, 3, 4)$　(ただし，実数 x に対して，$[x]$ は x 以下の最大の整数を表す (ガウス記号)．)

3. A を $m \times n$ 行列とすると ${}^tA$ は $n \times m$ 行列だから，${}^t({}^tA)$ は $m \times n$ 行列となる．よって，A と ${}^t({}^tA)$ は同じ型である．しかも，A, ${}^t({}^tA)$ の (i, j) 成分をそれぞれ a_{ij}, a''_{ij} とすると，

$$a''_{ij} = {}^tA \text{ の } (j, i) \text{ 成分} = a_{ij} \qquad (i = 1, 2, \ldots, m\,;\ j = 1, 2, \ldots, n)$$

となるから，${}^t({}^tA) = A$.

問 1.2.3　$\begin{pmatrix} 6 & 4 & 6 \\ 6 & 4 & 0 \end{pmatrix}$

問題 1 - 2

2. (3) ${}^t(A + {}^tA) = {}^tA + {}^t({}^tA) = {}^tA + A = A + {}^tA$ だから $A + {}^tA$ は対称行列，

${}^t(A - {}^tA) = {}^tA - {}^t({}^tA) = {}^tA - A = -(A - {}^tA)$ だから $A - {}^tA$ は交代行列.

問 1.3.1 $\begin{pmatrix} 1 & 7 \\ -5 & 5 \end{pmatrix}$

問 1.3.4 $A^1 = A,\quad A^2 = \begin{pmatrix} 0 & 0 & 1 \\ 0 & 0 & 0 \\ 0 & 0 & 0 \end{pmatrix},\quad m \geqq 3$ のとき $A^m = O_3$

問 1.3.5 $m = 1$ のときは明らか．次に，$m = k$ のとき主張が成り立つと仮定する．$m = k + 1$ のとき，$\begin{pmatrix} a & 0 \\ 0 & b \end{pmatrix}^{k+1} = \begin{pmatrix} a & 0 \\ 0 & b \end{pmatrix}^{k}\begin{pmatrix} a & 0 \\ 0 & b \end{pmatrix}$ と書き直して帰納法の仮定を用いると，$\begin{pmatrix} a & 0 \\ 0 & b \end{pmatrix}^{k+1} = \begin{pmatrix} a^k & 0 \\ 0 & b^k \end{pmatrix}\begin{pmatrix} a & 0 \\ 0 & b \end{pmatrix} = \begin{pmatrix} a^{k+1} & 0 \\ 0 & b^{k+1} \end{pmatrix}$.
よって，$m = k + 1$ のときにも主張が成り立つ．以上により，すべての自然数 m に対して主張は成り立つ.

問題 1 - 3

1. A の (i, k) 成分, B の (k, j) 成分をそれぞれ a_{ik}, b_{kj} とする $(1 \leqq i \leqq m\,;\, 1 \leqq k \leqq n\,;\, 1 \leqq j \leqq r)$．このとき，$AB$ の (i, j) 成分は

$$a_{i1}b_{1j} + a_{i2}b_{2j} + \cdots + a_{in}b_{nj} \ \cdots\cdots \circledast$$

である.

(1) A の第 i 行が $\mathbf{0}$ のとき $a_{i1} = a_{i2} = \cdots = a_{in} = 0$ だから，$\circledast$ は 0 である．これが $j = 1, 2, \ldots, r$ について成り立つから，AB の第 i 行も $\mathbf{0}$ となる.

(2) B の第 j 列が $\mathbf{0}$ のとき $b_{1j} = b_{2j} = \cdots = b_{nj} = 0$ だから，$\circledast$ は 0 である．これが $i = 1, 2, \ldots, m$ について成り立つから，AB の第 j 列も $\mathbf{0}$ となる.

2. ${}^t(AB)$, ${}^tB\,{}^tA$ はどちらも $r \times m$ 行列である．${}^tB$ の (i, k) 成分，${}^tA$ の (k, j) 成分をそれぞれ b'_{ik}, a'_{kj} とする $(1 \leqq i \leqq r\,;\, 1 \leqq k \leqq n\,;\, 1 \leqq j \leqq m)$．$A$, B の成分を ***1*** の解答のとおりとすると $b'_{ik} = b_{ki}$, $a'_{kj} = a_{jk}$ だから，

$$\begin{aligned} {}^tB\,{}^tA \text{ の } (i, j) \text{ 成分} &= b'_{i1}a'_{1j} + b'_{i2}a'_{2j} + \cdots + b'_{in}a'_{nj} \\ &= a_{j1}b_{1i} + a_{j2}b_{2i} + \cdots + a_{jn}b_{ni} \\ &= AB \text{ の } (j, i) \text{ 成分} \\ &= {}^t(AB) \text{ の } (i, j) \text{ 成分} \end{aligned}$$

となる．これが $1 \leqq i \leqq r$, $1 \leqq j \leqq m$ を満たすすべての i, j に対して成り立つから，${}^t(AB) = {}^tB\,{}^tA$.

5. 分配法則等により，

$$\begin{aligned} &(E_n - A)(E_n + A + \cdots + A^{m-1}) \\ &= E_n(E_n + A + \cdots + A^{m-1}) - A(E_n + A + \cdots + A^{m-1}) \end{aligned}$$

$$= (E_n + A + \cdots + A^{m-1}) - (A + A^2 + \cdots + A^m)$$

$$= E_n - A^m.$$

もう1つの等式も同様にして示せる.

6. $\begin{pmatrix} \cos\theta & -\sin\theta \\ \sin\theta & \cos\theta \end{pmatrix}\begin{pmatrix} \cos\varphi & -\sin\varphi \\ \sin\varphi & \cos\varphi \end{pmatrix}$

$$= \begin{pmatrix} \cos\theta\cos\varphi - \sin\theta\sin\varphi & -\cos\theta\sin\varphi - \sin\theta\cos\varphi \\ \sin\theta\cos\varphi + \cos\theta\sin\varphi & -\sin\theta\sin\varphi + \cos\theta\cos\varphi \end{pmatrix}$$

$$= \begin{pmatrix} \cos(\theta+\varphi) & -\sin(\theta+\varphi) \\ \sin(\theta+\varphi) & \cos(\theta+\varphi) \end{pmatrix}.$$

後半の主張が正しいことを，以下に m に関する帰納法で示す.

$m = 1$ のときは明らか．次に，$m = k$ のとき主張が成り立つと仮定する.

$m = k+1$ のとき，$\begin{pmatrix} \cos\theta & -\sin\theta \\ \sin\theta & \cos\theta \end{pmatrix}^{k+1} = \begin{pmatrix} \cos\theta & -\sin\theta \\ \sin\theta & \cos\theta \end{pmatrix}\begin{pmatrix} \cos\theta & -\sin\theta \\ \sin\theta & \cos\theta \end{pmatrix}^{k}$ と書き直して帰納法の仮定および前半の結果を用いる ($\varphi = k\theta$ とおく) と,

$$\begin{pmatrix} \cos\theta & -\sin\theta \\ \sin\theta & \cos\theta \end{pmatrix}^{k+1} = \begin{pmatrix} \cos\theta & -\sin\theta \\ \sin\theta & \cos\theta \end{pmatrix}\begin{pmatrix} \cos k\theta & -\sin k\theta \\ \sin k\theta & \cos k\theta \end{pmatrix}$$

$$= \begin{pmatrix} \cos(k+1)\theta & -\sin(k+1)\theta \\ \sin(k+1)\theta & \cos(k+1)\theta \end{pmatrix}.$$

よって，$m = k+1$ のときも主張が成り立つ．以上により，すべての自然数 m に対して主張は成り立つ.

問題 1 - 4

1. A は正則だから A^{-1} が存在する．そこで，$A^2 = A$ の両辺に左から A^{-1} を掛けると $A^{-1}A^2 = A^{-1}A$ となるから，各辺をそれぞれ整理して，$A = E$ となる.

▶ $A^2 = A$ の両辺に右から A^{-1} を掛けてもよい.

2. $A = \begin{pmatrix} a_{11} & & & \\ & a_{22} & & \\ & & \ddots & \\ & & & a_{nn} \end{pmatrix}$ を n 次対角行列とする．A のどの対角成分も 0 でないとき，A の各対角成分をそれぞれ逆数に置き換えた n 次対角行列 $B = \begin{pmatrix} {a_{11}}^{-1} & & & \\ & {a_{22}}^{-1} & & \\ & & \ddots & \\ & & & {a_{nn}}^{-1} \end{pmatrix}$ が存在し，しかも $AB = E_n$ かつ $BA = E_n$ が成り立つ．つまり，$AX = E_n$ かつ $XA = E_n$ を満たす n 次正方行列 X としてこの B が

とれる．よって，この場合 A は正則である．次に，A の対角成分の中に 0 となるものがあるとする．たとえば $a_{ii} = 0$ とすると，A の第 i 行は $\mathbf{0}$ であり，したがって A は正則にはなり得ない．言い換えれば，A が正則のとき，A のどの対角成分も 0 でない．

▶ 例 1.3.4 および問 1.4.1 による．問題 1-3，***1*** も参照のこと．

3．等式 $AA^{-1} = E$ の両辺を転置すると，${}^t(A^{-1})\,{}^tA = E$. また，等式 $A^{-1}A = E$ の両辺を転置すると，${}^tA\,{}^t(A^{-1}) = E$. よって，${}^tAX = E$ かつ $X\,{}^tA = E$ を満たす行列 X として ${}^t(A^{-1})$ がとれる．

▶ 問題 1-3，***2*** 参照.

4．$m = 1$ のときは明らか．次に，$m = k$ のとき主張が成り立つと仮定する．$m = k+1$ のとき，$(P^{-1}AP)^{k+1} = (P^{-1}AP)^k(P^{-1}AP)$ と書き直して帰納法の仮定を用いると，

$$\begin{aligned}(P^{-1}AP)^{k+1} &= (P^{-1}A^kP)(P^{-1}AP) = P^{-1}A^k(PP^{-1})AP \\ &= P^{-1}A^kEAP = P^{-1}A^kAP = P^{-1}A^{k+1}P.\end{aligned}$$

よって，$m = k+1$ のときにも主張が成り立つ．以上により，すべての自然数 m に対して主張は成り立つ．

次に，A が正則であるとすると，$P^{-1}AP$ は 3 つの正則行列の積だからやはり正則で，$(P^{-1}AP)^{-1} = P^{-1}A^{-1}(P^{-1})^{-1} = P^{-1}A^{-1}P$.

▶ 正則行列の逆行列や正則行列どうしの積が正則であること，およびそれらの逆行列に関することは，31 ページ以降の記述参照.

5．$\Delta(P) = 2 \neq 0$ だから P は確かに正則で，$P^{-1} = \dfrac{1}{2}\begin{pmatrix} 1 & 1 \\ -1 & 1 \end{pmatrix}$.

よって，まず $P^{-1}AP = \dfrac{1}{2}\begin{pmatrix} 1 & 1 \\ -1 & 1 \end{pmatrix}\begin{pmatrix} 1 & 2 \\ 2 & 1 \end{pmatrix}\begin{pmatrix} 1 & -1 \\ 1 & 1 \end{pmatrix} = \begin{pmatrix} 3 & 0 \\ 0 & -1 \end{pmatrix}$.

これは対角行列だから，自然数 m に対して $(P^{-1}AP)^m = \begin{pmatrix} 3^m & 0 \\ 0 & (-1)^m \end{pmatrix}$.

等式 $P^{-1}A^mP = (P^{-1}AP)^m$ の両辺に左から P, 右から P^{-1} を掛けると，

$$\begin{aligned}A^m = P(P^{-1}AP)^mP^{-1} &= \begin{pmatrix} 1 & -1 \\ 1 & 1 \end{pmatrix}\begin{pmatrix} 3^m & 0 \\ 0 & (-1)^m \end{pmatrix}\frac{1}{2}\begin{pmatrix} 1 & 1 \\ -1 & 1 \end{pmatrix} \\ &= \frac{1}{2}\begin{pmatrix} 3^m + (-1)^m & 3^m - (-1)^m \\ 3^m - (-1)^m & 3^m + (-1)^m \end{pmatrix}.\end{aligned}$$

▶ 問 1.3.5，問題 ***4*** 参照.

6．A はべき零だから，ある自然数 m に対して $A^m = O$ となる．この m に対して $X = E_n + A + \cdots + A^{m-1}$ とおくと，

$$(E_n - A)X = E_n - A^m = E_n, \qquad X(E_n - A) = E_n - A^m = E_n$$

となるから，$E_n - A$ は正則である．

▶ 問題 1-3，***5*** 参照.

問題 1 - 5

1. $\begin{pmatrix} 0 & 2 & 1 \\ 1 & 0 & 10 \\ 0 & 4 & 6 \end{pmatrix}$

2. (1) $A^{-1}\boldsymbol{a}'_j$ は $A^{-1}A$ の第 j 列に等しいが，$A^{-1}A = E_n$ だから，$A^{-1}\boldsymbol{a}'_j = \boldsymbol{e}_j$.

3. (1) $N\boldsymbol{e}_j$ は NE_n の第 j 列に等しいが，$NE_n = N$ だから，$N\boldsymbol{e}_1 = \mathbf{0}$ および $N\boldsymbol{e}_j = \boldsymbol{e}_{j-1}$ $(j = 2, \ldots, n)$

(2) (1) より，$m \leqq j-1$ のとき $N^m\boldsymbol{e}_j = \boldsymbol{e}_{j-m}$ で，$m \geqq j$ のとき $N^m\boldsymbol{e}_j = \mathbf{0}$ となる．したがって，$m \geqq n$ ならば $N^m = (\mathbf{0} \quad \mathbf{0} \quad \cdots \quad \mathbf{0})$ $(= O_n)$ で，$m < n$ ならば $N^m = (\mathbf{0} \quad \cdots \quad \mathbf{0} \quad \boldsymbol{e}_1 \quad \cdots \quad \boldsymbol{e}_{n-m})$ (第 m 列までが $\mathbf{0}$)

4. $\begin{pmatrix} E_p & A^{-1}B \\ O_{q\times p} & D - CA^{-1}B \end{pmatrix}$

5. (1) 問題の行列を M とおくと，$MX = E_{p+q}$ かつ $XM = E_{p+q}$ となる $p+q$ 次正方行列 X を次のようにして求めることができる．X を分割の型が $(p, q; p, q)$ となるように分割し，$X = \begin{pmatrix} X_{11} & X_{12} \\ X_{21} & X_{22} \end{pmatrix}$ と表す．このとき，

$$\begin{aligned} MX &= \begin{pmatrix} A & B \\ O_{q\times p} & D \end{pmatrix}\begin{pmatrix} X_{11} & X_{12} \\ X_{21} & X_{22} \end{pmatrix} \\ &= \begin{pmatrix} AX_{11} + BX_{21} & AX_{12} + BX_{22} \\ O_{q\times p}X_{11} + DX_{21} & O_{q\times p}X_{12} + DX_{22} \end{pmatrix} \\ &= \begin{pmatrix} AX_{11} + BX_{21} & AX_{12} + BX_{22} \\ DX_{21} & DX_{22} \end{pmatrix}, \end{aligned}$$

$$E_{p+q} = \begin{pmatrix} E_p & O_{p\times q} \\ O_{q\times p} & E_q \end{pmatrix}$$

だから，

$$MX = E_{p+q} \iff \begin{cases} AX_{11} + BX_{21} = E_p \\ AX_{12} + BX_{22} = O_{p\times q} \\ DX_{21} = O_{q\times p} \\ DX_{22} = E_q \end{cases}$$

である．D は正則だから, 第 3 式, 第 4 式よりそれぞれ $X_{21} = O_{q\times p}$, $X_{22} = D^{-1}$ が得られる．これらのことと A が正則であることから, 第 1 式, 第 2 式よりそれぞれ $X_{11} = A^{-1}$, $X_{12} = -A^{-1}BD^{-1}$ が得られる．以上により，$X = \begin{pmatrix} A^{-1} & -A^{-1}BD^{-1} \\ O_{q\times p} & D^{-1} \end{pmatrix}$ とおく

と，$MX = E_{p+q}$ である．さらに，この X に対して $XM = E_{p+q}$ であることが直接確かめられる．よって，M は正則で，$M^{-1} = \begin{pmatrix} A^{-1} & -A^{-1}BD^{-1} \\ O_{q\times p} & D^{-1} \end{pmatrix}$.

(2) (1) と同様の議論によって問題の行列が正則であることが示される．また，逆行列は $\begin{pmatrix} A^{-1} & O_{p\times q} \\ -D^{-1}CA^{-1} & D^{-1} \end{pmatrix}$ である．

6. 例 1.5.8 の結果を利用する．

(1) $n \geqq 1$ に対しては，n に関する帰納法で示す．

(2) 正則であることの証明は略．$A^{-1} = \begin{pmatrix} {A_{11}}^{-1} & & & \\ & {A_{22}}^{-1} & & \\ & & \ddots & \\ & & & {A_{ss}}^{-1} \end{pmatrix}$.

7. A の次数を n とおく．A が正則な上三角行列のとき A^{-1} も上三角行列になることは，n に関する帰納法で示される．概略は次のとおりである．$n = 1$ のときは明らか．n のとき正しいと仮定する．A を $n+1$ 次の正則な上三角行列とし，A を分割の型が $(1, n; 1, n)$ となるように分割する．右下の n 次正方行列は正則な上三角行列だから，帰納法の仮定によりその逆行列も上三角行列である．あとは，問題 **5** (1) の結果を利用する．

問題 2 - 1

1. E_3 に対して行基本変形 $\mathrm{R}_3(3)$ を行い，ついで $\mathrm{R}_{32}(1)$, $\mathrm{R}_{21}(2)$, R_{13} の順に行基本変形していくと，

$$E_3 \xrightarrow{\mathrm{R}_3(3)} \begin{pmatrix} 1 & 0 & 0 \\ 0 & 1 & 0 \\ 0 & 0 & 3 \end{pmatrix} \xrightarrow{\mathrm{R}_{32}(1)} \begin{pmatrix} 1 & 0 & 0 \\ 0 & 1 & 0 \\ 0 & 1 & 3 \end{pmatrix} \xrightarrow{\mathrm{R}_{21}(2)} \begin{pmatrix} 1 & 0 & 0 \\ 2 & 1 & 0 \\ 0 & 1 & 3 \end{pmatrix} \xrightarrow{\mathrm{R}_{13}} \begin{pmatrix} 0 & 1 & 3 \\ 2 & 1 & 0 \\ 1 & 0 & 0 \end{pmatrix}$$

よって，$A = \begin{pmatrix} 0 & 1 & 3 \\ 2 & 1 & 0 \\ 1 & 0 & 0 \end{pmatrix}$

▶ 行基本変形 $\rho_1, \rho_2, \ldots, \rho_s$ をこの順に行うことによって，A が B に変形されるとする．

$$A \xrightarrow{\rho_1} A_1 \xrightarrow{\rho_2} A_2 \longrightarrow \cdots \xrightarrow{\rho_s} B$$

$\rho_1, \rho_2, \ldots, \rho_s$ の逆向きの行基本変形をそれぞれ $\rho_1', \rho_2', \ldots, \rho_s'$ とすれば，次の行基本変形によって B を A に戻すことができる．

$$A \xleftarrow{\rho_1'} A_1 \xleftarrow{\rho_2'} A_2 \longleftarrow \cdots \xleftarrow{\rho_s'} B$$

4. (1) $\begin{pmatrix}1\\0\end{pmatrix}$ (2) $\begin{pmatrix}-1\\3\end{pmatrix}$ (3) $\begin{pmatrix}2\\1\\1\end{pmatrix}$ (4) $\begin{pmatrix}-7\\-3\\4\end{pmatrix}$ (5) $\begin{pmatrix}2\\-1\\-2\\3\end{pmatrix}$

問 2.2.2 $\begin{pmatrix}0&0&0\\0&0&0\end{pmatrix}$, $\begin{pmatrix}0&0&1\\0&0&0\end{pmatrix}$, $\begin{pmatrix}0&1&*\\0&0&0\end{pmatrix}$, $\begin{pmatrix}1&*&*\\0&0&0\end{pmatrix}$,

$\begin{pmatrix}0&1&0\\0&0&1\end{pmatrix}$, $\begin{pmatrix}1&*&0\\0&0&1\end{pmatrix}$, $\begin{pmatrix}1&0&*\\0&1&*\end{pmatrix}$

問題 2 - 2

2. (1) $\begin{pmatrix}1&0&0&-1\\0&1&0&1\\0&0&1&-1\end{pmatrix}$ (2) $\begin{pmatrix}1&0&0&2\\0&1&0&-1\\0&0&1&-2\end{pmatrix}$

(3) $\begin{pmatrix}1&0&0&10\\0&1&0&-5\\0&0&1&2\end{pmatrix}$ (4) $\begin{pmatrix}1&-1&0&5\\0&0&1&-2\\0&0&0&0\end{pmatrix}$

(5) $\begin{pmatrix}0&1&0&1&0&0\\0&0&1&1&0&1\\0&0&0&0&1&1\end{pmatrix}$ (6) $\begin{pmatrix}1&-2&0&1\\0&0&1&-1\\0&0&0&0\\0&0&0&0\end{pmatrix}$

問題 2 - 3

1. 拡大係数行列を簡約化して解く.

(1) 拡大係数行列は, 次のように行基本変形していくと簡約化される.

$$\begin{pmatrix}1&2&2&2\\-1&4&1&1\\1&0&1&1\end{pmatrix}\xrightarrow[\text{② }\mathrm{R}_{31}(-1)]{\text{① }\mathrm{R}_{21}(1)}\begin{pmatrix}1&2&2&2\\0&6&3&3\\0&-2&-1&-1\end{pmatrix}\xrightarrow{\mathrm{R}_2(\frac{1}{3})}$$

$$\longrightarrow\begin{pmatrix}1&2&2&2\\0&2&1&1\\0&-2&-1&-1\end{pmatrix}\xrightarrow[\text{② }\mathrm{R}_{32}(1)]{\text{① }\mathrm{R}_{12}(-1)}\begin{pmatrix}1&0&1&1\\0&2&1&1\\0&0&0&0\end{pmatrix}\xrightarrow{\mathrm{R}_2(\frac{1}{2})}\begin{pmatrix}1&0&1&1\\0&1&\frac{1}{2}&\frac{1}{2}\\0&0&0&0\end{pmatrix}$$

したがって, $\begin{cases}x_1 \qquad + \quad x_3 = 1\\ \qquad x_2+\frac{1}{2}x_3=\frac{1}{2}\end{cases}$ である. そこで, s を任意の数として $x_3 = s$ とおくと, $\begin{pmatrix}x_1\\x_2\\x_3\end{pmatrix}=\frac{1}{2}\begin{pmatrix}2\\1\\0\end{pmatrix}+\frac{s}{2}\begin{pmatrix}-2\\-1\\2\end{pmatrix}$

▶ $\dfrac{s}{2}$ は任意定数だから，改めて s とおき直して，解を $\begin{pmatrix} x_1 \\ x_2 \\ x_3 \end{pmatrix} = \dfrac{1}{2}\begin{pmatrix} 2 \\ 1 \\ 0 \end{pmatrix} + s\begin{pmatrix} -2 \\ -1 \\ 2 \end{pmatrix}$
と記述してもよい．

［(2)〜(5) は略解を与えておく．］

(2) 拡大係数行列の簡約化は $\begin{pmatrix} 1 & -2 & 0 & 8 & 7 \\ 0 & 0 & 1 & -3 & -4 \\ 0 & 0 & 0 & 0 & 0 \end{pmatrix}$ だから，s, t を任意の数とし

て $x_2 = s,\ x_4 = t$ とおくと，$\begin{pmatrix} x_1 \\ x_2 \\ x_3 \\ x_4 \end{pmatrix} = \begin{pmatrix} 7 \\ 0 \\ -4 \\ 0 \end{pmatrix} + s\begin{pmatrix} 2 \\ 1 \\ 0 \\ 0 \end{pmatrix} + t\begin{pmatrix} -8 \\ 0 \\ 3 \\ 1 \end{pmatrix}$

(3) 拡大係数行列の簡約化は $\begin{pmatrix} 1 & 0 & 0 & 2 \\ 0 & 1 & 0 & 1 \\ 0 & 0 & 1 & -1 \\ 0 & 0 & 0 & 0 \end{pmatrix}$ だから，$\begin{pmatrix} x_1 \\ x_2 \\ x_3 \end{pmatrix} = \begin{pmatrix} 2 \\ 1 \\ -1 \end{pmatrix}$

(4) 拡大係数行列の簡約化は $\begin{pmatrix} 1 & 0 & 0 & 0 \\ 0 & 1 & 0 & 0 \\ 0 & 0 & 1 & 0 \\ 0 & 0 & 0 & 1 \end{pmatrix}$ で，第 4 行は不可能な等式 “$0 = 1$” を表す．よって，解なし

▶ 解なしの根拠を「拡大係数行列の階数 $= 4 > 3 =$ 係数行列の階数 だから」と述べてもよい．

(5) 拡大係数行列の簡約化は $\begin{pmatrix} 1 & 0 & 0 & 0 & 0 \\ 0 & 1 & 0 & 0 & 1 \\ 0 & 0 & 1 & 0 & \omega \\ 0 & 0 & 0 & 1 & \omega^2 \\ 0 & 0 & 0 & 0 & 0 \\ 0 & 0 & 0 & 0 & 0 \end{pmatrix}$ だから，$\begin{pmatrix} x_1 \\ x_2 \\ x_3 \\ x_4 \end{pmatrix} = \begin{pmatrix} 0 \\ 1 \\ \omega \\ \omega^2 \end{pmatrix}$

▶ $\omega^2 + \omega + 1 = 0$ であることを利用する．

2. 同次連立 1 次方程式なので，拡大係数行列もしくは係数行列のどちらの簡約化を利用しても解くことができる．

(1) 係数行列の簡約化は，

$$\begin{pmatrix} -1 & 2 & -3 \\ 1 & -1 & 5 \end{pmatrix} \xrightarrow{\mathrm{R}_{12}} \begin{pmatrix} 1 & -1 & 5 \\ -1 & 2 & -3 \end{pmatrix} \xrightarrow{\mathrm{R}_{21}(1)} \begin{pmatrix} 1 & -1 & 5 \\ 0 & 1 & 2 \end{pmatrix} \xrightarrow{\mathrm{R}_{12}(1)} \begin{pmatrix} 1 & 0 & 7 \\ 0 & 1 & 2 \end{pmatrix}$$

これより，解は $\boldsymbol{x} = s\begin{pmatrix}-7\\-2\\1\end{pmatrix}$ 　(s は任意の数)

［(2)～(5) の解答は，解を表すベクトルのみ与える．それぞれの解答に現れる s, t は任意の数である．］

(2) $s\begin{pmatrix}1\\1\\0\end{pmatrix} + t\begin{pmatrix}-1\\0\\1\end{pmatrix}$ 　　(3) $s\begin{pmatrix}1\\2\\-6\\3\end{pmatrix}$

(4) $s\begin{pmatrix}-1\\0\\1\\0\\0\end{pmatrix} + t\begin{pmatrix}4\\2\\0\\-5\\1\end{pmatrix}$ 　　(5) $s\begin{pmatrix}8\\7\\-9\\4\\0\end{pmatrix} + t\begin{pmatrix}-4\\-3\\13\\0\\4\end{pmatrix}$

問題 2 - 4

1．与えられた行列を A とするとき，$(A \quad E)$ を簡約化する．

(1) $$\begin{pmatrix}2 & -1 & 0 & 1 & 0 & 0\\2 & -1 & -1 & 0 & 1 & 0\\1 & 0 & -1 & 0 & 0 & 1\end{pmatrix} \xrightarrow{\mathrm{R}_{13}} \begin{pmatrix}1 & 0 & -1 & 0 & 0 & 1\\2 & -1 & -1 & 0 & 1 & 0\\2 & -1 & 0 & 1 & 0 & 0\end{pmatrix} \xrightarrow{\mathrm{R}_{32}(-1)}$$

$$\begin{pmatrix}1 & 0 & -1 & 0 & 0 & 1\\2 & -1 & -1 & 0 & 1 & 0\\0 & 0 & 1 & 1 & -1 & 0\end{pmatrix} \xrightarrow{\mathrm{R}_{21}(-2)} \begin{pmatrix}1 & 0 & -1 & 0 & 0 & 1\\0 & -1 & 1 & 0 & 1 & -2\\0 & 0 & 1 & 1 & -1 & 0\end{pmatrix} \xrightarrow{\mathrm{R}_{2}(-1)}$$

$$\begin{pmatrix}1 & 0 & -1 & 0 & 0 & 1\\0 & 1 & -1 & 0 & -1 & 2\\0 & 0 & 1 & 1 & -1 & 0\end{pmatrix} \xrightarrow[\text{② } \mathrm{R}_{23}(1)]{\text{① } \mathrm{R}_{13}(1)} \begin{pmatrix}1 & 0 & 0 & 1 & -1 & 1\\0 & 1 & 0 & 1 & -2 & 2\\0 & 0 & 1 & 1 & -1 & 0\end{pmatrix}$$

与えられた行列を A とするとき，$(A \quad E)$ の簡約化が $(E \quad M)$ の形になったので A は正則で，$A^{-1} = M$ となる．すなわち，逆行列は $\begin{pmatrix}1 & -1 & 1\\1 & -2 & 2\\1 & -1 & 0\end{pmatrix}$

(2) 正則で，逆行列は $\begin{pmatrix}-1 & -2 & 2\\2 & 5 & -4\\-1 & -4 & 3\end{pmatrix}$ 　　［(1) と同様なので，詳細略．］

(3) $$\begin{pmatrix}1 & 3 & -2 & 1 & 0 & 0\\2 & -1 & 0 & 0 & 1 & 0\\-3 & -2 & 2 & 0 & 0 & 1\end{pmatrix} \xrightarrow[\text{② } \mathrm{R}_{31}(3)]{\text{① } \mathrm{R}_{21}(-2)} \begin{pmatrix}1 & 3 & -2 & 1 & 0 & 0\\0 & -7 & 4 & -2 & 1 & 0\\0 & 7 & -4 & 3 & 0 & 1\end{pmatrix} \xrightarrow{\mathrm{R}_{32}(1)}$$

$$\rightarrow \begin{pmatrix} 1 & 3 & -2 & 1 & 0 & 0 \\ 0 & -7 & 4 & -2 & 1 & 0 \\ 0 & 0 & 0 & 1 & 1 & 1 \end{pmatrix}$$

与えられた行列を A とするとき，$(A \quad E)$ の簡約化は $(E \quad M)$ の形にはなり得ないので，A は正則でない

▶ 上の段階では，$(A \quad E)$ はまだ簡約化されていない．計算を最後まで実行すると，

$(A \quad E)$ の簡約化は $\begin{pmatrix} 1 & 0 & -\frac{2}{7} & 0 & \frac{2}{7} & -\frac{1}{7} \\ 0 & 1 & -\frac{4}{7} & 0 & -\frac{3}{7} & -\frac{2}{7} \\ 0 & 0 & 0 & 1 & 1 & 1 \end{pmatrix}$

［(4)〜(6) は略解を与えておく.］

(4) 正則で，逆行列は $\dfrac{1}{4}\begin{pmatrix} 3 & -4 & -1 \\ 5 & -4 & -3 \\ 1 & 0 & 1 \end{pmatrix}$

(5) 正則で，逆行列は $\begin{pmatrix} 1 & 0 & -1 & 0 \\ -1 & -3 & 2 & -2 \\ -1 & 0 & 2 & 0 \\ 0 & 1 & 0 & 1 \end{pmatrix}$ (6) 正則でない

2. $(A \quad B)$ を簡約化する．

(1) 正則で，$A^{-1}B = \begin{pmatrix} 1 & 0 & -1 \\ 0 & 2 & 3 \\ 0 & -1 & -1 \end{pmatrix}$ (2) 正則で，$A^{-1}B = \begin{pmatrix} 1 & 0 & 0 \\ 0 & -1 & 0 \\ 0 & 0 & 2 \end{pmatrix}$

問題 3 - 1

1. (1) $\begin{vmatrix} 3 & 2 & 1 \\ 0 & 4 & 3 \\ 0 & 5 & 7 \end{vmatrix} = (-1)^{1+1}3 \times \begin{vmatrix} 4 & 3 \\ 5 & 7 \end{vmatrix} = 3 \times (4 \cdot 7 - 3 \cdot 5) = 3 \times 13 = 39$

(2) $\begin{vmatrix} 0 & 2 & 1 \\ 2 & 1 & 3 \\ 0 & 2 & 5 \end{vmatrix} = (-1)^{2+1}2 \times \begin{vmatrix} 2 & 1 \\ 2 & 5 \end{vmatrix} = -2 \times (2 \cdot 5 - 1 \cdot 2) = -2 \times 8 = -16$

5. (1) $b_{11}\begin{vmatrix} b_{22} & c_{21} & c_{22} \\ 0 & d_{11} & d_{12} \\ 0 & d_{21} & d_{22} \end{vmatrix} - b_{21}\begin{vmatrix} b_{12} & c_{11} & c_{12} \\ 0 & d_{11} & d_{12} \\ 0 & d_{21} & d_{22} \end{vmatrix}$

$= b_{11}b_{22}\begin{vmatrix} d_{11} & d_{12} \\ d_{21} & d_{22} \end{vmatrix} - b_{21}b_{12}\begin{vmatrix} d_{11} & d_{12} \\ d_{21} & d_{22} \end{vmatrix} = (b_{11}b_{22} - b_{12}b_{21})(d_{11}d_{22} - d_{12}d_{21})$

$\left(= \begin{vmatrix} b_{11} & b_{12} \\ b_{21} & b_{22} \end{vmatrix}\begin{vmatrix} d_{11} & d_{12} \\ d_{21} & d_{22} \end{vmatrix} \right)$

問 3.2.3 (1) $\begin{vmatrix} 1 & 1 & 1 \\ a & b & c \\ a^2 & b^2 & c^2 \end{vmatrix} \overset{\mathrm{R}_{32}(-a)}{=} \begin{vmatrix} 1 & 1 & 1 \\ a & b & c \\ 0 & b(b-a) & c(c-a) \end{vmatrix}$

$\overset{\mathrm{R}_{21}(-a)}{=} \begin{vmatrix} 1 & 1 & 1 \\ 0 & b-a & c-a \\ 0 & b(b-a) & c(c-a) \end{vmatrix} = 1 \times \begin{vmatrix} b-a & c-a \\ b(b-a) & c(c-a) \end{vmatrix}$

$= c(b-a)(c-a) - b(c-a)(b-a) = (b-a)(c-a)(c-b)$

(2) $\begin{vmatrix} a & b & c \\ b & c & a \\ c & a & b \end{vmatrix} \overset{\substack{①\ \mathrm{R}_{12}(1) \\ ②\ \mathrm{R}_{13}(1)}}{=} \begin{vmatrix} a+b+c & a+b+c & a+b+c \\ b & c & a \\ c & a & b \end{vmatrix}$

$= (a+b+c) \begin{vmatrix} 1 & 1 & 1 \\ b & c & a \\ c & a & b \end{vmatrix} \overset{\substack{①\ \mathrm{R}_{21}(-b) \\ ②\ \mathrm{R}_{31}(-c)}}{=} (a+b+c) \begin{vmatrix} 1 & 1 & 1 \\ 0 & c-b & a-b \\ 0 & a-c & b-c \end{vmatrix}$

$= (a+b+c) \times 1 \times \begin{vmatrix} c-b & a-b \\ a-c & b-c \end{vmatrix}$

$= (a+b+c)(ab+bc+ca-a^2-b^2-c^2)$

問題 3 - 2

1. (1) 8　(2) 4　(3) -9　(4) -160　(5) 0　(6) -49

2. (1) $\begin{vmatrix} a & b & b & b \\ b & a & b & b \\ b & b & a & b \\ b & b & b & a \end{vmatrix} \overset{\substack{①\ \mathrm{R}_{12}(1) \\ ②\ \mathrm{R}_{13}(1) \\ ③\ \mathrm{R}_{14}(1)}}{=} \begin{vmatrix} a+3b & a+3b & a+3b & a+3b \\ b & a & b & b \\ b & b & a & b \\ b & b & b & a \end{vmatrix}$

$= (a+3b) \begin{vmatrix} 1 & 1 & 1 & 1 \\ b & a & b & b \\ b & b & a & b \\ b & b & b & a \end{vmatrix} \overset{\substack{①\ \mathrm{R}_{21}(-b) \\ ②\ \mathrm{R}_{31}(-b) \\ ③\ \mathrm{R}_{41}(-b)}}{=} (a+3b) \begin{vmatrix} 1 & 1 & 1 & 1 \\ 0 & a-b & 0 & 0 \\ 0 & 0 & a-b & 0 \\ 0 & 0 & 0 & a-b \end{vmatrix}$

$= (a+3b) \times 1 \times (a-b) \times (a-b) \times (a-b) = (a+3b)(a-b)^3.$

(2) $S = a+b+c+d$ とおくと, $\begin{vmatrix} a & b & c & d \\ b & c & d & a \\ c & d & a & b \\ d & a & b & c \end{vmatrix} \overset{\substack{①\ \mathrm{R}_{12}(1) \\ ②\ \mathrm{R}_{13}(1) \\ ③\ \mathrm{R}_{14}(1)}}{=} \begin{vmatrix} S & S & S & S \\ b & c & d & a \\ c & d & a & b \\ d & a & b & c \end{vmatrix}$

$= S \times \begin{vmatrix} 1 & 1 & 1 & 1 \\ b & c & d & a \\ c & d & a & b \\ d & a & b & c \end{vmatrix} \overset{\substack{①\ \mathrm{R}_{21}(-b) \\ ②\ \mathrm{R}_{31}(-c) \\ ③\ \mathrm{R}_{41}(-d)}}{=} S \times \begin{vmatrix} 1 & 1 & 1 & 1 \\ 0 & c-b & d-b & a-b \\ 0 & d-c & a-c & b-c \\ 0 & a-d & b-d & c-d \end{vmatrix}$

$$= S\times 1\times\begin{vmatrix} c-b & d-b & a-b \\ d-c & a-c & b-c \\ a-d & b-d & c-d \end{vmatrix} \overset{\mathrm{R}_{13}(1)}{=} S\times\begin{vmatrix} T & 0 & T \\ d-c & a-c & b-c \\ a-d & b-d & c-d \end{vmatrix}$$

(↑ $T=a-b+c-d$ とおいた)

$$= S\times T\times\begin{vmatrix} 1 & 0 & 1 \\ d-c & a-c & b-c \\ a-d & b-d & c-d \end{vmatrix} \overset{\substack{①\,\mathrm{R}_{21}(c-d)\\ ②\,\mathrm{R}_{31}(d-a)}}{=} ST\times\begin{vmatrix} 1 & 0 & 1 \\ 0 & a-c & b-d \\ 0 & b-d & c-a \end{vmatrix}$$

$$= ST\times 1\times\begin{vmatrix} a-c & b-d \\ b-d & c-a \end{vmatrix}$$

$$= (a+b+c+d)(a-b+c-d)(2ac+2bd-a^2-b^2-c^2-d^2).$$

問 3.3.1　$AA^{-1}=E$ だから，定理 3.3.4 より $|A||A^{-1}|=|AA^{-1}|=|E|=1$. よって，$|A^{-1}|=\dfrac{1}{|A|}$.

問 3.3.2　$A=\begin{pmatrix} a & b \\ c & d \end{pmatrix}$, $B=\begin{pmatrix} p & q \\ r & s \end{pmatrix}$ とすると $AB=\begin{pmatrix} ap+br & aq+bs \\ cp+dr & cq+ds \end{pmatrix}$. よって，

$$|AB|=(ap+br)(cq+ds)-(aq+bs)(cp+dr)=adps+bcrq-adqr-bcps$$
$$=(ad-bc)(ps-rq)=\begin{vmatrix} a & b \\ c & d \end{vmatrix}\begin{vmatrix} p & q \\ r & s \end{vmatrix}=|A||B|.$$

問題 3 - 3

1. (1) $|P^{-1}AP|=|P^{-1}||AP|=|P|^{-1}|A||P|=|A|$.

(2) $cE_n-P^{-1}AP=P^{-1}(cE_n-A)P$ であることおよび (1) より，

$|cE_n-P^{-1}AP|=|P^{-1}(cE_n-A)P|=|cE_n-A|$.

問 3.4.3　(1) ξ　　(2) σ　　(3) ρ

問題 3 - 4

2. (1) 転倒数は 3, 符号は -1　　(2) 転倒数は 3, 符号は -1

(3) 転倒数は 9, 符号は -1　　(4) 転倒数は 7, 符号は -1

問 4.1.5　(1) 1 次独立　　(2) 1 次従属

問 4.1.7　$\boldsymbol{v}=2\boldsymbol{v}_1-\boldsymbol{v}_3$

問題 4 - 1

1. $A=(\boldsymbol{a}_1\ \ \boldsymbol{a}_2\ \ \boldsymbol{a}_3\ \ \boldsymbol{a}_4)$ は $|A|=-30$ であるから，$(\boldsymbol{a}_1,\boldsymbol{a}_2,\boldsymbol{a}_3,\boldsymbol{a}_4)$ は $\mathbb{F}^4$ の基底である．$\boldsymbol{x}=A^{-1}\boldsymbol{a}={}^t(1\ \ -2\ \ 3\ \ -1)$ より $\boldsymbol{a}=\boldsymbol{a}_1-\dfrac{1}{2}(\boldsymbol{a}_2+\boldsymbol{a}_3-\boldsymbol{a}_4)$ である．

問 4.2.2　(1) $0\boldsymbol{v}=(0+0)\boldsymbol{v}=0\boldsymbol{v}+0\boldsymbol{v}$ より $0\boldsymbol{v}=\boldsymbol{0}$. (2) $c\boldsymbol{0}=c(\boldsymbol{0}+\boldsymbol{0})=c\boldsymbol{0}+c\boldsymbol{0}$ より $c\boldsymbol{0}=\boldsymbol{0}$. (3) $\boldsymbol{v}+(-1)\boldsymbol{v}=(1+(-1))\boldsymbol{v}=0\boldsymbol{v}=\boldsymbol{0}$ より $(-1)\boldsymbol{v}=-\boldsymbol{v}$.

問 4.2.5　$\boldsymbol{u},\boldsymbol{v}\in W_1\cap W_2$, $c\in\mathbb{F}$ ならば $\boldsymbol{u}+\boldsymbol{v}\in W_i$, $c\boldsymbol{u}\in W_i$ $(i=1,$

2) より $\boldsymbol{u}+\boldsymbol{v}, c\boldsymbol{u} \in W_1 \cap W_2$. $\boldsymbol{x}_1, \boldsymbol{x}_1' \in W_1$, $\boldsymbol{x}_2, \boldsymbol{x}_2' \in W_2$, $c \in \mathbb{F}$ ならば $(\boldsymbol{x}_1+\boldsymbol{x}_2)+(\boldsymbol{x}_1'+\boldsymbol{x}_2') = (\boldsymbol{x}_1+\boldsymbol{x}_1')+(\boldsymbol{x}_2+\boldsymbol{x}_2') \in W_1+W_2$, $c(\boldsymbol{x}_1+\boldsymbol{x}_2) = c\boldsymbol{x}_1+c\boldsymbol{x}_2 \in W_1+W_2$.

問 4.2.6 $c_1, c_2, \ldots, c_k, d_1, d_2, \ldots, d_k \in \mathbb{F}$, $c \in \mathbb{F}$ ならば $(c_1\boldsymbol{v}_1+c_2\boldsymbol{v}_2+\cdots+c_k\boldsymbol{v}_k)+(d_1\boldsymbol{v}_1+d_2\boldsymbol{v}_2+\cdots+d_k\boldsymbol{v}_k) = (c_1+d_1)\boldsymbol{v}_1+(c_2+d_2)\boldsymbol{v}_2+\cdots+(c_k+d_k)\boldsymbol{v}_k \in \langle \boldsymbol{v}_1, \boldsymbol{v}_2 \ldots, \boldsymbol{v}_k \rangle$, $c(c_1\boldsymbol{v}_1+c_2\boldsymbol{v}_2+\cdots+c_k\boldsymbol{v}_k) = (cc_1\boldsymbol{v}_1+cc_2\boldsymbol{v}_2+\cdots+cc_k\boldsymbol{v}_k) \in \langle \boldsymbol{v}_1, \boldsymbol{v}_2 \ldots, \boldsymbol{v}_k \rangle$.

問題 4 - 2

2. $A\boldsymbol{x}=\boldsymbol{0}$ の解は, $\boldsymbol{x}_1 = {}^t(0 \quad -1 \quad -1 \quad 1)$ として, $\boldsymbol{x} = s\boldsymbol{x}_1$ であり, 解空間の生成元は $\boldsymbol{x}_1$ である.

問 4.3.1 $-5\boldsymbol{u}+4\boldsymbol{v}+3\boldsymbol{w}=\boldsymbol{0}$ より線形従属.

問 4.3.2 $\{\boldsymbol{u}, \boldsymbol{v}\}$

問 4.3.6 $P = \begin{pmatrix} -1 & -3 & -5 \\ 1 & 2 & 4 \\ 0 & 0 & -1 \end{pmatrix}, \boldsymbol{c} = \begin{pmatrix} 3 \\ -1 \\ 0 \end{pmatrix}, \boldsymbol{c}' = \begin{pmatrix} 3 \\ -2 \\ 0 \end{pmatrix}$.

問題 4 - 3

1. (1) 線形独立 (2) 線形従属 $\boldsymbol{a}_1-\boldsymbol{a}_2+2\boldsymbol{a}_3=\boldsymbol{0}$

2. (1) $\boldsymbol{a}_1, \boldsymbol{a}_2, \boldsymbol{a}_4$ は $\mathbb{F}^3$ の基底をなし, $\boldsymbol{a}_3 = \dfrac{1}{2}(\boldsymbol{a}_1-\boldsymbol{a}_2)$. (2) $\boldsymbol{a}_1, \boldsymbol{a}_2$ は $\mathbb{F}^3$ の基底をなし, $\boldsymbol{a}_3 = \dfrac{1}{2}\boldsymbol{a}_1-\boldsymbol{a}_2$, $\boldsymbol{a}_4 = \dfrac{1}{2}(\boldsymbol{a}_1-\boldsymbol{a}_2)$.

3. $\{\boldsymbol{a}_1, \boldsymbol{a}_2, \boldsymbol{a}_4\}$

4. (1) $\boldsymbol{c}_1 = {}^t(1 \quad 2 \quad -1)$, $\boldsymbol{c}_2 = {}^t(2 \quad -1 \quad 1)$, $\boldsymbol{c}_3 = {}^t(3 \quad 2 \quad 1)$ とすれば $(\boldsymbol{b}_1 \quad \boldsymbol{b}_2 \quad \boldsymbol{b}_3) = (\boldsymbol{a}_1 \quad \boldsymbol{a}_2 \quad \boldsymbol{a}_3)(\boldsymbol{c}_1 \quad \boldsymbol{c}_2 \quad \boldsymbol{c}_3)$ である. $\{\boldsymbol{c}_1, \boldsymbol{c}_2, \boldsymbol{c}_3\}$ は線形独立だから, 定理 4.3.5 より $\{\boldsymbol{b}_1, \boldsymbol{b}_2, \boldsymbol{b}_3\}$ も線形独立. (2) $\boldsymbol{c}_1 = {}^t(1 \quad -1 \quad 1)$, $\boldsymbol{c}_2 = {}^t(1 \quad 3 \quad 3)$, $\boldsymbol{c}_3 = {}^t(3 \quad -1 \quad 4)$, $\boldsymbol{c}_4 = {}^t(-1 \quad 5 \quad 1)$ とすれば $(\boldsymbol{b}_1 \quad \boldsymbol{b}_2 \quad \boldsymbol{b}_3 \quad \boldsymbol{b}_4) = (\boldsymbol{a}_1 \quad \boldsymbol{a}_2 \quad \boldsymbol{a}_3)(\boldsymbol{c}_1 \quad \boldsymbol{c}_2 \quad \boldsymbol{c}_3 \quad \boldsymbol{c}_4)$ であって, $5\boldsymbol{c}_1+\boldsymbol{c}_2-2\boldsymbol{c}_3=\boldsymbol{0}$, $2\boldsymbol{c}_1-\boldsymbol{c}_2+\boldsymbol{c}_4=\boldsymbol{0}$ を得る. よって, 定理 4.3.5 より $5\boldsymbol{b}_1+\boldsymbol{b}_2-2\boldsymbol{b}_3=\boldsymbol{0}$, $2\boldsymbol{b}_1-\boldsymbol{b}_2+\boldsymbol{b}_4=\boldsymbol{0}$ を得る. また $\{\boldsymbol{b}_1, \boldsymbol{b}_2, \boldsymbol{b}_3, \boldsymbol{b}_4\}$ に含まれる 1 次独立な部分集合のうちの極大なものの 1 つは $\{\boldsymbol{b}_1, \boldsymbol{b}_2\}$ である.

5. $\begin{pmatrix} 0 & 0 & 1 \\ 1 & 0 & -1 \\ 0 & 1 & 1 \end{pmatrix}$

6. $P = \begin{pmatrix} 1 & 1 & 0 \\ 0 & -1 & 1 \\ 1 & 0 & -1 \end{pmatrix}$, $Q = \begin{pmatrix} 0 & 1 & 0 \\ 1 & 1 & 1 \\ 1 & 0 & 0 \end{pmatrix}$ として,

$$(\boldsymbol{b}_1 \quad \boldsymbol{b}_2 \quad \boldsymbol{b}_3) = (\boldsymbol{a}_1 \quad \boldsymbol{a}_2 \quad \boldsymbol{a}_3)P, \qquad (\boldsymbol{c}_1 \quad \boldsymbol{c}_2 \quad \boldsymbol{c}_3) = (\boldsymbol{a}_1 \quad \boldsymbol{a}_2 \quad \boldsymbol{a}_3)Q.$$

$|P| \neq 0 \neq |Q|$ だから系 4.3.11 より $\boldsymbol{b}_1, \boldsymbol{b}_2, \boldsymbol{b}_3$ および $\boldsymbol{c}_1, \boldsymbol{c}_2, \boldsymbol{c}_3$ は V の基底をなす．$(\boldsymbol{b}_1 \quad \boldsymbol{b}_2 \quad \boldsymbol{b}_3) = (\boldsymbol{a}_1 \quad \boldsymbol{a}_2 \quad \boldsymbol{a}_3)P = (\boldsymbol{c}_1 \quad \boldsymbol{c}_2 \quad \boldsymbol{c}_3)Q^{-1}P$ より，$(\boldsymbol{b}_1 \quad \boldsymbol{b}_2 \quad \boldsymbol{b}_3)$ から $(\boldsymbol{c}_1 \quad \boldsymbol{c}_2 \quad \boldsymbol{c}_3)$ への基底の変換行列は $\begin{pmatrix} 1 & 0 & -1 \\ 1 & 1 & 0 \\ -2 & -2 & 2 \end{pmatrix}$.

問 4.4.1　$\boldsymbol{u}_1, \boldsymbol{u}_2$

問 4.4.2　$\boldsymbol{u}_1, \boldsymbol{u}_2$

問 4.4.3　命題 4.3.4 および定理 4.4.3 より，$\dim U$ は A の簡約化に現れる基本ベクトルの個数であるが，それは $\operatorname{rank} A$ に等しい．

問題 4-4

1. $A = (\boldsymbol{u}_1 \quad \boldsymbol{u}_2 \quad \boldsymbol{u}_3 \quad \boldsymbol{u}_4 \quad \boldsymbol{u}_5)$ の階数は 3 で，$(\boldsymbol{u}_1, \boldsymbol{u}_2, \boldsymbol{u}_4)$ は U の基底．$A\boldsymbol{x} = \boldsymbol{0}$ の解は $\boldsymbol{x}_1 = {}^t(-1 \quad -1 \quad 1 \quad 0 \quad 0)$, $\boldsymbol{x}_2 = {}^t(-1 \quad 0 \quad 0 \quad -1 \quad 1)$ として $\boldsymbol{x} = s\boldsymbol{x}_1 + t\boldsymbol{x}_2$. よって $\boldsymbol{u}_3 = \boldsymbol{u}_1 + \boldsymbol{u}_2$, $\boldsymbol{u}_5 = \boldsymbol{u}_1 + \boldsymbol{u}_4$

2. W_1 の 1 組の基底は $(\boldsymbol{a}_1, \boldsymbol{a}_2)$ で $\dim W_1 = 2$. W_2 の 1 組の基底は $(\boldsymbol{a}_4, \boldsymbol{a}_5)$ で $\dim W_2 = 2$. $W_1 + W_2$ の 1 組の基底は $(\boldsymbol{a}_1, \boldsymbol{a}_2, \boldsymbol{a}_4)$ で $\dim(W_1 + W_2) = 3$. $\dim(W_1 \cap W_2) = 1$ で，$\boldsymbol{a}_1 = 2\boldsymbol{a}_4 + \boldsymbol{a}_5$ より $W_1 \cap W_2$ の基底は $(\boldsymbol{a}_1)$.

3. (1) $V = W_1 + W_2$ ならば，$n = \dim V = \dim W_1 + \dim W_2 - \dim(W_1 \cap W_2) < n/2 + n/2 = n$ となるが, これは矛盾．したがって $V \neq W_1 + W_2$. (2) $W_1 \neq W_2$ より $\boldsymbol{x} \notin W_1, \boldsymbol{x} \in W_2$ とすれば $\dim(W_1 + \langle \boldsymbol{x} \rangle) = n$ である．よって $W_1 + W_2 = V$ となる．これより $\dim(W_1 \cap W_2) = \dim W_1 + \dim W_2 - \dim(W_1 + W_2) = n - 2$.

4. $\boldsymbol{x} \in W_1 \cap W_2$ とする．このとき $\boldsymbol{x} = c_1\boldsymbol{a}_1 + c_2\boldsymbol{a}_2 + \cdots + c_k\boldsymbol{a}_k = c_{k+1}\boldsymbol{a}_{k+1} + c_{k+2}\boldsymbol{a}_{k+2} + \cdots + c_r\boldsymbol{a}_r$ と表されるが，$\boldsymbol{a}_1, \boldsymbol{a}_2, \ldots, \boldsymbol{a}_r$ は線形独立だから $c_1 = c_2 = \cdots = c_r = 0$ となり，$\boldsymbol{x} = \boldsymbol{0}$ を得る．よって $W_1 \cap W_2 = \{\boldsymbol{0}\}$ である．明らかに $\langle \boldsymbol{a}_1, \boldsymbol{a}_2, \ldots, \boldsymbol{a}_r \rangle = W_1 + W_2$ であって，上のことからこの和は直和である．

5. (i) $\Longrightarrow$ (ii) $\Longrightarrow$ (iii) は明らか．(iii) $\Longrightarrow$ (i) を示す．$\boldsymbol{x}_1 + \boldsymbol{x}_2 + \cdots + \boldsymbol{x}_r = \boldsymbol{0}$, $\boldsymbol{x}_1 \in W_1, \boldsymbol{x}_2 \in W_2, \ldots, \boldsymbol{x}_r \in W_r$ とする．$\boldsymbol{x}_1 = \boldsymbol{x}_2 = \cdots = \boldsymbol{x}_r = \boldsymbol{0}$ が成り立っていないと仮定し，$\boldsymbol{x}_1 = \cdots = \boldsymbol{x}_{i-1} = \boldsymbol{0}$ $(1 \leqq i \leqq r-1)$ かつ $\boldsymbol{x}_i \neq \boldsymbol{0}$ とする．このとき $\boldsymbol{x}_i + \boldsymbol{x}_{i+1} + \cdots + \boldsymbol{x}_r = \boldsymbol{0}$ より $W_i \cap (W_{i+1} + \cdots + W_r) \neq \{\boldsymbol{0}\}$ であるが，これは矛盾.

問 5.1.1　$\begin{pmatrix} 0 & -1 \\ -1 & 0 \end{pmatrix}$

問 5.1.2　$g \circ f : \begin{pmatrix} -9 & 6 \\ 1 & 6 \end{pmatrix}$, $(2, -3)$ の像は $(-36, -16)$

$f \circ g : \begin{pmatrix} 8 & 7 \\ -4 & -11 \end{pmatrix}$, $(2, -3)$ の像は $(-5, 25)$

問 5.1.3 $\dfrac{1}{2}\begin{pmatrix}-2 & 4\\ -3 & 5\end{pmatrix}$, (4, 11/2)

問 5.1.4 $R_{n\pi/6}$

問 5.1.5 $(-2,\ 0)$

問題 5 - 1

1. f を表す行列は $\begin{pmatrix}2 & 1\\ 5 & 3\end{pmatrix}$ でその逆行列は $\begin{pmatrix}3 & -1\\ -5 & 2\end{pmatrix}$ である．よって，任意の点 $\mathrm{Q}(x,\ y)$ に対して，ただ 1 つの xy-平面上の点 $\mathrm{P}(3x-y,\ -5x+2)$ が存在して，f による点 P の像は点 Q である．

2. 順に $5y=2x,\ 3y=x$

3. $\dfrac{1}{2}\begin{pmatrix}1+\cos 2\theta & \sin 2\theta\\ \sin 2\theta & 1-\cos 2\theta\end{pmatrix}=\begin{pmatrix}\cos^2\theta & \sin\theta\cos\theta\\ \sin\theta\cos\theta & \sin^2\theta\end{pmatrix}$, $\cos\theta\cdot x+\sin\theta\cdot y=0$

問 5.2.1 $f(\mathbf{0})=f(\mathbf{0}+\mathbf{0})=f(\mathbf{0})+f(\mathbf{0})$ より $f(\mathbf{0})=\mathbf{0}$ である．

問 5.2.2 $\begin{pmatrix}1 & -1 & 0\\ 0 & 1 & -1\end{pmatrix}$

問 5.2.3 $f(\boldsymbol{x}_1+\boldsymbol{x}_2)=f(\boldsymbol{x}_1)+f(\boldsymbol{x}_2)$ が成り立たない．

問 5.2.4 $\boldsymbol{x},\ \boldsymbol{y}\in\mathrm{Ker}\,f,\ c\in\mathbb{F}$ ならば $f(\boldsymbol{x}+\boldsymbol{y})=f(\boldsymbol{x})+f(\boldsymbol{y})=\mathbf{0}+\mathbf{0}=\mathbf{0}$, $f(c\boldsymbol{x})=cf(\boldsymbol{x})=c\mathbf{0}=\mathbf{0}$ より $\boldsymbol{x}+\boldsymbol{y},\ c\boldsymbol{x}\in\mathrm{Ker}\,f$ である．

問 5.2.5 $f(\boldsymbol{x})=\mathbf{0},\ \boldsymbol{x}\in V$ ならば $f(\boldsymbol{x})=\mathbf{0}=f(\mathbf{0})$ より $\boldsymbol{x}=\mathbf{0}$ である．

問 5.2.6 $\mathrm{Ker}\,f$ と $\mathrm{Im}\,f$ の基底はともに ${}^t(1\quad -1)$，図形は $x+y=0$.

問 5.2.7 f を表す行列は $\begin{pmatrix}2 & 1\\ 3 & 2\end{pmatrix}$ で，f^{-1} を表す行列は $\begin{pmatrix}2 & -1\\ -3 & 2\end{pmatrix}$ である．点 $\mathrm{P}(X,\ Y)$ の f^{-1} による像が直線 $x-y=1$ 上にあれば，$2X-Y-(-3X+2Y)=1$ であり，点 P は直線 $5x-3y=1$ 上にある．

問 5.2.8 (1) $\dim(\mathrm{Im}\,f_A)=2,\ \dim(\mathrm{Ker}\,f_A)=1$. ${}^t(1\quad -1)$, ${}^t(-2\quad -3)$ が $\mathrm{Im}\,f_A$ の基底をなし，${}^t(4\quad 2\quad 5)$ が $\mathrm{Ker}\,f_A$ の基底をなす．(2) $\dim(\mathrm{Im}\,f_A)=1$, $\dim(\mathrm{Ker}\,f_A)=2$. ${}^t(-1\quad 2)$ が $\mathrm{Im}\,f_A$ の基底をなし，${}^t(1\quad 1\quad 0)$, ${}^t(2\quad 0\quad -1)$ が $\mathrm{Ker}\,f_A$ の基底をなす．

問題 5 - 2

1. $\dim(\mathrm{Im}\,f_A)=3,\ \dim(\mathrm{Ker}\,f_A)=2$. ${}^t(1\quad -1\quad 0)$, ${}^t(1\quad 3\quad 1)$, ${}^t(-1\quad 1\ 3)$ が $\mathrm{Im}\,f_A$ の基底をなし，${}^t(-1\quad -1\quad 1\quad 0\quad 0)$, ${}^t(-4\quad -1\quad 0\quad 3\quad 4)$ が $\mathrm{Ker}\,f_A$ の基底をなす．

2. $\boldsymbol{x},\ y\in U,\ c\in\mathbb{F}$ のとき，$(g\circ f)(\boldsymbol{x}+\boldsymbol{y})=g(f(\boldsymbol{x}+\boldsymbol{y}))=g(f(\boldsymbol{x})+f(\boldsymbol{y}))=g(f(\boldsymbol{x}))+g(f(\boldsymbol{y}))=(g\circ f)(\boldsymbol{x})+(g\circ f)(\boldsymbol{y})$, $(g\circ f)(c\boldsymbol{x})=g(f(c\boldsymbol{x}))=g(cf(\boldsymbol{x}))=cg(f(\boldsymbol{x}))=c(g\circ f)(\boldsymbol{x})$ が成り立つ．

4. $f(\boldsymbol{x}_j)=a_{1j}\boldsymbol{y}_1+a_{2j}\boldsymbol{y}_2+\cdots+a_{mj}\boldsymbol{y}_m$, $j=1,2,\ldots,n$ と定め，V のベクト

ル $\boldsymbol{x} = c_1\boldsymbol{x}_1 + c_2\boldsymbol{x}_2 + \cdots + c_n\boldsymbol{x}_n$, $c_1, c_2, \ldots, c_n \in \mathbb{F}$ に対して $f(\boldsymbol{x}) = c_1 f(\boldsymbol{x}_1) + c_2 f(\boldsymbol{x}_2) + \cdots + c_n f(\boldsymbol{x}_n)$ と定めれば，f は V から W の線形写像であり，V の基底 $(\boldsymbol{x}_1, \boldsymbol{x}_2, \ldots, \boldsymbol{x}_n)$ と W の基底 $(\boldsymbol{y}_1, \boldsymbol{y}_2, \ldots, \boldsymbol{y}_m)$ に関する線形写像 f の行列が A である．

5. $\begin{pmatrix} E_r & O \\ O & O \end{pmatrix}$

問 5.3.2　$A\begin{pmatrix} 1 \\ 1 \end{pmatrix} = \begin{pmatrix} 3 \\ 3 \end{pmatrix}$, $A\begin{pmatrix} 1 \\ 2 \end{pmatrix} = \begin{pmatrix} 1 \\ 2 \end{pmatrix}$ より W_1 および W_2 は A-不変部分空間である．$B = \begin{pmatrix} 1 & 1 \\ 1 & 2 \end{pmatrix}^{-1} \begin{pmatrix} 3 & 1 \\ 3 & 2 \end{pmatrix} = \begin{pmatrix} 3 & 0 \\ 0 & 1 \end{pmatrix}$

問 5.3.3　(1) $\boldsymbol{x} \in \mathbb{F}^n$, $\boldsymbol{x}_0 = f_A(\boldsymbol{x}) = A\boldsymbol{x}$ とすると，$A\boldsymbol{x}_0 = A^2\boldsymbol{x} = A\boldsymbol{x}$ より $f_A(\boldsymbol{x} - \boldsymbol{x}_0) = A\boldsymbol{x} - A\boldsymbol{x}_0 = \boldsymbol{0}$ である．よって $\mathbb{F}^n = \operatorname{Im} f_A + \operatorname{Ker} f_A$ を得る．また $\boldsymbol{x} \in \operatorname{Im} f_A \cap \operatorname{Ker} f_A$ とすれば，ある $\mathbb{F}^n$ のベクトル $\boldsymbol{x}_0$ が存在して $\boldsymbol{x} = f_A(\boldsymbol{x}_0) = A\boldsymbol{x}_0$ となるが，$A\boldsymbol{x} = \boldsymbol{0}$ より $\boldsymbol{x} = A\boldsymbol{x}_0 = A^2\boldsymbol{x}_0 = A\boldsymbol{x} = \boldsymbol{0}$ である．よって $\mathbb{F}^n = \operatorname{Im} f_A \oplus \operatorname{Ker} f_A$ となる．(2) $\boldsymbol{x} \in \operatorname{Ker} f_A$ ならば $A\boldsymbol{x} = \boldsymbol{0}$ より $f_{E-A}(\boldsymbol{x}) = (E - A)\boldsymbol{x} = \boldsymbol{x}$ だから，$\operatorname{Ker} f_A \subset \operatorname{Im} f_{E-A}$ が成り立つ．一方，$\boldsymbol{x} \in \operatorname{Im} f_{E-A}$ とすると，ある $\mathbb{F}^n$ のベクトル $\boldsymbol{x}_0$ が存在して $\boldsymbol{x} = f_{E-A}(\boldsymbol{x}_0) = \boldsymbol{x}_0 - A\boldsymbol{x}_0$ となるが，このとき $f_A(\boldsymbol{x}) = A(\boldsymbol{x}_0 - A\boldsymbol{x}_0) = \boldsymbol{0}$ が成り立つ．したがって $\operatorname{Im} f_{E-A} = \operatorname{Ker} f_A$ である．

問 5.3.4　${}^t(1\ \ 2\ \ 2)$, ${}^t(0\ \ 1\ \ 2)$ が $\operatorname{Im} f_A$ の基底をなし，${}^t(1\ \ 2\ \ 3)$ が $\operatorname{Ker} f_A$ の基底をなす．$P = \begin{pmatrix} 1 & 0 & 1 \\ 2 & 1 & 2 \\ 2 & 2 & 3 \end{pmatrix}$ とおくと $P^{-1}AP = \begin{pmatrix} 1 & 0 & 0 \\ 0 & 1 & 0 \\ 0 & 0 & 0 \end{pmatrix}$.

問題 5-3

1. $\begin{pmatrix} 3 & 0 & 0 \\ 0 & 2 & 1 \\ 0 & 0 & 2 \end{pmatrix}$

2. $A(-3\boldsymbol{e}_1 + 2\boldsymbol{e}_3) = \dfrac{1}{2}(-3\boldsymbol{e}_1 + 2\boldsymbol{e}_3) + \dfrac{9}{2}(-3\boldsymbol{e}_1 + 2\boldsymbol{e}_2)$, $A(-3\boldsymbol{e}_1 + 2\boldsymbol{e}_2) = -\dfrac{1}{2}(-3\boldsymbol{e}_1 + 2\boldsymbol{e}_3) + \dfrac{7}{2}(-3\boldsymbol{e}_1 + 2\boldsymbol{e}_2)$ より W は A-不変部分空間．W の基底 $(-3\boldsymbol{e}_1 + 2\boldsymbol{e}_3, -3\boldsymbol{e}_1 + 2\boldsymbol{e}_2)$ に関する $f_A|_W$ の行列は $\dfrac{1}{2}\begin{pmatrix} 1 & -1 \\ 9 & 7 \end{pmatrix}$, W の基底 $(3\boldsymbol{e}_1 - 3\boldsymbol{e}_2 + \boldsymbol{e}_3, 3\boldsymbol{e}_1 - 2\boldsymbol{e}_2)$ に関する $f_A|_W$ の行列は $\begin{pmatrix} 3 & 1 \\ 0 & 3 \end{pmatrix}$.

3. (1) $f_A^{(m)}(\boldsymbol{x}) = A^m\boldsymbol{x} = O\boldsymbol{x} = \boldsymbol{0}$ $(\forall \boldsymbol{x} \in \mathbb{F}^n)$ より $\operatorname{Im} f_A^{(m)} = \{\boldsymbol{0}\}$ である．(2) $k = 1, 2, \ldots$ について $\operatorname{Im} f_A^{(k+1)} = \{f_A^{(k)}(\boldsymbol{x}) \mid \boldsymbol{x} \in \operatorname{Im} f_A\} \subset \operatorname{Im} f_A^{(k)}$ である．

(3) $A^k \neq O$, $1 \leqq k < m$ とする．いま $\dim(\mathrm{Im}\, f_A^{(k+1)}) = \dim(\mathrm{Im}\, f_A^{(k)})$ と仮定する．このとき，すべての $i \geqq k+1$ について $\mathrm{Im}\, f_A^{(i)} = \mathrm{Im}\, f_A^{(k)}$ であり，一方，$\mathrm{Im}\, f_A^{(k)} = \{A^k\boldsymbol{x} \mid \boldsymbol{x} \in \mathbb{F}^n\} \neq \{\boldsymbol{0}\}$ だから $\mathrm{Im}\, f_A^{(m)} \neq \{\boldsymbol{0}\}$．これは (1) に矛盾．よって $\dim(\mathrm{Im}\, f_A^{(k+1)}) < \dim(\mathrm{Im}\, f_A^{(k)})$ が成り立つ．(4) $A \neq O$ としてよい．$A^m = O$ より，$\det A = 0$ だから，$\dim(\mathrm{Im}\, f_A^{(1)}) < n$ である．$A^n \neq O$ とする．このとき $n < m$ であり，$A^k \neq O$ $(1 \leqq k \leqq n)$ だから (3) より $n > \dim(\mathrm{Im}\, f_A^{(1)}) > \cdots > \dim(\mathrm{Im}\, f_A^{(n+1)})$ であるが，これは矛盾．よって $A^n = O$ を得る．

4. W_1 の基底を $(\boldsymbol{a}_1, \ldots, \boldsymbol{a}_{n_1})$, W_2 の基底を $(\boldsymbol{a}_{n_1+1}, \ldots, \boldsymbol{a}_n)$ とする．このとき，定理 4.4.6 から $(\boldsymbol{a}_1, \boldsymbol{a}_2, \ldots, \boldsymbol{a}_n)$ は V の基底である．行列 A をこの基底に関する f の行列とする．f の定義から

$$\begin{aligned}
(\boldsymbol{a}_1 \quad \boldsymbol{a}_2 \quad \cdots \quad \boldsymbol{a}_n)A &= (f(\boldsymbol{a}_1) \quad f(\boldsymbol{a}_2) \quad \cdots \quad f(\boldsymbol{a}_n)) \\
&= (\boldsymbol{a}_1 \quad \cdots \quad \boldsymbol{a}_{n_1} \quad \boldsymbol{0} \quad \cdots \quad \boldsymbol{0}), \\
(\boldsymbol{a}_1 \quad \boldsymbol{a}_2 \quad \cdots \quad \boldsymbol{a}_n)A^2 &= (f(\boldsymbol{a}_1) \quad \cdots \quad f(\boldsymbol{a}_{n_1}) \quad \boldsymbol{0} \quad \cdots \quad \boldsymbol{0}) \\
&= (\boldsymbol{a}_1 \quad \cdots \quad \boldsymbol{a}_{n_1} \quad \boldsymbol{0} \quad \cdots \quad \boldsymbol{0})
\end{aligned}$$

となる．よって $(\boldsymbol{a}_1 \quad \cdots \quad \boldsymbol{a}_n)A = (\boldsymbol{a}_1 \quad \cdots \quad \boldsymbol{a}_n)A^2$ であるが，これは $A^2 = A$ を導く．また別の基底に関する f の行列 $P^{-1}AP$ (P は基底の変換行列) についても $(P^{-1}AP)^2 = P^{-1}AP$ を得る．

5. 明らかに $\mathrm{Im}\, f_A \supset \{\boldsymbol{x} \in \mathbb{F}^n \mid A\boldsymbol{x} = \boldsymbol{x}\}$．一方，$\boldsymbol{y} = f_A(\boldsymbol{x}) \in \mathrm{Im}\, f_A$ ならば，$A\boldsymbol{y} = A(A\boldsymbol{x}) = A^2\boldsymbol{x} = \boldsymbol{y}$ より，$\mathrm{Im}\, f_A \subset \{\boldsymbol{x} \in \mathbb{F}^n \mid A\boldsymbol{x} = \boldsymbol{x}\}$.

問 6.1.1　固有値は λ のみで，$\boldsymbol{0}$ でないすべてのベクトルが固有ベクトル．

問 6.1.2　固有値は 4, 1，固有空間は $\langle {}^t(1 \quad 1)\rangle, \langle {}^t(-1 \quad 2)\rangle$.

問 6.1.3　$A = AE_n = A(\boldsymbol{e}_1 \quad \boldsymbol{e}_2 \quad \cdots \quad \boldsymbol{e}_n) = (A\boldsymbol{e}_1 \quad A\boldsymbol{e}_2 \quad \cdots \quad A\boldsymbol{e}_n) = (\lambda\boldsymbol{e}_1 \quad \lambda\boldsymbol{e}_2 \quad \cdots \quad \lambda\boldsymbol{e}_n) = \lambda(\boldsymbol{e}_1 \quad \boldsymbol{e}_2 \quad \cdots \quad \boldsymbol{e}_n) = \lambda E_n$.

問題 6-1

1. $W(A\,;1) = \langle {}^t(0 \quad 1 \quad 2)\rangle$, $W(A\,;0) = \langle {}^t(1 \quad 2 \quad 1)\rangle$,
$W(B\,;3) = \langle {}^t(-1 \quad 2 \quad 0), {}^t(-1 \quad 0 \quad 1)\rangle$, $W(B\,;2) = \langle {}^t(-1 \quad 1 \quad 1))\rangle$.

2. $\boldsymbol{x} \in W(A\,;\lambda)$ とすると，$A\boldsymbol{x} = \lambda\boldsymbol{x}$ より $A(B\boldsymbol{x}) = B(A\boldsymbol{x}) = \lambda(B\boldsymbol{x})$ となり，$B\boldsymbol{x} \in W(A\,;\lambda)$ を得る．よって $W(A\,;\lambda)$ は B-不変である．

3. 定義から $\Phi_A(x) = |xE_3 - A|$ の x の係数は $(x-a_{11})(x-a_{22})(x-a_{33}) - a_{12}a_{21}(x-a_{33}) - a_{23}a_{32}(x-a_{11}) - a_{13}a_{31}(x-a_{22})$ の x の係数に一致し，それは $a_{11}a_{22}+a_{22}a_{33}+a_{33}a_{11}-a_{12}a_{21}-a_{23}a_{32}-a_{13}a_{31}$ である．一方，$\Phi_A(x) = (x-\lambda_1)(x-\lambda_2)(x-\lambda_3)$ より $\lambda_1\lambda_2 + \lambda_2\lambda_3 + \lambda_3\lambda_1 = a_{11}a_{22} + a_{22}a_{33} + a_{33}a_{11} - (a_{12}a_{21} + a_{23}a_{32} + a_{13}a_{31})$ となる．

4. $X^m = O$ とする．$\mathbb{F} = \mathbb{C}$ として，λ を X の固有値とすれば，λ に属する任意の固有ベクトル $\boldsymbol{x}$ に対して $\lambda^m\boldsymbol{x} = X^m\boldsymbol{x} = \boldsymbol{0}$，すなわち $\lambda = 0$ である．よって X の固有多項式は $\Phi_X(x) = x^n$ であり，$X^n = O$ を得る．

5. $A=(a_{ij})$, $B=(b_{ij})$ として，$\mathrm{tr}(AB)=\sum_{i=1}^{n}\sum_{k=1}^{n}a_{ik}b_{ki}=\sum_{k=1}^{n}\sum_{i=1}^{n}b_{ik}a_{ki}=\mathrm{tr}(BA)$.

問 6.2.1　正則行列 Q が $Q^{-1}AQ=D$ を満たすならば，$A=PDP^{-1}=QDQ^{-1}$ より $DP^{-1}Q=P^{-1}QD$ が成り立つ．$i=1,2,\ldots,r$ について $d_i\times d_j$ 行列 R_{ij} を

$$P^{-1}Q=\begin{pmatrix} R_{11} & \cdots & R_{1j} & \cdots & R_{1r} \\ \vdots & \ddots & \vdots & \ddots & \vdots \\ R_{i1} & \cdots & R_{ij} & \cdots & R_{ir} \\ \vdots & \ddots & \vdots & \ddots & \vdots \\ R_{r1} & \cdots & R_{rj} & \cdots & R_{rr} \end{pmatrix}$$

であるように定める．$DP^{-1}Q=P^{-1}QD$ より，$\lambda_iR_{ij}=\lambda_jR_{ij}$ $(1\leqq i,\,j\leqq r)$ となる．これより $i\neq j$ ならば $R_{ij}=O$ である．さらに $P^{-1}Q$ は正則だから R_{ii} も正則である．よって，必要であることが示された．十分であることは明らか．

問 6.2.2　A, B, C が対角化可能．$P=\begin{pmatrix}1 & 1\\ 3 & 1\end{pmatrix}$ とおけば $P^{-1}AP=\begin{pmatrix}-1 & 0\\ 0 & 1\end{pmatrix}$, $Q=\dfrac{1}{3}\begin{pmatrix}1 & 3\\ 3 & 3\end{pmatrix}$ とおけば $Q^{-1}BQ=\begin{pmatrix}1 & 0\\ 0 & 0\end{pmatrix}$, $R=\begin{pmatrix}1+\sqrt{3}i & 1-\sqrt{3}i\\ 2 & 2\end{pmatrix}$ とおけば $R^{-1}CR=\begin{pmatrix}\dfrac{3+\sqrt{3}i}{2} & 0\\ 0 & \dfrac{3-\sqrt{3}i}{2}\end{pmatrix}$.

問題 6-2

1. B が対角化可能．$P=\begin{pmatrix}-1 & -1 & -1\\ 2 & 0 & 1\\ 0 & 1 & 1\end{pmatrix}$ とおけば $P^{-1}BP=\begin{pmatrix}3 & 0 & 0\\ 0 & 3 & 0\\ 0 & 0 & 2\end{pmatrix}$.

2. B, C, D が対角化可能．$P=\begin{pmatrix}-1 & -1 & -2\\ 1 & 0 & -2\\ 0 & 1 & 5\end{pmatrix}$ とおけば

$$P^{-1}BP=\begin{pmatrix}3 & 0 & 0\\ 0 & 3 & 0\\ 0 & 0 & 2\end{pmatrix},\ Q=\begin{pmatrix}1+\sqrt{22} & 1-\sqrt{22} & -1\\ 5-2\sqrt{22} & 5+2\sqrt{22} & 1\\ 7 & 7 & 1\end{pmatrix}$$ とおけば

$$Q^{-1}CQ=\begin{pmatrix}6+\sqrt{22} & 0 & 0\\ 0 & 6-\sqrt{22} & 0\\ 0 & 0 & 2\end{pmatrix},\ R=\begin{pmatrix}1+5\sqrt{7}i & 1-5\sqrt{7}i & -1\\ -30+4\sqrt{7}i & -30-4\sqrt{7}i & 1\\ 22 & 22 & 1\end{pmatrix}$$

とおけば $R^{-1}DR = \begin{pmatrix} \dfrac{-1+\sqrt{7}i}{2} & 0 & 0 \\ 0 & \dfrac{-1-\sqrt{7}i}{2} & 0 \\ 0 & 0 & 10 \end{pmatrix}$.

3. べき零行列の固有値は 0 のみであり (問題 6-1, ***4*** の略解参照), それが対角化可能であれば, O と相似である. そのような行列は O に限る.

4. $P^{-1}ABP = (P^{-1}AP)(P^{-1}BP) = (P^{-1}BP)(P^{-1}AP) = P^{-1}BAP$ より $AB = BA$.

5. 問 5.3.3 より $\mathbb{F}^n = \mathrm{Im}\, f_A \oplus \mathrm{Ker}\, f_A$ である. $\mathrm{Ker}\, f_A = \{\boldsymbol{x} \in \mathbb{F}^n \mid A\boldsymbol{x} = \boldsymbol{0}\}$ であって, これは A の固有値 0 に対する固有空間である. 問題 5-3, ***5*** より $\mathrm{Im}\, f_A = \{\boldsymbol{x} \in \mathbb{F}^n \mid A\boldsymbol{x} = \boldsymbol{x}\}$ であって, これは A の固有値 1 に対する固有空間である. さらに, 定理 6.1.2 より A の固有値は 0 と 1 のみであり, 定理 6.2.1 より A は対角化可能である.

6. $P = \begin{pmatrix} 3 & 2 & -2 \\ 2 & 1 & -1 \\ 1 & 0 & 1 \end{pmatrix}$

問 6.3.1 (1) $(\boldsymbol{0}, \boldsymbol{a}) = (\boldsymbol{0}+\boldsymbol{0}, \boldsymbol{a}) = (\boldsymbol{0}, \boldsymbol{a}) + (\boldsymbol{0}, \boldsymbol{a})$ より $(\boldsymbol{0}, \boldsymbol{a}) = 0$, $(\boldsymbol{a}, \boldsymbol{0}) = \overline{(\boldsymbol{0}, \boldsymbol{a})} = 0$. (2) $(\boldsymbol{a}, \boldsymbol{b}+\boldsymbol{c}) = \overline{(\boldsymbol{b}+\boldsymbol{c}, \boldsymbol{a})} = \overline{(\boldsymbol{b}, \boldsymbol{a}) + (\boldsymbol{c}, \boldsymbol{a})} = \overline{(\boldsymbol{b}, \boldsymbol{a})} + \overline{(\boldsymbol{c}, \boldsymbol{a})} = (\boldsymbol{a}, \boldsymbol{b}) + (\boldsymbol{a}, \boldsymbol{c})$. (3) $(\boldsymbol{a}, s\boldsymbol{b}) = \overline{s(\boldsymbol{b}, \boldsymbol{a})} = \overline{s}(\boldsymbol{a}, \boldsymbol{b})$.

問 6.3.2 $(\boldsymbol{a}+\boldsymbol{b}, \boldsymbol{a}+\boldsymbol{b}) = (\boldsymbol{a}, \boldsymbol{a}) + (\boldsymbol{a}, \boldsymbol{b}) + \overline{(\boldsymbol{a}, \boldsymbol{b})} + (\boldsymbol{b}, \boldsymbol{b})$. 定理 6.3.1 より $(\|\boldsymbol{a}\| + \|\boldsymbol{b}\|)^2 = (\boldsymbol{a}, \boldsymbol{a}) + 2\|\boldsymbol{a}\| \cdot \|\boldsymbol{b}\| + (\boldsymbol{b}, \boldsymbol{b}) \geqq (\boldsymbol{a}, \boldsymbol{a}) + 2|(\boldsymbol{a}, \boldsymbol{b})| + (\boldsymbol{b}, \boldsymbol{b})$. 一般に $2|(\boldsymbol{a}, \boldsymbol{b})| \geqq (\boldsymbol{a}, \boldsymbol{b}) + \overline{(\boldsymbol{a}, \boldsymbol{b})}$ より $(\|\boldsymbol{a}\| + \|\boldsymbol{b}\|)^2 \geqq (\boldsymbol{a}+\boldsymbol{b}, \boldsymbol{a}+\boldsymbol{b})$ を得る. よって $\|\boldsymbol{a}+\boldsymbol{b}\| \leqq \|\boldsymbol{a}\| + \|\boldsymbol{b}\|$.

問 6.3.3 n 次元内積空間 V のベクトル $\boldsymbol{a}_1, \boldsymbol{a}_2, \ldots, \boldsymbol{a}_n \neq \boldsymbol{0}$ は互いに直交する, すなわち $(\boldsymbol{a}_i, \boldsymbol{a}_j) = 0$ $(1 \leqq i < j \leqq n)$ を満たすとする. このとき $c_1\boldsymbol{a}_1 + c_2\boldsymbol{a}_2 + \cdots + c_n\boldsymbol{a}_n = \boldsymbol{0}$ $(c_1, c_2, \ldots, c_n \in \mathbb{F})$ とすると, $i = 1, 2, \ldots, n$ について $0 = (c_1\boldsymbol{a}_1 + c_2\boldsymbol{a}_2 + \cdots + c_n\boldsymbol{a}_n, \boldsymbol{a}_i) = c_i(\boldsymbol{a}_i, \boldsymbol{a}_i)$ より $c_i = 0$ を得る. よって $\boldsymbol{a}_1, \boldsymbol{a}_2, \ldots, \boldsymbol{a}_n$ は線形独立であり, 定理 4.4.1 より, V の基底をなす.

問 6.3.4 $i = 1, 2, \ldots, r$ について

$$\begin{aligned} &(\boldsymbol{x}, \boldsymbol{x}_i) \\ =\ &(\boldsymbol{y} - (\boldsymbol{y}, \boldsymbol{x}_1)\boldsymbol{x}_1 - (\boldsymbol{y}, \boldsymbol{x}_2)\boldsymbol{x}_2 - \cdots - (\boldsymbol{y}, \boldsymbol{x}_r)\boldsymbol{x}_r, \boldsymbol{x}_i) \\ =\ &(\boldsymbol{y}, \boldsymbol{x}_i) - ((\boldsymbol{y}, \boldsymbol{x}_1)\boldsymbol{x}_1, \boldsymbol{x}_i) - ((\boldsymbol{y}, \boldsymbol{x}_2)\boldsymbol{x}_2, \boldsymbol{x}_i) - \cdots - ((\boldsymbol{y}, \boldsymbol{x}_r)\boldsymbol{x}_r, \boldsymbol{x}_i) \\ =\ &(\boldsymbol{y}, \boldsymbol{x}_i) - (\boldsymbol{y}, \boldsymbol{x}_i)(\boldsymbol{x}_i, \boldsymbol{x}_i) \\ =\ &0. \end{aligned}$$

問 6.3.5 $a\boldsymbol{x}/||a\boldsymbol{x}|| = a\boldsymbol{x}/\sqrt{(a\boldsymbol{x}, a\boldsymbol{x})} = a\boldsymbol{x}/\sqrt{a^2}||\boldsymbol{x}|| = \boldsymbol{x}/||\boldsymbol{x}||$.

問 6.3.6　(1) $\dfrac{1}{\sqrt{3}}\begin{pmatrix}1\\1\\-1\end{pmatrix},\ \dfrac{1}{\sqrt{6}}\begin{pmatrix}-1\\2\\1\end{pmatrix},\ \dfrac{1}{\sqrt{2}}\begin{pmatrix}1\\0\\1\end{pmatrix}$

(2) $\dfrac{1}{3}\begin{pmatrix}2\\2\\1\end{pmatrix},\ \dfrac{1}{3\sqrt{5}}\begin{pmatrix}4\\-5\\2\end{pmatrix},\ \dfrac{1}{\sqrt{5}}\begin{pmatrix}1\\0\\-2\end{pmatrix}$

(3) $\dfrac{1}{\sqrt{2}}\begin{pmatrix}1\\i\\0\end{pmatrix},\ \dfrac{1}{\sqrt{6}}\begin{pmatrix}i\\1\\2\end{pmatrix},\ \dfrac{1}{\sqrt{6}}\begin{pmatrix}1+i\\1-i\\-1+i\end{pmatrix}$

問 6.3.7　(1) (i) $\iff {}^t\!A\overline{A}=E \iff$ (ii)　(2) (a) $A^{-1}={}^t\overline{A}$ より $(A^{-1})^{-1}=A={}^t\overline{({}^t\overline{A})}={}^t\overline{A^{-1}}$. (b) $(AB)\,{}^t\overline{(AB)}=A(B\,{}^t\overline{B})\,{}^t\overline{A}=A\,{}^t\overline{A}=E$. (3) $X=(\boldsymbol{x}_1\quad \boldsymbol{x}_2\quad \cdots\quad \boldsymbol{x}_n)$, $Y=(\boldsymbol{y}_1\quad \boldsymbol{y}_2\quad \cdots\quad \boldsymbol{y}_n)$ とおくとき, X, X^{-1} はユニタリー行列であり, $(\boldsymbol{y}_1,\boldsymbol{y}_2,\ldots,\boldsymbol{y}_n)$ が V の正規直交基底であるための必要十分条件は Y がユニタリー行列となっていることである. $Y=XA$ かつ $A=X^{-1}Y$ なので, $(\boldsymbol{y}_1,\boldsymbol{y}_2,\ldots,\boldsymbol{y}_n)$ が V の正規直交基底であるための必要十分条件は A がユニタリー行列となっていることである.

問 6.3.8　問 6.3.7(2)(a) より A, A^{-1} はユニタリー行列だから $A^{-1}={}^t\overline{A}$, $A={}^t\overline{A^{-1}}$. よって, $B\,{}^t\overline{B}={}^t\overline{B}B$ より,

$$(A^{-1}BA)\,{}^t\overline{(A^{-1}BA)}=A^{-1}B(A\,{}^t\overline{A})\,{}^t\overline{B}A=A^{-1}(B\,{}^t\overline{B})A={}^t\overline{A}({}^t\overline{B}B)A$$
$$={}^t\overline{A}\,{}^t\overline{B}(A\,{}^t\overline{A})BA={}^t\overline{(A^{-1}BA)}(A^{-1}BA).$$

問 6.3.9　(1) $P=\begin{pmatrix}-\dfrac{1}{\sqrt{2}} & -\dfrac{1}{\sqrt{6}} & \dfrac{1}{\sqrt{3}}\\ \dfrac{1}{\sqrt{2}} & -\dfrac{1}{\sqrt{6}} & \dfrac{1}{\sqrt{3}}\\ 0 & \dfrac{2}{\sqrt{6}} & \dfrac{1}{\sqrt{3}}\end{pmatrix}$ とおけば $P^{-1}AP=\begin{pmatrix}1&0&0\\0&1&0\\0&0&4\end{pmatrix}$

$$Q=\begin{pmatrix}-\dfrac{1}{\sqrt{3}} & \dfrac{1}{\sqrt{2}} & \dfrac{1}{\sqrt{6}}\\ \dfrac{1}{\sqrt{3}} & \dfrac{1}{\sqrt{2}} & -\dfrac{1}{\sqrt{6}}\\ \dfrac{1}{\sqrt{3}} & 0 & \dfrac{2}{\sqrt{6}}\end{pmatrix} \text{ とおけば } Q^{-1}BQ=\begin{pmatrix}-1&0&0\\0&5&0\\0&0&5\end{pmatrix}$$

(2) $R = \begin{pmatrix} -\dfrac{\omega^2}{\sqrt{3}} & -\dfrac{\omega}{\sqrt{2}} & \dfrac{\omega^2}{\sqrt{6}} \\ -\dfrac{\omega}{\sqrt{3}} & \dfrac{1}{\sqrt{2}} & \dfrac{\omega}{\sqrt{6}} \\ \dfrac{1}{\sqrt{3}} & 0 & \dfrac{2}{\sqrt{6}} \end{pmatrix}$ とおけば $R^{-1}CR = \begin{pmatrix} 0 & 0 & 0 \\ 0 & 3 & 0 \\ 0 & 0 & 3 \end{pmatrix}$

問題 6 - 3

1. $\boldsymbol{a}' = s_1\boldsymbol{x}_1 + s_2\boldsymbol{x}_2 + \cdots + s_n\boldsymbol{x}_n$ とすると，各 $i = 1, 2, \ldots, n$ について，$(\boldsymbol{a}', \boldsymbol{x}_i) = s_i = (\boldsymbol{a}, \boldsymbol{x}_i)$ より，$(\boldsymbol{a}' - \boldsymbol{a}, \boldsymbol{x}_i) = 0$ である．よって，すべての $\boldsymbol{x} \in V$ に対して $(\boldsymbol{a}' - \boldsymbol{a}, \boldsymbol{x}) = 0$ となり，$\boldsymbol{a} = \boldsymbol{a}'$ を得る．同様に $\boldsymbol{b} = t_1\boldsymbol{x}_1 + t_2\boldsymbol{x}_2 + \cdots + t_n\boldsymbol{x}_n$ であって，

$$\begin{aligned}(\boldsymbol{a}, \boldsymbol{b}) &= (s_1\boldsymbol{x}_1 + s_2\boldsymbol{x}_2 + \cdots + s_n\boldsymbol{x}_n,\ t_1\boldsymbol{x}_1 + t_2\boldsymbol{x}_2 + \cdots + t_n\boldsymbol{x}_n) \\ &= s_1\overline{t_1}(\boldsymbol{x}_1, \boldsymbol{x}_1) + s_2\overline{t_2}(\boldsymbol{x}_2, \boldsymbol{x}_2) + \cdots s_n\overline{t_n}(\boldsymbol{x}_n, \boldsymbol{x}_n) = \sum_{i=1}^{n} s_i\overline{t_i}.\end{aligned}$$

2. A, ${}^tA$ の列分割表示をそれぞれ

$$A = (\boldsymbol{a}_1 \quad \boldsymbol{a}_2 \quad \cdots \quad \boldsymbol{a}_n), \qquad {}^tA = (\boldsymbol{a}^{(1)} \quad \boldsymbol{a}^{(2)} \quad \cdots \quad \boldsymbol{a}^{(n)})$$

とする．このとき

$$\begin{aligned}\boldsymbol{x} \in \operatorname{Ker} f_A &\iff (\boldsymbol{a}_1 \quad \boldsymbol{a}_2 \quad \cdots \quad \boldsymbol{a}_n)\boldsymbol{x} = \begin{pmatrix} (\boldsymbol{x}, \boldsymbol{a}^{(1)}) \\ (\boldsymbol{x}, \boldsymbol{a}^{(2)}) \\ \vdots \\ (\boldsymbol{x}, \boldsymbol{a}^{(n)}) \end{pmatrix} = \boldsymbol{0} \\ &\iff \boldsymbol{x} \in (\operatorname{Im} f_{{}^tA})^{\perp}\end{aligned}$$

より，$\operatorname{Ker} f = (\operatorname{Im} f_{{}^tA})^{\perp}$．さらに，例 5.2.2，定理 6.3.3 より $\operatorname{rank} A = n - \dim(\operatorname{Ker} f_A) = n - \dim((\operatorname{Im} f_{{}^tA})^{\perp}) = \dim(\operatorname{Im} f_{{}^tA}) = \operatorname{rank} {}^tA$.

3. λ に属する固有ベクトル $\boldsymbol{x}$ について $||({}^t\overline{B} - \overline{\lambda}E)\boldsymbol{x}||^2 = (\boldsymbol{x}, (B - \lambda E)({}^t\overline{B} - \overline{\lambda}E)\boldsymbol{x}) = (\boldsymbol{x}, ({}^t\overline{B} - \overline{\lambda}E)(B - \lambda E)\boldsymbol{x}) = ||(B - \lambda E)\boldsymbol{x}||^2 = 0$ より ${}^t\overline{B}\boldsymbol{x} = \overline{\lambda}\boldsymbol{x}$.

4. 正規行列 B の相異なる 2 つの固有値 λ, μ に属する固有ベクトルを $\boldsymbol{x} \in W(B\,;\lambda)$, $\boldsymbol{y} \in W(B\,;\mu)$ とすれば，補題 6.3.4 (1) と問題 6 - 3, ***3*** より，

$$\lambda(\boldsymbol{x}, \boldsymbol{y}) = (\lambda\boldsymbol{x}, \boldsymbol{y}) = (B\boldsymbol{x}, \boldsymbol{y}) = (\boldsymbol{x}, {}^t\overline{B}\boldsymbol{y}) = (x, \overline{\mu}\boldsymbol{y}) = \mu(\boldsymbol{x}, \boldsymbol{y})$$

が成り立つが，$\lambda \neq \mu$ より $(\boldsymbol{x}, \boldsymbol{y}) = 0$ を得る．(結論は定理 6.3.6 から直ちに得られるが，ここでは直接証明した．)

5. 正規行列 B について，定理 6.3.6 より B はあるユニタリー行列 A によって対角化可能であり，$D = A^{-1}BA$ とおけば，D は対角成分が B の固有値からなる対角行列である．$A\,{}^t\overline{A} = E$ より

$$D\,{}^t\overline{D} = (A^{-1}BA)\,{}^t\overline{(A^{-1}BA)} = A^{-1}B(A\,{}^t\overline{A})\,{}^t\overline{B}\,{}^t\overline{A^{-1}} = A^{-1}(B\,{}^t\overline{B})A$$

を得る．よって

$$\begin{aligned} B\text{ はユニタリー行列} &\iff B\,{}^t\overline{B} = E \\ &\iff D\,{}^t\overline{D} = E \\ &\iff B\text{ の固有値の絶対値がすべて }1. \end{aligned}$$

(特に，実行列 A が $A\,{}^tA = {}^tAA$ を満たすとき，A が直交行列であるための必要十分条件は A の固有値が ± 1 となっていることである．)

6. $\boldsymbol{x} = s_1\boldsymbol{a}_1 + s_2\boldsymbol{a}_2 + \cdots + s_n\boldsymbol{a}_n$, $\boldsymbol{y} = t_1\boldsymbol{a}_1 + t_2\boldsymbol{a}_2 + \cdots + t_n\boldsymbol{a}_n \in V$, $\boldsymbol{s} = {}^t(s_1 \quad s_2 \quad \cdots \quad s_n)$, $\boldsymbol{t} = {}^t(t_1 \quad t_2 \quad \cdots \quad t_n) \in \mathbb{F}^n$ とすると

$$\begin{aligned} (f(\boldsymbol{x}), \boldsymbol{y}) &= ((f(\boldsymbol{a}_1) \quad f(\boldsymbol{a}_2) \quad \cdots \quad f(\boldsymbol{a}_n))\boldsymbol{s}, \boldsymbol{y}) \\ &= ((\boldsymbol{a}_1 \quad \boldsymbol{a}_2 \quad \cdots \quad \boldsymbol{a}_n)B\boldsymbol{s}, (\boldsymbol{a}_1 \quad \boldsymbol{a}_2 \quad \cdots \quad \boldsymbol{a}_n)\boldsymbol{t}) \\ &= {}^t(Bs)\bar{t} = {}^ts\,\overline{{}^t\overline{B}\boldsymbol{t}} \\ &= ((\boldsymbol{a}_1 \quad \boldsymbol{a}_2 \quad \cdots \quad \boldsymbol{a}_n)\boldsymbol{s}, (\boldsymbol{a}_1 \quad \boldsymbol{a}_2 \quad \cdots \quad \boldsymbol{a}_n){}^t\overline{B}\boldsymbol{t}) \\ &= (\boldsymbol{x}, (f^*(\boldsymbol{a}_1) \quad f^*(\boldsymbol{a}_2) \quad \cdots \quad f^*(\boldsymbol{a}_n))\boldsymbol{t}) \\ &= (\boldsymbol{x}, f^*(\boldsymbol{y})). \end{aligned}$$

また V 上の線形変換 g が，任意の $\boldsymbol{x}, \boldsymbol{y} \in V$ に対して $(f(\boldsymbol{x}), \boldsymbol{y}) = (\boldsymbol{x}, g(\boldsymbol{y}))$ を満たすとする．このとき，任意の $\boldsymbol{x} \in V$ に対して，

$$\begin{aligned} ((g-f^*)(\boldsymbol{x}), (g-f^*)(\boldsymbol{x})) &= ((g-f^*)(\boldsymbol{x}), g(\boldsymbol{y})) - ((g-f^*)(\boldsymbol{x}), f^*(\boldsymbol{y})) \\ &= (f((g-f^*)(\boldsymbol{x})), \boldsymbol{y}) - (f((g-f^*)(\boldsymbol{x})), \boldsymbol{y}) \\ &= 0 \end{aligned}$$

を得る．よって，任意の $\boldsymbol{x} \in V$ に対して $g(\boldsymbol{x}) = f^*(\boldsymbol{x})$ となり，$g = f^*$.

7. $\operatorname{Ker} f_A = \{\boldsymbol{x} \in \mathbb{F}^n \mid A\boldsymbol{x} = \boldsymbol{0}\}$ であり，問題 5-3, **5** より $\operatorname{Im} f_A = \{\boldsymbol{x} \in \mathbb{F}^n \mid A\boldsymbol{x} = \boldsymbol{x}\}$ である．$A = {}^t\overline{A}$ とする．すべての $\boldsymbol{y} \in \operatorname{Ker} f_A$ は，任意の $\boldsymbol{x} \in \operatorname{Im} f_A$ に対して

$$(\boldsymbol{y}, \boldsymbol{x}) = (\boldsymbol{y}, A\boldsymbol{x}) = {}^t\boldsymbol{y}\overline{A\boldsymbol{x}} = {}^t({}^t\overline{A}\boldsymbol{y})\overline{\boldsymbol{x}} = ({}^t\overline{A}\boldsymbol{y}, \boldsymbol{x}) = (A\boldsymbol{y}, \boldsymbol{x}) = 0$$

を満たす．よって $\operatorname{Ker} f_A \subset (\operatorname{Im} f_A)^\perp$ である．また，問 5.3.3 と定理 6.3.3 より $\mathbb{F}^n = \operatorname{Im} f_A \oplus \operatorname{Ker} f_A = \operatorname{Im} f_A \oplus (\operatorname{Im} f_A)^\perp$ だから，$\dim \operatorname{Ker} f_A = \dim (\operatorname{Im} f_A)^\perp$ および $\operatorname{Ker} f_A = (\operatorname{Im} f_A)^\perp$ を得る．逆に $\operatorname{Ker} f_A = (\operatorname{Im} f_A)^\perp$ とする．任意の $\boldsymbol{x}, \boldsymbol{y} \in V$ に対して，$\boldsymbol{x} = \boldsymbol{x}_1 + \boldsymbol{x}_2$, $\boldsymbol{y} = \boldsymbol{y}_1 + \boldsymbol{y}_2$, $\boldsymbol{x}_1, \boldsymbol{y}_1 \in \operatorname{Im} f_A$, $\boldsymbol{x}_2, \boldsymbol{y}_2 \in \operatorname{Ker} f_A$ とすれば，

$$(A\boldsymbol{x}, \boldsymbol{y}) = (A\boldsymbol{x}, \boldsymbol{y}_1 + \boldsymbol{y}_2) = (\boldsymbol{x}_1, \boldsymbol{y}_1) = (\boldsymbol{x}_1 + \boldsymbol{x}_2, \boldsymbol{y}_1) = (\boldsymbol{x}, A\boldsymbol{y})$$

だから，補題 6.3.4(1) より $A = {}^t\overline{A}$ である．

8. 問題 5-3, **4** より $A^2 = A$ である．また，明らかに $\operatorname{Ker} f = (\operatorname{Im} f)^\perp$ である．A は V の正規直交基底 $\boldsymbol{v}_1, \boldsymbol{v}_2, \ldots, \boldsymbol{v}_n$ に関する f の行列であるとし，$\boldsymbol{x} \in V$ の座標を

$\boldsymbol{b} = {}^t(b_1 \quad b_2 \quad \cdots \quad b_n) \in \mathbb{F}^n$ とする．命題 5.2.5 より $\boldsymbol{x} \in \operatorname{Ker} f \iff \boldsymbol{b} \in \operatorname{Ker} f_A$ であり，$A = (\boldsymbol{a}_1 \quad \boldsymbol{a}_2 \quad \cdots \quad \boldsymbol{a}_n) = (a_{ij})$ とすれば，各 $j = 1, 2, \ldots, n$ について

$$\begin{aligned}(f(\boldsymbol{v}_j), \boldsymbol{x}) &= (a_{1j}\boldsymbol{v}_1 + a_{2j}\boldsymbol{v}_2 + \cdots + a_{nj}\boldsymbol{v}_n, b_1\boldsymbol{v}_1 + b_2\boldsymbol{v}_2 + \cdots + b_n\boldsymbol{v}_n) \\ &= \sum_{i=1}^{n} a_{ij}\overline{b_i}\end{aligned}$$

となるから，$\boldsymbol{x} \in (\operatorname{Im} f)^\perp \iff \boldsymbol{b} \in (\operatorname{Im} f_A)^\perp$ である．よって $\operatorname{Ker} f_A = (\operatorname{Im} f_A)^\perp$ となり，問題 6-3, **7** から，$A = {}^t\overline{A}$ を得る．(この結論は次のようにも得られる．$\operatorname{Ker} f = (\operatorname{Im} f)^\perp$ より，問題 6-3, **7** の解答と同様に，任意の $\boldsymbol{x}, \boldsymbol{y} \in V$ に対して $(f(\boldsymbol{x}), \boldsymbol{y}) = (\boldsymbol{x}, f(\boldsymbol{y}))$ となり，問題 6-3, **6** から，$A = {}^t\overline{A}$.)

問 6.4.2　自然数 m に対して $N_{(n)}^m$ の (i, j) 成分は $\delta_{i+m\,j}$ であることを数学的帰納法で示す．$m = 1$ のときは $N_{(n)}$ の定義である．$m \geqq 2$ として $N_{(n)}^{m-1} = (\delta_{i+m-1\,j})_{1 \leqq i, j \leqq n}$ と仮定する．このとき $N_{(n)}^m = N_{(n)} N_{(n)}^{m-1}$ の (i, j) 成分は

$$\sum_{k=1}^{n} \delta_{i+1\,k}\delta_{k+m-1\,j} = \begin{cases} 1 & (\ i + m = j \text{ のとき}) \\ 0 & (\ i + m \neq j \text{ のとき}) \end{cases}$$

である．よって $N_{(n)}^m = (\delta_{i+m\,j})_{1 \leqq i, j \leqq n} (1 \leqq m \leqq n - 1)$, $N_{(n)}^m = O\,(m \geqq n)$.

問 6.4.3　(1) $N^3 = O$, $\dim W_{(1)} = 2$, $\dim W_{(2)} = 3$, $\dim W_{(3)} = 4$ である．$\boldsymbol{e}_1 \in \mathbb{F}^4$ に対して $\mathbb{F}^4 = W_{(2)} \oplus \langle \boldsymbol{e}_1 \rangle$, $W_{(2)} = W_{(1)} \oplus \langle N\boldsymbol{e}_1 \rangle$ であり，$\boldsymbol{x} = {}^t(1 \quad 2 \quad 1 \quad 0)$ に対して $W_{(1)} = \langle N^2\boldsymbol{e}_1, \boldsymbol{x} \rangle$ である．$(N^2\boldsymbol{e}_1, N\boldsymbol{e}_1, \boldsymbol{e}_1, \boldsymbol{x})$ は $\mathbb{F}^4$ の基底であり，$P = (N^2\boldsymbol{e}_1 \quad N\boldsymbol{e}_1 \quad \boldsymbol{e}_1 \quad \boldsymbol{x}) = \begin{pmatrix} 0 & -2 & 1 & 1 \\ -4 & -2 & 0 & 2 \\ 0 & -4 & 0 & 1 \\ -2 & 1 & 0 & 0 \end{pmatrix}$ とおけば $P^{-1}NP =$

$\begin{pmatrix} 0 & 1 & 0 & 0 \\ 0 & 0 & 1 & 0 \\ 0 & 0 & 0 & 0 \\ 0 & 0 & 0 & 0 \end{pmatrix}$ となる．(2) $N^2 = O$, $\dim W_{(1)} = 2$, $\dim W_{(2)} = 4$ である．

$\boldsymbol{e}_1, \boldsymbol{e}_2 \in \mathbb{F}^4$ に対して $\mathbb{F}^4 = W_{(1)} \oplus \langle \boldsymbol{e}_1, \boldsymbol{e}_2 \rangle$ であり，$(N\boldsymbol{e}_1, \boldsymbol{e}_1, N\boldsymbol{e}_2, \boldsymbol{e}_2)$ は $\mathbb{F}^4$ の基底である．

よって $P = (N\boldsymbol{e}_1 \quad \boldsymbol{e}_1 \quad N\boldsymbol{e}_2 \quad \boldsymbol{e}_2) = \begin{pmatrix} -4 & 1 & 4 & 0 \\ 1 & 0 & -2 & 1 \\ -14 & 0 & 16 & 0 \\ -8 & 0 & 8 & 0 \end{pmatrix}$ とおけば

$$P^{-1}NP = \begin{pmatrix} 0 & 1 & 0 & 0 \\ 0 & 0 & 0 & 0 \\ 0 & 0 & 0 & 1 \\ 0 & 0 & 0 & 0 \end{pmatrix}$$ となる．

問題 6-4

1. (i) $R = \begin{pmatrix} -1 & 0 & -2 \\ 2 & 1 & 4 \\ 1 & 0 & 3 \end{pmatrix}$ とおけば，$R^{-1}AR = \begin{pmatrix} 3 & 1 & 0 \\ 0 & 3 & 0 \\ 0 & 0 & 2 \end{pmatrix}$.

(ii) $R = \begin{pmatrix} -4 & 1 & 4 & 0 \\ 1 & 0 & -2 & 1 \\ -14 & 0 & 16 & 0 \\ -8 & 0 & 8 & 0 \end{pmatrix}$ とおけば，$R^{-1}AR = \begin{pmatrix} 1 & 1 & 0 & 0 \\ 0 & 1 & 0 & 0 \\ 0 & 0 & 3 & 1 \\ 0 & 0 & 0 & 3 \end{pmatrix}$.

2. (i) $S = \begin{pmatrix} 5 & 0 & 2 \\ -4 & 3 & -4 \\ -3 & 0 & 0 \end{pmatrix}$, $N = \begin{pmatrix} -2 & -1 & 0 \\ 4 & 2 & 0 \\ 2 & 1 & 0 \end{pmatrix}$.

(ii) $S = \begin{pmatrix} 1 & 0 & 4 & -7 \\ 0 & 3 & -1 & 2 \\ 0 & 0 & 17 & -28 \\ 0 & 0 & 8 & -13 \end{pmatrix}$, $N = \begin{pmatrix} -4 & 4 & 2 & -1 \\ 1 & -2 & -1 & 1 \\ -14 & 16 & 8 & -5 \\ -8 & 8 & 4 & -2 \end{pmatrix}$.

問 7.1.1　(1) 同値 (2) 同値でない

問 7.1.2　${}^t(-2 \quad 3)$

問 7.1.3　(1) 順に $\overrightarrow{\mathrm{PQ}} + \overrightarrow{\mathrm{P'Q'}}$, $2\overrightarrow{\mathrm{PQ}}$, $-3\overrightarrow{\mathrm{P'Q'}}$. (2) 順に ${}^t(-1 \quad 4)$, ${}^t(-3 \quad -3)$.

問 7.1.8　$(\boldsymbol{a}, \boldsymbol{b}) = 1$, $\theta = \pi/3$

問 7.1.10　$(\boldsymbol{a}, \boldsymbol{b}) = \sqrt{2}$, $\theta = \pi/3$

問 7.2.1　(1) $(1, 1, -1)$　　(2) $(-5, -3, 4)$

問題 7-2

1. $\overrightarrow{a} = (a_1, a_2, a_3)$, $\overrightarrow{b} = (b_1, b_2, b_3)$, $\overrightarrow{c} = (c_1, c_2, c_3)$ とおいて 3 つのスカラー三重積をそれぞれ 3 次行列式で表すと，

$$(\overrightarrow{a} \times \overrightarrow{b}) \cdot \overrightarrow{c} = \begin{vmatrix} a_2 & a_3 \\ b_2 & b_3 \end{vmatrix} c_1 - \begin{vmatrix} a_1 & a_3 \\ b_1 & b_3 \end{vmatrix} c_2 + \begin{vmatrix} a_1 & a_2 \\ b_1 & b_2 \end{vmatrix} c_3 = \begin{vmatrix} c_1 & c_2 & c_3 \\ a_1 & a_2 & a_3 \\ b_1 & b_2 & b_3 \end{vmatrix},$$

$$(\overrightarrow{b} \times \overrightarrow{c}) \cdot \overrightarrow{a} = \begin{vmatrix} b_2 & b_3 \\ c_2 & c_3 \end{vmatrix} a_1 - \begin{vmatrix} b_1 & b_3 \\ c_1 & c_3 \end{vmatrix} a_2 + \begin{vmatrix} b_1 & b_2 \\ c_1 & c_2 \end{vmatrix} a_3 = \begin{vmatrix} a_1 & a_2 & a_3 \\ b_1 & b_2 & b_3 \\ c_1 & c_2 & c_3 \end{vmatrix},$$

$$(\overrightarrow{c} \times \overrightarrow{a}) \cdot \overrightarrow{b} = \begin{vmatrix} c_2 & c_3 \\ a_2 & a_3 \end{vmatrix} b_1 - \begin{vmatrix} c_1 & c_3 \\ a_1 & a_3 \end{vmatrix} b_2 + \begin{vmatrix} c_1 & c_2 \\ a_1 & a_2 \end{vmatrix} b_3 = \begin{vmatrix} b_1 & b_2 & b_3 \\ c_1 & c_2 & c_3 \\ a_1 & a_2 & a_3 \end{vmatrix}$$

となる．右辺の 3 つの 3 次行列式は値が等しいから，左辺の 3 つのスカラー三重積も値が等しい．

2. (1) $\overrightarrow{a} \times \overrightarrow{b} = (\alpha_1, \alpha_2, \alpha_3)$ とおくと，

$$\alpha_1 = \begin{vmatrix} a_2 & a_3 \\ b_2 & b_3 \end{vmatrix}, \quad \alpha_2 = -\begin{vmatrix} a_1 & a_3 \\ b_1 & b_3 \end{vmatrix}, \quad \alpha_3 = \begin{vmatrix} a_1 & a_2 \\ b_1 & b_2 \end{vmatrix}.$$

また，$(\overrightarrow{a} \times \overrightarrow{b}) \times \overrightarrow{c} = (\beta_1, \beta_2, \beta_3)$ とおくと，

$$\begin{aligned}
\beta_1 &= \begin{vmatrix} \alpha_2 & \alpha_3 \\ c_2 & c_3 \end{vmatrix} = -\begin{vmatrix} a_1 & a_3 \\ b_1 & b_3 \end{vmatrix} c_3 - \begin{vmatrix} a_1 & a_2 \\ b_1 & b_2 \end{vmatrix} c_2 \\
&= -(b_2c_2 + b_3c_3)a_1 + (c_2a_2 + c_3a_3)b_1, \\
\beta_2 &= -\begin{vmatrix} \alpha_1 & \alpha_3 \\ c_1 & c_3 \end{vmatrix} = -\begin{vmatrix} a_2 & a_3 \\ b_2 & b_3 \end{vmatrix} c_3 + \begin{vmatrix} a_1 & a_2 \\ b_1 & b_2 \end{vmatrix} c_1 \\
&= -(b_1c_1 + b_3c_3)a_2 + (c_1a_1 + c_3a_3)b_2, \\
\beta_3 &= \begin{vmatrix} \alpha_1 & \alpha_2 \\ c_1 & c_2 \end{vmatrix} = \begin{vmatrix} a_2 & a_3 \\ b_2 & b_3 \end{vmatrix} c_2 + \begin{vmatrix} a_1 & a_3 \\ b_1 & b_3 \end{vmatrix} c_1 \\
&= -(b_1c_1 + b_2c_2)a_3 + (c_1a_1 + c_2a_2)b_3
\end{aligned}$$

となるから，$(\beta_1, \beta_2, \beta_3) = -(\overrightarrow{b} \cdot \overrightarrow{c})\overrightarrow{a} + (\overrightarrow{c} \cdot \overrightarrow{a})\overrightarrow{b}$．したがって，主張が成り立つ．

(2) (1) より直ちにわかる．

索　引

さ 行

た 行

な 行

は 行

ま 行

や 行

ら 行

わ 行

桂田英典（かつらだ ひでのり）　室蘭工業大学
竹ヶ原裕元（たけがはら ゆうげん）　室蘭工業大学
長谷川雄之（はせがわ ゆうじ）　室蘭工業大学
森田英章（もりた ひであき）　室蘭工業大学

線形代数（せんけいだいすう）

2017年10月31日　第1版　第1刷　発行
2024年2月10日　第1版　第7刷　発行

著　者　桂田英典
　　　　竹ヶ原裕元
　　　　長谷川雄之
　　　　森田英章
発行者　発田和子
発行所　株式会社 学術図書出版社
〒113−0033　東京都文京区本郷5丁目4の6
TEL 03−3811−0889　振替 00110−4−28454
印刷　三美印刷 (株)

定価はカバーに表示してあります.

ISBN978−4−7806−1066−6　C3041